三峡库区典型小流域水污染控制与生态修复技术

刘玲花 等 著

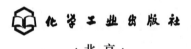
化学工业出版社
·北京·

本书以三峡库区流域水环境污染综合治理为主线，主要介绍了小流域水环境现状调查与监测，陆域点源控源减排技术，入湖支流污染减排及水质净化技术、汉丰湖流域生态防护带构建关键技术，汉丰湖调节坝生态调度关键技术，汉丰湖流域主要污染源的总量控制方案，典型小流域水污染综合防治技术集成方案等内容，为流域水环境综合整治与生态修复提供技术支撑和案例借鉴。

本书具有较强的技术性和针对性，可供从事水体污染防治和生态修复等的工程技术人员、科研人员和管理人员参考，也供高等学校环境工程、市政工程及相关专业师生参阅。

图书在版编目（CIP）数据

三峡库区典型小流域水污染控制与生态修复技术/刘玲花等著.
—北京：化学工业出版社，2020.5
ISBN 978-7-122-36290-2

Ⅰ.①三… Ⅱ.①刘… Ⅲ.①三峡水利工程-小流域-水污染-污染控制-研究②三峡水利工程-小流域-生态恢复-研究 Ⅳ.①X524.06②X171.4

中国版本图书馆 CIP 数据核字（2020）第 032916 号

责任编辑：刘兴春　卢萌萌　　　　　　　　　　装帧设计：史利平
责任校对：宋　夏

出版发行：化学工业出版社（北京市东城区青年湖南街 13 号　邮政编码 100011）
印　　装：北京虎彩文化传播有限公司
787mm×1092mm　1/16　印张 24¼　彩插 10　字数 576 千字　2020 年 8 月北京第 1 版第 1 次印刷

购书咨询：010-64518888　　　　　　　　　售后服务：010-64518899
网　　址：http://www.cip.com.cn
凡购买本书，如有缺损质量问题，本社销售中心负责调换。

定　　价：180.00 元　　　　　　　　　　　　版权所有　违者必究

随着人口的增长、工业化和城市化的快速发展以及经济的高速增长，中国面临严峻的水污染问题。如何在发展社会经济的同时，保护水资源、防治水污染，修复受损水生态系统，是中国实现现代化和可持续发展面临的重大课题。国家高度重视水污染防治工作，发布了《水污染防治行动计划》（简称"水十条"），提出到 2020 年全国水环境质量得到阶段性改善，污染严重水体较大幅度减少，长江、黄河、珠江等七大重点流域水质达到或优于 III 类比例总体达到 70％以上。长江是中华民族的母亲河，也是中华民族发展的重要支撑，2018 年习近平总书记在深入推动长江经济带发展座谈会上提出要把修复长江生态环境摆在压倒性位置，共抓大保护、不搞大开发，走出一条生态优先、绿色发展之路。近年来，环保部门围绕长江生态环境保护修复做了大量工作，但任务仍十分艰巨。

三峡工程是长江的关键性骨干工程，是我国重要的淡水资源库，对于保障库区和长江中下游地区用水安全、实现水资源优化配置具有重要战略意义。三峡水库蓄水后，夏季运行水位 145m，冬季 175m，因此在库区两岸形成了与天然河流涨落季节相反、水位变动幅度高达 30m、消落区面积高达 348.9km² 的水库消落带。小江是三峡水库的一级支流，位于三峡库区腹心地带；小江开州段消落带面积最大，占三峡库区消落带总面积的 13.97％。由于长时间反季节的深水淹没，导致三峡水库消落带内产生了一系列复杂的生态环境问题，如水土流失、生物多样性减少、面源污染汇聚再释放等。

为了减缓消落带的不利影响，在开州区修建了乌杨水位调节坝，形成独具特色受双重水位变动影响的城市内湖——汉丰湖，以消除三峡水库反季节水位波动产生的大面积消落区的影响。

新生的小江汉丰湖流域位于三峡库区的中部，存在的主要环境问题包括：①城镇人口快速增长，但污水厂收集率及出水标准较低；②畜禽养殖总量大、规模小，环湖分布较多；③山区季节性河流水质水量差异大、水土流失严重；④河岸、湖岸带植被覆盖率低，群落结构简单、生态承载力不足；⑤水位反季节消落，年内变幅 6.5m，消落带存在一系列生态环境问题；⑥回水顶托水流缓慢，湖区 TN、TP 指标超标明显，水体富营养化风险大，小江汉丰湖在 2014 年 10 月 9～25 日发生了严重的微囊藻水华，对汉丰湖流域乃至三峡库区水安全造成严重威胁。因此急需开展汉丰湖流域水污染综合治理技术研究与示范，形成三峡库区支流水污染综合治理与水环境改善的成套整装技术体系并进行示范，为保障三峡水库水环境安全、实现库区可持续发展提供技术支撑。为此，国家水体污染控制与治理科技重大专项（简称水专项）设立了《三峡库区小江汉丰湖流域水环境综合防治与示范》课题（课题编号：2013ZX07104—004），针对三峡水库蓄水运行以来支流出现的水环境问题，以新生的小江汉丰湖流域为研究对象，研究汉丰湖流域水污染负荷总量控制方案；综合集成适合汉丰湖流域特点的点源、面源入库负荷控制与生态修复技术，开展流域水污染治理与生态修复的综合集成示范，提出三峡库区小江汉丰湖流域水污染综合防治技术集成方案，为三峡水库流域水环境综合治理规划提供技术支撑。

《三峡库区小江汉丰湖流域水环境综合防治与示范》科研项目牵头单位为中国水利水电科学研究院，主要参加单位包括重庆大学、水利部中国科学院水工程生态研究所、新疆巴州博斯腾湖研究所、中国科学院南京地湖所、华中师范大学。本书主体内容是此科研项目的研究成果，内容涵盖汉丰湖流域污染物总量控制及削减方案、工业循环水生物酶缓释阻垢磷污染减排技术、小城镇污水处理厂提标改造氮污染减排技术、低碳氮比污水的经济碳源脱氮技术、入湖支流污染减及水质净化技术、消落区生态防护带构建技术、调节坝生态调度技术、典型小流域水污染综合防治技术集成方案等。

本书由刘玲花等著，具体编写分工如下：第1章由刘玲花、高博、吴雷祥著；第2章由叶姜瑜、李大荣、窦建军、许晓毅、李伟民、刘国涛、王丹云、邓红艳著；第3章由刘玲花、万成炎、邹曦、彭建华、胡莲、郑志伟、潘晓洁、吴雷祥、张志永著；第4章由袁兴中、刘红、刘莉、熊森、林衍、王强、李波著；第5章由冯健、彭文启著；第6章由刘晓波、马巍、黄伟、解莹、黄智华、渠晓东著；第7章由刘晓波、马巍、解莹、渠晓东、黄伟著。全书最后由刘玲花统稿、校稿。

本书由水专项《三峡库区小江汉丰湖流域水环境综合防治与示范》（2013ZX07104—004）课题资助出版，在此表示感谢；同时，本书在编写过程中，参考了部分专家、学者相关领域的著作和论文，在此向所有参考资料的作者表示衷心的感谢。

限于著者水平和编写时间，书中难免存在不足和疏漏之处，敬请读者批评指正。

著者
2020 年 1 月

目录

第 1 章　流域水环境现状调查与监测

1.1　汉丰湖流域概况 ……………………………………………………………… 1
   1.1.1　地形地貌特征 ………………………………………………………… 1
   1.1.2　水文气象条件 ………………………………………………………… 1
   1.1.3　河流水系与径流特性 ………………………………………………… 2
1.2　汉丰湖调节坝工程概况 ……………………………………………………… 4
   1.2.1　汉丰湖的形成 ………………………………………………………… 4
   1.2.2　乌杨水位调节坝 ……………………………………………………… 5
   1.2.3　汉丰湖调节坝调度运行方式 ………………………………………… 5
1.3　汉丰湖水文情势变化特征 …………………………………………………… 6
   1.3.1　乌杨调节坝建设前后库区水位变化特征 …………………………… 6
   1.3.2　汉丰湖库区径流量变化特征 ………………………………………… 9
   1.3.3　流速变化特征 ………………………………………………………… 11
   1.3.4　水温变化特征 ………………………………………………………… 11
1.4　汉丰湖及其支流水环境质量状况调查与评价 …………………………… 13
   1.4.1　水质监测方案 ………………………………………………………… 13
   1.4.2　汉丰湖库区水环境质量现状评价 …………………………………… 13
   1.4.3　汉丰湖入湖支流水质现状评价 ……………………………………… 16
1.5　汉丰湖及其支流生态环境调查 ……………………………………………… 19
   1.5.1　浮游植物群落结构 …………………………………………………… 19
   1.5.2　鱼类资源调查 ………………………………………………………… 21
   1.5.3　枯、丰水期鱼类组成区别 …………………………………………… 23
1.6　汉丰湖流域主要水环境问题 ………………………………………………… 25

第 2 章　陆域点源控源减排技术

2.1　工业循环水磷污染减排技术 ………………………………………………… 28
   2.1.1　国内外现状及发展趋势 ……………………………………………… 28
   2.1.2　溶垢微生物的分离和筛选 …………………………………………… 30
   2.1.3　循环水内微生物的 QSI 控制技术 …………………………………… 32
   2.1.4　生物缓蚀阻垢制剂的性能分析 ……………………………………… 39
   2.1.5　生物法缓蚀阻垢剂动态模拟实验 …………………………………… 49

2. 1. 6　生物缓蚀阻垢技术示范工程 …………………………………………… 57
2.2　小城镇污水处理厂提标改造氮污染减排技术 …………………………………… 63
2. 2. 1　好氧反硝化菌的分离、鉴定及脱氮性能的研究 ……………………… 63
2. 2. 2　玉米芯作为反硝化外加固体碳源的可行性研究 ……………………… 65
2. 2. 3　基于 CASS 工艺的生物强化及固体碳源对低 C/N 比生活污水脱氮性
　　　　　能的研究 ………………………………………………………………… 67
2. 2. 4　生物强化及固体碳源脱氮技术示范 …………………………………… 71

第 3 章　入湖支流污染减排及水质净化技术

3. 1　入湖支流减排的前置库湿地构建技术 …………………………………………… 76
3. 1. 1　前置库湿地植物配置研究 ……………………………………………… 76
3. 1. 2　鱼类放养对水质的影响研究 …………………………………………… 76
3. 1. 3　河蚌放养对水质的影响研究 …………………………………………… 81
3. 1. 4　前置库湿地构建技术 …………………………………………………… 82
3. 1. 5　前置库湿地污染物净化效果 …………………………………………… 86
3. 2　入湖支流生态化改造和水质提升技术 …………………………………………… 90
3. 2. 1　人工鱼巢的设计与试验研究 …………………………………………… 90
3. 2. 2　入湖支流河道生态修复技术示范 ……………………………………… 92
3. 2. 3　入湖支流河岸带湿地生态恢复技术研究与示范 ……………………… 95
3. 3　组合型人工浮岛技术研发 ………………………………………………………… 103
3. 3. 1　研究内容 ………………………………………………………………… 103
3. 3. 2　试验装置 ………………………………………………………………… 104
3. 3. 3　试验方法 ………………………………………………………………… 106
3. 3. 4　试验结果 ………………………………………………………………… 107

第 4 章　汉丰湖流域生态防护带构建关键技术

4. 1　生态防护带技术模式研究 ………………………………………………………… 150
4. 1. 1　适应水位变化的河（库）岸多功能生态防护带技术 ………………… 150
4. 1. 2　环湖多维湿地系统 ……………………………………………………… 157
4. 1. 3　滨湖水敏性结构系统 …………………………………………………… 157
4. 2　生态防护带水质净化效果评估 …………………………………………………… 159
4. 2. 1　基塘工程污染削减效益评估 …………………………………………… 159
4. 2. 2　乌杨坝生态缓冲带污染削减效益评估 ………………………………… 170
4. 2. 3　复合林泽工程生态护坡污染削减效益评估 …………………………… 179
4. 2. 4　湖岸带水敏性结构系统污染削减效益评估 …………………………… 189
4. 3　生物多样性功能评估 ……………………………………………………………… 204
4. 3. 1　植物群落及其多样性评估 ……………………………………………… 204
4. 3. 2　鸟类多样性评估 ………………………………………………………… 213

  4.3.3 昆虫多样性 ••• 222

第5章 汉丰湖调节坝生态调度关键技术

5.1 汉丰湖调节坝生态调度目标需求分析及方案 •••••••••••••• 224
  5.1.1 藻类对生态调度目标的需求分析 ••••••••••••••• 224
  5.1.2 鱼类保护对生态调度目标的需求分析 •••••••••• 231
  5.1.3 陆生生态目标需求分析 ••••••••••••••••••• 234
  5.1.4 调度准则分析 •••••••••••••••••••••••••• 252
5.2 调节坝生态调度原型观测 ••••••••••••••••••••••••••••• 254
  5.2.1 调节坝原型调度监测方案 •••••••••••••••••• 254
  5.2.2 原型调度过程及实施情况 •••••••••••••••••• 256
  5.2.3 原型调度的效果分析 •••••••••••••••••••• 256
5.3 汉丰湖水动力模型与生态调度方案 ••••••••••••••••••• 262
  5.3.1 水动力学模型 •••••••••••••••••••••••••• 262
  5.3.2 富营养化模型 •••••••••••••••••••••••••• 265
  5.3.3 二维模型搭建 •••••••••••••••••••••••••• 269
  5.3.4 模型率定 •••••••••••••••••••••••••••••• 269
  5.3.5 小江调节坝调度方案设计与效果分析 •••••••••• 274

第6章 汉丰湖流域主要污染源的总量控制方案

6.1 汉丰湖流域污染分布特征分析与评价 •••••••••••••••••• 280
  6.1.1 汉丰湖流域污染源调查与评价 ••••••••••••••• 280
  6.1.2 汉丰湖流域非点源污染模型研究 ••••••••••••• 281
  6.1.3 汉丰湖流域负荷特征及预测分析 ••••••••••••• 299
6.2 汉丰湖水动力特性与水环境演变特征研究 •••••••••••••• 309
  6.2.1 汉丰湖水动力特性与水环境模型研究 •••••••••• 309
  6.2.2 汉丰湖区水动力条件与水质变化特征 •••••••••• 315
  6.2.3 三峡水库运行对汉丰湖水动力与水质影响 ••••••• 320
6.3 汉丰湖限制排污总量控制方案研究 ••••••••••••••••••• 325
  6.3.1 汉丰湖水环境容量计算 ••••••••••••••••••• 325
  6.3.2 汉丰湖流域污染物总量控制 ••••••••••••••••• 326

第7章 典型小流域水污染综合防治技术集成方案

7.1 汉丰湖流域水污染综合防治对策措施 •••••••••••••••••• 329
  7.1.1 农田面源污染治理措施 ••••••••••••••••••• 329
  7.1.2 规模化畜禽养殖污染治理措施 ••••••••••••••• 332
  7.1.3 城镇生活污水处理措施 ••••••••••••••••••• 334

7.1.4 汉丰湖入湖河流小流域综合治理措施 ·················· 334

7.1.5 下游回水影响 ······················· 335

7.1.6 汉丰湖流域水污染综合防治对策情景设计方案 ·········· 335

7.2 汉丰湖流域水污染防治措施效果分析 ···················· 336

7.2.1 单项措施效果模拟 ······················· 336

7.2.2 组合措施实施效果分析 ····················· 340

7.2.3 单项措施与河湖水质响应关系 ·················· 340

7.2.4 组合措施实施效果分析 ····················· 351

7.3 汉丰湖流域水污染综合防治的系统分析 ·················· 353

7.3.1 建立系统动力学模型流程 ···················· 353

7.3.2 系统变量和指标的确定 ····················· 354

7.3.3 汉丰湖流域水污染防治技术集成系统边界的确定 ········ 354

7.3.4 汉丰湖流域水污染系统子系统分析 ··············· 355

7.3.5 仿真模型的建立与有效性检验 ·················· 359

7.3.6 灵敏度分析 ························· 360

7.4 汉丰湖流域水污染综合防治系统集成 ···················· 360

7.4.1 污染防治模式费用效益分析 ··················· 361

7.4.2 水污染综合防治技术方案组合的确定 ·············· 365

7.4.3 基于仿真结果的技术模式筛选 ·················· 366

7.4.4 汉丰湖流域水污染综合防治集成推荐方案 ············ 366

7.4.5 汉丰湖水污染综合防治集成方案效果预测 ············ 369

7.4.6 小结 ·························· 369

参考文献

第**1**章

流域水环境现状调查与监测

1.1 汉丰湖流域概况

三峡工程是长江的关键性骨干工程，是我国重要的淡水资源库，对于保障库区和长江中下游地区用水安全、实现水资源优化配置具有重要战略意义。三峡水库夏季运行水位145m，冬季175m，因此在库区两岸形成了与天然河流涨落季节相反、水位变动幅度高达30m、消落区面积高达348.9km^{2}的水库消落带。小江是三峡水库的一级支流，位于三峡库区腹心地带；小江开州（原开县）段消落带面积最大，占三峡库区消落带总面积的13.97%。为了减缓消落带的不利影响，2007年，在重庆开州区下游4.5km处修建了乌杨水位调节坝，形成独具特色受双重水位变动影响的城市内湖——汉丰湖，以消除三峡水库反季节水位波动产生的大面积消落区的影响。

汉丰湖东西跨度12.51km，南北跨度5.86km，由境内东河、南河汇合后并由乌杨调节坝拦截澎溪河而形成，常年蓄水168.50m以上，湖泊水域面积15km^2，并构造出县域内一个新生流域——汉丰湖流域。流域控制面积达3052km^2，占全县辖区总面积的77.4%。

1.1.1 地形地貌特征

汉丰湖流域地处大巴山南麓与川东平行岭谷结合部，属平行岭谷地区，四面环山，北高南低，海拔134～2626m，流域内地势高差悬殊，地形南北长、东西窄。

汉丰湖流域地表出露地层按由老到新顺序是奥陶系、志留系、二迭系、三迭系、侏罗系、白垩系、第四系。由造山运动形成的背斜，由南向北依次为铁峰背斜、开梁背斜、赫天池背斜、天子城背斜、渔沙背斜、咸宜背斜。全县地貌主要类型有堆积型、侵蚀型、剥蚀型和溶蚀型等，分布因区而异，北部为大巴山南坡石灰岩岩溶类地质地貌，南部为川东平行岭谷褶皱带红色岩土地质地貌。

1.1.2 水文气象条件

汉丰湖流域处于四川盆地东部温和高温区内，属亚热带暖湿季风气候，四季分明，雨量充沛，无霜期长，日照偏少。随海拔高度的不同，流域内地域性气候差异明显，南部河谷浅丘平坝属中亚热带湿润季风气候区，北部大巴山支脉1000m以上的山地属暖温带季风气候区。

汉丰湖流域多年平均气温 10.8（马云，海拔 1490m）～18.2℃（丰乐，海拔 165.7m），相差 7.4℃。气温自北向南逐渐增高，气温立体差异十分明显，盛夏季节，县城平坝地区极端气温高达 40℃左右，而北部高山则为 20℃左右。年内气温差异悬殊，极端最低气温−4.5℃，最高气温 42℃；最冷 1～2 月的平均气温为−0.1～7℃，最热 7～8 月的平均气温为 21～29.4℃。

1.1.3 河流水系与径流特性

1.1.3.1 河流水系特征

开州区境内原有澎溪河、东河、桃溪河、南河和普里河 5 个流域，汉丰湖水位调节坝竣工蓄水后改变了开州区境内水系流域特征，形成一个新的汉丰湖流域。汉丰湖流域覆盖了开州区境内全部的东河流域和南河流域，以及部分的澎溪河流域，形成一个新的汉丰湖流域，全流域面积 2362km²，占开州区国土面积的 77.38%。汉丰湖流域多年平均流量约为 $24 \times 10^8 m^3$，其中 55.9% 来自于东河子流域，17.3% 来自桃溪河子流域，13.6% 来自南河子流域，13.2% 来自其他子流域。

汉丰湖流域位于长江一级支流小江的上游，开州区境内大小溪流均属小江水系，分别在汉丰街道办和渠口镇汇合，流经云阳县，于新县城双江镇注入长江。汉丰湖流域内主要有东河、南河、澎溪河 3 条河流，下游的普里河在三峡水库蓄水期间因江水倒灌而对汉丰湖流域产生影响，因此汉丰湖流域河流水系可分为 4 个子流域（表 1-1）。

表 1-1 汉丰湖流域河流水系特性表

名称	级次	起止	河长/km	汇水面积/km²	主要支流
澎溪河	一级	渠口镇端公坝浦里河汇合口至云阳县双江镇长江口	102.5	—	肖家河、浦里河、南河、东河
普里河	二级	梁平县城东乡至渠口镇端公坝澎溪河汇合口	121.4	1150.8	岳溪河
南河	二级	开江县广福乡至县城老关嘴东河汇合口	91.0	1117.2	桃溪河、破石沟、映阳河、头道河
东河	二级	开州区白泉乡钟鼓村至县城老关嘴南河汇合口	106.4	1469.2	满月河、盐井坝河、后河

（1）澎溪河

澎溪河为开州区溪河之总汇。该河自东河与南河汇合口起，分别于渠口镇铺溪村纳浦里河水、于渠口镇剑阁楼村纳肖家河水，由渠口镇兴华村出境入云阳县界，在该县双江镇注入长江，自开州区汉丰街道办至云阳县双江镇河长为 102.5km，在开州区境内长 32.5km，流域面积 203.5km²。河道宽阔平缓，水量稳定，常年性通航。该河在开州区境内年径流总量 $32.4 \times 10^8 m^3$（区间为 $1.31 \times 10^8 m^3$），径流深 642.5mm。

（2）浦里河

浦里河发源于梁平县城东七里峡，经万州区新袁乡在开州区五通乡入境，略偏向东北流经岳溪、南门、长沙、赵家四镇，至渠口镇注入澎溪河，全长 121.4km，支流 13 条，树枝状分布，源流均较短，主要支流有岳溪河。浦里河流域面积 1150.8km²，属山溪性河流。河段划分，万州区余家镇至我县南门镇为中游，南门镇以下为下游。年降水量 1200mm，最枯流量 0.1m³/s，洪峰流量达 3189m³/s。径流总量 6.65×10^8m³，径流深 578mm。

（3）南河

南河发源于开江县广福乡兰草沟村，自开州区巫山乡入境，向东流经铁桥、临江、竹溪、镇安 4 镇和镇东街道办，于开州区汉丰街道办与东河汇合后成澎溪河，全长 91km，支流 14 条，主要支流有映阳河、破石沟、桃溪河。南河流域面积 1117.2km²，为山溪性河流。河道在巫山坎入境处有青烟洞瀑布，三级落差可达 150m，其余均较平缓。全流域年降水量 1200mm，据出口处石龙船水文站实测，最枯流量 0.5m³/s，洪峰流量达 4272m³/s。河床泥沙厚垫，属沙坝河型，洪水为患频繁，是重庆市内十大害河之一。河段划分，发源地至开州区巫山乡中兴场为上游，中兴场至临江镇为中游，临江镇至汉丰街道为下游。

南河支流桃溪河发源于大进镇天宝寨村，向西南流经麻柳乡、紫水乡、敦好镇和大德乡，于镇安镇注入南河，全长 65km，支流 6 条，流域面积 592.3km²。桃溪河上游属高山区，河流横切温泉背斜，群峦叠嶂，障谷、峡谷均较发育，河床多系卵石、块石或孤石，比降为 14.2‰，水流急湍。桃溪河流域水量丰富但不稳定，易涨易跌，年径流总量 4.12×10^8m³，径流深 696.7mm。

（4）东河

东河发源于开州区白泉乡钟鼓村天生桥，于天岭村双河口汇集源出漆厂湾、雪宝山溪水，开始形成河道，向西南流经关面乡、大进镇、谭家镇、和谦镇、温泉镇、郭家镇、白鹤街道办、丰乐街道办后，在汉丰街道办与南河汇合成澎溪河。全长 106.4km，支流 14 条，主支流有满月河、盐井坝河、东坝溪，流域面积 1469.2km²。大进镇以上为上游，大进镇至温泉镇为中游，温泉镇以下为下游。东河上游河道深切于高山岭谷之中，隘谷、障谷、狭谷均较发育，温泉镇以上河床比降为 1.3%，以下为 0.12%。由于上游处于大巴山多雨带，年降水量在 1500mm 以上，且河床多属卵砾堆积，地下水十分丰富，水量年际变化小。下游河段宽 100～250m，据出口处水文站实测最枯流量 3.7m³/s，洪峰流量达 3931m³/s，为常年性通航河流，丰水期木船可上溯至红园乡。径流深 930.3mm，年径流总量 13.7×10^8m³。

（5）汉丰湖

汉丰湖是在长江三峡水库段的支流小江回水末端筑坝而成的人工湖，是三峡水库开县消落区生态环境综合治理水位调节库，落坝后形成三峡水库的"前置库"，水面达 14.8km²，正常蓄水位时（170.8m）库容为 0.56×10^8m³，蓄水位为 175m 时库容约为 0.8×10^8m³，坝址位于小江上游澎溪河段重庆市开县新城下游 4.5km 处，坐落在乌杨村内。整个回水区全部落在开县境内，处于大巴山南麓与川东平行岭谷区结合地带。

1.1.3.2 径流特性

汉丰湖所在的小江流域仅在新华（小江）、东华、余家有部分径流实测资料，汉丰湖坝址附近均无径流资料可资应用，但本流域雨量站比较多，且地区上的分布较均匀，资料也相当长。用 1966~1989 年小江流域内的 16 个雨量站资料，通过降雨径流关系，补差出东河、南河、宝塔窝的径流，并与新华站的径流做平衡、校核及检验计算。

从多年平均年径流量的分配来看，东河来水占宝塔窝站的 52.0%（最大为 60.8%，最小为 40.0%），南河为 48.0%（最大为 60.0%，最小为 39.2%）。东河流域面积虽小于南河，但受降雨在地区分布上的影响，东河流域径流深 856mm，径流系数 0.59，大于南河流域 676mm、径流系数 0.56，组成宝塔窝的 759mm，径流系数 0.58（径流量 $24.17 \times 10^8 \text{m}^3$、平均流量 $76.9 \text{m}^3/\text{s}$）。经与重庆市水资源评价成果比较是合理的。

表 1-2 和图 1-1 为宝塔窝站多年平均径流年内分配。汛期 5~9 月径流流量占全年 74%，最大 7 月可达 20% 以上，非汛期 10 月至翌年 4 月径流量占全年不足 26%；其中 12 月至翌年 2 月枯水期仅占全年的 3.5%，最小的 1 月不足全年的 1%。

表 1-2　宝塔窝站多年平均径流量年内分配表

项目＼月份	1	2	3	4	5	6	7	8	9	10	11	12	合计	平均
$Q/(\text{m}^3/\text{s})$	8.8	12.2	31.1	69.4	105.1	135.0	188.4	112.2	141.2	73.7	31.2	11.0	919.2	76.6
分配/%	0.95	1.33	3.38	7.55	11.44	14.69	20.49	12.21	15.36	8.02	3.39	1.19	100	

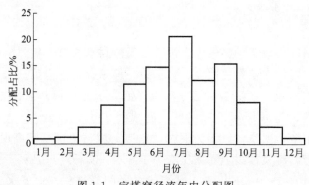

图 1-1　宝塔窝径流年内分配图

利用宝塔窝 1966~1989 年 24 年径流量系列，用矩法估算统计参数，以适线法，用 P-Ⅲ 型曲线，求得不同频率设计年流量见表 1-3。

表 1-3　宝塔窝站年径流量频率计算成果表

设计频率 $P/\%$	20	50	75	95
径流量/10^8m^3	30.0	23.5	19.0	13.6

1.2　汉丰湖调节坝工程概况

1.2.1　汉丰湖的形成

小江（又名澎溪河）是三峡水库左岸流经重庆市域的一级支流，全长 182.4km，流域面积 5172.5km²。其中自开州区新城至河口云阳县的中、下游河段长 76.4km、落差仅 95.5m，河流比降十分缓慢（仅 1.25‰），成为三峡库尾的回水淹没区；开州区境内淹没面积达 58km²，枯水期发电消落和汛期退水将形成落差达 30m、面积达 45.17km² 的消落带，并集中在开州区移民新城附近开阔的浅丘平坝区域。如此广阔的消落带会给开州区移民新城周边的生态环境和人居环境带来巨大影响。2003 年 12 月，《三峡库区澎溪河流域生态环境综合整治规划》中正式提出了解决开州区新城消落带环境污染问题的"前置库"方案，其中乌杨水位调节坝为关键工程。2010 年起位于汉丰街道乌杨村至木桥村间的水位调节坝截流竣工后，形成了一座面积达 14.8km² 的湖面，以乌杨水位调节坝为控制节点的汉丰湖流域正式形成，汉丰湖也就应运而生。

乌杨水位调节坝工程建成后，可在开州区新城区北侧形成水位相对稳定的"前置库"，从而有效减少三峡库区开州区消落区的面积，降低开州区新城消落区的水位变幅，改善开州区新城区及其周边的生态环境，为消除疫情隐患，建立新的稳定生态系统和良好的人居环境创造条件。

1.2.2　乌杨水位调节坝

汉丰湖乌杨水位调节坝建于开州区城区下游 4.5km 处的丰乐街道办事处乌杨村 2 组。坝高 24.34m，校核洪水位 170.80m（吴淞高程 172.58m），总库容 0.80×10⁸m³，最大过闸流量 8437.68m³/s。根据《水利水电工程等级划分及洪水标准》（SL 252—2000），该工程等别为 Ⅲ 等，土石坝、泄水闸、鱼道、溢流坝、非溢流坝及副坝等主要建筑物为 3 级，上、下导墙等次要建筑物为 4 级。

水位调节坝由大坝和副坝组成。大坝采用闸坝结合坝型，从左岸至右岸依次为非溢流坝、溢流坝、鱼道、泄水闸、土石坝，坝轴线长 507.03m，坝顶高程 177.78m（吴淞高程，下同）；副坝为土石坝，坝轴线长 80.57m。

1.2.3　汉丰湖调节坝调度运行方式

（1）汉丰湖水位调节坝正常蓄水位

在《三峡库区澎溪河流域生态环境综合整治规划》中规划的汉丰湖正常蓄水位为 168.27m（吴淞高程 170.05m），可研阶段经比较推荐正常蓄水位 168.50m（吴淞高程 170.28m），中国国际工程咨询公司在《关于三峡水库开州区消落区生态环境综合治理水位调节坝工程可行性研究报告的咨询评估报告》（咨农水［2005］1395 号）认为正常蓄水位基本合适。故汉丰湖正常蓄水位最终确定为 168.50m。

（2）汉丰湖水位调节坝调度运行方式

汉丰湖水位调节坝的主要任务就是减少开州城区消落带范围和消落带面积，降低开州城区消落带的水位变幅，并营造良好的人居环境和健康的湖泊水生态系统。根据汉丰湖水位调节坝的正常蓄水位（168.50m）要求，并结合三峡水库的调度运行过程，汉丰湖水位调节坝的调度运行方式如下。

1）枯水期

① 当三峡库水位上涨至 168.50m，汉丰湖乌杨调节坝工程闸门全开，汉丰湖湖区水

位与三峡水库水位同步运行；

② 当三峡水库水位自 175m 逐步下降至 168.50m 时，乌杨调节坝泄水闸下闸挡水，以保证汉丰湖库区水位维持在 168.50m 运行，而不随三峡水库水位继续下降。

2）丰水期 三峡库区水位较低。

① 当上游来水较小时，由溢流坝过流，汉丰湖库区水位保持 168.5～169m；

② 当上游来水较大，汉丰湖库区水位超过 169m 时，部分开启闸门，上游来多少水就泄多少水，维持汉丰湖库区水位 168.5m；

③ 当上游洪水 $Q_入 \geqslant 800 m^3/s$ 时，泄水闸闸门全开敞泄冲沙，洪水过后下闸蓄水。排沙时间按 10 年累计 28d 控制。

汉丰湖水位调节坝调度运行过程见图 1-2。

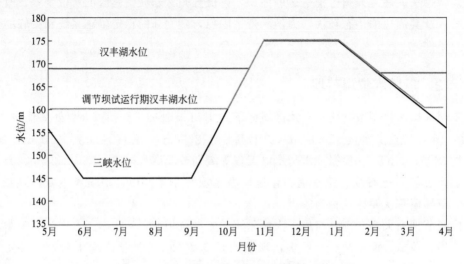

图 1-2 汉丰湖乌杨水位调节坝调度运行过程

1.3 汉丰湖水文情势变化特征

1.3.1 乌杨调节坝建设前后库区水位变化特征

汉丰湖库区自上而下分布有温泉水位站（汉丰湖东河）、宝塔窝水位站（汉丰湖南河）及乌杨桥站（汉丰湖乌杨调节坝址下游），根据近期（2002～2004 年）资料统计，温泉站水位变化区间为 190.70～201.40m，平均水位为 192.76m；宝塔窝站水位变化区间为 156.77～166.26m，平均水位为 157.17m；乌杨桥水位变动区间为 154.80～164.89m（三峡水库运行前），平均水位为 155.30m。3 个站点水位具有高度相关的同步性，尤其是宝塔窝站和乌杨桥站，由于相距较近，水位变化高度相关。受来水影响，3 个站点在 5～11 月水位波动较大，其他月保持在较平稳状态。

温泉站 2002～2004 年水位过程如图 1-3 所示，宝塔窝站和乌杨桥站 2002～2004 年水位过程如图 1-4 所示。

汉丰湖调节坝 2013～2015 年水位过程如图 1-5～图 1-7 所示。

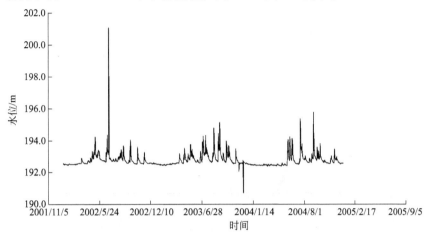

图 1-3　2002～2004 年汉丰湖流域温泉站水位变化过程

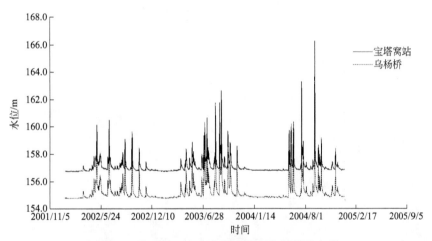

图 1-4　2002～2004 年宝塔窝站和乌杨桥站水位

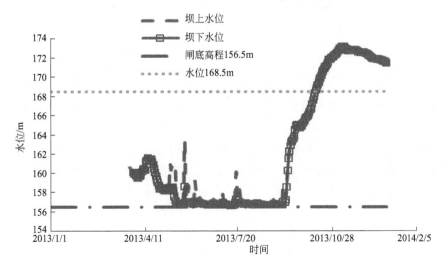

图 1-5　2013 年汉丰湖坝上和坝下水位

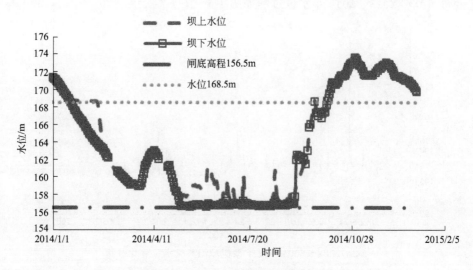

图 1-6　2014 年汉丰湖坝上和坝下水位

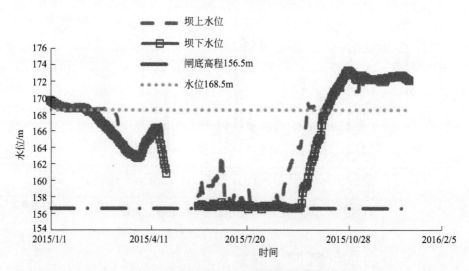

图 1-7　2015 年汉丰湖坝上和坝下水位

汉丰湖调节坝 2013～2014 年水位过程如图 1-5～图 1-7 所示。自 2014 年汉丰湖开始试验性蓄水以来，汉丰湖乌杨调节坝尚未按照其调度运行规程正常运行。在 2013 年 5～8 月、2014 年 5～8 月、2015 年 5～8 月汉丰湖库区并未蓄水，坝上水位略高于坝下水位；在每年的 9 月至翌年 4 月，受三峡水库蓄水和库区高水位运行影响，汉丰湖水位基本与三峡库区水位持平，且在蓄水期间，受三峡水库蓄水水位快速上涨和汉丰湖库区上游来水量变化影响，当三峡水库水位上涨速率快于汉丰湖库区来水形成的水位上涨速率时，三峡库区水流易进入汉丰湖，从而形成倒灌。如 2015 年水期间，汉丰湖乌杨调节坝水流流速监测值出现负值（见图 1-8），说明此处水流流向由坝下往库区流动，即该期间汉丰湖发生了三峡水库水倒灌入汉丰湖库区的现象。

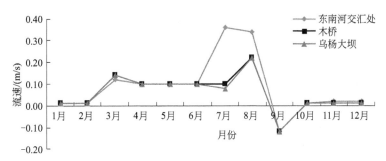

图 1-8　2015 年汉丰湖库区各监测站点水流流速变化过程

1.3.2　汉丰湖库区径流量变化特征

在基础数据十分有限的条件下，结合汉丰湖流域 2007～2014 年逐日降雨量资料和数学模型技术，对汉丰湖流域主要河流（包括东河、南河、桃溪河和头道河）的入湖径流过程进行了模拟（结果见图 1-9）。结果表明，2007～2014 年期间汉丰湖流域多年平均径流量约为 $22.4 \times 10^8 \, \text{m}^3$，其中 55.41% 的水量来自东河，21.78% 的水量来自桃溪河，20.48% 的水量来自南河，自头道河入湖的水量约占 2.33%。

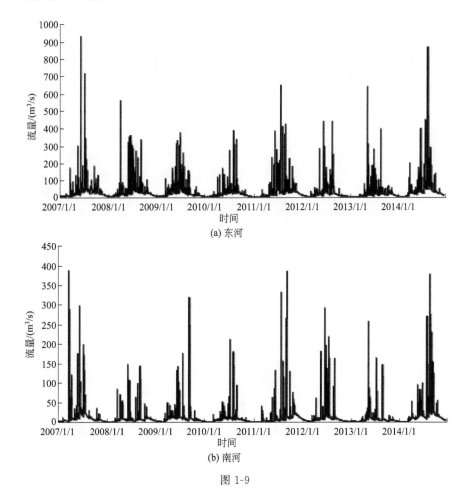

图 1-9

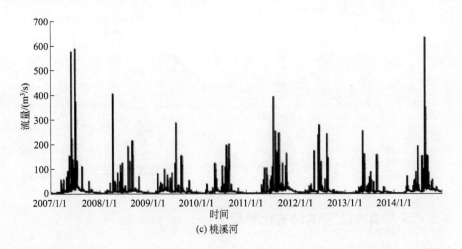

(c) 桃溪河

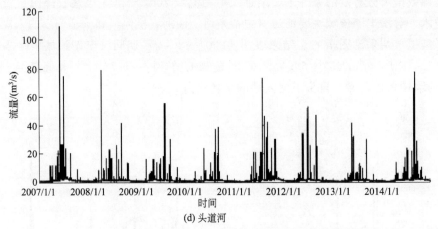

(d) 头道河

图 1-9　2007～2014 年汉丰湖流域主要河流入湖流量过程

根据 2007～2014 年资料统计，东河、南河、桃溪河和头道河平均流量分别为 39.4m³/s、14.47m³/s、15.38m³/s、1.65m³/s，从月均流量（见图 1-10）看，5～10 月月均流量较大，其中 6～9 月径流量约占全年的 60% 以上。从各站洪水过程看，每年均会

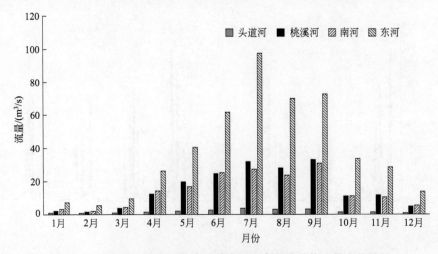

图 1-10　2007～2014 年汉丰湖流域主要入湖河流月均流量变化过程

发生 3~4 场较大洪水，洪水历时 6~7d。

1.3.3　流速变化特征

从各监测点实测流速来看，年际间流速变化趋势较为一致，枯水期流速较小、丰水期流速较大。在同一监测时期，各监测点间呈现出较为类似的变化趋势。在 2014~2015 年，最大流速达到 0.66m/s，出现在南河上游（饶家坪）监测断面（见图 1-11 和图 1-12）。根据各个断面监测结果，流速不大。

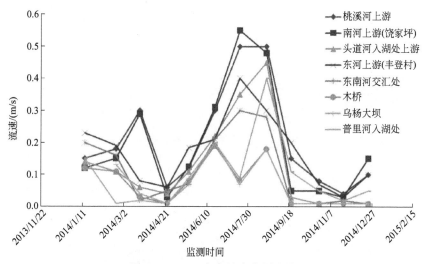

图 1-11　2014 年各站点实测流速

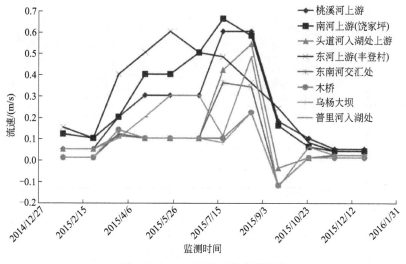

图 1-12　2015 年各站点实测流速

1.3.4　水温变化特征

在研究期间，开展了 2014~2015 年汉丰湖及其上游、下游水温监测，结果见图 1-13

和图 1-14。

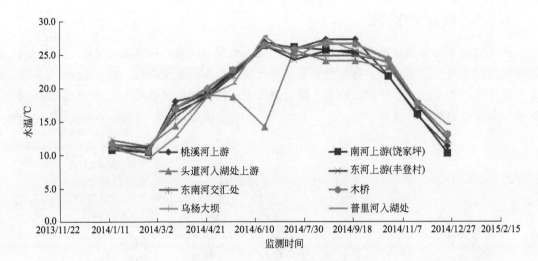

图 1-13　2014 年各站点实测水温

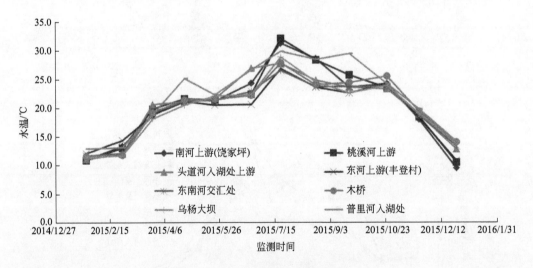

图 1-14　2015 年各站点实测水温

　　根据历年监测结果，在年内，6～7 月水温最高，12 月至翌年 3 月水温最低，水温年内分布趋势总体与气温类似。

　　从各站点监测结果看，由于各站点相距较近，水温差异不明显。个别点位受监测时间不同而水温差异较大。

　　从历年各监测点水温来看，水温变化更多受气温变化影响，其变化趋势与气温变化趋势一致。

　　根据水温监测数据，水华发生的 4～5 月，水温在 14～22℃间；在鱼类繁殖的 4～7 月，水温在 14～31℃间。

1.4　汉丰湖及其支流水环境质量状况调查与评价

1.4.1　水质监测方案

2014～2015 年对汉丰湖各入湖支流及汉丰湖库区开展了水文水质和水生态常规监测，共设置桃溪河上游、南河上游（饶家坪）、头道河入湖处上游、东河上游（丰登村）、东南河交汇处、木桥、乌杨大坝和普里河入湖处 8 个监测断面，监测点设置于各断面中垂线上。

监测点位设置详见表 1-4。

表 1-4　汉丰湖及入湖支流监测点位设置情况

采样点	名称	经纬度	
1	桃溪河上游	108°27′59″E	31°11′28″N
2	南河上游（饶家坪）	108°26′11″E	31°11′22″N
3	头道河入湖处上游	108°24′40″E	31°11′16″N
4	东河上游（丰登村）	108°25′01″E	31°12′05″N
5	东南河交汇处	108°23′58″E	31°11′13″N
6	木桥	108°19′41″E	31°11′37″N
7	乌杨大坝	108°22′22″E	31°10′16″N
8	普里河入湖处	108°24′47″E	31°11′19″N

1.4.2　汉丰湖库区水环境质量现状评价

(1) 汉丰湖区水环境质量总体评价

根据 2014 年 1 月～2015 年 12 月汉丰湖库区（包括东南河交汇处、木桥和乌杨大坝 3 站点）逐月水质监测结果，pH 值、溶解氧（DO）、高锰酸盐指数（COD_{Mn}）、总磷（TP）、总氮（TN）、氨氮（NH_3-N）等指标的水质浓度等分别为 7.10～9.54mg/L、4.56～12.39mg/L、2.26～4.70mg/L、0.08～0.41mg/L、0.92～4.27mg/L、0.01～1.53mg/L；2015 年上述各指标的年均水质浓度等分别为 8.20mg/L、7.99mg/L、3.11mg/L、0.17mg/L、1.33mg/L、0.20mg/L，其水质类别分属Ⅰ类、Ⅰ类、Ⅱ类、Ⅴ类（湖库标准）、Ⅳ类（湖库标准）、Ⅱ类，综合水质类别为Ⅴ类，主要超标指标为 TN 和 TP，见表 1-5。

表 1-5　汉丰湖库区水质评价结果表　　　　　　　单位：mg/L

项目	2014 年		2015 年		综合水质类别
	年均浓度	水质类别	年均浓度	水质类别	
COD_{Mn}	3.84	Ⅱ	3.11	Ⅱ	Ⅴ
TP	0.15	Ⅴ	0.17	Ⅴ	
TN	2.44	劣Ⅴ	1.33	Ⅳ	
NH_3-N	0.28	Ⅱ	0.20	Ⅱ	

2015 年 1~12 月汉丰湖库区叶绿素 a 浓度为 1.38~44.08mg/m^3，叶绿素 a 浓度在 4月、9 月和 10 月出现峰值，主要是因为气候条件、N/P 含量较为适宜藻类生长；湖区透明度在 0.15~4.40m 之间，流速在 0.01~0.36m/s 之间，春冬季节因三峡水位高水位运行影响使库区流速缓慢、泥沙沉降、水体透明度较高，夏秋季节三峡水库低水位运行、库区上游来水量大、水体流动较快且水体泥沙含量大，水体透明度低。

（2）汉丰湖区富营养化现状评价

采用原环境保护部 2011 年 3 月颁发《地表水环境质量评价办法（试行）》（环办［2011］22 号）中"综合营养状态指数法"对汉丰湖水体营养状态进行评价。根据 2015年汉丰湖库区各监测站位的水质监测资料，采用综合营养状态指数法，计算得到各站点年内逐月的综合营养状态指数，并采用湖库营养状态评价标准得到汉丰湖库区水体营养状态等级，其评价结果分别见表 1-6 及图 1-15。

表 1-6　2015 年汉丰湖库区富营养化评价结果

2015 年	营养状态指数					综合营养状态指数	营养状态等级
	COD$_{Mn}$	TP	TN	Chla	SD		
1 月	5	12	11	10	7	45	中营养
2 月	5	12	12	13	4	47	中营养
3 月	5	12	11	11	8	47	中营养
4 月	5	13	11	16	8	54	轻度富营养
5 月	7	13	12	10	15	57	轻度富营养
6 月	5	14	9	9	18	54	轻度富营养
7 月	5	12	9	12	15	53	轻度富营养
8 月	6	12	5	10	14	47	中营养
9 月	8	12	8	15	11	54	轻度富营养
10 月	7	13	12	15	11	58	轻度富营养
11 月	5	11	10	9	5	40	中营养
12 月	4	11	10	11	5	44	中营养
平均值	6	12	11	13	8	50	中营养

注：1. Chla 为叶绿素 a；
2. SD 为透明度。

由表 1-6 及图 1-15 所示评价结果可知，2015 年汉丰湖库区水体富营养状态指数为 50，

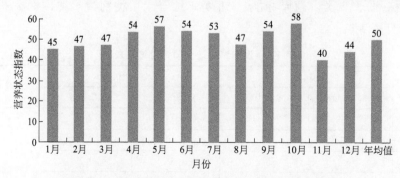

图 1-15　2015 年汉丰湖富营养状态指数年内变化过程

属中营养水平；从年内变化过程来看，枯水期高水位运行季节（即三峡水库水位处于175m 运行时，每年的 11 月、12 月及翌年 1 月、2 月、3 月），汉丰湖水体透明度高，库区多为中营养等级，其他月受汛期来水影响，库区水体透明度显著降低，富营养化等级表现为轻度富营养状态。

（3）汉丰湖库区水质年内时空变化特征

综合 2015 年汉丰湖库区各监测断面理化指标监测成果，得到东南河交汇处、木桥和乌杨大坝年内水质变化过程，其结果如图 1-16 所示。其中，库区水流流速、透明度、TN 指标在年内变化异常明显，其中水流流速表现为主汛期（6～8 月）较大（基本均大于 0.2m/s），表现为河流水流流速特征，汛后期库区水流流速非常小（约为 0.01m/s），表现为典型的湖库型微流速特征；透明度指标主要受汛期降雨径流携带大量泥沙影响，汛期库区水体透明度很小（基本介于 0.2～0.3m 之间），非汛期受上游来水来沙量减少，库区水流流速大幅度减小影响，库区水体透明度基本均超过 1m；TN 指标年内表现为逐渐下降过程，NH_3-N 指标浓度年内以 2～4 月较大，其他指标年内变化无规律可循。

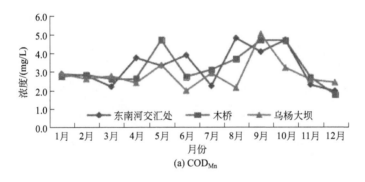

(a) COD_{Mn}

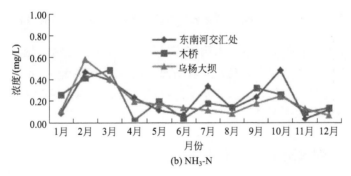

(b) NH_3-N

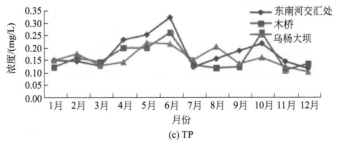

(c) TP

图 1-16

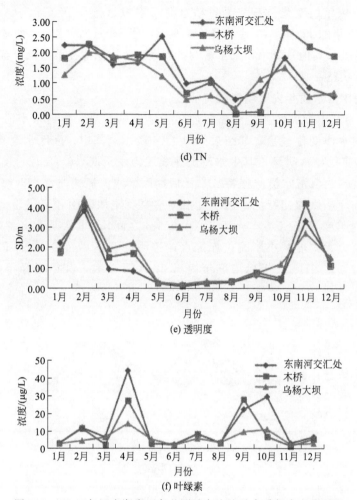

图 1-16 2015 年汉丰湖库区各监测站点流速及水质年内变化过程

从库区水质沿程变化差异来看，水流流速呈现自上而下逐渐减小趋势，即东南河交汇处水流流速相对最大，木桥次之，乌杨大坝断面水流流速相对最小；从各水质指标变化来看，基本均表现为越靠近坝前，其水质状况越好的趋势，但 $NH_3\text{-}N$ 指标除外，这可能与不同区域的三态氮转化存在差异有关。

1.4.3 汉丰湖入湖支流水质现状评价

(1) 汉丰湖入湖支流水质总体评价

根据 2015 年汉丰湖库区主要入湖河流（包括东河、南河、桃溪河和头道河）的逐月水质监测数据，统计得到各河流的入湖水质状况，其结果如图 1-17 所示。

根据图 1-17 所示结果可知，目前进入汉丰湖库区的各河流中，头道河的水质相对较差，COD_{Mn}、$NH_3\text{-}N$、TP、TN 四项指标的入湖水质浓度分别为 3.72mg/L、0.32mg/L、0.20mg/L、1.78mg/L，其水质类别分属 II 类、II 类、III 类和 V 类（湖库标准，下同）；南河水质次之，4 个指标的入湖水质浓度分别为 3.56mg/L、0.25mg/L、0.24mg/L、1.60mg/L，其水质类别分属 II 类、II 类、IV 类和 V 类（湖库标准）；东河、

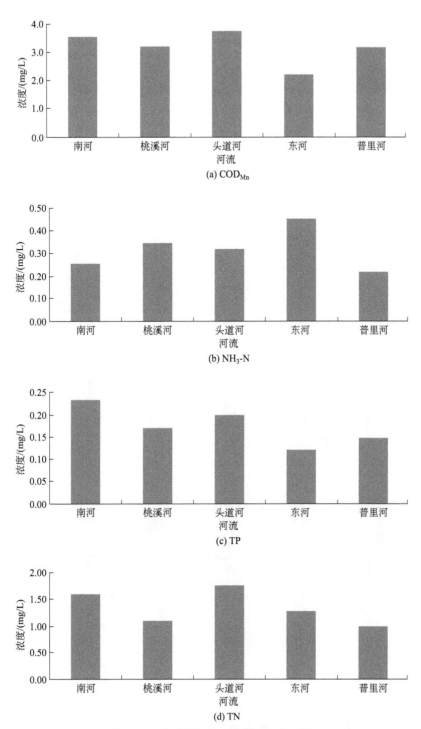

图 1-17　汉丰湖库区入湖河流水质状况

桃溪河和普里河的水质相对最好，各指标质类别分属Ⅱ类、Ⅱ类、Ⅲ类和Ⅳ类（湖库标准）。

（2）汉丰湖入湖河流水质年内变化过程

依据汉丰湖库区主要入湖河流（包括东河、南河、桃溪河和头道河）的逐月水质监测数据成果，绘制得到各河流的入湖水质状况，其结果如图 1-18 所示。

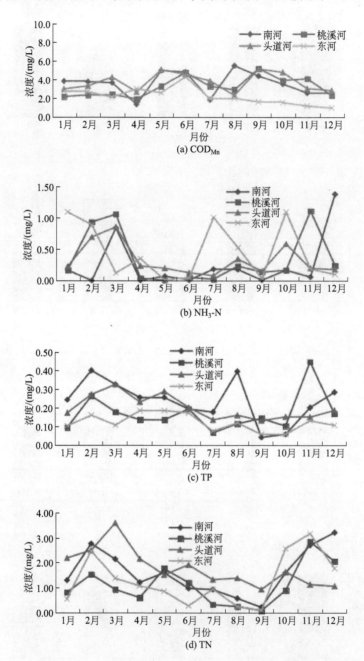

图 1-18　汉丰湖各入湖支流 2015 年水质年内变化过程

由图 1-18 所示结果，并结合汉丰湖库区年内水质变化过程可知，汉丰湖入湖河流水质年内变化过程与汉丰湖库区年内水质变化过程基本一致，由此说明汉丰湖库区水质及其年内变化过程受库区支流入湖影响显著；同时从各支流入库水质的年内变化过程亦可得知，南河和头道河两条支流的入库水质相对较差（主要超标指标为 TP 和 TN），东河年内入湖水质相对较好。

1.5 汉丰湖及其支流生态环境调查

1.5.1 浮游植物群落结构

1.5.1.1 浮游植物种类组成

2015 年汉丰湖共鉴定出浮游植物 353 种，隶属于 7 个门。其中硅藻门种类最多，有 119 种，占总数的 33.71%；绿藻门 98 种，占 27.76%；蓝藻门 48 种，占 13.60%；裸藻门 62 种，占 17.56%；甲藻门 10 种，占 2.83%；隐藻门 14 种，占 3.97%，金藻门 2 种，各占 0.57%。

图 1-19 为汉丰湖 2015 年各点位 1~12 月浮游植物种类组成变化，调节坝、东河、南河、东南河交汇优势种均为绿藻门、蓝藻门、硅藻门，绿藻门主要以栅藻居多，硅藻门种类变化较大，其中舟形藻、针杆藻和小环藻等在各月均有出现，蓝藻门以色球藻、粘球藻为主。

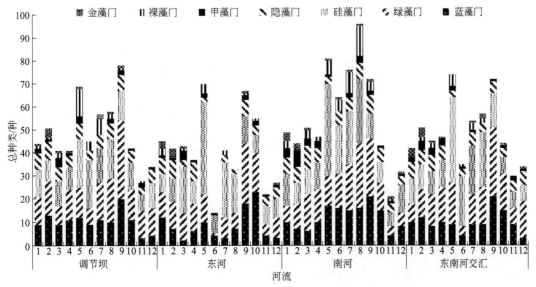

图 1-19　2015 年汉丰湖各点位浮游植物总种类数变化

① 调节坝处浮游植物全年主要以绿藻门、蓝藻门、硅藻门为主，5 月、9 月种类多样性最大，11~12 月种类数最少，1~10 月蓝藻门种类较多，7~9 月绿藻门显著增加，硅藻门全年变化不大。

② 东河断面浮游植物全年主要以绿藻门、硅藻门为主，9 月、10 月蓝藻门种类数有显著增加，5~10 月种类多样性最大，但 5 月以硅藻门为主，9 月、10 月以绿藻门、蓝藻门为主；6 月、11~12 月种类数最少，蓝藻门、绿藻门、硅藻门全年变化均较为显著，时间变化、种类变化较大。

③ 南河断面浮游植物全年主要以绿藻门、蓝藻门、硅藻门为主，全年各月份变化趋势和调节坝断面趋势较为一致，且为 4 个断面中种类数最多断面。1~10 月种类多样性最大，11 月、12 月种类数最少，1~10 月蓝藻门、绿藻门、硅藻门均呈逐渐增加趋势。

④ 东南河交汇处全年主要以绿藻门、蓝藻门、硅藻门为主，全年各月份变化趋势和东河断面趋势较为一致，5月、9月、10月种类多样性最大，但5月以硅藻门为主，9月、10月以绿藻门、蓝藻门为主；6月、11～12月种类数最少。

1.5.1.2 浮游植物种群密度变化

图1-20为2015年各月的浮游植物种群密度变化图。从图1-20中可以看出，在4月、7月、9月以及10月浮游植物种群密度都有增高的趋势，其中以10月最为明显。

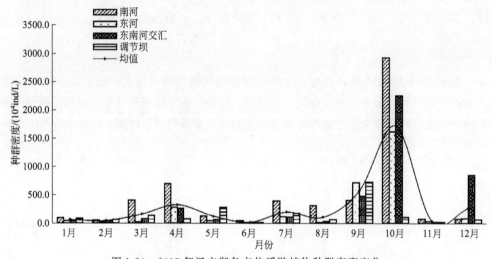

图1-20　2015年汉丰湖各点位浮游植物种群密度变化

全年各月均以南河断面种群密度最大，其次以东南河交汇处较高，10月水华期间南河断面、东南河交汇处更是水华爆发的重点断面。

2015年2月、10月分别监测到轻度水华，但2月浮游植物种群密度并无显著提高则可能是监测时已处于水华末期、10月浮游植物种群密度则有显著增加。

1.5.1.3 浮游植物种群生物量变化

图1-21为2015年各月份的浮游植物种群生物量变化图。从图1-21中可以看出，在2

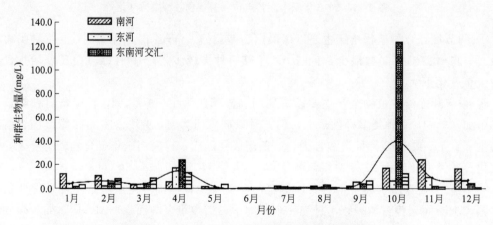

图1-21　2015年1～12月浮游植物种群生物量变化

月、4 月、10 月出现峰值，与水体理化指标变化较为接近；10 月水华期间在东南河交汇处生物量达到最高，表明东南河交汇处是水华爆发的重点断面。

2015 年 2 月、10 月分别监测到轻度水华，但 2 月浮游植物种群生物量并无显著提高则可能是监测时已处于水华末期、10 月浮游植物种群生物量则有显著增加。

1.5.2　鱼类资源调查

2013 年 5 月（枯水期）以及 11 月（丰水期）对汉丰湖及其支流开展了鱼类资源调查，调查分析结果如下。

1.5.2.1　鱼类组成

两次调查共采集鱼类标本 8816 尾，隶属于 4 目 7 科 31 属，共计 44 种鱼类（表 1-7）。以目来分，鲤形目种类数最多，共 2 科 33 种，分别占总科数和总种类数的 28.57% 和 75.00%；其次是鲇形目，2 科 7 种（28.57% 和 15.91%）；鲈形目含 2 科 3 种（28.57% 和 6.82%）；最少是合鳃鱼目，1 科 1 种（14.29% 和 2.27%）。以科来分，鲤科鱼类种类数最多，达 21 属 28 种，占总种类数的 63.64%。其中鲌亚科鱼类有 4 属 8 种，鮈亚科鱼类有 6 属 8 种，为鲤科中种类数最多的两个亚科，占总种类数的 18.18%，占鲤科鱼类种类数 28.57%。其次是鳅科，3 属 5 种，占到总种类数的 11.36%；鲿科 3 属 6 种占总种数的 13.64%。再次是鰕虎鱼科，1 属 2 种，占总种类数的 4.55%。鮠科、鮨科、合鳃鱼科都为 1 属 1 种，各占总种类数的 2.27%。

表 1-7　汉丰湖鱼类组成名录

目	科	亚科	属	种
鲤形目	鲤科	鲃亚科	倒刺鲃属	中华倒刺鲃
		鱼丹亚科	鱲属	宽鳍鱲
		雅罗鱼亚科	草鱼属	草鱼
			赤眼鳟属	赤眼鳟
		鲌亚科	鲌属	翘嘴鲌
				蒙古鲌
				青梢红鲌
			餐属	餐
				张氏餐
				油餐
			华鳊属	四川华鳊
			半餐属	四川半餐
		鳊亚科	似鳊属	似鳊
			鲴属	银鲴
			逆鱼属	逆鱼
		鳑鲏亚科	鳑鲏属	中华鳑鲏
				高体鳑鲏
		鮈亚科	麦穗鱼属	麦穗鱼
			棒花鱼属	棒花鱼
				钝吻棒花鱼
			银鮈属	银鮈
			鱊属	黑鳍鳈
			铜鱼属	铜鱼

目	科	亚科	属	种
鲤形目	鲤科	鮈亚科		圆口铜鱼
			蛇鮈属	蛇鮈
		鲤亚科	鲫属	鲫
			鲤属	鲤
		鲢亚科	鲢属	鲢
	鳅科	沙鳅亚科	沙鳅属	中华沙鳅
				伍氏沙鳅
				宽体沙鳅
		花鳅亚科	泥鳅属	泥鳅
			花鳅属	花鳅
鲇形目	鲇科		鲇属	鲇
	鲿科		黄颡鱼属	瓦氏黄颡鱼
				光泽黄颡鱼
				黄颡鱼
			鮠属	长吻鮠
				粗唇鮠
			𬶭属	大鳍𬶭
鲈形目	鮨科		鳜属	鳜
	鰕虎鱼科		栉鰕虎鱼属	波氏栉鰕虎鱼
				子陵栉鰕虎鱼
合鳃鱼目	合鳃鱼科		黄鳝属	黄鳝

在本次调查期间,中华倒刺鲃均只出现过一次,麦穗、黄鳝出现过两次。

1.5.2.2 鱼类相对重要性指数(IRI)

渔获物中相对重要性指数前10的种类及其重量百分比、数量百分比见表1-8。银鮈的相对重要性指数(2868.88)远远大于其他鱼类,在渔获物中占据绝对优势;除银鮈外,蒙古鲌(1873.14)和似鳊(1239.47)的相对重要性指数也远大于其他种类,也是渔获物中的优势种类。其他渔获物中,餐(1001.99)、鲫(895.61)、鲤(859.88)、翘嘴鲌(710.36)也是具有很大优势地位的种类。整个渔获物中,数量百分比前六位分别为银鮈(53.27%)、似鳊(14.26%)、餐(8.19%)、棒花鱼(2.72%)、蒙古鲌(2.44%)、鲫(2.17%),其中银鮈占总数量的1/2以上,为绝对优势种,似鳊和餐的数量也远大于其他种类;重量百分比前六位分别为蒙古鲌(21.64%)、似鳊(13.63%)、银鮈(11.28%)、鲤(7.96%)、翘嘴鲌(6.99%)、鲫(6.79%),其中蒙古鲌占总重量的近1/4,似鳊和银鮈的重量在群落中也占很大优势。从整体来看,银鮈、似鳊、蒙古鲌、鲤、鲫等为汉丰湖鱼类群落中的优势种。

表1-8 渔获物相对重要性指数(前10种)

鱼名	数量/尾	重量/g	数量百分比/%	重量百分比/%	IRI * 10⁴
银鮈	4696	17129.1	0.5327	0.1128	2868.88
蒙古鲌	215	32876.6	0.0244	0.2164	1873.14
似鳊	1257	20700.7	0.1426	0.1363	1239.47
餐	722	7127.2	0.0819	0.0469	1001.99

鱼名	数量/尾	重量/g	数量百分比/%	重量百分比/%	IRI * 10⁴
鲫	191	10312.7	0.0217	0.0679	895.61
鲤	56	12096.2	0.0064	0.0796	859.88
翘嘴鲌	88	10622.5	0.0100	0.0699	710.36
鲇	57	5612.1	0.0065	0.0369	385.90
黄颡	80	5665.8	0.0091	0.0373	360.70
草鱼	6	4749.9	0.0007	0.0313	213.01

注：IRI 为相对重要性指数。

1.5.2.3　鱼类多样性指数

鱼类 Shannon-Wiener 多样性指数 H' 为 1.8985，优势度指数 λ 为 0.3145，均匀度指数 J' 为 0.5017，种类丰富度指数 D 为 3.2133，相对稀有指数 R 为 95.45%。H' 数值较小，说明汉丰湖中鱼类的多样性较低。优势种银鲴种群数量占到了总体的 53.27%，说明该湖优势种极其明显。偶见种（数量百分比<1%）占到 72.73%，说明汉丰湖某些种类的数量极稀少，群落结构不稳定。

1.5.3　枯、丰水期鱼类组成区别

(1) 鱼类种类组成及其优势种变动

本次调查记录的 43 种鱼类中，在枯、丰水期的两次调查中均出现的种类有 19 种，仅在枯水期调查中出现的有 10 种，仅在丰水期调查中出现的有 14 种（见表 1-9）。两次调查的群落相似度 Jaccard 指数为 0.4318、Sorenson 指数为 0.6032，表明枯、丰水期汉丰湖鱼类群落组成存在较大差异。

表 1-9　枯、丰水期鱼类出现情况

种类	枯、丰水期均出现	仅枯水期出现	仅丰水期出现
宽鳍鱲 Z. platypus			√
草鱼 C. idellus	√		
赤眼鳟 S. curriculus		√	
翘嘴鲌 C. alburnus	√		
蒙古鲌 E. mongolicus	√		
青梢红鲌 E. dabryi			√
𩾃 H. leucisculus	√		
张氏𩾃 H. tchangi	√		
油𩾃 H. bleekeri	√		
四川华鳊 S. taeniatus		√	
四川半𩾃 H. sauvagei		√	
似鳊 P. simoni		√	
银鲴 X. argentea		√	

续表

种类	枯、丰水期均出现	仅枯水期出现	仅丰水期出现
逆鱼 A. simony (Bleeker)			√
中华鳈鲏 R. sinensis	√		
高体鳈鲏 R. ocellatus	√		
麦穗鱼 P. parva	√		
棒花鱼 A. rivularis		√	
钝吻棒花鱼 A. obtusirostris			√
银鮈 S. chankaensis		√	
黑鳍鳈 S. nigripinnis			√
铜鱼 C. heterodon			√
圆口铜鱼 C. guichenoti			√
蛇鮈 S. dabryi			√
鲫 C. auratus	√		
鲤 C. carpio	√		
鲢 H. molitrix	√		
中华沙鳅 B. superciliaris	√		
伍氏沙鳅 B. wui			√
宽体沙鳅 B. reevesae			√
泥鳅 M. anguillicaudatus	√		
花鳅 C. sinensis			√
鲇 S. asotus	√		
瓦氏黄颡鱼 P. vachelli	√		
光泽黄颡鱼 P. nitidus	√		
黄颡鱼 P. fulvidraco	√		
长吻鮠 L. longirostris			√
粗唇鮠 L. crassilabris			√
大鳍鳠 M. macropterus		√	
鳜 S. chuatsi	√		
波氏栉鰕虎鱼 C. cliffordpopei (Nichols)			√
子陵栉鰕虎鱼 C. giurinus (Rutter)			√
黄鳝 M. albus		√	

在枯水期调查中，银鮈的相对重要性指数（7017.60）远远大于其他鱼类，为渔获物中的绝对优势种；除银鮈外，似鳊（3162.88）和蒙古鲌（1958.37）以及餐（1027.23）的相对重要性指数也远大于其他种类，也是渔获物中的优势种类。在蓄水后的调查中，相对重要性指数最大的前三种鱼依次是翘嘴鲌（2483）、草鱼（1830）、鲤鱼（1817）、鲫鱼（1240）。由此可见，枯、丰水期汉丰湖流域的绝对优势种以及优势种都完全不同。在丰水期，地面植被被淹没，大量有机质释放到汉丰湖水体中，水体饵料资源较为丰富。更适合

鲤、鲫鱼等在淹没的树枝、草丛中所产鱼卵的孵化以及增殖放流的一些草食性鱼类如草鱼等的生长。因此，丰水期在鱼类生境面积扩大以及生境类型趋于复杂化的情况下，鱼类群落中的优势种发生较大变化。

(2) 生物多样性变化

枯水期，鱼类 Shannon-Wiener 多样性指数 H' 为 1.69，均匀度指数 J' 为 0.50，种类丰富度指数 D 为 3.21；丰水期，鱼类 Shannon-Wiener 多样性指数 H' 为 2.62，均匀度指数 J' 为 0.75，种类丰富度指数 D 分别为 4.98。丰水期汉丰湖鱼类群落多样性、丰富度、均匀度指数均有较大幅度增大，表明在丰水期汉丰湖鱼类群落种类数增加，结构更加复杂。丰水期，大量缓坡、草地被淹没，湖体面积扩大，鱼类生存空间增大；生境类型更加复杂，适合不同种类个体生存；水体中有机质大量增加，水体鱼载力增大。因此，尽管丰水期鱼类种类有所变化，但种类数有所增加，种群数量也有上升，鱼类群落结构更加复杂，多样性增加。综合两次的调查结果，渔获物的 Shannon-Wiener 多样性指数 H' 为 1.90。刘绍平等（2005）研究表明，2001～2003 年间长江中游荆州、岳阳和湖口江段的鱼类群落 Shannon-Wiener 多样性指数（H'）数值范围为 0.82～1.10。两者比较表明，汉丰湖调查区域的物种多样性远远高于长江中游荆州、岳阳和湖口江段的物种多样性。相对长江中游鱼类所处的环境而言，汉丰湖鱼类的生存环境可能相对较好。

1.6　汉丰湖流域主要水环境问题

根据汉丰湖库区的水动力特性，并结合汉丰湖流域污染源调查、流域水环境质量调查与评价结果及近年来库区水质变化过程可知，目前汉丰湖库区及汇水区流域存在如下的主要水环境问题：

(1) 汉丰湖水动力条件复杂多变，不利于湖区水质改善与提升保护

汉丰湖是因乌杨调节坝在汛期抬高湖区水位和三峡水库在枯水季节高水位运行而形成的一个河道型湖泊，水体相对封闭。在汉丰湖乌杨调节坝未投入运行之前，枯水季节（10月至翌年 2 月），汉丰湖水位直接受三峡水库高水位（175m）运行影响与控制而成湖泊形态，水流运动十分缓慢（流速<0.02m/s）；在 2～5 月期间，三峡水库为即将来临的汛期腾空防洪库容而逐步降低运行水位至 145m，汉丰湖因水位降低而水流流速逐步增大，使湖区平均流速达到 0.10m/s，湖区水动力条件得到显著改善；在汛期（6～9 月），三峡水库处于汛限水位（低水位）运行，汉丰湖库区断面平均流速在 0.20～0.40m/s，水流条件表现为明显的河流特性。当汉丰湖乌杨调节坝投入运行后，汉丰湖水位将常年在168.50~175m 区间运行，湖泊的河流型水流特征将消失，湖区水流将呈现较为稳定的湖泊流态特征，湖区水流运动十分缓慢（流速≤0.02m/s），入湖污染物的迁移扩散速率将显著降低，湖区水质空间分布差异性将更加显著，不利于入湖排放口附近水质保护，不利于汉丰湖库区整体水质改善与提升保护。

(2) 汉丰湖水质年内波动变化显著，存在水质严重超标与富营养化问题

受汉丰湖流域汇水区各类污染源排放入河（东河、头道河、桃溪河、南河）及汉丰湖周边污染源直接入湖的影响，现状年汉丰湖整体水质为Ⅴ类，超Ⅲ类（湖泊水质目标）标准的有 TP 和 TN 两项指标。从汉丰湖水质年内变化过程来看，TP 指标全年均超过Ⅲ类水质目标要求（超标倍数为 1.30~4.28 倍）；TN 指标主要在非汛期超标（超标倍数为 0.03~1.14 倍），且年内波动变化较为显著。

根据"综合营养状态指数法"的相关要求，目前汉丰湖已处于中营养~轻度富营养之间，水体富营养化问题日益凸显，且湖泊中叶绿素在汛前期（4月）和汛后期（9、10月）均出现高值，易出现蓝藻水华问题。尤其是当汉丰湖调节坝正式运行后，受库区水动力条件进一步减弱影响，汉丰湖在该期间的蓝藻水华问题将逐渐凸显，应引起高度重视。

（3）汉丰湖流域农业面源污染严重，农田种植氮磷流失量大

汉丰湖流域污染源调查结果表明，除开州城区污水处理厂尾水直接入湖外，汉丰湖周边几乎无其他大型集中连续排放点源，经东河、南河、桃溪河和头道河等水流进入汉丰湖是汉丰湖入湖污染负荷的最主要来源。在各河流的入湖污染负荷中，农田面源所占比重较大。据汉丰湖流域污染负荷计算结果表明，汉丰湖流域农田面源污染负荷量 COD 为 25089t/a，占流域 COD 年排放总量 31.75%；NH_3-N 年排放量为 4037.32t，占流域 NH_3-N 排放总量的 47.61%；TN 年排放量为 12112t，占流域全年排放总量 55.06%；TP 年排放量为 2883t，占流域全年排放总量 75.72%。由此可见，汉丰湖流域农田面源污染严重，农田种植所产生的氮、磷流失是汉丰湖库区 N、P 入湖负荷的最主要来源

汉丰湖流域农业面源污染情形与三峡库区其他区县面临的问题基本一致，即种植业测土施肥有待推广，生物、低毒农药的使用率较低，流域内 131 万亩耕地的大量污染物随地表径流直排附近河流并随入湖支流进入汉丰湖。农田面源污染日益成为影响汉丰湖库区水质安全，并导致库区水体富营养化的重要因素。

（4）城乡污水收集率低、污水处理厂出水标准有待提高

① 开州区城市污水收集率较低。经调查，汉丰湖周边有 109 个排水口，其中污水排口 41 个，雨水排口 19 个，雨污混排口 40 个，其他小支流（暗渠）9 个，主要分布在汉丰湖库周及支流观音河、平桥河、驷马河、镇东街道头道河等区域；汉丰、文峰、云枫、镇东、丰乐等街道二、三级管网不完善，镇东、丰乐两个街道无法收集污水。

截至 2015 年，开州区 40 个乡镇（街道办）全部建设污水处理厂，服务范围覆盖全县所有建制镇居民。但由于污水厂设计时只考虑污水干管的铺设，而未考虑二、三级管网进行铺设，导致污水处理厂污水收集率较低，未发挥其最大功能。汉丰湖流域已经建成和规划建设的污水处理厂按《城镇污水处理厂污染物排放标准》一级 B 排放标准设计，汉丰湖蓄水后对水流减缓，污染物降解能力将下降，汉丰湖流域污水处理厂将是流域内的重要点源排放单元，对污水厂排水水质标准将有更高的要求。

② 乡镇污水处理厂运行效果较差。污水处理设施工艺亟待提高，乡镇污水处理厂除磷脱氮技术相对较弱，部分污水处理厂出水不能达到排放标准。

（5）汉丰湖周边畜禽养殖污染问题依然存在

汉丰湖流域规模化畜禽养殖场以中小型为主，排放方式以进入沼气池、用作农用肥以及直接排放为主，流域内规模化养猪场中，80% 建设了沼气池，污染处理率在 85% 左右。对汉丰湖水体造成直接影响的有 25 家畜禽养殖场，主要分布于镇东街道、汉丰街道、文峰街道、丰乐街道、白鹤街道及镇安镇，这些养殖场沼气池建设容量偏小，污水处理率不高，无法满足畜禽粪便的处理。汉丰湖周边畜禽散养户较多，产生的粪便以农用施肥为主，但冲圈的污水处理率普遍不高，污水通过沟渠、支流等入湖，畜禽散养户养殖规模和

占地面积较小的特点使其很难开展污染处置。

（6）环境监管能力亟待加大

汉丰湖相关机构和政策指导等管理控制措施尚需完善。

① 工作人力不足，目前虽然在各个乡镇都设置 1～2 名环保员，但均为兼职人员，由于环境保护工作逐渐受到重视，环保员工作量日益增加，导致环保工作人力资源严重不足。

② 监测、监管和监控能力不足，缺乏针对汉丰湖的生物监测手段、汉丰湖控制开发范围不清晰、监控对象尚不明确等，特别是针对水华发生风险没有构建预测预警技术体系，在浮萍爆发后完全处于被动监测与打捞状态，汉丰湖流域的管理体系急需从常规管理向风险管理转变。

基于汉丰湖流域水环境质量状况以及存在的主要水环境问题，结合流域污染特征、治污条件以及水环境管理需求，确定湖体核心区、湖滨禁建区、限建治理区和优化开发区为汉丰湖流域的重点防控区。

第**2**章

陆域点源控源减排技术

2.1 工业循环水磷污染减排技术

2.1.1 国内外现状及发展趋势

2.1.1.1 循环水处理方法的比较

现在大多数的循环水处理技术以化学法为主，其他技术虽然有一些探索，但并未形成真正工业化技术。

（1）化学法

我国循环水处理的主流技术是化学药剂法，水处理配方仍然以磷系为主，近年来也已开发了高 pH 值、低磷的碱性配方。从处理效果来看，化学药剂及其应用技术与管理之间的脱节致使循环水系统运行的浓缩倍数普遍偏低，影响了节水效果和运行成本，也不利于环境保护。

（2）物理法

我国循环水处理成熟的物理方法主要以电解法为主，利用负极电子对钙镁离子的吸附，除去水中的硬垢以达到阻垢的目的。但该技术局限性较大，缓蚀效果微弱，且能耗较高，故应用范围较小。其他物理方法诸如利用高频电磁脉冲处理工业循环水，还停留在实验摸索阶段。

（3）生物法

虽然有一些酶处理的措施和探索，但完整生物法处理循环水尚未形成，生物法应用工业循环水处理技术还尚属空白。生物缓蚀阻垢技术研发利用生物酶和降解性微生物解决循环水问题，使用生物强化技术定期外加微生物，以达到缓蚀阻垢、抑制菌藻的效果。经过现在的工程实际应用证明，生物技术在提高循环水浓缩倍数、节水节能、绿色环保等方面有着较大的优势。

2.1.1.2 生物法处理循环水的探索

目前水处理技术中，生物处理法已成为世界各国控制水污染的主要手段，尤其是现代生物技术将成为水污染控制领域重点开发和应用的技术手段。随着国家节能环保战略的深入，生物技术在各领域特别是污水处理方面产生了巨大的社会效益和经济效益，与传统的物理、化学处理手段相比，运用生物技术处理废水具备低成本、高效率和环境友好等多重优点。不过，在循环水处理领域，完整的生物处理技术没有成型。

实际上，循环冷却水也是一种微污染的水体，只要解决好微生物的腐蚀率问题，也可以用生物法进行处理，从而使水质达到生产所需要的标准。酶是能够催化生物化学反应的催化剂，根据其催化类型，通常可分为水解酶类、氧化还原酶类、异构酶类、转移酶类、裂解酶类和合成酶类。如果对循环水系统进行研究，可筛选出适合于系统的特定的微生物及生物酶来处理循环水系统运行中产生的问题。向工业循环水系统中投加生物酶水质稳定剂后，其会在系统中逐渐形成特定微生态体系，并根据各自的作用解决循环水系统运行问题，具有除垢、缓蚀、抑制藻类等功能。因此，近年来在固定化酶技术、固定化微生物等处理循环水方面许多科学家也进行了一些有益的探索。

(1) 生物酶法处理循环水系统中的生物黏泥

生物黏泥是工业循环水系统冷却塔、管道等壁上附着的一层黏质生物膜，会对设备和水质造成危害。1973 年，Herbert J. Hatcher 首次提出可利用果聚糖水解酶来抑制工业水系统中生物黏泥的生成，并将其运用到造纸厂白水中，其成果已申请专利。1987 年，EcoLab 公司的 Pedersen 等将生物酶制剂与化学杀生剂结合在一起，用于控制循环冷却水中微生物黏泥的生成。苏腾等用 α-淀粉酶、木瓜蛋白酶、果胶酶、枯草杆菌蛋白酶、胰蛋白酶、溶菌酶、纤维素酶等来处理工业循环冷却水中的生物黏泥，其研究发现，多种水解酶对生物黏泥都有一定程度的处理效果，最终他将 α-淀粉酶、胰蛋白酶、纤维素酶三种酶复配，复配产物对生物黏泥有很好的处理效果，且酶处理剂也可被生物降解，不会在循环水系统中产生毒害物质，不会对系统产生危害。南京某炼油厂利用生物酶制剂后，水体水质有所改观，基本水质指标均在标准要求之内，且管道腐蚀率较之前有所减少，硬垢沉积率也有所减少。

(2) 生物酶法缓解循环冷却水系统腐蚀

溶菌酶是一种碱性酶，可以水解细菌细胞壁上的黏多糖糖苷键，从而使细胞溶解，导致微生物死亡。同时通过生物降解作用，循环水水质得到净化，也无需向系统内投加化学药剂，从而减轻系统的腐蚀，且酶制剂会使铁锈脱落，其分解式如下：铁锈→Fe_2O_3 · $Fe(OH)_2$ · xH_2O。研究表明，在 25℃下、H_2SO_4 浓度为 0.5mol/L 的介质中，溶菌酶对 Q235 钢有明显的缓蚀作用。石油化工企业的循环冷却水系统中，泄漏的柴油乳化后吸附在管壁上，缓释剂无法与金属表面充分接触，不能形成致密保护膜，导致设备局部腐蚀，缩短系统的使用寿命。卢宪辉等利用溶菌酶、脂肪酶、漆酶三种酶的特性，复配出复合生物酶制剂，并采用旋转挂片法评定其缓蚀效果，结果表明，溶菌酶 50.0mg/L、脂肪酶 10.0mg/L、漆酶 75.0mg/L 时，对于有柴油泄漏的循环水系统，生物酶制剂有良好的缓蚀效果。

(3) 生物酶法抑制循环水系统菌藻产生

由于工业循环水是微污染水体，藻类可以利用水体中的营养物质大量繁殖，使循环水浊度升高，污染加重，并会附着在管壁等位置，加速系统的腐蚀。生物酶制剂可以一定程度的分解水中的有机物或含氮物质，并对循环水体中比藻类更高等的好氧微生物有一定的激活作用，形成不同的生态位，改变养分竞争机制，使藻类的养分供应链中断，从而不能大量繁殖。一部分脱落到系统流动水体中的藻类还能被生物酶分解，将其分解为 N_2 从水体中逸出，从而使藻类缺乏氮磷等营养物质，难以在循环水系统中大量生长。其简易分解式如下：

$$C_{106}H_{263}O_{110}N_{16}P+H_2O \longrightarrow CO_2\uparrow+N_2\uparrow+P_2O_5+H^++e^-$$

其他的一些科学家，也对采用生物技术处理循环水进行了一些有益的探索。特别是在循环水系统中高含量可同化有机碳（AOC）存在时，传统的化学法就很难以处理，不仅难以提高浓缩倍数，更有可能出现循环水系统崩溃。K. P. Meesters（2003）在实验室采用生物滤池处理循环水可有效去除可同化有机碳，可保证维持循环水体的水质要求，从而达到多次循环的需要；F. Liu 等（2011）的研究表明，采用低营养限制（Low nutrient limitation）策略进行 COD 减排后，可以不采用杀菌剂等来控制生物污染。此外，生物竞争排除（Biocompetitive exclusion，BE）策略等也在石油工业中获得重视和研究，认为通过硝酸盐注射等模式来抑制硫酸盐还原菌（SRB）的生长和生物腐蚀（Microbiologically influenced corrosion，MIC）。不过，完整的循环水生物处理技术并未形成，未见进行工业化的推广和应用。

2.1.2 溶垢微生物的分离和筛选

碳酸酐酶（Carbonic anhydrase）广泛分布于动植物和原核生物中，是已知的催化反应速率最快的生物催化剂。不仅所有哺乳动物的组织和细胞类型中都发现了碳酸酐酶，而且植物和单细胞绿藻中含有丰富的碳酸酐酶。碳酸酐酶具有一系列重要的生理作用，如控制酸碱平衡、呼吸作用、二氧化碳和离子运输、光合作用、钙化作用等。

近年来有研究发现，碳酸酐酶在岩溶环境中广泛分布，与生态系统中元素迁移之间有着紧密的关系。岩溶地区土壤细菌的碳酸酐酶以胞外酶方式存在，在石灰岩的溶解实验中加入碳酸酐酶，可使溶解速率提高 10 倍。本实验通过采集富含微生物的金佛山土壤，从中分离能分泌胞外碳酸酐酶的土壤微生物，开发其在解决工业循环水结垢问题的潜能。

2.1.2.1 取样

前期研究资料表明，夏季土壤碳酸酐酶活性最高，因此于 2014 年 7 月前往金佛山采集土壤样品，并置于冰箱保存。金佛山地处亚热带湿润气候区，海拔高度为 500～2200m，植物种类及植被群落类型多，亚热带岩溶生态系统，由寒武纪、奥陶纪的石灰岩、白云岩构成岩溶发育的物质基础。

2.1.2.2 测定土壤碳酸酐酶活性

将每个新鲜土壤样本准确称取 3 份，每份 2.0g，分别加入 10mL、20mmol/L 的巴比妥缓冲液（pH8.3），混匀后在 7000r/min 下离心 10min，取上清液测定碳酸酐酶活性。

碳酸酐酶活性按 Brownell 等的方法略做改进后测定。该测定是在一个 2℃ 的冷冻反应室中，通过测定在含有 0.5mL 煮沸或未煮沸土壤提取液的测定液中注入 4.5mL 冰冷的 CO_2 饱和水后 pH 值下降的速度差异来进行的。酶活单位数由下式求得：

$$U=10(T_0/T_e-1)$$

式中　T_0——加入煮沸土壤提取液测得的 pH 值变化所需时间；

T_e——加入未煮沸土壤提取液测得的 pH 值变化所需时间。

碳酸酐酶活性以每克干重土壤含有的酶活单位数（U/g）表示，表 2-1 是土壤碳酸酐酶活性测定结果。

表 2-1　土壤碳酸酐酶活性测定结果

土壤编号	细胞内碳酸酐酶活性/(U/mg)	细胞外碳酸酐酶活性/(U/mg)
1	1.65±0.12	0.19±0.01
2	0.27±0.07	—
3	0.76±0.04	—
4	6.21±0.48	0.72±0.02

2.1.2.3　产碳酸酐酶细菌的筛选及酶活测定

土壤细菌的分离参照《土壤微生物研究法》进行。将适量土壤稀释液涂布于含有 60g/L 碳酸钙、1mol/L $ZnSO_4$ 的牛肉膏蛋白胨琼脂平板上，将平板置于 34～37℃环境中培养 24h，挑出长好的菌落并采用划线法进行纯化，然后测定每个纯细菌培养物的碳酸酐酶活性，从而获得能产碳酸酐酶的细菌。纯细菌培养物在 5000r/min 下冷冻离心 5min，取上清液测定细胞外碳酸酐酶活性。碳酸酐酶活性以每毫克蛋白含有的酶活单位数（U/mg）表示。

菌株在白垩培养基上涂布生长的菌斑如图 2-1 所示，排除 pH 值测试酸性菌株后，可基本确定为碳酸酐酶产生菌，供进一步做摇瓶测试和碳酸酐酶活性测定实验（由于培养基中含有较多碳酸钙，所以产生的菌斑周围水解圈也可能是由于产酸细菌产酸水解所形成，利用 pH 测试可初步确定为产酸菌或产酶菌株）。

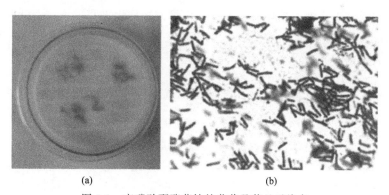

(a)　　　　　　　　　　　　(b)

图 2-1　产碳酸酐酶菌株的菌落及革兰氏染色

从土壤中筛选出 4 株产碳酸酐酶量较多的微生物，其碳酸酐酶活性测定见表 2-2。

表 2-2　部分优势菌株碳酸酐酶活性及鉴定

菌株编号	细胞内碳酸酐酶活性/(U/mg)	细胞外碳酸酐酶活性/(U/mg)	16S rRNA 测序结果
1-1	1.35±0.09	0.11±0.01	干酪乳杆菌 (*Lactobacillus casei*)

菌株编号	细胞内碳酸酐酶活性/(U/mg)	细胞外碳酸酐酶活性/(U/mg)	16S rRNA 测序结果
3-1	0.21±0.03	—	假单胞菌属（*Pseudomonas*）
4-1	3.70±0.17	0.22±0.03	阴沟肠杆菌（*Enterobacter cloacae*）
4-2	5.41±0.39	0.52±0.05	赖氨酸芽孢杆菌（*Lysinibacillus*）

对获得的高碳酸酐酶酶活菌株进行了生长曲线和产酶及酶活曲线等测定，并以此作为后续提取碳酸酐酶并保种的依据。

2.1.3　循环水内微生物的 QSI 控制技术

微生物不断地受到各种各样的环境刺激，为此，细菌进化出了多种系统使其能适应这些环境波动。为了在竞争环境中获得最大利益，单细胞细菌采取的一种群落基因调节机制，称为群体感应（quorum sensing，QS）。细菌群体感应信号中，高丝氨酸内酯（N-acyl-homoserine lactonase，AHLs）是一类被定性清楚的细胞间交流信号；而同时，细菌的竞争者们却进化出某种机制解除微生物的 QS 系统来获得竞争中的优势地位，比如群体感应信号分子抑制剂（quorum sensing inhibitor，QSI）。

微生物给循环冷却水系统带来的危害主要有两个方面：a. 微生物的粘泥危害；b. 微生物的腐蚀危害。这两个方面问题的形成与微生物在循环水系统里的数量和种类密切相关。而群体淬灭细菌通过干扰细菌群体感应系统可以抑制细菌生物膜的形成，削弱了循环水系统里微生物的成长载体，从而达到减少微生物种类和数量的作用。通过 PCR-TGGE 方法来探究群体淬灭细菌对循环水系统里水样中和挂片上微生物多样性的影响。

2.1.3.1　循环水实验系统的建立及实验检测

参考 Dogruoz N 等关于循环冷却水系统试验装置以及于海琴等关于生物污染实验研究方法，研制了静态挂片腐蚀实验装置，如图 2-2 所示。反应器里加入 5L 从重庆市某化工厂循环冷却水系统取来的循环水，利用恒温磁力搅拌器使整个装置里烧杯中的水温维持在 35℃；在装置中央挂入实验用的挂片，整个实验运行 45d。每天对循环水水质进行检测，并对实验损失的循环水进行补足，蠕动泵流量为 0.02L/min。静态挂片腐蚀实验设置 1 个对照组和 1 个实验组，在静态挂片腐蚀实验装置平稳运行 24h 后，向实验组中一次性加入 50mL（1%）的群体淬灭细菌的过滤产物，以后不再加入，观察监测实验进程。每 3d 对静态挂片腐蚀实验装置里的水样进行测定，并对静态挂片腐蚀实验装置里损失的水进行补充。

将分泌群体淬灭酶的菌株培养至稳定期后，粗提了群体淬灭酶，它通过干扰细菌的群体感应系统从而抑制细菌生物膜的形成，首次证明了可利用细菌群体淬灭酶抑制循环冷却水系统生物污染。主要包括以下几个方面。

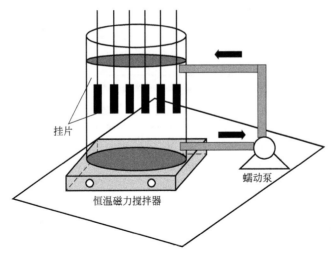

挂片

蠕动泵

恒温磁力搅拌器

图 2-2 静态挂片腐蚀测定装置

① 分离产 AHLs 信号分子的细菌和群体淬灭细菌：从循环冷却水系统的生物粘泥中提取 AHLs，并用比色法和报道菌株 JZA1 检测信号分子；分离纯化循环水系统生物粘泥的细菌，对其进行革兰氏染色、生长曲线的测定、16S rRNA 序列分析，革兰氏阴性菌的信号分子浓缩抽提并检验，筛选出产 AHLs 信号分子的细菌和群体淬灭细菌。

② 研究群体淬灭细菌对微生物成膜能力的影响：研究群体淬灭细菌对几株产 AHLs 信号分子细菌的细菌增殖与成膜能力的影响，并探究群体淬灭细菌对这几株产 AHLs 信号分子细菌的成膜能力抑制的最佳浓度。

③ 研究群体淬灭细菌对循环冷却水水质及腐蚀率的影响：借助动态污染模拟装置的运行，监测其水质及挂片腐蚀率的变化，利用灰色关联分析方法，探究群体淬灭细菌对循环冷却水水质及腐蚀率的影响。

④ 研究群体淬灭细菌对循环冷却水系统中微生物多样性的影响：通过 PCR-TGGE 分析群体淬灭细菌对循环冷却水系统水样与附着在挂片上微生物的影响。

⑤ 构建 QSI 工程菌，并测试对循环水系统中微生物的控制和水质的影响。

2.1.3.2 挂片生物膜中的物种及群落演替分析

书后彩图 1 为不同时间水样和碳钢挂片生物膜的 TGGE 图谱。

空白水样为系统正常运行时集水池中的水样，其余水样为挂片实验开始后与挂片时间相对应的集水池水样。根据 TGGE 原理，样品中不同的 DNA 序列处在泳道的不同位置，因此每一个条带代表一个物种。条带数量反映样品中种群的丰富度，条带的荧光强度反映样品中某一种群的相对数量。

特征条带测序结果见表 2-3。其中 d 条带测出了两种匹配序列，可能是由于样品中微生物种类较多，导致多于一种 DNA 序列经过电泳迁移到了同一个位置。

表 2-3 条带序列比对结果

条带号	登记号	最相似序列	同源性
a	JX219390.1	*Rhodobacter* sp. SL24 16S ribosomal RNA gene, partial sequence	100%

续表

条带号	登记号	最相似序列	同源性
b	JF519652.1	Uncultured *Bifidobacterium* sp. isolate DGGE gel band PG-A1 16S ribosomal RNA gene，partial sequence	99%
c	JX047133.1	Uncultured *bacterium* clone KWB109 16S ribosomal RNA gene，partial sequence	93%
d	HQ844963.1	Uncultured *Lactobacillus* sp. clone SH034 16S ribosomal RNA gene，partial sequence＞gb|JX839300.1|	100%
d'	AJ634665.1	*Candida dubliniensis* partial rvs161 gene for reduced viability upon starvation protein 161	100%
e	EF521194.1	Uncultured *bacterium* isolate DGGE gel band D3 TMA-degrading protein-like gene，partial sequence	88%
f	JX105408.1	Uncultured *bacterium* isolate DGGE gel band 8-4 16S ribosomal RNA gene，partial sequence	98%
g	HQ132674.1	Agricultural soil *bacterium* CRS5630T18-2 16S ribosomal RNA gene，partial sequence	96%
h	AM117169.1	*Lactobacillus casei* partial 16S rRNA gene，clone 1F3	97%
i	JQ401807.1	Uncultured *Adhaeribacter* sp. clone CNY_02013 16S ribosomal RNA gene，partial sequence	100%
j	JX270635.1	Uncultured *Rhizobium* sp. isolate DGGE gel band 4 16S ribosomal RNA gene，partial sequence	98%
k	HE585130.1	*Saccharomyces cerevisiaex* Saccharomyces kudriavzevii ALD6-SK gene for aldehyde dehydrogenase 6，strain Eg8/136	100%

由书后彩图 1 可见，a 条带（*Rhodobacter* sp.）在所有样品中都有较高的浓度，说明这一菌种无论是浮游状态还是附着状态都能很好地适应环境，成为共生种群中的优势种，第 1 天和第 2 天水样中条带颜色比空白水样浅，可能是由于集水池中加入了挂片，*Rhodobacter* sp. 为了适应这一变化自身做出了调整，同时第 1 天和第 2 天的挂片上已出现了数量较多的 *Rhodobacter* sp.，说明这一种群倾向于附着在固体表面，是成膜时的先锋定植者之一。

b 条带（Uncultured *Bifidobacterium* sp.）在空白水样中数量占优，加入挂片后在水中的数量也一直很稳定，20d 之后颜色开始变淡，Uncultured *Bifidobacterium* sp. 在挂片中颜色逐渐加深，20d 的样品突然变淡，在 30d 的样品中重新出现，可能是由于 Uncultured *Bifidobacterium* sp. 虽然不能作为先锋定植者，但是具有较强的成膜能力，是生物膜的重要组成部分，20d 时随成熟生物膜脱落，30d 时重新出现在生物膜中。

c 条带（Uncultured *bacterium*）一周后在水样中数量逐渐减少，20d 后几乎完全消失，挂片生物膜中直到 2 周后才出现了 Uncultured *bacterium*，随后又消失，说明这种微生物比起附着状态，更适应浮游状态，但是本身竞争优势不足，无法在整个群落中占据较大比例，2 周时出现在生物膜上应该是由于生物膜的捕捉作用。

d 条带（*Lactobacillus* sp. 或者 *Candida dubliniensis*）不存在于空白水样中或含量极少，随着挂片实验的进行，*Lactobacillus* sp. 或者 *Candida dubliniensis* 出现在了 10d 后

的水样和 2d 后的挂片生物膜中，说明这一种群可能存在于空白水样中，只是由于数量太少无法被检测出来，同时 *Lactobacillus* sp. 或者 *Candida dubliniensis* 具有较强的附着能力并在生物膜中具有竞争优势，随着成熟生物膜的脱落，增加了浮游状态细胞的数量。

e 条带（Uncultured *bacterium*）在水样中呈周期性变化，应该是 Uncultured *bacterium* 在与其他种群竞争中不断调整应对策略以保持一定的竞争优势，20d 后这一种群出现在了挂片生物膜中且数量较大，可能是由于成熟生物膜脱落后露出的挂片表面残留了胞外分泌物等原因，利于这一种群附着。

d 条带（*Lactobacillus* sp. 或者 *Candida dubliniensis*）和 e 条带（Uncultured *bacterium*）的变化可能是由于进水成分较为稳定，微生物内部以及种属间为竞争基质而在不断地调整种群结构，最终种群数量重新分布，形成新的稳定状态。f 条带（Uncultured *bacterium*）、h 条带（*Lactobacillus casei*）和 i 条带（Uncultured *Adhaeribacter* sp.）仅存在于 10 膜和 14 膜两个泳道，可能这些种群本身成膜能力不强，只是依靠生物膜的黏性物质被固定在表面，生物膜脱落时也随之一起从挂片表面掉落了。

j 条带（Uncultured *Rhizobium* sp.）仅在 2 周后的挂片生物膜中出现，k 条带（*Saccharomyces cerevisiae*）也只存在于 1 周后的生物膜样品中。说明 *Rhizobium* sp. 和 *Saccharomyces cerevisiae* 更适应固定的生存方式，但是无法作为先锋定植者首先在挂片表面形成生物膜，只能在成熟生物膜脱落后在重新暴露出的挂片表面固着成膜。综上所述，抑制先锋定植者在固体表面首先形成生物膜对阻止后续生物膜的形成过程十分重要，如红杆菌属（*Rhodobacter* sp.）、乳杆菌属（*Lactobacillus* sp.）或杜氏假丝酵母菌（*Candida dubliniensis*）等，同时也要关注容易在固体表面二次成膜的微生物种属，如根瘤菌属（*Rhizobium* sp.）和酵母菌属（*Saccharomyces cerevisiae*）等，这与 Da-wen Gao 的研究结果一致。

2.1.3.3　循环水系统中产信号分子细菌及群体淬灭细菌的分离与鉴定

(1) 循环冷却水系统中细菌的分离及生长曲线测定

取适量生物黏泥，在无菌条件下加入无菌水和灭菌玻璃珠，将其置于摇床均匀震荡 30min，10 倍稀释法连续稀释制备 10^{-2}、10^{-3}、10^{-4}、10^{-5}、10^{-6} 的稀释菌液。分别取 0.2mL 于牛肉膏蛋白胨培养平板中，37℃倒置培养 24～48h。挑取不同形态和颜色的单菌落，采取分区划线法，平板划线将其分离培养 1～2d。在分离细菌的平板上挑取单菌落，再次平板划线，使菌种进一步纯化。革兰氏染色后，阴性菌株进行生长曲线测定。

(2) 群体感应细菌和群体淬灭细菌的筛选

群体感应细菌采用比色法和报道菌株 JZA1 检测其信号分子，另两支试管中分别加入 800μL 甲醇、无菌水作为对照。

报道菌株是一株针对 AHLs 信号分子有高敏感性的检测菌株 JZA1，为自体诱导物合成酶 *traI* 基因缺陷的根癌农杆菌，它自身不能产生自体诱导物，它的 *traI-lacZ* 完全依赖于外源自体诱导物诱导表达。检测菌株含有一种带有 lacZ 为报告基因的质粒，质粒将 *lacZ* 与 *traG* 融合，*traG* 受 TraR 调节，用含有 X-Gal 的琼脂覆盖培养，就可以在平板上看到蓝色斑点（见书后彩图 2）。将加有 X-Gal 的 AT 平板固体培养基切成若干细条，在细条的一端加入 30μL 待测菌与 20μLAHLs 抽提物的混合物，在细条的另一端依次点接指示菌 JZA1，30℃培养 24h 后观察指示菌的颜色变化并记录实验结果。以牛肉膏蛋白胨空白培养基和 AHLs 抽提物的混合物作为阴性对照。

细菌的 16S rRNA 序列分析：凝胶电泳检验 PCR 产物的大小，再对 PCR 产物进行纯化，将纯化后的产物进行测序分析，并将测序结果提交 GenBank（www. ncbi. nlm. nih. gov），与 GenBank 数据库中已有细菌的 16SrRNA 序列进行相似性比对。为探索循环水系统水体微生物 QS 系统的存在和 QSI 对循环水系统成膜的影响，多株具有群体感应能力的菌株被分离。其中一株成膜能力较弱且具有 AHLs 降解活性的 QSI 菌株，初步鉴定为苏云金芽孢杆菌（*Bacillus thuringiensi*）。

2.1.3.4 群体淬灭细菌对循环冷却水系统中微生物的成膜能力影响研究

对细菌成膜能力及浮游细菌数的测定，自然干燥后，加乙醇/丙酮溶液（体积分数比为 4∶1）8mL 洗脱吸附于生物膜上的染料，乙醇/丙酮溶液经适当稀释后，在 570nm 处的测定吸光值，评估细菌的成膜能力。浮游细菌数的测定采用测定 OD600。

目标菌生长曲线及抑菌活性测定如下。

① 生长曲线测定：向 150mL 锥形瓶中加 50mL 培养基，500μL 过夜培养菌液以及 5％的群体淬灭细菌过滤产物，30℃摇床培养，每隔 4h 测 1 次 OD600。

② 抑菌活性测定（滤纸片法）：过夜培养菌液涂布在牛肉膏蛋白胨固体培养基上，吸取 10μL 群体淬灭细菌培养基的过滤产物到无菌滤纸片，待滤纸片吹干后反扣在培养基上，30℃静置培养 24h，观察有无明显的抑制圈的形成，确定群体淬灭细菌滤液对目标菌株的生长是否有显著的抑制作用。

③ 细菌群游力的测定：采用半固体平板法，将质量分数为 0.4％的琼脂牛肉膏蛋白胨半固体培养基平板，于 30℃干燥 2h，接种 1μL 过夜培养的菌悬液于平板，吹干后于 30℃培养 24h，观测细菌群游情况（见书后彩图 3）。

经过 24h 的培养后，1 号菌与 3 号菌的群游能力很强，几乎遍布整个培养皿，而 6 号菌的群游能力比较弱；在培养皿中添加 5％的群淬产物后，3 种菌的群游能力明显减弱，说明群体淬灭细菌对 3 株产 AHLs 的细菌的群游能力有明显的抑制作用。添加不同浓度淬灭酶后对产 AHLs 细菌在挂片上成熟生物膜影响的扫描电镜结果如书后彩图 4 所示。

随着添加淬灭酶的浓度增加，群体感应细菌成膜能力下降，膜中生物量减少，膜结构疏松，保护膜内种群、粘附营养物质、提供输送通道等功能逐渐丧失，加入淬灭酶后生物膜不再增加，粘附力下降，结构疏松，在水流的作用下逐渐从挂片表面脱落。

2.1.3.5 群体淬灭（QSI）工程菌的构建及表达

(1) 载体构建

以分离得到的 *B. thuringiensi* 的基因组 DNA 为模版，利用设计的上下游引物进行 PCR 扩增后产物经 1％琼脂糖凝胶电泳分析，结果如书后彩图 5 所示。利用 DL2000 DNA Marker 对比可得 PCR 产物大小约为 750bp，与 Genbank 数据库中所公开的 aiiA 基因的片段大小基本一致，符合 PCR 预期实验结果，aiiA 基因扩增成功。

通过构建表达载体（图 2-3），将经纯化后的 PCR 产物连接至 pCzn1 载体的酶切位点 *Nde* I 和 *Xba* I 之间，将获得的重组质粒命名为 pCzn1-aiiA，转入 *E. coli* TOP10 克隆菌株，挑取阳性克隆子测序，测序拼接结果如下，单划线为 aiiA 基因区域。紫色区域为酶切位点；黄色区域为 6×His（组氨酸）标签序列。

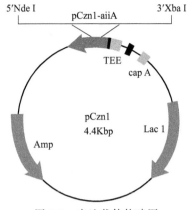

图 2-3 表达载体构建图

（2）表达

测序结果与预期序列进行比对，表明 100% 匹配，将得到的测序结果提交至序列处理在线工具包（SMS）网址（http：//www. bio-soft. net/sms/index. html）的 DNA 分析中在线翻译程序翻译后蛋白序列如下：蛋白理论分子量为 29410 左右（含 HIS-tag），利用生物学软件 DNASTAR 对 aiiA 进行分析，aiiA 基因由 753 个碱基组成，251 个氨基酸构成了其所编码的蛋白质；其中碱性氨基酸 20 个、酸性氨基酸 37 个、疏水性氨基酸 84 个、亲水性氨基酸 61 个（见书后彩图 6）。

利用在线模拟程序 Swiss-Model（http：//swissmodel. expasy. org/）预测 *B. thuringiensi* 内酯酶 aiiA 的三级结构。提交序列后得到同源性高达 96.4% 的蛋白结构数据（同源性大于 50% 的建模结果具有可信度），模版 ID：3dhc. 1. A。建模结果如书后彩图 7 所示。

以重组基因工程菌 *E. coli* AE（DE3）-pCzn1-aiiA 菌液培养的时间为横坐标，以各时间点所测得菌液的平均 OD_{600} 值为纵坐标，绘制出生长曲线，如图 2-4 所示。由图 2-4 可知基因工程菌稳定期为 10~16h。

包涵体经过变复性的方式，重溶目标蛋白，通过 Ni 柱亲和纯化获得目标蛋白，进行

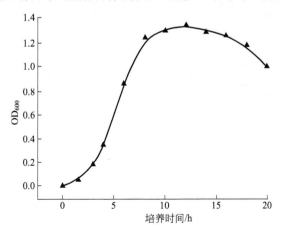

图 2-4 重组基因工程菌的生长曲线

12％ SDS-PAGE 分析结果如书后彩图 8 所示。条带 3 为纯化后的目标蛋白 aiiA，在 33kD 左右出现明显单一条带，且条带较未纯化前清晰，特异性强，说明透析后的蛋白可特异性吸附在 Ni 柱上并纯化得到了 aiiA 纯品，说明 aiiA 蛋白纯化成功。

2.1.3.6 群体淬灭细菌对循环冷却水系统水质与挂片腐蚀率影响研究

（1）水质指标分析

从图 2-5 和图 2-6 中可以看出，添加群体淬灭细菌提取物的实验组反应器的 pH 值、碱度、Ca^{2+} 和硬度随时间的上升趋势比对照组反应器大；Cl^-、总铁、异养菌总数则相反，实验组反应器的挂片腐蚀率比对照组反应器低 37％。灰色关联度计算分析得出，对照组反应器中挂片腐蚀主要受 pH 值、碱度、硬度、Ca^{2+} 等水质参数的影响，而实验组反应器挂片腐蚀主要受 pH 值、Ca^{2+}、Cl^-、碱度等水质参数的影响。

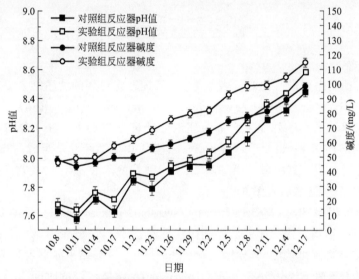

图 2-5　群淬细菌影响下水体 pH 值、碱度的变化

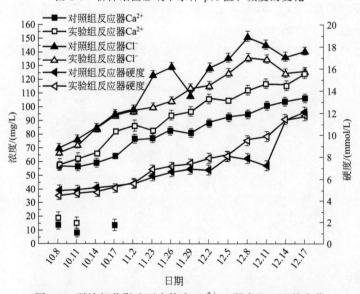

图 2-6　群淬细菌影响下水体中 Ca^{2+}、硬度和 Cl^- 的变化

(2) 基于焦磷酸高通量测序的微生物群落结构分析

书后彩图 9 显示了投加工程菌上清液前后循环冷却水中微生物在门水平下的分布。已知取样时间分别 0d、8d、16d、24d，投加菌液时间为第 5 天和第 15 天，由 0d 图谱可以看出，原水中主要存在 *Proteobacteria*（变形菌门）和 *Actinobacteria*（放线菌门）；其中 *Proteobacteria* 作为革兰氏阴性菌在系统中达到的比例约为 87%，*Actinobacteria* 作为革兰氏阳性菌所占比例不足 10%。显然，在反应初期革兰氏阴性菌在系统中占有绝对优势地位。

当达到第 8 天即菌液加入后的第 3 天时，循环水中主要存在 *Proteobacteria*、*Firmicutes*（厚壁菌门），其中 *Proteobacteria* 在系统中所占比例约为 48%、*Firmicutes* 作为革兰氏阳性菌在系统中所占比例约为 34%；同时，*Cyanobacteria*（蓝细菌）作为革兰氏阳性菌相比反应初期比例增加，也说明了随着系统的运行，蓝细菌开始滋生。到第 8 天时，革兰氏阴性菌比例下降了约 40%，说明随着工程菌菌液的加入，其中的内酯酶 aiiA 降解了较多革兰氏阴性菌信号分子 AHLs，抑制了其 QS 系统从而抑制了革兰氏阴性菌的生长，其种群优势地位逐渐失去。

取样时间为第 16 天即第二次加入菌液的第 2 天时，*Proteobacteria* 比例相比第 8 天略有下降，*Firmicutes* 比例几乎维持不变，*Cyanobacteria* 比例增幅明显。革兰氏阴性菌比例进一步下降，但相比起第 8 天下降幅度不明显，结合数据分析来看，可推断占系统比例为 1‰ 的工程菌菌液中内酯酶在系统中作用的持续时间约为 5d，所以第二次菌液投加之前，革兰氏细菌 QS 系统未受到抑制，加入菌液后 1d 内酯酶发挥作用降解了 AHLs 后，系统中革兰氏阴性菌生长受到抑制，但持续时间较短，故 *Proteobacteria* 种群密度相比第 8 天下降幅度不明显。同时，*Cyanobacteria* 的继续增殖说明了内酯酶不能干扰革兰氏阳性菌的 QS 系统。

第 24 天时，*Proteobacteria* 在系统细菌种群中再次处于优势地位，达到 67%，*Cyanobacteria* 所占比例相比第 16 天几乎保持不变。这反映了伴随着内酯酶 aiiA 的消耗殆尽，革兰氏阴性菌生长繁殖受抑制状态被解除，故其很快恢复种群优势地位，*Deinococcus-Thermus*（异常球菌-栖热菌门）作为革兰氏阳性菌比例略有提升。*Cyanobacteria* 在系统中繁殖因受到 *Proteobacteria* 的竞争效应而受到抑制，相比于第 16 天时没有明显提高。

通过焦磷酸高通量测序结果可以看出，QSI 工程菌菌液中内酯酶 aiiA 能有效抑制循环冷却水系统中革兰氏阴性菌的生长繁殖。

2.1.4 生物缓蚀阻垢制剂的性能分析

针对循环冷却水中结垢腐蚀以及运行 pH 值升高等问题，构建了一种以高产碳酸酐酶微生物、COD 降解菌和产酸菌为主的生物缓蚀阻垢制剂，分析了其缓蚀阻垢性能与生物群落结构。高产碳酸酐酶微生物为从喀斯特地貌中分离出的具有分泌碳酸酐酶的纺锤形赖氨酸芽孢杆菌（*Lysinibacillus boronitolerans*），COD 降解菌与产酸菌分别为球衣菌属（*Sphaerotilus* sp.）和乳杆菌属（*Lactococcus* sp.），保存编号分别为 CQY-DJJ-JC-Q 和 CQY-DJJ-JC-S。

2.1.4.1　缓蚀性能的测定

采用挂片腐蚀试验法测定生物缓蚀阻垢制剂的缓蚀性能，通过挂片在实验期间的质量变化量分析腐蚀率与缓蚀率，从而得出其缓蚀性能大小。

(1) 实验试剂与材料

① 试剂：无水乙醇；10%盐酸＋0.5%六亚甲基四胺；5%氢氧化钠。

② 材料：实验挂片材质为 20 号碳钢；挂片表面积 28cm²；密度 7.86g/cm³。

③ 实验用水取自长江，并将其进行絮凝沉淀处理。

(2) 实验装置

挂片腐蚀试验装置示意如图 2-7 所示。

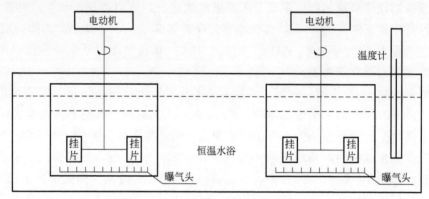

图 2-7　挂片腐蚀试验装置示意

装置技术参数：

① 工作电压：220V(1±10%)，50Hz(1±5%)。

② 水浴温度控制范围：室温约 80℃，精度±0.2℃。

③ 旋转轴转速：30～200r/min。

(3) 实验步骤

1) 调整实验用水水质

① 将实验用水 pH 值分别调整至 5.0、5.5、6.0、6.5、7.0、7.5、8.0、8.5、9.0、9.5、10、10.5，用于分析 pH 值对制剂缓蚀性能的影响。

② 将实验用水中钙离子浓度分别调整为 100mg/L、200mg/L、300mg/L、400mg/L、500mg/L、600mg/L，用于分析 Ca^{2+} 浓度对制剂缓蚀性能的影响。

③ 将实验用水中 Cl^- 浓度分别调整为 50mg/L、100mg/L、150mg/L、200mg/L、250mg/L、300mg/L，用于分析氯离子浓度对制剂缓蚀性能的影响。

④ 将实验用水的温度分别调整至 10℃、20℃、30℃、40℃、50℃、60℃，用于分析温度对制剂缓蚀性能的影响。

2) 挂片预处理

① 将未处理的挂片放入无水乙醇中浸泡片刻，然后用脱脂棉仔细擦拭两遍。

② 再将其移入无水乙醇中浸泡少许时间。

③ 取出置于干净滤纸上自然风干。

④ 待其风干后，便用滤纸包好并置于干燥箱内烘干，24h 后取出，待其冷却后用电子天平称量其初始重量（精确至 0.0001g）。

3）向 3L 的烧杯中加入适量实验用水，然后加入适量的生物缓蚀阻垢制剂，用实验用水定容到 3L 刻度线后置于恒温水浴锅内，并做未加入生物制剂的空白对照实验。

4）设置好温度，开启恒温加热装置，待温度稳定后，挂入挂片，发动电动机按设计转速转动并记录开启时间。

5）烧杯每隔 2h 进行一次补水，补水为蒸馏水。

6）实验时间为 72h，取出挂片。

7）挂片清洗处理

① 若挂片受腐蚀较轻，则可用橡皮擦拭挂片表面至其显示金属本色；接着在无水乙醇中用脱脂棉仔细擦拭挂片表面两遍；再将挂片浸泡于清洁的无水乙醇中 3～5min，取出后放于干净滤纸上，待其自然风干便用滤纸包好；然后放入干燥箱内，24h 后取出并测定其重量（精确至 0.0001g），得出其被腐蚀的重量，得到腐蚀率。

② 若挂片受腐蚀严重，则先用 10% 盐酸＋0.5% 6 次甲基四铵溶液清洗挂片 10～15min，去除其表面腐蚀沉积物。取出清洗好的挂片后马上将其置于 5% 的氢氧化钠溶液中 1～2min，使其表面钝化，然后将挂片浸泡于清洁的无水乙醇中 3～5min，取出放于干净滤纸上，待其自然风干便用滤纸包好，然后放入干燥箱内，24h 后取出并测定其重量（精确至 0.0001g）。

8）计算腐蚀率与缓蚀率　按以下公式计算腐蚀率 X_1（mm/a）：

$$X_1 = \frac{8760(W-W_0) \times 10}{ADT} \tag{2-1}$$

式中　W——挂片质量损失，g；

　　W_0——空白实验挂片的质量损失平均值，g；

　　A——挂片的表面积，cm^2；

　　D——挂片的密度，g/cm^3；

　　T——挂片时间，h；

　8760——1 年的小时数，h/a；

　　10——1cm 的毫米数，mm/cm。

缓蚀率 η（%）依据下面的公式计算：

$$\eta = \frac{X_0 - X_1}{X_0} \times 100\% \tag{2-2}$$

式中　X_0——空白实验挂片腐蚀率，mm/a；

　　X_1——挂片腐蚀率，mm/a。

2.1.4.2　阻垢性能的测定

采用碳酸钙沉积法测定生物缓蚀阻垢制剂的阻垢性能，将适量制剂加入含一定量的 Ca^{2+} 和 HCO_3^- 的溶液中，并恒温加热，溶液中的 $Ca(HCO_3)_2$ 迅速反应生成 $CaCO_3$，待反应达到平衡后检测溶液中的钙离子浓度，根据阻垢率来判定其阻垢性能。

(1) 实验试剂

① 氢氧化钾（KOH）溶液：200g/L。

② 硼砂缓冲溶液：pH≈9，称取 3.80g 的十水四硼酸钠（$Na_2B_4O_7 \cdot 10H_2O$）溶于去离子水中，定容至 1L。

③ EDTA 标准溶液浓度：0.01mol/L。

④ 盐酸标准溶液浓度：0.01mol/L。

⑤ 溴甲酚绿-甲基红指示剂。

⑥ 钙-羧酸指示剂：分别称取 0.2g 钙-羧酸指示剂与 100g 氯化钾，充分混合后研磨均匀，然后保存于磨口瓶中。

⑦ 碳酸氢钠（$NaHCO_3$）标准溶液：称取 25.2g $NaHCO_3$ 溶于烧杯中，并加入 100mL 水，待其溶解完全后移入 1L 容量瓶中并定容。量取 5mL 的 $NaHCO_3$ 标准溶液于装有 50mL 水的 200mL 锥形瓶中，以溴甲基酚绿-甲基红为指示剂用盐酸标准溶液对其滴定，当溶液颜色由浅蓝色转变为紫色并保持稳定不变时为滴定终点，计算 HCO_3^- 的质量浓度（mg/mL）。

⑧ 氯化钙（$CaCl_2$）标准溶液：称取 16.7g 无水氯化钙于烧杯中，加适量水待其完全溶解后移入 1L 容量瓶中并定容。量取 2mL 氯化钙标准溶液于装有 80mL 去离子水的 200mL 锥形瓶中，然后加入 5mL 氢氧化钾溶液以及 0.1g 钙-羧酸指示剂，用 EDTA 进行滴定，溶液颜色从紫红色转变为亮蓝色并保持稳定不变时为滴定终点，计算 Ca^{2+} 质量浓度。

(2) 实验装置

① 恒温水浴锅，温度控制范围：室温~80℃，精度±0.2℃。

② 烧杯：1000mL。

(3) 实验步骤

1) 在 500mL 容量瓶中加入 250mL 去离子水，加入适量氯化钙标准溶液，使溶液中钙离子含量约为 100mg，加入适量缓蚀阻垢制剂，接着加入 20mL 硼砂缓冲溶液和适量碳酸氢钠标准溶液，使 HCO_3^- 含量约为 305mg，用蒸馏水定容至 500mL，摇匀后转移到 1000mL 的烧杯中。同时做不加缓蚀阻垢制剂的空白对照实验。

2) 将烧杯放入恒温水浴锅中，温度设置为 70℃±1℃，恒温持续时间为 10h。恒温加热结束后，将溶液冷却至室温，然后用中速定量滤纸进行过滤。

3) 量取 25mL 滤液置于 200mL，并用去离子水稀释至 80mL，加 5mL 氢氧化钾溶液以及 0.1g 左右的钙-羧酸指示剂。然后用 EDTA 标准溶液滴定，溶液从紫红色变为亮蓝色为终点，记录 EDTA 滴定体积，并按以下公式计算钙离子质量浓度 ρ（mg/mL）：

$$X_1 = \frac{V_2 cM}{V} \tag{2-3}$$

式中　V_2——滴定中消耗 EDTA 标准溶液的体积，mL；

　　　c——EDTA 标准溶液浓度，mol/L；

　　　M——Ca^{2+} 摩尔质量，g/mol；

　　　V——$CaCl_2$ 标准溶液体积，mL。

4) 缓蚀阻垢制剂阻垢率 Ω(%) 按照下式计算：

$$X_1 = \frac{\rho - \rho_1}{\rho_0 - \rho_1} \tag{2-4}$$

式中　ρ——实验结束后实验组溶液中 Ca^{2+} 质量浓度，mg/mL；

$\quad\quad\rho_1$——实验结束后对照组溶液中 Ca^{2+} 质量浓度，mg/mL；

$\quad\quad\rho_0$——实验前配置好的溶液中 Ca^{2+} 质量浓度，mg/mL。

5）分别调整实验溶液的 pH 值、温度、Ca^{2+} 浓度和 Cl^- 浓度并按照上述实验步骤进行重复实验，分析不同因素对制剂阻垢性能的影响，具体要求如下：

① 分析 pH 值对制剂缓蚀性能的影响时，pH 值分别为 5.0、5.5、6.0、6.5、7.0、7.5、8.0、8.5、9.0、9.5、10、10.5。

② 分析 Ca^{2+} 浓度对制剂缓蚀性能的影响时钙离子浓度分别为 100mg/L、200mg/L、300mg/L、400mg/L、500mg/L、600mg/L。

③ 分析 Cl^- 浓度对制剂缓蚀性能的影响时氯离子浓度分别为 50mg/L、100mg/L、150mg/L、200mg/L、250mg/L、300mg/L。

④ 分析温度对制剂缓蚀性能的影响时温度分别为 10℃、20℃、30℃、40℃、50℃、60℃。

2.1.4.3　结果与讨论

(1) 生物缓蚀阻垢制剂生物群落分析

采用 Miseq 高通量测序方法对生物缓蚀阻垢制剂进行生物群落分析，图 2-8 为其中微生物在属水平下的分布情况。

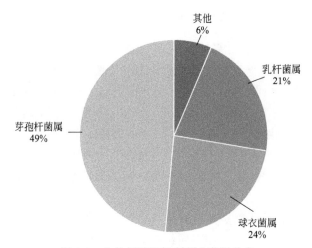

图 2-8　生物缓蚀阻垢制剂中菌属分布

由图 2-8 可知，生物缓蚀阻垢制剂中的微生物群落结构主要由芽孢杆菌属（*Bacillus* sp.）、球衣菌属（*Sphaerotilus* sp.）和乳杆菌属（*Lactococcus* sp.）构成，其占比例分别为 49%、24% 和 21%。从西南地区喀斯特地貌中分离出的能高产碳酸酐酶的纺锤形赖氨酸芽孢杆菌（*Lysinibacillus boronitolerans*）属于芽孢杆菌属，其所产生的碳酸酐酶对水垢具有良好的溶蚀作用；球衣菌是一种高效 COD 降解菌，其对污水中有机物和有毒物质有很强的降解作用；乳杆菌属是一类产酸菌，最终代谢产物大部分为乳酸，其在冷却水中生长将会达到降低冷却水 pH 值的目的。

(2) 生物缓蚀阻垢制剂在不同 pH 值下的缓蚀阻垢性能

循环冷却水的 pH 值是系统运行过程中需要控制的一个重要指标，控制 pH 值是控制系统结垢的前提。同时，pH 值对微生物的活性也有较大的影响。因此探究生物缓蚀阻垢制剂在不同 pH 值的条件下的缓蚀阻垢性能是十分必要的。

1）缓蚀性能　实验结束后，分析在不同 pH 值下对照组挂片与实验组挂片因腐蚀而损失的重量，然后根据上面公式计算其各自挂片腐蚀率，最后根据上面公式得到不同 pH 值下生物缓蚀阻垢制剂的缓蚀率，进而可知其缓蚀性能。

图 2-9 为不同 pH 值条件下生物缓蚀阻垢制剂缓蚀率的大小。

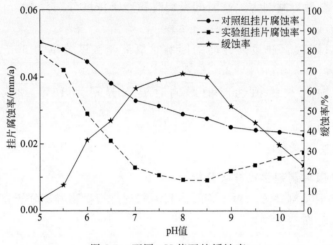

图 2-9　不同 pH 值下的缓蚀率

由图 2-9 可知，对照组的挂片腐蚀率随 pH 值升高而降低，而实验组的挂片腐蚀率始终比对照组要低，在 pH＝8～8.5 时腐蚀率最低，仅有 0.027mm/a，高于或低于此范围腐蚀率均会升高；同时，由图 2-9 可知缓蚀率受 pH 值的影响明显，缓蚀率在 pH＝7.5～8.5 时高于 60％并在 pH＝8 时最高，达到 68.2％，pH 值高于或低于此范围缓蚀率则下降。这说明了生物缓蚀阻垢制剂能在弱碱性环境中具有良好的缓蚀性能。

2）阻垢性能　实验结束后分析在不同 pH 值下对照组与实验组溶液中 Ca^{2+} 浓度，然后根据上面公式计算不同 pH 值下生物缓蚀阻垢制剂的阻垢率，进而可知其阻垢性能。

图 2-10 为不同 pH 值下生物缓蚀阻垢制剂的阻垢率大小。

由图 2-10 可知，总体上实验组与对照组中 Ca^{2+} 浓度均随 pH 值升高而降低，但是后者受 pH 值的影响比前者要明显，当 pH 值大于 7 时两者之间的差异更为明显而前者始终大于 0.13mg/mL，说明了生物缓蚀阻垢制剂能使溶液中大部分 Ca^{2+} 不发生结垢。同时，阻垢率始终大于 60％，且当在 pH＝8 时最高，达到 88％。这说明了生物缓蚀阻垢制剂有良好的阻垢性能且在弱碱环境中具有最佳的阻垢性能。

(3) 生物缓蚀阻垢制剂在不同温度下的缓蚀阻垢性能

循环冷却水系统中温度直接反映了系统的换热情况，不同位置的水温不同，不同季节的水温也有差异，温度对微生物的活性有影响；同时，温度对金属腐蚀具有一定的诱导作

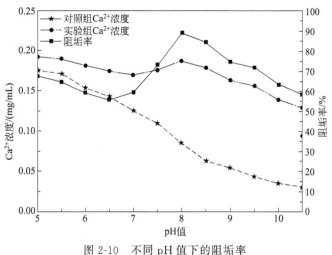

图 2-10　不同 pH 值下的阻垢率

用。所以探究不同温度下生物缓蚀阻垢制剂的缓蚀阻垢性能是有必要的。

1) 缓蚀性能　实验结束后，分析在不同温度下对照组挂片与实验组挂片因腐蚀而损失的重量，然后根据式(2-1) 计算其各自挂片腐蚀率，最后根据式(2-2) 得到不同温度下生物缓蚀阻垢制剂的缓蚀率，进而可知其缓蚀性能。

图 2-11 为不同温度下生物缓蚀阻垢制剂缓蚀率的大小。

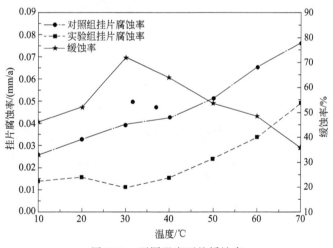

图 2-11　不同温度下的缓蚀率

由图 2-11 可知，对照组挂片腐蚀率随着温度的升高而升高，说明温度升高能加剧碳钢挂片的腐蚀，而实验组挂片腐蚀率比对照组挂片腐蚀率要低，且在温度为 30℃时腐蚀率最低，仅有 0.039mm/a，说明生物缓蚀阻垢制剂能降低碳钢挂片的腐蚀速率。同时，由图 2-11 可知，温度过低或过高都将对生物缓蚀阻垢制剂的缓蚀率，当温度为 30℃时其缓蚀率最高，能达到 72%。这说明了生物缓蚀阻垢制剂的在常温条件下具有良好的缓蚀性能。

2) 阻垢性能　实验结束后分析在不同温度下对照组与实验组溶液中 Ca^{2+} 浓度，计算不同温度下生物缓蚀阻垢制剂的阻垢率，进而可知其阻垢性能。

图 2-12 为不同温度下生物缓蚀阻垢制剂阻垢率的大小。

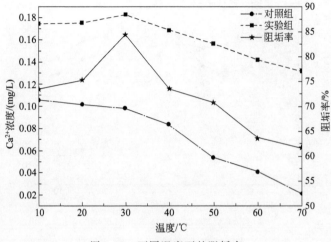

图 2-12　不同温度下的阻垢率

由图 2-12 可知，温度升高会使对照组溶液中的 Ca^{2+} 浓度降低，也就意味着温度升高溶液结垢越严重；实验组溶液中 Ca^{2+} 浓度始终比对照组高，说明生物缓蚀阻垢制剂具有阻垢的效果，且当温度为 30℃ 时 Ca^{2+} 浓度和阻垢率达到最高，分别为 0.183mg/mL 和 84.4%，说明当温度为 30℃ 时制剂的阻垢性能最好。由图 2-12 可知，当温度大于或小于 30℃ 时，阻垢率虽有所下降但始终保持在 60% 以上，说明了温度对制剂的阻垢性能的影响较小。

(4) 生物缓蚀阻垢制剂在不同 Ca^{2+} 浓度下的缓蚀阻垢性能

1）缓蚀性能　实验结束后，分析在不同 Ca^{2+} 浓度下对照组挂片与实验组挂片因腐蚀而损失的重量，根据公式计算其各自挂片腐蚀率以及不同 Ca^{2+} 浓度下生物缓蚀阻垢制剂的缓蚀率，进而可知其缓蚀性能。

图 2-13 为不同的 Ca^{2+} 浓度下生物缓蚀阻垢制剂缓蚀率的大小。

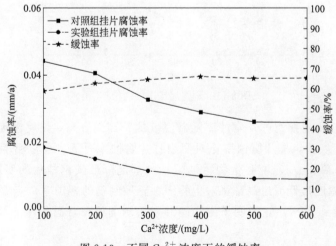

图 2-13　不同 Ca^{2+} 浓度下的缓蚀率

由图 2-13 可知，对照组和实验组的挂片腐蚀率都随 Ca^{2+} 浓度升高而降低，不过后者比前者的腐蚀率低，当 Ca^{2+} 浓度在 600mg/L 时对照组和实验组的挂片腐蚀率分别为 0.025mm/a 和 0.009mm/a，说明了高浓度 Ca^{2+} 能抑制挂片腐蚀且生物缓蚀阻垢制剂也能降低挂片腐蚀速率。同时，由图 2-13 可知缓蚀率始终保持在 58.8% 以上且随着 Ca^{2+} 浓度升高而增加，但是增加的不明显。这说明了 Ca^{2+} 对生物缓蚀阻垢制剂的缓蚀性能的影响不大且具有促进作用。

2）阻垢性能　实验结束后分析在不同 Ca^{2+} 浓度下对照组与实验组溶液中 Ca^{2+} 浓度，然后根据公式计算不同 Ca^{2+} 浓度下生物缓蚀阻垢制剂的阻垢率，进而可知其阻垢性能。

图 2-14 为不同浓度 Ca^{2+} 下生物缓蚀阻垢制剂阻垢率的大小。

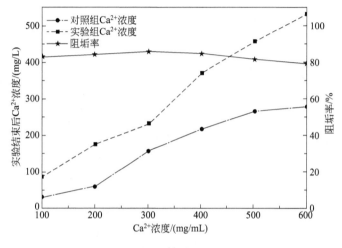

图 2-14　不同 Ca^{2+} 浓度下的阻垢率

由图 2-14 可知，初始 Ca^{2+} 浓度越高实验结束后溶液中 Ca^{2+} 浓度也越高，但是实验组 Ca^{2+} 浓度比对照组高，说明生物缓蚀阻垢制剂具有阻垢效果。同时，制剂的阻垢率始终大于 80%，当初始 Ca^{2+} 浓度为 300mg/L 时阻垢率最大，达到 85.9%，说明了生物缓蚀阻垢制剂具有良好的阻垢性能，当 Ca^{2+} 浓度较高时阻垢性能会降低，但受 Ca^{2+} 浓度的影响较小。

（5）生物缓蚀阻垢制剂在不同 Cl^- 浓度下的缓蚀阻垢性能

Cl^- 是冷却水中引起腐蚀的主要腐蚀性阴离子，也是控制循环冷却水的浓缩倍数的常用指标；同时，循环冷却水系统中经常使用含氯的消毒杀菌剂，所以探究不同 Cl^- 浓度下生物缓蚀阻垢制剂的缓蚀阻垢性能是有必要的。

1）缓蚀性能　实验结束后，分析在不同 Cl^- 浓度下对照组挂片与实验组挂片因腐蚀而损失的重量，根据计算其各自挂片腐蚀率，得到不同 Cl^- 浓度下生物缓蚀阻垢制剂的缓蚀率，进而可知其缓蚀性能。

图 2-15 为不同的浓度 Cl^- 下生物缓蚀阻垢制剂缓蚀率的大小。

由图 2-15 可知，对照组和实验组的挂片腐蚀率均随 Cl^- 浓度升高而升高，说明 Cl^- 能加速挂片的腐蚀；实验组的挂片腐蚀率比对照组的挂片腐蚀率低，说明生物缓蚀阻垢制剂有减缓挂片腐蚀的效果。同时，Cl^- 浓度过高将会对微生物及其分泌物的活性产生不利

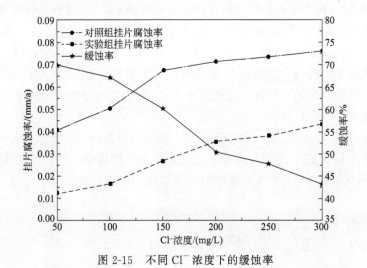

图 2-15　不同 Cl⁻ 浓度下的缓蚀率

影响，当 Cl⁻ 浓度为 300mg/L 时缓蚀率仅有 43.1%，说明了 Cl⁻ 能抑制生物缓蚀阻垢制剂的缓蚀性能。

2）阻垢性能　实验结束后分析在不同氯离子浓度下对照组与实验组溶液中 Ca^{2+} 浓度，计算不同 Cl⁻ 浓度下生物缓蚀阻垢制剂的阻垢率，进而可知其阻垢性能。

图 2-16 为不同 Cl⁻ 浓度下生物缓蚀阻垢制剂阻垢率的大小。

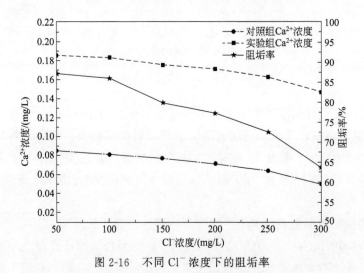

图 2-16　不同 Cl⁻ 浓度下的阻垢率

由图 2-16 可知，Cl⁻ 浓度升高会使对照组和实验组溶液中的 Ca^{2+} 浓度都降低，也就意味着 Cl⁻ 浓度升高会加剧溶液结垢；实验组溶液中 Ca^{2+} 浓度始终比对照组高，当 Cl⁻ 浓度为 300mg/mL 时对照组和实验组溶液中 Ca^{2+} 浓度最低，分别为 0.05mg/mL 和 0.146mg/mL，说明了生物缓蚀阻垢制剂具有阻垢的效果。同时，由图 2-16 可知阻垢率也随 Cl⁻ 浓度升高而降低，说明了 Cl⁻ 能导致生物缓蚀阻垢制剂的缓蚀性能下降。

2.1.5　生物法缓蚀阻垢剂动态模拟实验

2.1.5.1　循环水动态模拟实验装置

循环水动态模拟实验装置见图 2-17，根据循环冷却水系统动态模拟试验装置各组成部分的尺寸计算，该系统保有水量为 164.0L。

图 2-17　循环水智能动态模拟实验装置

系统循环水流量必须相对恒定，其大小依据换热器进出口温差值确定。本次实验设定进口温度为 32℃，出口温度为 42℃。系统保有水量为 164L，循环流量为 400L/h。被冷却介质为饱和蒸汽，温度设为 96℃。通过在储水池出口面中设置纤维球框，将纤维球堆积在框里面构建微生物着床装置，生物制剂投加量为系统保有水量的 0.05%。两套系统同时正常运行，共持续 30d。

对 pH 值、浊度、电导率、甲基橙碱度、钙硬度、总硬度、TP、Cl^-、TFe、COD 等指标进行监测，根据《工业循环冷却水处理设计规范》要求，取样频率为每天一次。挂片腐蚀率和污垢沉积率的监测根据《工业循环冷却水处理设计规范》要求计算。

2.1.5.2　循环水动态模拟实验水质指标变化分析

(1) pH 值的变化情况

图 2-18 表明，加生物制剂系统和加化学药剂系统的 pH 值始终维持在比补水高的水平，且都存在上升趋势，最高上升到了 8.88，但都在标准规定范围内（pH6.8～9.5）。而对比两个系统可以发现，在实验进行到第 3 天～第 24 天时加生物制剂的系统的pH 值均比加化学制剂系统的稍高，这可能是因为碳酸酐酶催化了系统中碳酸钙垢的溶解过程：$CaCO_3 + CO_2 + H_2O \longrightarrow Ca^{2+} + 2HCO_3^-$，从而导致加生物制剂系统的 pH 值

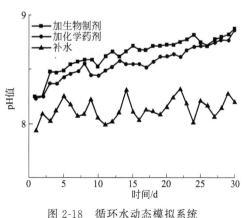

图 2-18　循环水动态模拟系统
pH 值随时间变化情况

水平比化学药剂的高。

（2）电导率的变化情况

无论是使用化学药剂还是使用生物制剂，两套系统电导率都保持了一致的上升趋势（图 2-19）。加化学药剂的实验组由于化学阻垢剂的络合增溶作用，药剂溶于水后发生电离，生成带负电性的分子链，它可以与钙镁离子形成可溶于水的络合物，从而使得无机盐溶解度增加，电导率也逐步增加，其上升幅度比投加生物药剂要大得多，其电导率最高上升到 $2300\mu m/cm$ 左右。投加生物制剂的系统在开始的 10d 左右电导率的上升幅度略大于投加化学药剂的实验组，这是由于加入生物制剂的系统加速了系统中碳酸钙垢的溶解过程，在水体中释放了更多的 Ca^{2+}、HCO_3^- 及其他离子，从而使得在接下来的 10d 内电导率大幅上升。后来随着大部分碳酸钙垢的溶解，电导率增加的速度逐步趋于平稳，电导率过高时，很容易造成水质恶化，水体经过换热管升温过程中，更容易析出晶体，造成结垢。说明加入化学药剂，更容易造成电导率升高，这样更容易造成结垢。

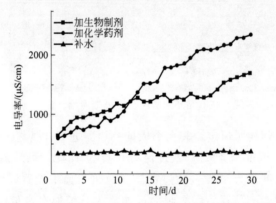

图 2-19　循环水动态模拟系统电导率随时间变化情况

（3）浊度的变化情况

加生物制剂组的浊度在系统运行初期比加化学药剂组的要高（图 2-20），这可能是由于加了生物药剂后系统中碳酸酐酶的作用，垢被加速溶解，水体中释放出更多的钙镁等离子，同时加入的生物酶菌剂没能完全附着在填料表面，水体中存在一些游离的细菌，使得浊度增大，但是在运行中期，由于功能微生物比较好的附着，开始吸附、絮凝水中的悬浮

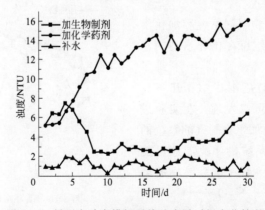

图 2-20　循环水动态模拟系统浊度随时间变化情况

物，浊度会慢慢减少，随着系统的继续运行，虽然后期浊度有短暂的上升，但浊度稳定在 1～4 个单位之间，保持在很低的水平，其值均小于国标所规定的最大浊度值，说明生物方法能很好地净化水质。

（4）钙硬度的变化情况

在运行过程中水分被不断蒸发导致两个系统中钙硬度都呈现平稳上升趋势（图 2-21）。加化学药剂的系统由于化学阻垢剂的络合增溶和静电斥力作用，使得系统水体中溶解的钙镁离子、总硬度不断升高。加生物制剂系统在开始的 6d 内钙硬度有个上升的趋势，可能是因为生物制剂的溶垢作用使系统中的 Ca^{2+} 含量升高，但随着实验的进行生物制剂中的微生物在生长过程中吸附了大量的 Ca^{2+}，不断絮凝细小颗粒垢粒，使得 Ca^{2+} 的浓度逐步稳定在 200mg/L 左右。

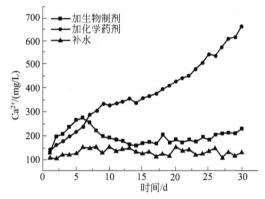

图 2-21　循环水动态模拟系统钙硬度随时间变化情况

（5）甲基橙碱度的变化情况

由于初期化学药剂的见效速度快，而阻垢剂的存在会有效减少碱度的消耗，故碱度会上升比较快（图 2-22）。加入生物制剂的系统中，生物的代谢促进了系统中碳酸盐硬垢的溶解 $CaCO_3 + CO_2 + H_2O \longrightarrow Ca^{2+} + 2HCO_3^-$，使得 HCO_3^- 等碱性离子更多地释放到水体中，造成水体碱性大幅上升，而到了反应中后期，由于生物抑制了碳酸盐垢的生成，这一酶促溶解作用对水体中碱性离子的贡献弱于反应前期，因此中后期的甲基橙碱度不再大幅上升，而是在一个范围内波动。

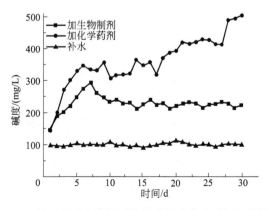

图 2-22　循环水动态模拟系统甲基橙碱度随时间变化情况

（6）TP 变化情况

含磷化学药剂的加入会导致 TP 的大量增加，加化学药剂的 TP 最高值达到 11mg/L，而最低也是 4mg/L，远远高于国家规定排放标准，而加入生物制剂的实验组的 TP 含量基本都在 1mg/L 以下，真正做到绿色阻垢、净化和缓蚀（图 2-23）。

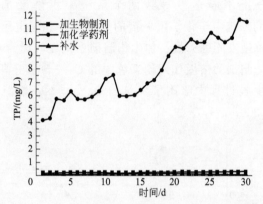

图 2-23　循环水动态模拟系统 TP 随时间变化情况

（7）锌含量变化情况

化学药剂系统锌的最高含量达到 3mg/L（图 2-24），出水的重金属含量超标，会导致污染水体，需要对这些出水进行二次处理，造成运营成本增加。而加入生物制剂组锌含量几乎没有，这是由于生物制剂中没有重金属。

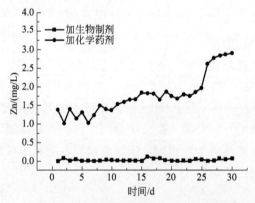

图 2-24　循环水动态模拟系统锌含量随时间变化情况

（8）COD 变化情况

投加化学药剂的系统，COD 总体呈现一个增长趋势，说明化学药剂无法对 COD 产生作用，只能通过大排大补来降低 COD 的含量（图 2-25）。加生物制剂系统的 COD 在前几天增长，由于补水的富集作用和微生物制剂本身 COD 作用共同决定。在运行阶段前期，微生物消耗作用小于富集作用，表现为 COD 总量的增加，从第 8 天开始微生物消耗作用大于富集作用，从而导致加生物药剂系统的 COD 总量有所降低。在实验中 COD 总量保持一定的平衡，这是由于系统中功能微生物的作用，在 25d 左右 COD 又有上升的趋势，可能是由于系统的功能微生物作用退化，导致水质恶化。

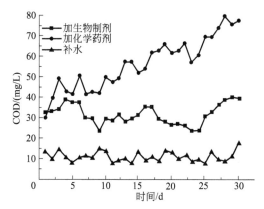

图 2-25　循环水动态模拟系统中 COD 随时间变化情况

(9) TFe 变化情况

两套系统的总铁变化情况几乎保持一致且呈持续上升趋势（图 2-26），这说明生物制剂的投加并不会显著加剧系统或者挂片的腐蚀。

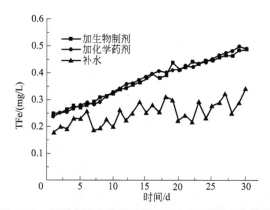

图 2-26　循环水动态模拟系统中 TFe 随时间变化情况

(10) Cl⁻ 变化情况

两个系统中的 Cl^- 变化程度基本保持一致（图 2-27）。Cl^- 是一种腐蚀性离子，它能破坏碳钢、不锈钢和铝或者合金上面的钝化膜，引起金属的点蚀、缝隙腐蚀以及应力腐蚀破裂。

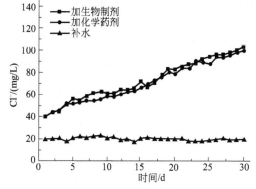

图 2-27　循环水动态模拟系统 Cl⁻ 随时间变化情况

2.1.5.3 循环水动态模拟实验系统稳定性分析

(1) 循环水动态模拟系统结垢状况分析

当两个系统运行结束后,将系统拆开,观察换热管结垢情况,发现对照系统换热管出口端有明显的白色沉积物,通过加酸有大量气泡产生,可以初步判断是硬垢,而加酶系统则比较光滑,几乎看不到有垢状物的大量沉积。换热管污垢沉积率计算(图 2-28),加化学药剂组的换热管污垢沉积率超出国标 $15mg/cm^2$,而生物制剂组污垢沉积率达标,表明生物制剂的阻垢效果比化学阻垢剂的阻垢效果要好。

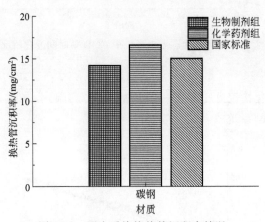

图 2-28 两个系统换热管沉积率情况

(2) 循环水动态模拟系统垢样 XRD 分析

碳酸钙晶体形态主要有 6 种,即方解石、文石、球霰石、一水碳酸钙、六水碳酸钙以及非结晶状态的碳酸钙,其中方解石、文石、球霰石是不含水的晶体。方解石、文石都有稳定的,而球霰石不稳定。其中方解石具有非常稳定的热力学结构,会形成坚硬的水垢,而文石和球霰石的结构相对不稳定,通常形成的水垢是较柔软易溶解且易被水流冲刷脱离的。

与方解石有代表性的晶体表面相对应的衍射峰为 $2\theta = 23.1°$、$29.4°$、$35.9°$、$39.5°$、$43.2°$、$47.5°$、$48.5°$、$57.4°$、$64.7°$,与文石有代表性的晶体表面相对应的衍射峰为 $2\theta = 26.2°$、$27.2°$、$33.1°$、$36.2°$、$37.3°$、$37.9°$、$38.4°$、$38.6°$、$42.8°$、$45.8°$、$48.3°$、$48.4°$、$50.2°$、$52.5°$,与球霰石有代表性的晶体表面相对应的衍射峰为 $2\theta = 21.0°$、$24.9°$、$27.0°$、$32.8°$、$42.7°$、$43.8°$、$49.1°$、$50.1°$、$55.8°$、$71.9°$、$73.6°$。学者们研究一致认为碳酸钙的形成主要分为三个步骤:第一步水合化 Ca^{2+} 和 CO_3^{2-} 相互作用,生成 $CaCO_3$ 水合球形分子;第二步水合 $CaCO_3$ 达到一定的平衡浓度,在搅拌或循环流动状态下,水合 $CaCO_3$ 脱水生成非晶质的无定形 $CaCO_3$(通常所带结晶水约为 1 和 6),普遍认同无定形 $CaCO_3$ 是 $CaCO_3$ 晶体生成的前驱体;第三步无定形 $CaCO_3$ 脱水,转变为球霰石、文石和方解石,晶核生成并吸附附近离子,晶核长大,同时球霰石、文石转化为稳定的方解石。

用 Jade 软件将垢样的 XRD 扫描结果与方解石、文石、球霰石三种晶体标准卡片进行对照,结果如图 2-29 所示。

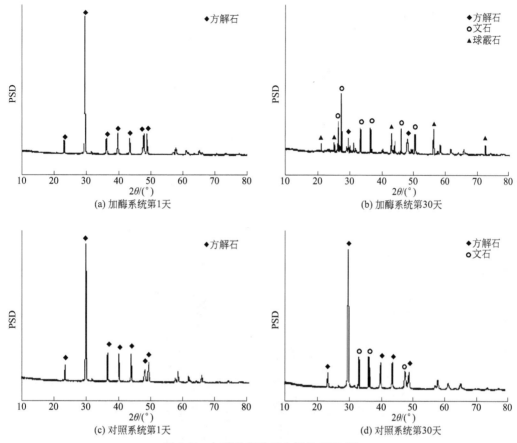

图 2-29　加酶处理前后水垢的 XRD 图

由图 2-29 可知，在系统加酶运行前，两个系统内的水垢均以方解石形态为主，且差别不大。系统运行了 30d 以后，两个系统中的水垢晶型构成则发生了较大变化，其中对照系统的水垢仍以方解石形态为主，同时有文石形态存在，这可能是因为在系统运行过程中，碳酸钙晶体不断生成且不断壮大，从而形成以方解石为主的硬垢；而加酶系统中的水垢则主要由文石及球霰石形态构成，这是因为碳酸酐酶的加入加速了系统内本身碳酸钙垢的溶解，同时阻碍了碳酸钙晶体的再次生成，即使有晶体的形成也是以文石和球霰石形态为主，这类垢不如方解石稳定，其质地较柔软易溶解，且易被水流冲刷脱离，从而使得循环水系统不易结生水垢。

（3）循环水动态模拟系统腐蚀状况

各类挂片的腐蚀率随着时间的变化情况如图 2-30 所示。

碳钢组中，化学药剂和生物制剂两者的腐蚀率均随着时间的变化而降低，这是由于金属表面的腐蚀产物可以一定程度的延缓下面金属的腐蚀，两组的缓蚀率差别不显著，说明循环水系统中加入生物制剂不会加剧系统的腐蚀。黄铜挂片在模拟系统运行的前面 15d，两套系统铜挂片均未达标，而运行至 30d，两组基本达。说明即使采用挂片法检测，循环水系统中加入生物制剂也不会加剧系统的腐蚀。而不锈钢挂片两者都基本达标，这是由于不锈钢表面比较光滑，在水流的冲刷下微生物不容易附着在其表面，而一些黏性悬浮物

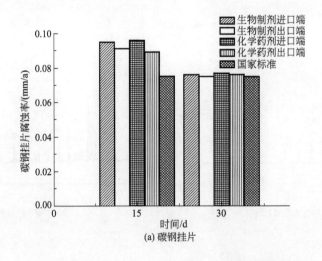

(a) 碳钢挂片

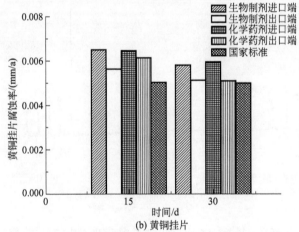

(b) 黄铜挂片

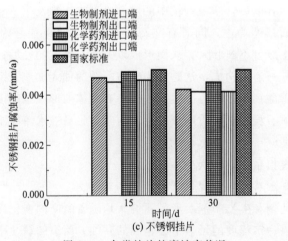

(c) 不锈钢挂片

图 2-30　各类挂片的腐蚀率状况

也不容易在其表面停留形成垢粒，这样造成腐蚀大大降低，所以两组系统的不锈钢挂片基本达标，说明生物制剂和化学药剂对不锈钢均有很好的缓蚀效果。

两个系统里挂片和换热管腐蚀率的对比如图 2-31 所示。

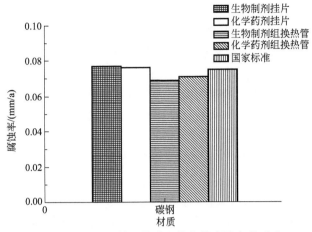

图 2-31　两个系统里挂片和换热管腐蚀率的对比

从图 2-31 可以看出挂片的腐蚀率也比换热管的要高，分析可能也是由于多重原因造成的，例如温度的升高和微生物活性受到抑制，还有两端的水质条件也有所不同等。所以用挂片的腐蚀率来表征系统的腐蚀率不是特别适合，只能从侧面定性的表明系统的腐蚀，而不能因为挂片的腐蚀超标就说明系统腐蚀超标。

（4）基于 Miseq 测序的微生物群落结构分析

通过高通量 Miseq 法对投加生物制剂前后循环水中微生物在属水平下的分布测定。结果表明生物缓蚀阻垢剂主要由纺锤形赖氨酸芽孢杆菌（*Lysinibacillus boronitolerans*）、乳球菌属（*Lactococcus* sp.）、球衣细胞属（*Sphaerotilus* sp.）等按照 2：1：1 组成，在系统运行 15d 后投加前循环水中的主要菌属中仍能看到纺锤形赖氨酸芽孢杆菌（*Lysinibacillus boronitolerans*）、乳球菌属（*Lactococcus* sp.）、球衣细胞属（*Sphaerotilus* sp.）这三种主要优势菌种。30d 后的水样中这三种优势菌种基本不存在了，而被其他的菌种取代。菌种多样更加复杂多样，有噬氢菌属（*Hydrogenophaga*）、亚栖热菌属（*Meiothermus*）、不动杆菌属（*Acinetobacter*）、假单胞菌属（*Pseudomonas*）、蛭弧菌属（*Bdellovibrio*）、生丝微菌属（*Hyphomicrobium*）、新鞘氨醇杆菌属（*Novosphingobium*）、微小杆菌属（*Exiguobacterium*）、肠球菌（*Enterococcus*）、木洞菌属（*Woodsholea*）、嗜冷杆菌属（*Psychrobacter*）、浮霉状菌科（*Planctomycetaceae*）、环丝菌属（*Brochothrix*）、香味菌属（*Myroides*）等。结果表明加入生物制剂的菌属在第 15 天～第 30 天之间的时间段开始在水体中不占优势，生物制剂作用期间的生态平衡被打破。从实验的 20d 左右开始，循环水的各项指标数据都不同程度的上涨，初步分析：生物药剂在系统中存在维系稳态的时间为 20d 左右。生物制剂菌属通过自身的代谢维持着循环水系统的动态平衡，当动态平衡被打破时循环水系统的运行就会出现波动，也验证了生物法处理循环水的可行性。

2.1.6　生物缓蚀阻垢技术示范工程

2.1.6.1　生物缓蚀阻垢技术示范工程简介

示范工程选择某化肥责任有限公司，该公司主要生产浓硝酸和四氧化二氮，硝酸车间的循环冷却水系统的处理规模 1500m^3。

通过深入分析硝酸车间循环水系统存在的一系列问题，采用生物缓蚀阻垢技术处理循环水系统。利用碳酸酐酶降解、生物酶络合作用至最终沉淀去除，降低循环水内高含量 Ca^{2+}、Mg^{2+} 和 Cl^- 等离子，从而降低系统结垢和腐蚀的风险，并通过对水体中 COD 的强降解作用和辅以 QS 微生物控制技术，不断降低系统内 COD 含量，去除微生物赖以生存的有机物，从而降低系统内生物污垢的形成，最终减小因为微生物形成的垢下腐蚀，以生物手段替代传统含磷化学药剂，从而达到循环水系统磷减排的目的。

2.1.6.2 生物缓蚀阻垢技术示范工程建设

制作并安装生物模架（图 2-32），生物模架是供微生物生长繁殖的主要场所，是生物定植培养技术必需的中间载体，它能为微生物提供着床，利于微生物生长繁殖，更好地发挥药剂效果，保持水质正常、稳定。同时，于补水口及排污口处增设电磁流量计。图 2-32 中，生物模架用角钢作为骨架，六面铺设孔径不大于 30mm 的不锈钢网；模架高 $H = 1.6m$（以此为准），模架长 $L = 1000mm$，厚度 $D = 400mm$；纤维球从模架最上端加入，外壳为 $\Phi 80mm$ PE 球内置 3 个纤维小球；放置 10 个生物模架，每个模架放置 900 个

(a) 生物模架　　　　　　　　　　　　　(b) 纤维球

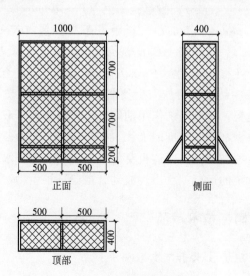

(c) 平面结构图

图 2-32　固定生物模架尺寸示意

纤维球，共需 9000 个纤维球。

在补水口、排污口分别安装电磁流量计用于记录循环冷却水系统的补水量与排水量。

2.1.6.3 示范工程运行水质指标

(1) pH 值

在示范工程运行期间，硝酸车间循环水系统的 pH 值呈总体下降趋于稳定（图 2-33）。当系统运行了 35d 后，冷却水运行 pH 值呈逐步下降并趋于稳定，基本维持在 7.8～8.5之间。这说明生物缓蚀阻垢制剂中功能性菌能在系统中稳定发挥作用，使用生物缓蚀阻垢制剂相对于使用化学药剂能降低循环冷却水系统的运行 pH 值，并满足国标中 pH 值为6.8～9.5 的要求，同时低运行 pH 值也能降低系统结垢的可能性。

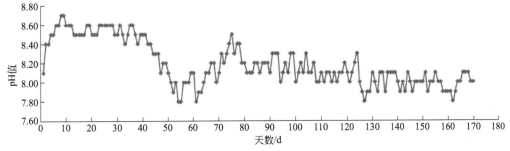

图 2-33 示范工程运行期间 pH 值变化情况

(2) 碱度

在示范工程运行期间，硝酸车间循环水系统的碱度第 1 个月不稳定，之后逐渐趋于稳定（图 2-34）。国标要求碱度≤400mg/L，运行期间碱度最高值是 385mg/L，最低值是 300mg/L，平均值是 330mg/L，完全满足运行要求。由于生物缓蚀阻垢制剂水垢溶解后将其中大量的碱性物质释放到冷却水中，从而造成碱度偏高；示范中后期，由于制剂中功能性菌在系统中稳定生长，降低了系统 pH 值，从而碱度下降并趋于稳定，维持在 310mg/L 左右，满足国标要求的国标钙硬度＋甲基橙碱度≤1100mg/L，但是在系统内并未有明显的结垢现象。这表明相对于化学药剂，生物缓蚀阻垢制剂能提高冷却水的碱度运行指标，使冷却水中能容纳更多成垢性盐离子而不发生结垢，阻垢效果更明显。

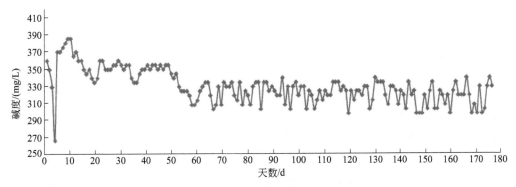

图 2-34 示范工程运行期间碱度变化情况

（3）硬度

在示范工程运行期间，硝酸车间循环水系统的硬度前期波动较大（图 2-35），3 周之后逐渐保持稳定，系统冷却水的硬度都是高指标运行，维持在 $800\sim850$mg/L 且波动较小，这是由于生物缓蚀阻垢制剂将系统中结生的水垢溶解了并将其中的成垢性盐离子释放到冷却水中，提高了冷却水中成垢盐的溶解度，从而造成硬度运行指标较高。但是循环冷却水系统的换热效果、水温和生产运行并未出现异常，且并未发现系统内有结垢现象。这表明了相对于化学药剂，生物缓蚀阻垢制剂不仅能提高冷却水的硬度运行指标，而且能保证系统不发生结垢，其具有更好的阻垢效果。

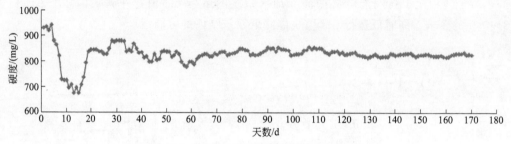

图 2-35　示范工程运行期间硬度变化情况

（4）浊度

示范工程正式运行后，硝酸车间循环水系统的浊度明显降低，效果明显，前两周浊度最高达 10.70NTU，随着运行时间的增长，浊度下降幅度大，平均值 1.81NTU，最低仅为 0.75NTU（图 2-36）。国标要求浊度≤10NTU。由于生物缓蚀阻垢制剂的溶垢作用使得系统中结生的水垢溶解脱落到冷却水中，从而冷却水浊度有短暂的上升，但是随着系统运行时间的增加，由于制剂中的微生物在系统中稳定生长后并能吸附并絮凝冷却水中的悬浮物，故冷却水中的浊度迅速下降，并维持在 1NTU 左右。这表明了虽然系统冷却水浓缩倍数提高了，但是使用生物缓蚀阻垢制剂时相比于使用化学药剂时水中悬浮物含量却降低了，系统中污垢沉积的可能性降低，从而达到阻垢的效果。

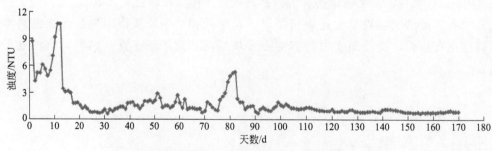

图 2-36　示范工程运行期间浊度变化情况

（5）Cl⁻

示范期间，硝酸车间循环水系统的 Cl⁻ 浓度远低于国家标准≤700mg/L 的要求，呈逐步上升趋势而后趋于稳定，保持在 $170\sim190$mg/L 之间（图 2-37）。由于系统补充水量与排污水量降低，且随着冷却水的不断浓缩与蒸发将导致 Cl⁻ 浓度逐渐升高，未发现系统中腐蚀有加剧的情况。这表明相对于化学药剂，使用生物缓蚀阻垢制剂能提高系统冷却水的 Cl^- 浓度且不发生严重腐蚀。

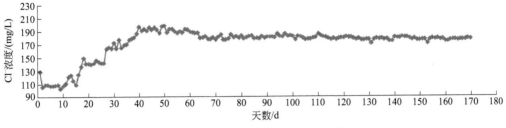

图 2-37　示范工程运行期间 Cl^- 变化情况

（6）总铁离子

国标要求总铁离子≤1.0mg/L，运行期间最高值是 0.23mg/L（表 2-4），最低值是 0.03mg/L，平均值是 0.12mg/L。冷却水中 Fe^{3+} 主要来自系统中碳钢的腐蚀产物，Fe^{3+} 含量反映了系统的腐蚀情况。由于使用生物缓蚀阻垢制剂可将系统中微生物生长所需的 TP 和 COD 含量降低从而降低了系统内的微生物腐蚀，而且未往系统中投加含大量盐离子的化学药剂从而降低了系统中电化学腐蚀，故其中总铁离子浓度含量很低，这就说明了相对于化学药剂，生物缓蚀阻垢制剂具有更良好的缓蚀效果。

表 2-4　总铁离子浓度变化

日期	2016/5/15	2016/5/22	2016/5/29	2016/6/5	2016/6/12	2016/6/19
Fe^{3+} 浓度/(mg/L)	0.21	0.23	0.2	0.102	0.123	0.16
日期	2016/6/26	2016/7/3	2016/7/10	2016/7/17	2016/7/24	2016/7/31
Fe^{3+}/(mg/L)	0.18	0.13	0.1	0.1	0.08	0.11
日期	2016/8/7	2016/8/14	2016/8/21	2016/8/28	2016/9/4	2016/9/11
Fe^{3+} 浓度/(mg/L)	0.09	0.06	0.05	0.03	0.08	0.06
日期	2016/9/18	2016/9/25	2016/10/2	2016/10/9	2016/10/16	2016/10/23
Fe^{3+} 浓度/(mg/L)	0.13	0.15	0.18	0.08	0.11	0.12

（7）浓缩倍数

浓缩倍数变化如表 2-5 所列。

表 2-5　浓缩倍数变化

时间	补水 Cl^- 浓度/(mg/L)	循环水 Cl^- 浓度/(mg/L)	浓缩倍数/倍
5 月平均值	25.5	112.7	4.5
6 月平均值	31.0	170.0	5.5
7 月平均值	31.7	187.3	6.0
8 月平均值	31.4	182.0	5.8
9 月平均值	30.5	179.0	5.9
10 月平均值	30.7	155.0	5.8

国标要求浓缩倍数（N）为 3＜N＜5。考虑硝酸车间循环水在使用生物缓蚀阻垢制

剂时未使用次氯酸钠，为了提高计算浓缩倍数的准确性，通常选取冷却水中稳定存在的离子进行计算，系统中 Cl^- 仅来自补充水中，所以选取 Cl^- 作为控制冷却水浓缩倍数的指标。由表 2-5 可知循环水的浓缩倍数在运行期间要比国标要求略高，但是由于国标对浓缩倍数的要求是基于化学药剂，此次示范的循环水缓蚀阻垢技术是生物技术，从之前的指标以及现场设备观察来看，循环水系统并未出现腐蚀结垢等情况，那么生物缓蚀阻垢技术在高浓缩倍数下能保持系统的安全正常地运行是可行；也意味着生物缓蚀阻垢制剂的缓蚀阻垢性能比化学药剂的缓蚀阻垢性能好，同时也能节约补充水与减少排污水量。

2.1.6.4　示范工程效果

(1) 示范工程效果

示范工程建设前循环冷却水水质浑浊，示范工程建设之后冷却水水质清澈见底，水中悬浮物质明显减少。这说明了生物缓蚀阻垢制剂能大大降低冷却水中的浊度，降低系统腐蚀与结垢的风险。

示范工程运行后，集水池壁上的藻类生长明显被抑制，墙壁上实验前沉积的污垢被溶解，且无新的污垢沉积下来。这说明了生物缓蚀阻垢制剂有良好的阻垢性能。

示范工程建设后换热器管壁的污垢明显减少，管壁上原有的污垢被溶解了，管壁变得光滑，露出金属光泽。这是由于使用生物缓蚀阻垢制剂能有效地溶解系统中结生的水垢，说明其具有良好的阻垢性能。

(2) 节水

循环冷却水的运行浓缩倍数间接反映了系统的用水量，浓缩倍数越高系统越节水，示范期间系统均在高浓缩倍数下运行，这就意味着实验期间补水量与排污水量相对之前要减少，即生物缓蚀阻垢制剂使系统更具有节水性，如表 2-6 所列。

表 2-6　补充水量与排污水量

时间	日均补充水量 /m³	日均排污水量 /m³	补充水总量 /m³	排污水总量 /m³
往年同期	488	180	73200	27000
示范期	376	71	56400	10650
水量变化	112	109	16800	16350
削减率/%	22.95	60.06	22.95	60.06

由表 2-6 可知，与往年同期相比，实验期间系统补充水总量减少了 16800m³，日均补充水量减少 112m³，削减率为 22.95%；排污水总量减少 16350m³，日均排污水量减少 109m³，削减率为 60.06%。这就意味着使用生物缓蚀阻垢制剂不仅能减少水资源的消耗，而且排污量减少也能缓解外界水体环境的压力，既节约资源又保护环境。

示范工程运行期间，磷减排量如表 2-7 所列。

表 2-7　磷减排量

项目	往年同期	实验期	变化量	减排率
TP 含量平均值/(mg/L)	2.88	0.17	2.71	94.10%

项目	往年同期	实验期	变化量	减排率
排污总量/m³	27000	10650	16350	60.06%
日均 TP 排放量/kg	0.518	0.012	0.506	94.10%
TP 排放总量/kg	77.76	1.81	75.95	94.10%

由表 2-7 可知，相对于往年同期，实验期间循环冷却水系统磷减排日均量为 0.506kg，磷减排总量为 75.95kg，减排率为 94.10%，故使用生物缓蚀阻垢制剂能降低排污水对外界水体的压力，缓解了水体富营养化。

2.2　小城镇污水处理厂提标改造氮污染减排技术

2.2.1　好氧反硝化菌的分离、鉴定及脱氮性能的研究

传统意义上的反硝化主要发生在缺氧条件下，而在有氧环境中，分子氧比硝酸盐氮或亚硝酸盐氮更容易成为电子受体，进而抑制了反硝化过程。但是传统反硝化对于溶解氧难控制的工艺脱氮很不利，因此开展具有更好环境适应性的好氧反硝化菌生物学特性研究具有重要的理论价值和实际意义。通过筛选高效好氧反硝化菌及好氧反硝化菌的反硝化特性研究，可以为实际废水处理中利用好氧反硝化菌提高系统脱氮性能提供了实际参考和理论依据。

2.2.1.1　好氧反硝化菌的分离

选取池塘底泥进行菌种的分离、纯化及复筛，分离出 3 株具有较强反硝化能力的菌株，分别命名为 N_1、N_2 和 N_3。分别以硝酸盐和亚硝酸盐作为 DM 培养基氮素测定反硝化能力，各菌株的反硝化能力见图 2-38。N_1、N_2、N_3 对硝酸盐和亚硝酸均有较高的反硝化能力，N_1 利用亚硝酸盐的反硝化去除率高达 95.4%；N_2 利用硝酸盐的反硝化能力高达 96.7%；N_3 对硝酸盐和亚硝酸盐均具有较高的反硝化能力，去除率分别为 96.5% 和 96.1%。

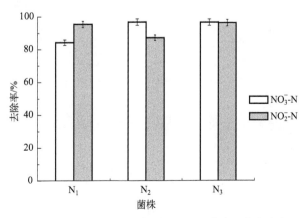

图 2-38　好氧反硝化菌对硝酸盐和亚硝酸盐的去除率

2.2.1.2 C/N 比对菌株反硝化性能的影响

目前研究中涉及的好氧反硝化菌均为异养菌，因此碳源是限制菌株生长和代谢的重要因素，碳源的充足与否主要由 C/N 比的相对量来反映，当 C/N 比偏低即碳源不足时菌株的脱氮性能会受一定的限制，该情况下菌株的脱氮性能会随着碳源浓度的增加而提高。因此有必要研究菌株生长代谢的最适 C/N 比，以此来指导菌株在某种废水下的适应性。改变菌株培养液 C/N 比，保证稳定 30℃，转速 160r/min 条件相同，并对菌株进行恒温培养。图 2-39～图 2-41 分别是 N_1、N_2、N_3 菌株在不同 C/N 比下的反硝化性能。

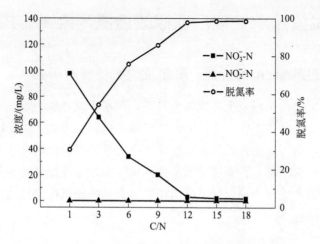

图 2-39　C/N 比对菌株 N_1 的反硝化性能的影响

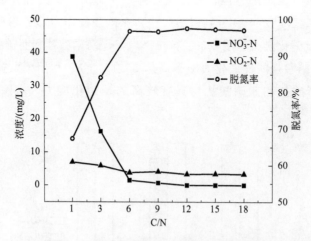

图 2-40　C/N 比对菌株 N_2 的反硝化性能的影响

比较已筛选的菌株在不同 C/N 比下的脱氮性能，结果表明 N_1、N_2、N_3 菌株的反硝化性能达到较高并稳定需要的 C/N 比分别为 12、6 和 9，相比而言，N_1 对碳源需求量偏低，在 C/N 比相对较低的情况下脱氮性能最好。

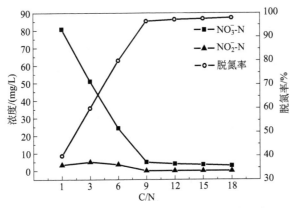

图 2-41　C/N 比对菌株 N_3 的反硝化性能的影响

2.2.2　玉米芯作为反硝化外加固体碳源的可行性研究

选取玉米芯作为固体碳源，研究玉米芯作为固体碳源的可行性。分析玉米芯释碳性能、释氮性能、释碳品质；用已筛选的好氧反硝化菌以玉米芯为唯一碳源分析玉米芯浸出碳供反硝化利用的能力。

2.2.2.1　固体碳源的选取

低 C/N 比生活污水外加固体碳源选取的主要原则包括释碳时间长，释碳速率适中，释碳能力强，简单易得，成本低廉，不会造成二次污染等。

玉米芯是典型的纤维素类有机物。我国玉米芯年产量可达 2×10^7 t，成本低廉，取材范围广，主要成分为纤维素 34.9%，半纤维素 37%，木质素 7%。纤维素、半纤维素在微生物或者酶的作用下可以分解成小分子化合物，具有作为固体碳源的重要优势。玉米芯含有 Ca、P、Mg、Fe、K 等多种矿物质元素，不含 Cu、Pb、Cr 和 Cd 等重金属元素，有利于微生物生长，不会对活性污泥造成毒害作用。且玉米芯宏观表面结构疏松多孔，使微生物附着成为可能。结合其他研究成果，确定选取玉米芯作为外加固体碳源。

2.2.2.2　玉米芯浸出液被好氧反硝化菌利用前后释碳品质分析

三维荧光光谱可以反映水体中类腐殖质和类蛋白质等有机物的存在。通过三维荧光测定结果中的特征荧光峰值对应激发波长和发射波长的位置来确定有机物的种类。对玉米芯浸泡 2d 后的浸出液进行三维荧光测定，结果见书后彩图 10(a)。对经过好氧反硝化菌代谢利用 12d 后的玉米芯浸出液进行三维荧光测定，结果见书后彩图 10(b)。

结果表明，玉米芯清水浸出实验的浸出液中出现了类色氨酸的两个特征荧光峰，分别为 $E_x/E_m=225$nm/340nm，$E_x/E_m=275$nm/340nm。经好氧反硝化菌利用后的玉米芯浸出液中出现了 3 个典型波峰，分别为 $E_x/E_m=340$nm/415nm，$E_x/E_m=335$nm/410nm，$E_x/E_m=350$nm/425nm，均属于类富里酸（$E_x/E_m=300\sim370$nm/$400\sim500$nm）的特征波峰内。类色氨酸属于类蛋白物质，生物降解性高，微生物容易利用。富里酸是一种极其复杂的有机物质，分子量较低，具有较好的溶解性及流动性，生物惰性较强。经好氧反硝化菌代谢利用后的玉米芯浸出液成分发生了较大变化，能被微生物利用的类色氨酸大量减少，基本消失，类富里酸成为主要成分。富里酸主要来源于两部分：一是一般植物内有高含量的富里酸，且富里酸溶解性较好，玉米芯在连续 12d 的浸泡过程中浸出了体内的富里酸；二是实验后期能供好氧反硝化菌利用的碳源不足，导致菌株解体，产生了富里酸。

玉米芯浸出液中含有大量微生物易降解的类色氨酸，有利于反硝化菌利用。经好氧反硝化菌代谢利用后，浸出液中类色氨酸转化成类富里酸，再次证明玉米芯浸出液含有能供微生物利用的碳源。

2.2.2.3　好氧反硝化菌利用玉米芯为唯一碳源的反硝化性能

玉米芯释碳性能实验结果表明玉米芯浸出液中 COD 较高，为进一步探究玉米芯浸出碳源能否被反硝化利用，设置了好氧反硝化菌以玉米芯为唯一碳源的反硝化实验。由于已筛选的 N_1、N_2、N_3 好氧反硝化菌旨在作为生物强化用于后续实验中，因此选取由 N_1、N_2、N_3 按照 $1:1:1$ 复配后的混合菌剂进行玉米芯浸出碳源用于反硝化的研究。通过人工配水控制实验配水中 NO_3^--N 的浓度，为保证菌剂不受高浓度 NO_3^--N 的抑制，配水 NO_3^--N 浓度设置为 30mg/L（一般生活污水处理系统中硝态氮浓度为 30mg/L 左右），当 NO_3^--N 全部去除后进行配水补加，控制补水后系统 NO_3^--N 浓度仍为 30mg/L。通过对 NO_3^--N 的去除来反映玉米芯浸出碳源用于反硝化的能力。实验结果见图 2-42。

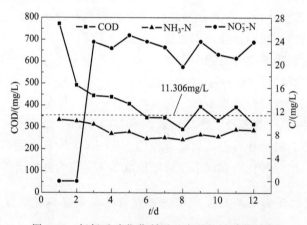

图 2-42　好氧反硝化菌利用玉米芯的反硝化过程

N_1、N_2、N_3 好养反硝化菌可以利用玉米芯作为唯一固体碳进行反硝化代谢，反应后剩余的有机物约为 68.22mgCOD/g。单位质量（1g）玉米芯能供反硝化去除的 NO_3^--N 约为 13.6mg/L。

2.2.2.4　玉米芯结合生物强化菌剂在活性污泥系统反硝化性能

玉米芯的加入是否对水体出水 COD 达标造成较大威胁，以及是否能持续缓慢的提供碳源是玉米芯能否作为固体碳源运用于实践中的另一个重要依据。当活性污泥加入玉米芯后，污泥中微生物会利用玉米芯浸出的营养物质进行代谢生长。为进一步研究玉米芯在加有好氧反硝化菌的活性污泥系统中释碳的持续性,对玉米芯结合生物强化菌剂在活性污泥系统中的反硝化性能进行测定。实验周期设置为 20d,结果见图 2-43。

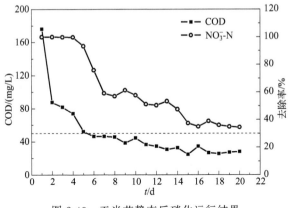

图 2-43 玉米芯静态反硝化运行结果

玉米芯在活性污泥系统中,能够持续释碳 20d 以上。玉米芯释碳能力稳定,出水 COD 持续稳定在 50mg/L 以下,脱氮率维持 35% 以上。玉米芯在活性污泥系统中具有良好的释碳持续性和稳定性,既能持续稳定地为水体提供碳源,又不会对原水体出水 COD 达标造成威胁。

2.2.2.5 玉米芯表面结构及微生物附着情况分析

为从玉米芯表面结构特征来判定玉米芯作为固体碳源及生物载体的可行性,对原始玉米芯结构进行扫描电镜观察 [见书后彩图 11(a)]。为考察玉米芯浸泡后结构变化,对经清水浸泡 15d 后的玉米芯进行扫描观察 [见书后彩图 11(b)]。为考察玉米芯的微生物附着能力,对经好氧反硝化菌利用 12d 后的玉米芯进行扫描观察 [见书后彩图 11(c)]。为进一步考察玉米芯作为固体碳源用于活性污泥系统时结构上的变化,对添加在活性污泥系统中实验 20d 后的玉米芯进行扫描观察 [见书后彩图 11(d)]。通过观察玉米芯结构变化及微生物附着情况来确定玉米芯用于固体碳源及生物载体的可行性及稳定性。

电镜结果表明,原始玉米芯表面结构呈蜂窝状,粗糙且有大量孔洞,易于微生物附着,可作为优质的生物载体。经清水浸泡 15d 后的玉米芯表面结构变疏松,孔洞明显变大,该结构更有利于微生物的附着。经好氧反硝化菌利用 12d 后的玉米芯表面结构更加粗糙,在 3.00kx 下明显观察到玉米芯表面附着大量杆状菌,直接表明玉米芯利于微生物附着,可作为生物载体。在活性污泥系统中实验 20d 后的玉米芯表面结构明显变粗糙,孔隙内附着大量的杆菌、球菌及丝状菌等,表明玉米芯在活性污泥系统中既能能作为固体碳源稳定供碳,又能作为生物载体稳定存在,为玉米芯可作为固体碳源用于活性污泥系统中提供了又一重要依据。

2.2.3 基于 CASS 工艺的生物强化及固体碳源对低 C/N 比生活污水脱氮性能的研究

对生活污水而言,一般进水氮素主要为 NH_3-N。目前运用最多的活性污泥系统中脱氮过程主要由硝化过程和反硝化过程组成，其中任何一个环节受限都会影响系统最终的脱氮效果，直接影响出水水质。对于传统的活性污泥系统的脱氮原理而言，造成硝化过程受限的主要因素包括曝气不足和硝化菌丰度较低；造成反硝化过程受限的主要因素包括曝气过量导致反硝化菌作用受限和碳源不足限制反硝化过程。

选取处理低 C/N 比乡镇生活污水的 CASS（Cyclic activated sludge system，连续进水周期循环曝气活性污泥系统）工艺作为实验反应器。采用生物强化和固体碳源来强化反应器的脱氮性能。从硝化和反硝化两个过程同时保证提高脱氮性能，采用硝化菌、缺氧反硝化菌、好氧反硝化菌生物强化菌剂及玉米芯固体碳源来强化处理低 C/N 比乡镇生活水的 CASS 工艺的脱氮性能。考察了对照组和添加有生物菌剂及玉米芯的实验组在实验期间 COD、NH_3-N、TN 的变化。并通过 Illumina Miseq 高通量测序技术和 PCR-DGGE 技术对两个反应器内活性污泥群落结构变化进行分析，并确定人工强化的生物菌剂在该系统中的适应性及稳定性。

(1) 菌种及活性污泥

硝化菌来自实验室保藏的复合硝化菌剂 M；缺氧反硝化菌来自实验室保藏的复合缺氧反硝化菌剂 Q；好氧反硝化菌由 N_1、N_2、N_3 按照 1:1:1 进行复配制成；活性污泥取自开州区临江污水处理厂的剩余污泥。

(2) 玉米芯

实验用玉米芯过 1 目筛网，筛下玉米芯再过 2 目筛网，取筛上玉米芯为实验用材，此时玉米芯直径为 1~2cm，于 30℃的烘箱中干燥两天后保藏于干燥器内。整个实验采用同一批实验材料。

(3) 进水

进水 COD 浓度约为 150mg/L，TN 浓度约为 40mg/L，NH_3-N 浓度约为 30mg/L。一般认为 COD 浓度<200mg/L，COD/TN<8 的水体为低 C/N 比废水。

2.2.3.1　CAST 反应器的设计运行

设置两组平行的反应器，分别为对照组和实验组。间歇进水周期循环式活性污泥技术（CAST）反应器示意见图 2-44。CAST（Cyclic activated system technology）反应器厌氧选择区、预反应区和主反应区体积分别为 10.5L、12L 和 126L。其中，预反应区为 L 形，长 300mm，上宽 100mm，下宽 200mm，前高 350mm，后高 600mm。设置运行周期为 4h，进水 1h，曝气 2h，静置 1h，排水 1h，其中进水期间开始曝气。MLSS 设置 3500mg/L，充水比 1/3，混合液回流比 30%。采用底部微孔爆气，曝气阶段控制 DO 浓度为 4.0~5.0mg/L。实验期间没有进行排泥。反应器在室温下运行，温度基本在 20℃左右。

2.2.3.2　生物强化及固体碳源对 CAST 工艺脱氮性能的影响分析

为考察玉米芯及生物强化菌剂在实际低 C/N 比生活污水处理中对脱氮性能提高的能力，采用处理低 C/N 比生活污水的 CAST 工艺进行小试研究。实验结果见图 2-45。

实验组和对照组对 NH_3-N、TN 去除率结果表明，实验组对系统脱氮具有明显的作用。通过生物强化菌剂与玉米芯固体碳源的综合作用，能够提高处理低 C/N 比生活污水 CAST 工艺的脱氮性能。

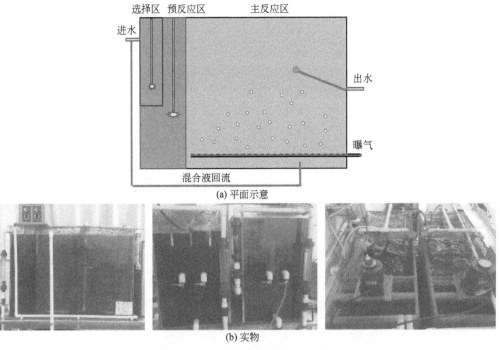

(a) 平面示意

图 2-44　CAST 反应器示意和实物

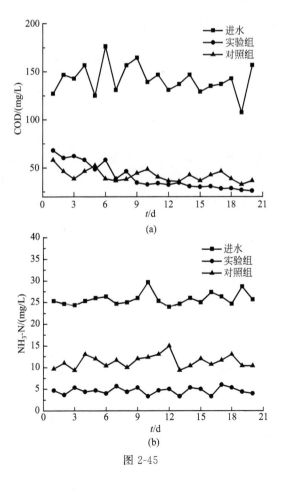

图 2-45

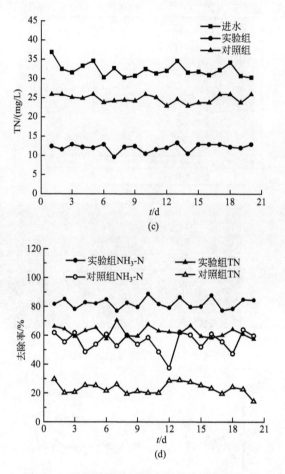

图 2-45　强化处理前后反应器的水质指标变化

添加有玉米芯固体碳源及硝化菌、缺氧反硝化菌、好氧反硝化菌的反应器出水 COD 维持在 30mg/L 左右，NH_3-N 的平均出水浓度由对照组的 11.35mg/L 降至 4.58mg/L；出水 TN 平均浓度由对照组的 25.03mg/L 降至 12.11mg/L。经生物强化后的反应器 NH_3-N 平均去除率由对照组的 55.8%增加至 82.1%；TN 的平均去除率由对照组的 23.2%增加至 62.3%。生物菌剂的添加提高了系统污泥内脱氮微生物的丰度，增加了脱氮微生物的种类，进而提高了系统的脱氮性能，使出水达到一级 A 标。玉米芯作为外加固体碳源用于活性污泥系统时，出水 COD 稳定且偏低，不会对原水体造成二次污染。

2.2.3.3　CAST 反应器污泥电镜分析

对实验组和对照组的初始污泥和运行 20d 后的污泥进行电镜扫描观察发现，实验初期实验组和对照组污泥结构节基本一致，酥松多孔，能明显地看到其中的丝状菌和杆菌。反应器运行 20d 后，实验组污泥结构基本没有太大变化，可清晰看到大量的杆状菌，污泥性能良好。对照组结构略有疏松，猜测可能由于水体内碳源不足，活性污泥内部分微生物存在饥饿状态，污泥结构开始松散。

2.2.4　生物强化及固体碳源脱氮技术示范

本章将讨论利用玉米芯固体碳源与生物强化技术相结合共同处理重庆开州区临江污水处理厂低碳源污水脱氮效果。考虑现场实际情况，在不影响污水处理厂正常生产生活的前提下，采用承重网兜悬挂方案将经过生物菌剂处理后的固体碳源投入反应池中。自 2016 年 5 月 1 日～10 月 31 日运行期间，定时对污水处理厂进出水 NH_3-N 和 TN、COD 进行监测，通过观察 NH_3-N 和 TN 指标了解系统脱氮效果。并通过 Illumina Miseq 高通量测序技术分别对玉米芯固体碳源和纤维球不同时期微生物群落结构变化，研究反应池内微生物菌群在固体碳源内部演替变化规律。

2.2.4.1　临江污水处理厂简介

重庆开州区临江污水处理厂主要采用 SBR 法中的 CASS 工艺，设计处理量为 2300m^3/d，最大日处理量 3100m^3/d。通过现场调研，临江污水处理厂进水多为乡镇居民生活污水、学校、医院、商业服务机构及各种公共设施排水，因管网建设不完善导致部分雨水流入，总体表现为水量、水质波动大，有机物含量低等特点，乡镇用水的不均匀性决定了排水的不均匀性。污水处理厂进水高峰时水位会超过上限，污水处理负荷偏大，污染物去除率有所降低。相反，进水量小时污水处理负荷低，反应池不能充分利用。经现场监测表明，CASS 池在后期排水时，水下 2m DO 浓度仍然为 2mg/L 左右，表明反应体系曝气过量，脱氮的主要限制因素为反硝化不足。进水 NH_3-N 含量很高，C/N 比低于 2.86kgCOD/kgTN，进水水质具有明显的低碳氮比污水特点。

2.2.4.2　实验与材料

（1）菌剂扩培装置

现场扩菌培养装置见图 2-46。

通过向装置内添加纤维球为微生物提供良好的附着载体，利用控制曝气量、曝气时间、搅拌、pH 值等方式分级扩大培养制备菌剂。

1）扩菌设备参数

扩菌设备：高 H=1.0m，模架长 L=2.0m，宽 D=1.0m。搅拌器 2 个，曝气机 1 个，曝气头 18 个，电箱 1 个，每个周期可培养 1.5～1.8t 菌剂。

2）培养基

① 硝化菌培养基：$NaNO_2$ 1g/L，$MgSO_4 \cdot 7H_2O$ 0.03g/L，$MnSO_4 \cdot 4H_2O$ 0.01g/L，K_2HPO_4 0.75g/L，Na_2CO_3 1g/L，NaH_2PO_4 0.25g/L，$CaCO_3$ 1g/L，pH 值为自然。

② 反硝化菌培养基：酒石酸钾钠 10g/L，KH_2PO_4 0.6g/L，KNO_3 2g/L，$MgSO_4 \cdot 7H_2O$ 0.2g/L，pH 7.2。

3）菌剂母种

菌剂母种全部来自实验室筛选保藏的硝化菌、反硝化菌和好氧反硝化菌菌种，其中好氧反硝化菌属是由 *Pseudomonas* sp.、*Pseudomonas stutzeri*、*Pseudomonas Aeruginosa*、*Klebsiella variicola*、*Acinetobacter* sp.、*Sphingobacterium* sp. 组成。

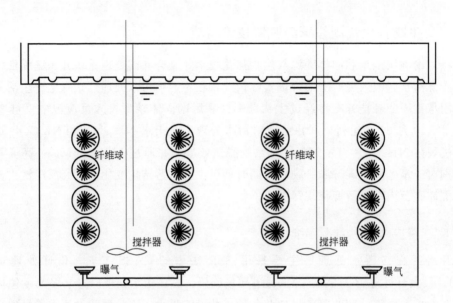

(a) 示意

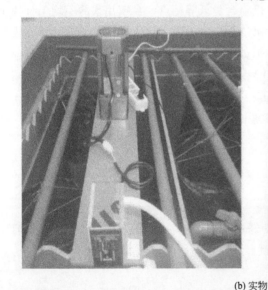 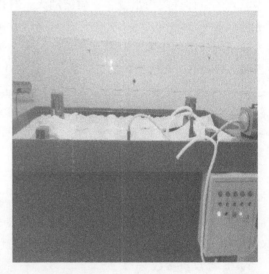

(b) 实物

图 2-46　菌剂扩培装置示意和实物

（2）固体碳源投加方式

玉米芯固体碳源体积和密度都较小，为了保证固体碳源能与反应池污水充分接触，同时防止漂浮在水面上影响曝气设备正常运行，采用承重网兜悬吊式设计方案。经过现场调研发现施工存在以下几个现实问题：

① 由于反应池中间走道布置了护栏、回流管道，同时墙体宽度较小、厚度较薄，留给施工的有效操作面积较小。

② 主池内长 9.3～9.6m，总长 10.5～10.8m，如果采用空旷场地组装好后整体吊装的施工方法，那么二次回收更新材料施工较为困难。

③ 硝化池内有 3 个表面曝气机，水力冲击力大。

④ 填料安放的位置要符合不同微生物类群生长所需要的环境条件。

通过深入分析设计施工存在的难点，本着符合工程规范、简易灵活、经济、尽量不使用大型施工机械等原则，提出在污水处理池上方架设一根钢绳，用膨胀螺丝和开体花蓝固定连接，在钢绳套上一组可用细绳牵引的可移动纤维绳，下方用钩子挂起放置装置。计划每一排放 3 个网箱。

将经过生物菌剂处理后的玉米芯固体碳源投入承重网兜中，利用绳索调节玉米芯固体碳源的空间位置，如图 2-47 所示。网兜的空隙保证了水流能够与固体碳源充分混合，并且因为网的阻拦作用固体碳源不会四处漂散，影响表面曝气装置和污泥回流的正常运行。

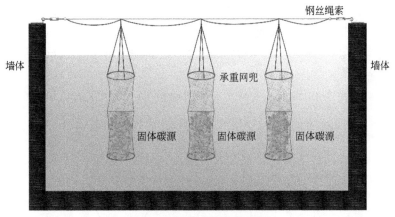

图 2-47 固体碳源装置示意

2.2.4.3 运行阶段进出水水质检测

(1) COD 去除效果

COD 去除效果如图 2-48 所示，进出水 COD 平均值和去除率平均值如表 2-8 所列。

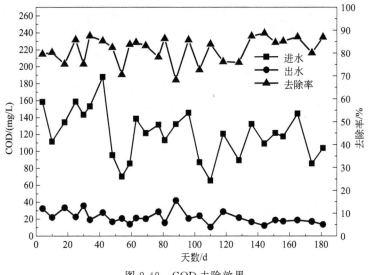

图 2-48 COD 去除效果

表 2-8　进出水 COD 平均值和去除率平均值

COD	进水/(mg/L)	出水/(mg/L)	去除率/%
试验阶段平均值	120.64	21.85	81.89
去年同期平均值	103.62	14.85	85.67

由图 2-48 和表 2-8 可以看出，整个中试试验阶段，COD 平均去除率达到 85.08%，较去年同期降低 3.78%，猜测玉米芯固体碳源的添加增加了反应池内 COD 总量，致使 COD 降解率下降。COD 进水浓度波动较大，平均为 120.64mg/L，出水 COD 浓度较为稳定，平均为 21.85mg/L，远低于《城镇污水处理厂污染物排放标准》（GB 18918—2002）中规定的 COD 排放一级 A 标准（50mg/L）。临江污水厂进水碳源较低，波动较大，而出水 COD 浓度没有出现明显的波动性，一直稳定在 21.85mg/L 左右，说明了反应池内微生物对碳源有迫切需求。

（2）TN 去除效果

TN 去除效果如图 2-49 所示，进出水 TN 平均值和去除率平均值如表 2-9 所列。

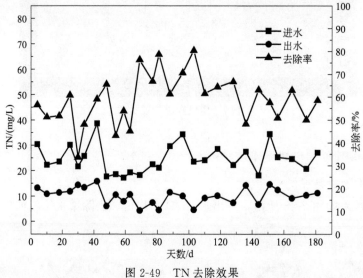

图 2-49　TN 去除效果

表 2-9　进出水 TN 平均值和去除率平均值

TN	进水/(mg/L)	出水/(mg/L)	去除率/%
试验阶段平均值	24.70	10.14	58.78
去年同期平均值	27.08	13.75	49.22

由图 2-49 和表 2-9 可以看出，整个中试试验阶段，TN 平均去除率达到 58.78%，较去年同期提高 9.56%。进水 TN 浓度最高为 38.63mg/L，最低为 17.24mg/L，平均浓度为 24.70mg/L，出水 TN 平均浓度为 10.14mg/L，低于《城镇污水处理厂污染物排放标准》（GB 18918—2002）中规定的 TN 排放一级 A 标（15mg/L）。

（3）NH_3-N 去除效果

NH_3-N 去除效果如图 2-50 所示，进出水 NH_3-N 平均值和去除率平均值如表 2-10 所列。

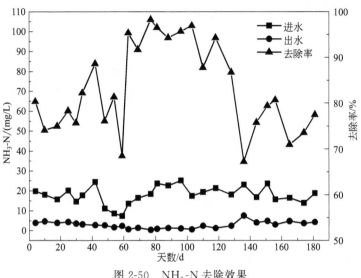

图 2-50 NH₃-N 去除效果

表 2-10 进出水 NH₃-N 平均值和去除率平均值

NH₃-N	进水/(mg/L)	出水/(mg/L)	去除率/%
试验阶段平均值	17.81	2.85	83.07
去年同期平均值	21.79	4.85	77.74

由图 2-50 和表 2-10 可以看出，整个中试试验阶段，NH₃-N 平均去除率达到 83.07%，较去年同期提高 5.33%。进水 NH₃-N 浓度最高为 25.10mg/L，最低为 7.33mg/L，平均浓度为 24.70mg/L；出水 NH₃-N 平均浓度为 2.85mg/L，低于《城镇污水处理厂污染物排放标准》（GB 18918—2002）中规定的 NH₃-N 排放一级 A 标（5mg/L）。

临江污水处理厂污水收集系统不完善，进水系统为雨污合流制，污水水量变化系数大、水质波动大，进水 COD、TN 平均浓度分别为 120.64mg/L 和 24.70mg/L，属于明显的低碳氮比污水。通过投加固体碳源与生物强化技术相结合，提高了反应池的脱氮效果，出水 TN、NH₃-N 均达到《城镇污水处理厂污染物排放标准》（GB 18918—2002）一级 A 标排放标准。

第3章

入湖支流污染减排及水质净化技术

3.1 入湖支流减排的前置库湿地构建技术

3.1.1 前置库湿地植物配置研究

通过相关文献检索，根据湿地系统对氮磷等污染物的去除途径（植物吸收富集、根际微生物、土壤吸附、转化或沉淀等）及净化效果，结合当地实际情况，选择根系发达、生物量增加幅度大、根系表面附着微生物密度高的植物，如湿生植物（再力花、梭鱼草、黄花鸢尾、美人蕉）、挺水植物（荷花）、浮叶植物（睡莲）、沉水植物（苦草、菹草、狐尾藻）等，作为前置库湿地构建的植物配置类型和主要种类。

3.1.2 鱼类放养对水质的影响研究

以汉丰湖调节坝下厚坝渔场的鱼塘为围隔试验基地，面积 2000m²，平均水深 1.5m 左右，避风、底质松软平坦。以竹木为框架、缝合聚乙烯彩布制作试验围隔，围隔大小为 2.0m×3.0m×2.0m，围隔高度 2.0m，其中水下 1.5m，水上 0.5m，试验水体 9m³。选择植食性鱼类鲢、鳙，肉食性鱼类鲌鱼为试验材料，开展鱼类增殖放流围隔试验，为前置库湿地生态塘强化净化区动物配置提供技术依据。

共设置围隔 22 个，设置 1 个对照组和 9 个试验组，每组设置 2 组平行，对照组不放养鱼类，试验组放养种类分别为鲢、鳙鱼和鲢、鳙、鲌鱼，放养密度为 20g/m³、30g/m³、40g/m³、50g/m³ 和 60g/m³。试验各围隔放养鱼类配置情况详见表 3-1。

表 3-1　试验各围隔鱼类放养设置

放养鱼类	试验参数	围隔编号				
		E₁	E₂	E₃	E₄	E₅
鲢、鳙	密度/(g/m³)	20±5	30±5	40±5	50±5	60±5
	鲢：鳙比例	81：189	121：283	162：378	202：472	243：567
	总生物量/g	270	405	540	675	810
鲢、鳙、鲌	密度/(g/m³)	20±5	30±5	40±5	50±5	60±5
	鲢：鳙：鲌比例	81：189：27	121：283：40	162：378：54	202：472：68	243：567：81
	总生物量/g	297	445	594	743	891

　　试验期间，每周采集样品一次，共 6 次。测定试验鱼初始体重和最终体重，测定水温、pH 值、透明度、溶解氧、TN、TP、亚硝酸盐氮、硝酸盐氮、NH_3-N、可溶性磷酸盐、化学需氧量，以及浮游植物叶绿素 a 等水体理化指标。分析比较不同鱼类及其不同放养密度对水质的影响。

　　鲢、鳙放养围隔与对照围隔相比（见图 3-1）：透明度和化学耗氧量没有显著变化；溶解氧增加显著，其中 E_3 围隔增加最多、达到了 77.20%，其次是 E_5 围隔、增加了

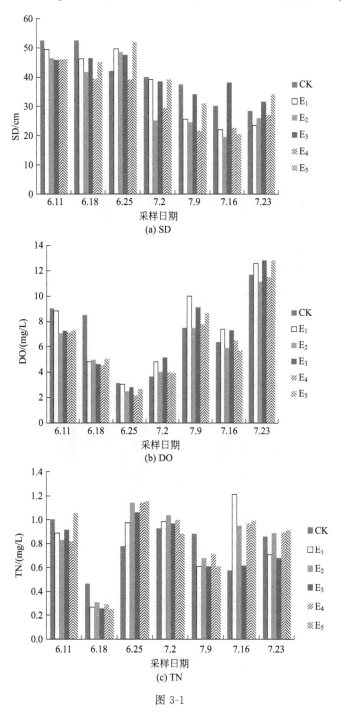

图 3-1

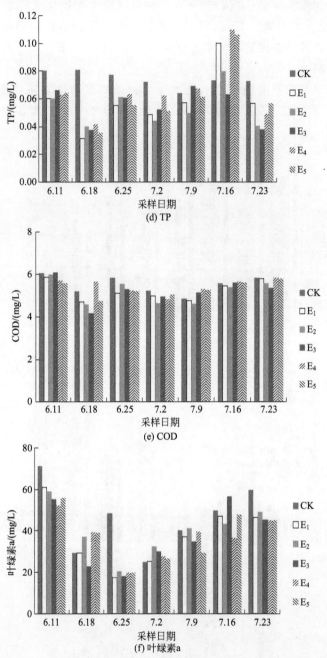

图 3-1 鱼类不同放养密度试验围隔的水质指标随时间变化

(CK 表示对照组，下同)

75.91%；TN 浓度 E₁ 和 E₃ 围隔下降明显，分别下降了 20.73% 和 26.42%；TP 浓度下降显著，其中 E₃ 围隔下降最多、达到了 42.58%，其次是 E₂、下降了 32.64%。叶绿素 a 下降显著，其中 E₁ 围隔下降最多，达到了 23.75%；E₅ 次之，下降 19.72%。

鲢、鳙、鲌放养围隔与对照围隔相比（图 3-2）：除透明度（SD）没有显著变化外，DO、TN、TP、COD、叶绿素 a 等水质指标均显著变化。其中，溶解氧 E₃ 围隔变化最明显，增加了 88.03％；E₃ 围隔次之，增加了 83.36％。TN E₄ 围隔变化最明显，下降了 43.52％；E₅ 围隔次之，下降了 41.99％。TP E₅ 围隔变化最明显，下降了 62.42％；E₂ 围隔次之，下降了 22.21％。叶绿素 a E₂ 围隔变化最明显，下降了 56.61％；E₅ 次之，下降 54.74％。

对比分析不同营养级鱼类放养对试验水体中水质指标的净化效果（表 3-2）可知，不管是混合放养滤食性鱼类鲢、鳙和肉食性鱼类鲇的试验围隔，还是仅放养滤食性鱼类鲢、

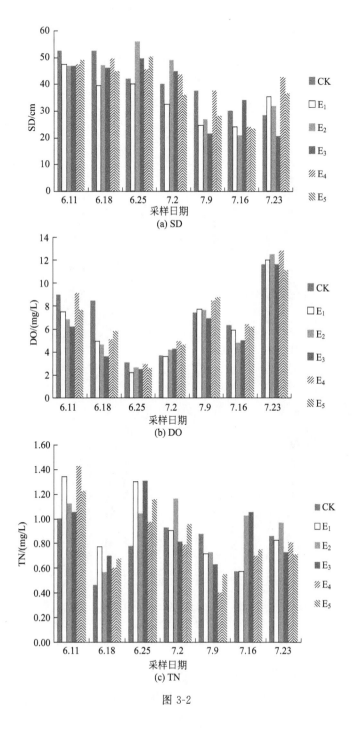

图 3-2

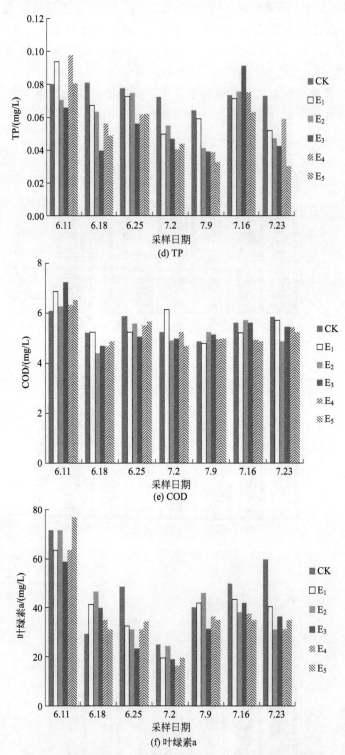

图 3-2　鱼类不同放养密度试验围隔的水质指标随时间变化

鳙的试验围隔，都能显著的改善水质、净化水体，但是放养鲢、鳙、鲇的试验围隔较单纯放养鲢、鳙的试验围隔对水质更具有显著的净化效果，鲢、鳙、鲇放养比例为 3：7：1、

放养密度为 $50g/m^3$、$60g/m^3$ 的围隔对水体中 N、P 去除效果最好。

表 3-2 鱼类放养对水质指标的净化效果比较

放养 生物量	放养 品种	去除效果/%			
		TN	TP	COD	叶绿素 a
270g	鲢、鳙	20.73	5.98	1.36	23.75
	鲢、鳙、鲇	38.57	44.97	16.94	36.20
405g	鲢、鳙	−7.45	32.64	6.67	17.12
	鲢、鳙、鲇	14.09	33.10	22.21	56.61
540g	鲢、鳙	26.42	42.58	12.32	17.57
	鲢、鳙、鲇	30.96	35.22	24.61	37.88
675g	鲢、鳙	−9.71	21.59	−2.24	13.63
	鲢、鳙、鲇	43.52	39.76	13.98	50.62
810g	鲢、鳙	13.58	12.25	−3.72	19.72
	鲢、鳙、鲇	41.99	62.42	19.75	54.74

3.1.3 河蚌放养对水质的影响研究

在汉丰湖流域选择一个养殖池塘，水深 3m 左右，用钢管作骨架，毛竹作支架，用聚乙烯防水织布制作规格为 $2m \times 2m \times 2m$ 的有底围隔，围隔上部缝合在毛竹上，毛竹固定在骨架上，上端高出水面 50cm，下端浸入水中。设置了 6 组原位围隔，包括试验围隔 5 组（吊养三角帆蚌围隔 G_1、G_2、G_3、G_4、G_5）和对照围隔 C（未吊养三角帆蚌）1 组，每组设一个平行，共 12 个围隔，同时在相同的区域取水 6~8m³ 倒入各围隔。选择年龄 2^+、均重 31.80g 的三角帆蚌作为试验对象，每组分别按 0 个、6 个、12 个、18 个、24 个、30 个进行配置（见表 3-3）。蚌的放养方式采用笼式吊蚌法，吊笼采用配用镀塑骨架、间隔 0.4m 的三层聚乙烯网袋。吊笼每层放蚌数量相同，并均匀的布置于围隔中。

表 3-3 试验围隔三角帆蚌的配置

组别	C	G_1	G_2	G_3	G_4	G_5
数量/个	0	6	12	18	24	30
均重/g	0	31.80				
年龄	0	2^+				

每个围隔设一个采样点，在围隔外的水域中设一个对照采样点，共计 12 个采样点。水质指标采样两次，分别在初期的 7 月 29 日和末期的 8 月 8 日，测定 TN、TP、$NH_3\text{-}N$、COD、BOD，以及浮游植物叶绿素 a 等水体理化指标。分析比较不同鱼类及其不同放养密度对水质的影响。

表 3-4 表明试验期间，每个围隔的 TN 浓度都有所降低，也包括对照组。其中 G_3 组 TN 的降幅比较明显，10d 浓度降低了 24.82%；其次是 G_4 组，降幅达到 18.17%。围隔内水体氨氮（$NH_3\text{-}N$）浓度总体上呈下降趋势，但降幅不明显，总体上表现平稳。G_2 组 $NH_3\text{-}N$ 浓度的降幅最大为 12.03%。各围隔水体 TP 浓度总体上呈下降趋势，也包括对照

组，只有 G_5 组围隔在试验期间 TP 浓度略有上升。其中 G_3 组 TP 浓度降幅最为明显，降幅达到 36.23％；其次是 G_1 和 G_4 组围隔，降幅分别为 29.76％和 20.93％，这充分说明三角帆蚌对水体内磷浓度的降低是有较好的效果。各围隔 COD 浓度都有所下降，而对照组 COD 浓度则是大幅上升，上升幅度为 33.33％，可以看出挂养三角帆蚌对降低围隔水体 COD 浓度效果十分明显，其中 G_2 组和 G_4 组效果最好，降幅达到 18.92％和 17.78％，其他 3 组围隔 COD 浓度的降幅都小于 10％。各围隔水体 BOD_5 浓度变化有升有降，G_2 组降幅最大为 34.38％；其次是 G_4 组和 G_1 组，降幅分别为 17.07％和 12.90％；G_5 组 BOD_5 浓度的升幅最高为 19.35％；G_3 组有小幅度升高、升幅为 2.17％。各围隔水体叶绿素 a 含量都有一定幅度的降低，同时对照组水体叶绿素 a 含量升高了 17.94％，表明挂养三角帆蚌滤食藻类以及抑制水体浮游植物生长的效果十分显著。G_3 组水体叶绿素 a 含量降幅最为明显，为 20.48％；其次为 G_4 和 G_2 组，降幅分别为 14.48％和 12.57％；G_1 和 G_5 组叶绿素 a 含量也有所降低，降幅小于 10％。

表 3-4 不同围隔对水质的净化效果比较

围隔	变化率/％					
	TN	NH_3-N	TP	COD	BOD	叶绿素 a
G_1	−10.53	−2.14	−29.76	−9.43	−12.90	−7.53
G_2	−8.39	−12.03	−12.03	−18.92	−34.38	−12.57
G_3	−24.82	−8.52	−36.23	−6.52	2.17	−20.48
G_4	−18.17	−8.70	−20.93	−17.78	−17.07	−14.48
G_5	−9.91	24.43	9.80	−3.03	19.35	−9.82
C	−15.95	−11.35	−15.09	33.33	−16.67	17.94

围隔试验表明三角帆蚌对水质有一定的改善作用，对水体 TP、COD、BOD_5 以及叶绿素 a 作用相对而言比较明显。从总体上看，G_3 组也就是挂养三角帆蚌数量在 18 个（2.25 个/m^3）时，对水质的处理效果最好；其次是 G_2 组和 G_4 组也就是挂养三角帆蚌数量在 12 个（1.5 个/m^3）和 24 个（3 个/m^3）时，处理效果也较好；而 G_5 组（3.75 个/m^3）也就是挂养三角帆蚌数量最多的这组，围隔水质处理效果最差，试验末期水质甚至还差于初期水质。因此，在实施生物调控时必须考虑环境容量，否则不仅达不到净化水质的效果，而且还可能导致二次污染。

3.1.4 前置库湿地构建技术

3.1.4.1 前置库湿地系统设计

在上述研究的基础上，设计了一种新型前置库湿地，由面源污染收集初级净化区和生态塘强化净化区组成（图 3-3），以小流域自然坡地（农业种植区）作为天然集流区，在雨季将坡地农田径流通过导流渠引入前置库湿地系统；同时，通过天然沟渠将散居农户的生活污水、畜禽养殖废水引入前置库湿地系统。

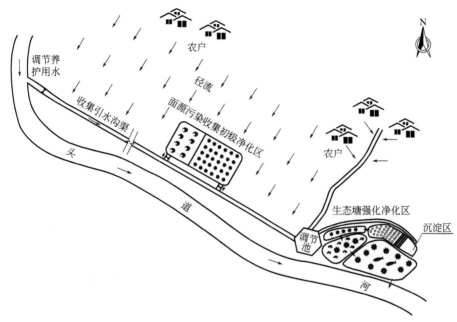

图 3-3　前置库湿地示范构建示意

(1) 收集处理水量

1) 农田径流水量

前置库湿地集流总面积约 1125 亩，其中农田面积约 120 亩，开州区地区雨季（5～9月，占全年降水的 70%）多年平均日降雨量为 5.6mm，径流系数 K_1 取 0，12，收集系数 K_2 取 0.2，计算雨季日均地表径流水量 100.8m³。

2) 散居农户污水量

前置库湿地集流散居农户 30 余户，户均污水产生量按 0.5m³/d（含家庭散养畜禽污水产生量）计，考虑天然沟渠的渗水和蒸发因素，收集系数 X 取 0.2，计算散居农户日均污水产生量为 3m³。

(2) 主要参数取值

1) 水力负荷

参照《人工湿地污水处理技术规程》（J1 2086—2012）表流人工湿地设计参数取值，设计水力负荷取值范围为 50～80mm/d。

2) 前置库湿地系统表面积

前置库湿地系统表面积计算公式：

$$A_s = Q/a$$

式中　Q——设计流量，m³/d，根据计算收集水量取 150m³/d；

a——水力负荷，m²，计算表面积取值范围为 1875～3000m²，考虑来水量的不确定性，则取大值 3000m²。

3) 水力停留时间

前置库湿地系统平均水深按 0.5 计，则前置库系统总容积为 1500m³，有效容积系数取 0.7，则设计水力停留时间 HRT＝V/Q＝7d。

（3）结构功能

1）面源污染收集初级净化区

前置库面源污染收集初级净化为导流沉淀净化子系统，由雨污收集沟渠、沉降净化带、砾石床人工湿地以及双重渗滤坝组成（图 3-4），面积 1200m²，长宽比为 2.5：1。该系统主要功能为收集雨污、沉降过滤、初步净化，沉降带可以将来水的颗粒物、泥沙进行拦截、沉淀处理，随后沉降带出水以潜流方式进入砾石和植物根系组成的具有渗水能力的基质层，污染物在物理沉降、吸附及生物降解作用下被降解。该系统具备抗冲能力、水量调节能力强等优点，利用双重渗滤坝的过滤作用保证砾石床湿地的通畅运行，有效提升系统的处理效果。

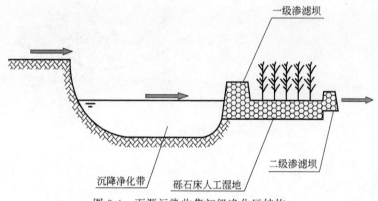

图 3-4　面源污染收集初级净化区结构

2）生态塘强化净化区

在对原有养殖堰塘进行扩建、改造，建设了前置库生态塘强化净化区（面积约 2000m²），生态塘强化净化区由过滤微生物净化、表面流湿地净化、动植物净化、动植物强化净化 4 个子系统组成（图 3-5、图 3-6）。

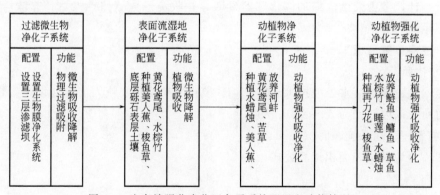

图 3-5　生态塘强化净化区各子系统配置和功能情况

在过滤微生物净化子系统中设置渗滤坝，选取 2~3cm、5~7cm、10~12cm 3 种粒径的砾石构筑三层过滤结构的渗滤坝，通过物理沉降和吸附作用对水体中的颗粒物、泥沙进行进一步拦截和沉淀，水体流经渗滤坝后通过挂放的生物滤膜对水体污染物进行生物降解，进一步提高该系统的水质净化效果。

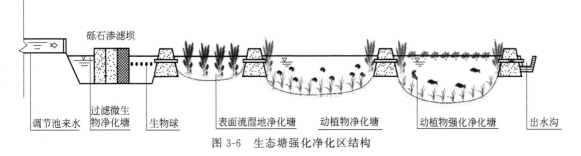

图 3-6　生态塘强化净化区结构

根据湿地系统对氮磷等污染物的去除途径（植物吸收富集、根际微生物、土壤吸附、转化或沉淀等）及净化效果，通过相关文献检索，结合当地实际情况，选择根系发达、生物量增加幅度大、根系表面附着微生物密度高的植物，如湿生植物（如再力花、梭鱼草、黄花鸢尾、美人蕉）、挺水植物（如荷花）、浮叶植物（如睡莲）、沉水植物（如苦草、菹草、狐尾藻）等，在满足水体生态净化的要求下，考虑景观效果，在前置库表面流湿地净化子系统、动植物净化子系统、动植物强化净化子系统中配置不同高度、不同形态、不同生活类型的水（湿）生植物。根据鱼类与河蚌对水质影响的研究试验结果在动植物净化子系统、动植物强化净化子系统开展组合生物净化系统优化配置，投放河蚌、鱼类等水生动物。

3.1.4.2　前置库湿地示范区建设

建设了前置库湿地构建示范区 $3200m^2$，其中面源污染收集初级净化区 $1200m^2$、生态塘强化净化区 $2000m^2$，示范区建设内容主要包括池塘修整改造、水生植物栽种、水生动物放养、渗滤坝建设以及日常管理和维护。

（1）池塘修整改造

根据前置库构建示范既定方案以及实施地点基础情况，首先通过对租赁鱼塘进行修整改造，主要建设内容有以下几个方面。

1）基础改造

对原池塘上部一块约 $300m^2$ 的废弃地进行挖深改造，修建堤坝（内置塑料薄膜，防止漏水），使其成为生态塘强化净化区组成单元。

2）堤坎修复

对已经垮塌的堤坎进行修复，并对池塘漏水处进行修补；同时，根据设计流程在各堤坎中安装溢流装置。

3）清除杂草

考虑将重新种植水生、湿生植被，对各池塘中及周边原有的水花生、苍耳等杂草进行清理。

4）其他改造

包括池塘周边的美化改造，如清理垃圾，洼地填平等。

（2）水生植物栽种

前置库选用主要植物主要包括垂柳、美人蕉、荷花、睡莲、黄花鸢尾、苦草、再力花、水中竹、花叶菖蒲等，种植方法如下所述。

1) 垂柳

主要栽种于池塘周边，用于美化景观，采用挖穴移栽的方式，选择 1～2 年生树种，挖定植穴 60cm×60cm×50cm，适当深栽，行株距 1.5m×2.0m，浇定植水，天旱时及时浇水。

2) 睡莲、荷花和黄花鸢尾

均采用挖穴移栽的方式。用铁铲把泥土挖成一小穴，将种藕（荷花）或睡莲放于穴中，让顶芽朝下呈 25°的斜角，使尾端翘出泥外，用手挖泥覆盖；对已长出叶片的种藕，让叶片浮于水面，用手挖泥盖上种藕块茎。黄花鸢尾采用 3 株一束栽种于土壤湿润或水浅处。

3) 再力花、水中竹、花叶菖蒲和美人蕉

均采用挖穴移栽的方式，其中再力花栽植深度约 10cm，行株距 0.6m×0.6m。花叶菖蒲和美人蕉栽植深度约 5cm，行株距 0.3m×0.3m。

(3) 水生动物放养

依据鱼类和河蚌对水质净化效果的研究结果，在动植物净化子系统中放养河蚌，选择 2 龄以上、均重 30g 左右的三角帆蚌，共投放 200 只；在动植物强化净化子系统中放养鲢、鳙、鲇等鱼类共计 200 尾，其中鲢鱼 50 尾、鳙鱼 130 尾、鲇鱼 20 尾。

(4) 渗滤坝建设

渗滤坝采用钢筋焊接＋铁丝网框架结构，整体长 7.4m，宽 1.5m，高 0.8m，铁丝网孔径 2cm。横向分为 3 个隔室，内部分别填充 10～12cm、5～7cm 和 2～3cm3 种不同粒径的石子。

(5) 日常管理和维护

前置库生态塘强化净化区建设完成后，加强日常管理与维护，主要包括以下几个方面。

① 根据栽种的水生植物及浮床植物生长需求，控制生态塘强化净化区水力条件，初期保持较低水位，之后逐步加大进水量。

② 植物补栽：首次栽种完成后，根据苗、种成活情况，实施植物补栽。

③ 清除杂草：为保障水生植物成活并形成优势，及时对各池塘中及其周边的水花生等进行清除。

3.1.5 前置库湿地污染物净化效果

前置库建设完成后，为科学评估其净化效果，通过引入临近的生活污水和农田径流进入处理系统，形成连续进水，在各池塘进出水口设置监测采样点，测定 TN、TP、COD_{Cr} 等指标，评估其净化效果和稳定性。

(1) 评估方法

1) 运行控制 试验开始前，采用稀释后的生活污水和河水进行调试，间歇进水，干湿交替，以利于处理系统中植物生长，持续时间约 8 个月。试验期间，连续进水，进水平均流量约 7m³/h，系统总水力停留时间（HRT）约 102h，首次采样在连续进水稳定运行 1 周后进行。

2）进水水质　进水水质如表 3-5 所列。

表 3-5　进水水质状况

项目	DO /(mg/L)	SS /(mg/L)	NH₃-N /(mg/L)	TN /(mg/L)	TP /(mg/L)	COD_Cr /(mg/L)
范围	1.78～4.76	90.2～214.1	17.4～38.5	21.2～45.7	2.79～4.08	125.3～262.5

3）水样采集与分析　在进水口、过滤微生物净化塘出口、表面流湿地净化塘出口、动植物净化塘出口、动植物强化净化塘出口分别设置采样点（1#～5#），每周取样一次。水样采集过程中，均通过取样瓶直接在渠道中取水，每次连续取 3 个水样，用作平行。水质分析项目包括 DO、COD、TN、TP、NH₃-N 等。其中，DO 用 YSI 多参数水质分析仪现场测定，SS、NH₃-N、TN、TP、COD 等指标均按照《水和废水监测分析方法》的测试方法测定。

（2）结果与分析

1）DO 变化情况　前置库湿地系统进出水及沿程溶解氧浓度变化见图 3-7，连续运行期间，进水溶解氧浓度较低（1.78～4.76mg/L），在流经系统各段的过程中逐渐升高，出水 DO 浓度达到 6.02mg/L 以上，饱和度达到 65％以上。过滤微生物净化塘渗滤坝对污染物的拦截作用抑制了污水中厌氧菌的快繁殖，防止进水因腐败进一步变黑、发臭。

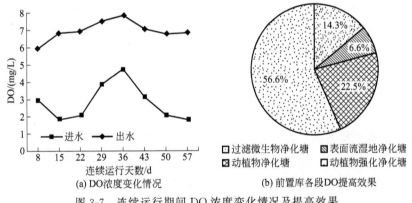

图 3-7　连续运行期间 DO 浓度变化情况及提高效果

2）SS 的去除情况　连续运行期间，前置库湿地系统对生活污水 SS 具有稳定的去除能力（图 3-8），在进水负荷变化较大的条件下，出水 SS 浓度稳定在 20.1～36.5mg/L，可达到城镇污水处理厂污染物排放标准（GB 18918—2002）二级排放标准，SS 平均去除效率达到 84.9％，从沿程变化看，下降趋势明显；其中，过滤微生物净化塘去除率达到 42.1％，占整个系统去除率的 47％，为后续深度处理创造有利条件。

3）NH₃-N 的去除情况　连续运行期间，前置库湿地系统进水 NH₃-N 浓度平均值为 24.69mg/L，出水 NH₃-N 浓度平均值为 7.41mg/L，总体去除率平均为 70.1％（图 3-9），沿程下降趋势明显，其中面积最大的生物强化净化塘效果最为显著，去除量占整个系统的 36.0％，最终出水 NH₃-N 浓度可达到城镇污水处理厂污染物排放标准（GB 18918—2002）一级 B 排放标准。在前置库湿地植物、微生物吸收利用的多重作用下，系统对 NH₃-N 有较高的去除效率。

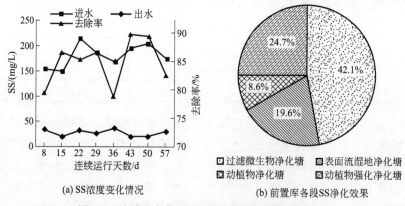

(a) SS浓度变化情况　　　(b) 前置库各段SS净化效果

图 3-8　连续运行期间悬浮物变化情况及去除效果

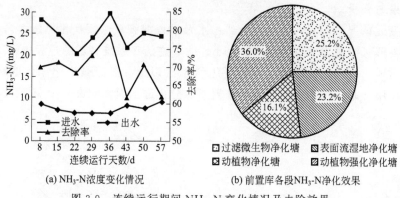

(a) NH₃-N浓度变化情况　　　(b) 前置库各段NH₃-N净化效果

图 3-9　连续运行期间 NH₃-N 变化情况及去除效果

4）TN 的去除情况　连续运行期间，前置库湿地系统进水 TN 浓度平均值为 29.74mg/L，出水 TN 浓度平均值为 14.98mg/L，总体去除率平均为 49.6%，沿程下降趋势明显（图 3-10），出水 TN 浓度可达到城镇污水处理厂污染物排放标准（GB 18918—2002）一级 A 排放标准。

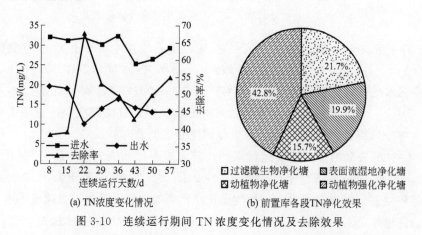

(a) TN浓度变化情况　　　(b) 前置库各段TN净化效果

图 3-10　连续运行期间 TN 浓度变化情况及去除效果

5）TP 的去除情况　连续运行期间，前置库系统进水 TP 浓度平均值为 3.58mg/L，出水 TP 浓度平均值为 2.41mg/L，总体去除率平均为 32.7%，沿程下降趋势明显（图 3-11），出水 TP 浓度可达到城镇污水处理厂污染物排放标准（GB 18918—2002）二级排放标准。

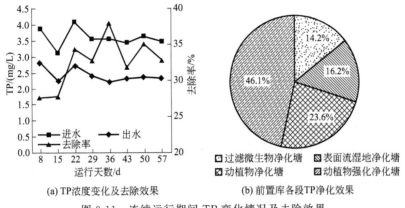

(a) TP浓度变化及去除效果　　　(b) 前置库各段TP净化效果

图 3-11　连续运行期间 TP 变化情况及去除效果

6）COD_{Cr} 的去除情况　连续运行期间，前置库湿地系统进水 COD_{Cr} 浓度平均值为 253.83mg/L，出水 COD_{Cr} 浓度平均值为 49.48mg/L，总体去除率平均为 80.5%（图 3-12），出水 COD_{Cr} 浓度可达到城镇污水处理厂污染物排放标准（GB 18918—2002）一级 A 排放标准。系统对 COD_{Cr} 具有较高的去除效率，污水流经系统的过程中，有机物则通过各净化塘的沉淀、吸附及植物、微生物和水生动物的吸收降解作用被富集或去除。

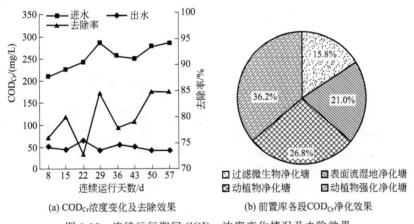

(a) COD_{Cr}浓度变化及去除效果　　　(b) 前置库各段COD_{Cr}净化效果

图 3-12　连续运行期间 COD_{Cr} 浓度变化情况及去除效果

(3) 结论

前置库湿地系统对进水具有较好的处理效果，在水力停留时间约为 4d 的条件下，系统内植物、水生动物生长情况良好，出水黑臭消失，浊度下降，DO 饱和度达到 65% 以上，系统对进水的 SS、NH_3-N、TN、TP 和 COD_{Cr} 总平均去除效率分别达到 84.9%、70.1%、49.6%、32.7% 和 80.5%，最终出水可满足城镇污水处理厂污染物排放标准（GB 18918—2002）二级排放标准。

过滤微生物净化塘作为前处理工艺，其内部的三层渗滤坝通过过滤、拦截作用大大降低进水中的 SS 含量，去除量占整个系统的 47%，为后续工艺提供一个良好的进水环境，提高了前置库湿地的整体效果，而 TN、NH$_3$-N、TP、COD$_{Cr}$ 的去除和 DO 增加效果则均以动植物强化净化塘效果最为显著，分别占整个系统的 42.8%、36.0%、46.1%、36.2%和 56.6%。

3.2 入湖支流生态化改造和水质提升技术

3.2.1 人工鱼巢的设计与试验研究

在汉丰湖入湖支流东河入湖回水区临近浅水库湾处，设置 5 种人工鱼巢，所选水域避开航道，水位涨落波动小、水体透明度较高、水温和水深适宜、地质条件好、岸线稳定、适宜静水产黏性卵鱼类产卵的水域，分别开展了不同材质的人工鱼巢对黏性鱼卵着附效果试验。

（1）人工鱼巢的设计与制作

人工鱼巢主要针对产黏性卵的鱼类，为其产卵提供附着场所，设计了 5 种不同材质的人工鱼巢对黏性鱼卵着附效果试验。鱼巢框架材料为楠竹，便于漂浮。5 种材质分别为狗牙根、稻草、棕榈丝、芦苇和棕榈叶。鱼巢框架大小为 5m×2m，每串鱼巢的间距为 1m，5 种不同材质的鱼巢随机安装在框架上，浮动框架通过缆绳系于固定桩上。每根毛竹系有 6 组粘附基质，间隔 1m；每组 3 束，间隔 50cm，以第一束刚没入水面以下的位置固定。不同粘附材料随机绑缚在每根毛竹之上，以保证位置的无偏性。每组粘附基质下方悬挂一个广口的坛子，坛子高约 50cm，坛口直径 20cm，距第二束粘附基质 50cm。坛子内部装有少量粘附基质。每个人工鱼巢共计安装 18 串鱼巢，18 个供巢穴产卵坛（图 3-13）。

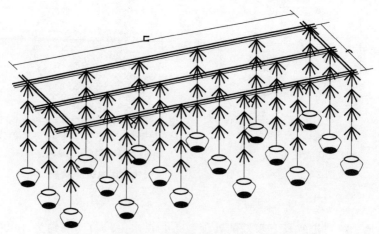

图 3-13　人工鱼巢设计示意

（2）人工鱼巢的设置

鱼巢巢面至湖底至少要有 1～2m 深，鱼巢框架离水岸 5m 左右，并用单个锚固定在水中，每架鱼巢放置间距为 1m 以上。所选水域鱼类种群数量多，天然饵料丰富，适宜鱼类栖息，交通运输方便，便于管理，远离污染等。

（3）汉丰湖人工鱼巢附卵结果

鱼类产卵季节，每隔两天分别选取不同材质的人工鱼巢各 3 个。连续检查 6 次。利用人工计数方式调查人工鱼巢附卵情况，利用镜检，了解鱼卵受精率和胚胎发育情况。4 月 13 日将 5 组实验用人工鱼巢投放入水中，测量水温为 15～23℃。分别在 14 日、16 日、18 日、20 日、22 日以束为单位对每种实验粘附材料进行抽样，每次抽取 3 束，统计所粘附鱼卵数量（表 3-6）。

表 3-6　每种粘附材料所粘鱼卵的抽样结果

时间	狗牙根	棕榈丝	棕榈叶	稻草	芦苇
4.14	190	0	0	0	0
	147	0	0	0	0
	244	0	0	0	0
4.16	1550	350	0	250	0
	1300	315	6	285	0
	1050	440	7	420	0
4.18	3730	653	3	1950	7
	4100	750	4	2130	11
	3550	580	0	2560	19
4.20	4350	1385	1	810	8
	6270	992	0	574	13
	5880	1424	3	689	9
4.22	3810	1735	6	202	2
	5120	1411	2	167	0
	5390	1062	4	69	0

抽样结果显示 5 种粘附材料中，狗牙根粘附鱼卵的能力最强（图 3-14），单束粘附超过 6000 粒枚卵，且 10d 后并没有腐烂迹象。棕榈丝也不易腐烂，但其所粘鱼卵数量远低于狗牙根，单束不超过 2000 粒。稻草的茎秆部分粘卵很少，主要集中在带穗的前端，单束粘卵超过 2000 粒。尽管造价低廉取材方便，但其在水下腐烂较快，一周粘卵数量锐减，不适合作为鱼巢粘附基质的材料。棕榈叶和芦苇由于质地坚硬，所附着的鱼卵最少，效果较差。结果显示，狗牙根在 5 种试验材料中的粘附鱼卵能力最强，其本身是消落区内优势物种，取材极为方便，造价低廉，其又具有较强的耐淹能力，捆扎后沉于水下十数天尚未见腐烂迹象。因此，狗牙根是适宜的人工鱼巢的天然粘附材料。

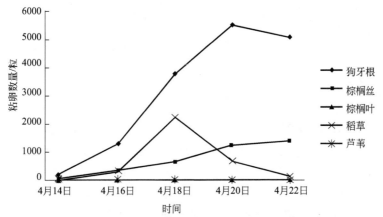

图 3-14　不同粘附材料粘卵数量抽样平均值的比较

3.2.2 入湖支流河道生态修复技术示范

于 2014 年开始在头道河河道生态技术示范，恢复河流近自然的多样性生境条件。构建溢流堰 5 处、深潭浅滩序列 4 处，丁坝 3 处。实施河道生态修复后，恢复了河道生境的多样性，增加了河道曝气复氧能力。第三方监测结果显示，示范建成后示范区内水体溶解氧相比于入示范区之前水体溶解氧有一定幅度的增加，最高增幅可达 27%，平均增幅达 6.6%；溶解氧的增加提高了水体对污染物的降解能力，对水质改善有较强的促进作用。

3.2.2.1 深潭-浅滩序列构建

(1) 结构设计

① 适用区域　选取较为顺直、且河岸侵蚀较为严重的河道；地势略低、可进一步挖深形成落差的河道。

② 水文条件　无。

③ 高度限制　无。

④ 生态功能　在浅滩的生境中，水流湍急，有利于河道水体的曝气增氧，而且光热条件优越，浅滩上藻类、水生昆虫种类繁多，为鱼类提供良好的觅食处，可供鸟类、两栖动物和昆虫栖息以及鱼类产卵；深潭的生境中，水流缓慢，是鱼类和各类软体动物的栖息场所，也是洪水期间鱼类等水生生物避难的主要场所。

⑤ 预期效果　浅滩和深潭交替存在可形成水体中不同流速和生境，丰富了河流的生物多样性，同时也极大增加河床的比表面积，使附着在河床上的生物数量大大增加，有利于水体自净能力的增强。

(2) 施工过程

图 3-15 为深潭-浅滩序列构建平面示意图。

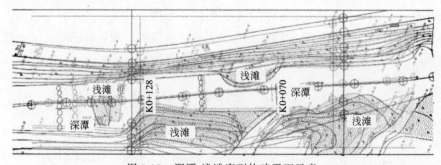

图 3-15　深潭-浅滩序列构建平面示意

构筑多种形式的深潭浅滩序列，其中一种是选取较为顺直且河岸侵蚀较为严重的河道，将河道中部挖深 30cm 左右，并用抛石对侵蚀较为严重的河岸进行防护，并在距离河岸约 2m 处打入长 2m 的松木桩，木桩上端露出水面约 20cm，木桩直径 15cm，平行于河岸方向排成列，保证抛石护岸的稳定性。第二种是人工挑选体积较大的块石，将其横向摆放在河床上，抛石与抛石间留有一定空隙，抛石周围挖深约 0.5m，抛石周围易形成深潭结构，被冲刷出的泥沙淤积到抛石下游，易形成浅滩和沙洲结构。第三种可根据河道本身地形地势，在地势略低的河道，利用挖机挖掘，进一步扩大其面积和深度，形成面积更大、水深更深的深潭，挖出的石块回填至地势略高区域，形成浅滩区域。深潭、浅滩的构建为不同类型的生物提供了多样性的水生生境。

3.2.2.2 溢流堰构建

(1) 结构设计

1) 适用区域　河道平直，无天然落差，为增加河道生境异质性，同时保持河床高程稳定，可开展横向修复工程的区域。

2) 水文条件　适用于流速 6m/s 以下的时段。

3) 高度限制　为避免工程结构造成落差太大，切断水生动物溯源迁徙的路径，上下游水位差应维持在 40cm 以下（图 3-16）。

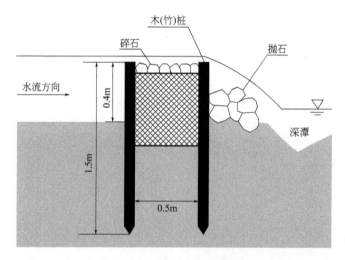

图 3-16　木（竹）桩溢流堰示意

4) 生态功能　利用石堤拦阻河水进而增加水体深度的变化，还可与其他工程结合营造出多样化的水环境，水位线以下的块石间石缝可营造鱼穴，为水生动物提供栖息及避难的场所。

5) 预期效果　平水期，溢流堰可抬高上游水位，蓄积的河水可使上游水体深度加大，有利于营造多样化生态环境；同时，工程下方溢水口可营造冲激的潭水栖息地，适合较大型鱼类的生存。洪水期，溢流堰可营造出瀑布效果，增加河流曝气性。主体结构采用自然石块叠砌，与原有河床环境易融为一体，对原有河流自然景观也有所提升。

6) 结构形式　采用砌石、木（竹）桩式两种结构。

(2) 施工过程

1) 砌石溢流堰

就地取材选用直径 40～60cm 的卵石，采用单口溢流或多级阶梯结构，侧向角 60°～85°，有效落差 0.3～0.5m。

图 3-17 是正在建设和已建设完成的砌石溢流堰。

(a)   (b)

图 3-17 砌石溢流堰构建

2）木（竹）桩式溢流堰

采用长度为 1.5m 的松木桩（竹桩）在河床上构筑间隔 0.5m 的两排木桩，木桩排列呈城墙垛口式，枯水期高排木桩露出水面约 40cm，低排桩头露出水面约 30cm。在两排桩之间铺设无纺布，内填充细沙，两侧用巨石镇压，上面用碎石铺盖，使水流从堰顶漫过。

图 3-18 是正在建设和已经建设完成的木（竹）桩式溢流堰。

(a)   (b)

图 3-18 木（竹）桩式溢流堰构建

3.2.2.3 丁坝

（1）结构设计

1）适用区域 需要通过挑流保护的河岸，营造河岸浅滩，岸坡土壤遭冲蚀时可设置。

2）水文条件 适用于流速每秒 10m 以下的时段。

3）高度限制 高出水面约 50cm。

4）生态功能 利用坝体挑流的作用调整流心，降低河水对岸坡的冲刷，营造淤沙造滩的环境，并利用丁坝间缓流区及坝后水体营造庇护场所，同时还增加了水体的变化，配合其他工法还可营造多样化的水体环境。

5）预期效果　变化多样的水体有利于营造多样化的水生态环境。坝端因水流作用产生的回流区能冲刷出深潭，营造出极佳的水体栖息地。本研究采用木桩、块石、松木等自然材料构建多孔隙透水丁坝，克服了传统丁坝（多为钢筋混凝土结构）硬质化的弊端，既可以保护河岸安全，又可为生物提供缓流生境和洪水时的躲避空间。

（2）施工过程

首先在河床近岸处打入长 2m 的松木桩，木桩上端露出水面约 20cm，木桩直径 15cm，垂直于河岸方向排成列，木桩间距 20cm，向河内延伸 1.2m，垂直两列木桩之间间距 60cm，在两列木桩内部填充粒径 20cm 以上的石块，石块厚度与木桩上端齐平，块石间隙填充砂砾和土壤。

丁坝构建如图 3-19 所示。

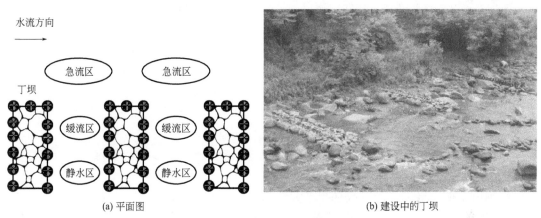

图 3-19　丁坝构建

3.2.3　入湖支流河岸带湿地生态恢复技术研究与示范

3.2.3.1　河岸植物及土壤基质调查

（1）河岸植物群落结构特征

1）植物群落组成分析　汉丰湖入湖支流河岸带有维管束植物 171 种，隶属于 155 属 68 科。其中禾本科植物种类最多，为 19 种；其次为菊科 16 种，蔷薇科 9 种，豆科 8 种，大戟科 8 种。

按照中国植物志分类。调查区域内一年生草本植物 44 种（25.7%），主要有水蓼（*Polygonum hydropiper*）、土荆芥（*Chenopodium ambrosioides*）、鬼针草（*Bidens pilosa*）、苍耳（*Xanthium strumarium*）等。多年生草本植物 68 种（39.8%），主要有香附子（*Cyperus rotundus*）、狗牙根（*Cynodon dactylon*）、白茅（*Imperata cylindrica*）、火炭母（*Polygonum chinense*）等。灌木 22 种（12.9%），主要有山胡椒（*Lindera glauca*）、三花悬钩子（*Rubus trianthus*）、野蔷薇（*Rosa multiflora*）、牡荆（*Vitex negundo* var. *cannabifolia*）等。藤本植物 11 种（6.4%），主要有地果（*Ficus tikoua*）、鸡矢藤

（*Paederia foetida*）、三裂蛇葡萄（*Ampelopsis delavayana*）等。乔木 21 种（12.3%），主要有枫杨（*Pterocarya stenoptera*）、苦楝（*Picrasma quassioides*）、油桐（*Vernicia fordii*）等。蕨类植物 5 种，主要有乌蕨（*Stenoloma chusana*）、贯众（*Cyrtomium fortunei*）、大果鳞毛蕨（*Dryopteris panda*）等。

2）生物量分布特征

① 沿程变化：2013 年 6 月汉丰湖入湖 4 条支流河岸带草本植物鲜重（为地上鲜重，下同）均值为（2707.3±2883.6）g/m²，其中桃溪河河岸带植物鲜重最大，为（3476.3±3138.3）g/m²，东河最小，为（1690.4±1801.4）g/m²。

除东河外，南河、桃溪河和头道河的河岸带植物鲜重最高值出现在下游。除桃溪河外，其余 3 条支流河岸带植物鲜重最低值出现在上游。

② 沿垂向变化：河岸带草本植物地上鲜重受洪水影响较大。4 条支流，草本植物鲜重均值最大值均出现在距河床 10m 处，均值为（4995.2±2950.6）g/m²，草本植物鲜重均值最低值均出现在距河床 2m 处，均值为（856.6±740.3）g/m²。

3）每平方米植物种类数分布特征

① 沿程变化：2013 年 6 月汉丰湖入湖 4 条支流河岸带每平方米植物种类数为 6.08±2.72，其中头道河河岸带每平方米植物种类数最大，为 7.11±3.47；南河最小，为 4.89±2.10。

4 条支流的上、中、下游河岸带每平方米植物种类数均值差别不大，分别为 6.17±2.40、6.08±2.57、6.00±3.35。东河和桃溪河的河岸带每平方米植物种类数从上游到下游逐渐降低，而南河的每平方米植物种类数最高值出现在中游，头道河的每平方米植物种类数最高值出现在下游。

② 垂向变化：距河床 25m 处的每平方米植物种类数均值最大，为 6.25±2.93，距河床 2m 处的每平方米植物种类数均值最低，为 5.83±3.10。其中，南河河岸带每平方米植物种类数，随河床距离越远，呈上升趋势；而桃溪河和头道河呈下降-上升趋势，东河呈上升-下降趋势。

(2) 土壤理化特征

1）沿程变化　2013 年汉丰湖入湖支流 4 条支流 12 个采样站点土壤理化性状进行分析，结果表明土壤容重、土壤孔隙度、pH 值、有机质、碱解氮、有效磷、有效钾的含量均值依次为（1.32±0.17）g/cm³、（50.40±6.72）%、7.94±0.39、（17.58±19.64）g/kg、（67.43±58.87）mg/kg、（8.59±6.80）mg/kg、（63.92±48.21）mg/kg。4 条支流中，南河土壤容重均值最大［（1.36±0.13）g/cm³］，东河的土壤孔隙度均值（52.21%）和有机质均值最大［（28.60±35.70）g/kg］，头道河的土壤碱解氮（94.04±60.70）mg/kg、有效磷（9.42±8.77）mg/kg、有效钾（84.22±64.38）mg/kg 含量均值最大。

4 条支流中，从上游到下游，南河土壤有机质含量、有效钾含量呈下降趋势，桃溪河土壤容重、有机质、碱解氮含量呈下降-上升趋势。头道河的土壤容重、pH 值呈下降趋势，而土壤孔隙度、有机质、碱解氮和有效磷含量均呈上升趋势。东河的土壤孔隙度、有机质、碱解氮、有效磷和有效钾含量均呈下降趋势。

2）垂向变化

土壤容重均值在距河床 2m 处最大［（1.36±0.12）g/cm³］，土壤有机质、有效氮、有效钾含量均值最大值均出现在距河床 50m 处，分别为（26.58±31.78）g/kg、（83.86±81.44）mg/kg，（86.45±64.21）mg/kg，土壤有效磷含量均值最大值出现在距河床 2m 处，为 8.78mg/kg。4 条支流中，桃溪河、头道河和东河的土壤有机质含量在距河床 50m 处最高，除桃溪河外，南河、头道河和东河的土壤有效钾含量在距河床 50m 处最高。

（3）植物重要值及其与生境的关系

重要值，IV（Importance Value）由 Crutis ＆McIntosh 研究森林群落时首先提出：

① 草本植物重要值计算公式：重要值＝相对盖度＋相对高度。

② 乔木和灌木计算公式：重要值＝相对盖度＋相对显著度；相对盖度＝（样方内某种植物的盖度/样方内所有植物的盖度之和）×100%；相对高度＝（样方内某种植物的高度/样方内所有植物的高度之和）×100%；乔木和灌木相对显著度＝样方内某种树的树干基部断面积之和/样方内全部树干基部断面积之和×100%，通过基径计算树干基部断面积。

植物重要值数据及环境因子数据经过对数转化后，利用 Canoco for windows 4.2.4 软件，选择自动前选，进行蒙特卡罗检验，分析河岸带植物重要值与环境因子的关系。

经测算，重要值较大的草本植物主要有牛筋草、金发草和野燕麦（*Avena fatua*）；重要值较大的乔灌木主要有枫杨、小梾木（*Cornus quinquenervis*）和苦楝等。

物种重要值数据经过 DCA 分析，结果表明最大轴的梯度长度为 5.570（大于 4）最好不用线性模型（误差大，会丢失很多信息），而单峰模型排序比较合适。本章选择典范对应分析对物种与环境因子的关系进行评价，结果显示 CCA 第一和第二排序轴解释物种重要值的比例分别为 37.6% 和 26.7%，总典范特征值为 1.534。高程的边际影响特征值最大（0.26），也排在条件影响变量中的第一位（0.26），说明汉丰湖入湖支流河岸带植物重要值大小受高程的影响最大。土壤有机质（0.22）和容重（0.20）的边际影响次之。环境变量中，高程（$F=1.77$，$P=0.010$）和土壤有机质（$F=1.40$，$P=0.046$）通过 Monte Carlo 检验，说明影响河岸带植物重要值的环境因子主要是高程和土壤有机质含量（见表 3-7、图 3-20）。

表 3-7　前向选择中土壤生境变量的边际影响及条件影响

边际影响		条件影响			
变量	特征值	变量	特征值	P	F
高程	0.26	高程	0.26	0.010	1.77
有机质	0.22	有机质	0.21	0.046	1.40
容重	0.20	含水率	0.19	0.084	1.34
pH 值	0.18	pH 值	0.19	0.080	1.32
含水率	0.18	容重	0.18	0.170	1.20
有效钾	0.16	有效磷	0.17	0.122	1.22
有效磷	0.16	坡度	0.13	0.654	0.90
坡度	0.16	有效钾	0.10	0.884	0.72
碱解氮	0.15	碱解氮	0.10	0.922	0.71

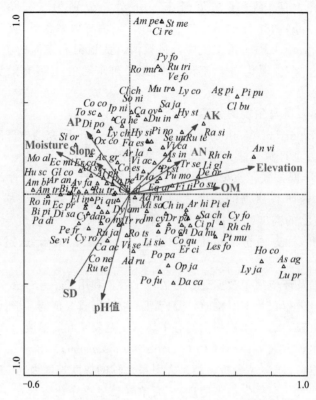

图 3-20 河岸带植物重要值与环境变量的典范对应分析

Elevation—高程；OM—有机质；Moisture—含水率；SD—土壤容重；Slope—坡度；AN—碱解氮；
AP—有效磷；AK—有效钾；植物名字以属名和种名的前两个字母表示。

3.2.3.2 河岸带植物对水位变化的生理生态适应机制研究

开展了水库蓄水期间优势植物的生理生态适应机制研究，分析淹没期水深梯度对消落带优势植物生长及其抗氧化酶活性的影响。研究通过原位浮台实验，将牛鞭草和狗牙根盆栽后悬挂在不同水深（0m、2m、5m、15m）下培养，比较其高度、盖度、萌芽数及根系总蛋白和丙二醛含量、超氧化物歧化酶、过氧化物酶等抗氧化酶活性，并分析根系总蛋白含量及抗氧化酶活性的相关性。

(1) 植物生长状况

与未淹没（0m）植物相比，淹水处理导致牛鞭草和狗牙根植物高度、盖度、萌芽数和生物量均有不同程度的下降。随着水淹深度的增加，盖度和萌芽数总体呈降低趋势（表 3-8）。

表 3-8　牛鞭草和狗牙根高度、盖度、萌芽数及鲜重

指标	水深/m	牛鞭草			狗牙根		
		淹没 30d	淹没 60d	淹没 180d	淹没 30d	淹没 60d	淹没 180d
高度/cm	0	25.7±2.1	33.0±8.5	36.0±9.5	28.5±3.5	31.0±2.6	40.0±10.0
	2	23.5±2.1	27.0±0.0	9.5±3.5	17.0±1.4	24.3±6.4	34.7±2.3
	5	22.5±0.7	18.0±0.0	16.5±0.7	18.0±1.4	23.0±6.3	30.3±2.3
	15	18.7±1.1	15.3±0.6	14.2±0.7	19.5±2.1	18.0±2.6	25.7±3.8

98

续表

指标	水深/m	牛鞭草			狗牙根		
		淹没 30d	淹没 60d	淹没 180d	淹没 30d	淹没 60d	淹没 180d
盖度/%	0	90±5.0	95.3±4.6	98.0±0.0	91.3±7.1	96.0±1.7	97.3±1.2
	2	80±0.0	85.0±5.0	35.0±7.1	85.0±14.1	88.3±2.9	55.0±5.0
	5	77.5±3.5	16.6±11.5	40.0±0.0	82.5±3.5	80.0±8.7	60.0±20.0
	15	66.7±5.8	10.0±0.0	20.0±0.0	60.0±7.1	57.5±26.3	46.7±5.8
萌芽数/个	0	17.5±10.1	16.3±1.5	13.7±3.1	11.0±1.4	17.7±3.1	11.0±4.0
	2	9.5±3.5	12.0±4.0	5.5±0.7	7.0±1.4	13.0±3.6	8.7±1.5
	5	7.5±2.1	10.0±0.0	8.0±1.7	8.0±0.0	9.0±3.0	7.7±1.5
	15	0.67±0.6	6.3±3.2	3.0±1.4	4.2±3.5	6.0±2.4	7.0±1.0
鲜重/g	0	375.7±66.1	374.2±68.9	397.0±69.5	275.8±30.5	260.9±65.5	284.3±24.8
	2	411.2±75.6	362.3±63.5	203.8±71.6	264.8±12.6	258.3±59.2	149.0±4.6
	5	409.8±239.5	318.6±67.3	207.5±63.4	379.7±102.8	194.2.3±23.3	146.3±42.4
	15	305.6±25.7	295.3±68.7	157.7±40.0	325.8±44.7	219.0±72.8	115.6±16.6

（2）根系总蛋白及抗氧化酶活性

与未淹对照（0m）相比，水淹处理后，牛鞭草和狗牙根植株的总蛋白含量、超氧化物歧化酶活性、丙二醛含量均下降，过氧化酶活性上升。随着淹没深度增加，植物根系总蛋白含量下降，超氧化物歧化酶活性降低，过氧化物酶活性增加。试验期间，牛鞭草植株的总蛋白含量高于狗牙根，但过氧化物酶活性和超氧化酶歧化酶活性低于狗牙根（图 3-21）。初步说明牛鞭草和狗牙根的均具备较好的耐淹性能，而狗牙根的耐淹性能要略高于牛鞭草。

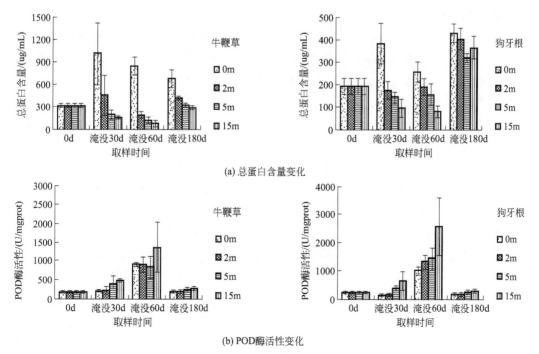

图 3-21

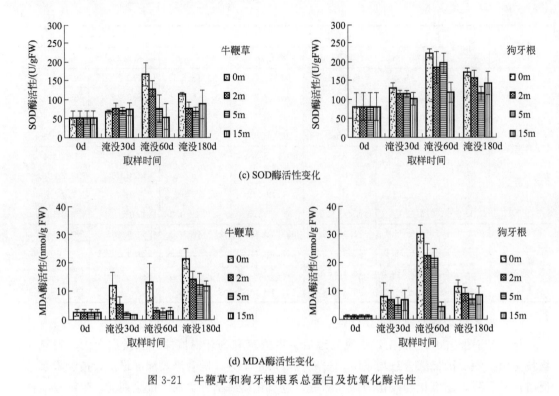

(c) SOD酶活性变化

(d) MDA酶活性变化

图 3-21　牛鞭草和狗牙根根系总蛋白及抗氧化酶活性

3.2.3.3　河岸带湿地生态恢复技术示范设计

以完善入湖支流河岸湿地生态系统结构，提升其生态功能为目的，开展河岸带湿地生态恢复示范区建设。主要采用乔木＋陆生草本植物＋水生、湿生植物配置模式，在植被状况较差的河岸带，改善生境，栽种垂柳、竹柳、桑、牛鞭草、狗牙根、美人蕉等植物，成活率达 95％以上，完成河岸带湿地生态修复示范 4200m²。采用石笼＋生态袋或回填土护岸，建设石笼护岸 1.1km，提高河岸抗冲刷能力。实施封育管护河岸长度 2.4km。

(1) 方案设计

针对山区河流特点，采用石笼护岸＋乔、灌、草植被恢复措施，图 3-22 为石笼护岸＋植被恢复模式示意图。

季节性降雨量、水流冲刷力极强是山区河流河岸植被恢复的困难所在，据此开展了抗水流冲刷的石笼及土壤基质构建。石笼具备极好的耐腐蚀性、稳定性和整体性，具备良好的抗冲刷能力，能够抵御高强度的洪水冲击，为植被恢复奠定了生境基础；同时还能与当地的自然环境很好的融合，填料之间的空隙为水、气、养分提供了良好的通道，为水生动植物提供了栖息环境和生长空间。结合河岸带湿地的生态防护及景观效果，在植被状况较差的河岸带，通过抗水流冲刷的石笼及土壤基质构建改善生境，栽种垂柳、竹柳、桑、牛鞭草、狗牙根、美人蕉等植物，构建乔灌草植物群落。在示范区上缘与当地村民签订合同，提供经济、景观植物树种供其种植，为村民创造一定收入，使村民自觉参与植被恢复与养护过程。实施河岸带生态修复后，河岸带的生态环境承载力及对分散面源污染的处理能力得到提升。

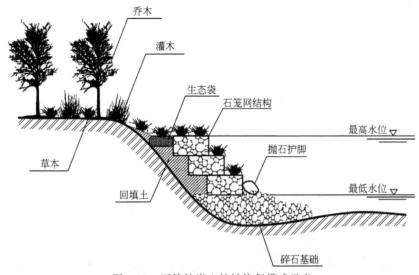

图 3-22　石笼护岸＋植被恢复模式示意

1) 石笼护岸

① 石笼定制：单个石笼网尺寸为 2m×0.6m×0.5m，单丝孔径为 60mm×80mm，孔径偏差不小于设计孔径的 5%，双线绞合部分 50mm，丝径 2.8mm，表层采用热镀锌工艺处理。

② 清理场地：采用小型挖掘机沿原河岸走向挖基槽，宽 0.8m、深 0.15m。

③ 石笼码放与装填：根据河岸高度采用 2～5 层台阶式结构，踏步宽 0.3m，层与层之间砌体应纵横交错、上下联结，严禁出现"通缝"情况，装填石块就地取材，选择坚固密实、耐风化好的石料，直径不小于 12cm，每块石头质量不小于 5kg，70% 以上采用大于 15kg 的块石。

④ 连接缝合：采用组合线联结，即用绑扎线—孔绕—圈接—孔绕二圈呈螺旋状穿孔绞绕联结，相邻石笼网的上下四角各绑扎一道，同时将下方石笼网一并绑扎，以连成一体，增加稳固作用。

⑤ 灌泥浆、喷播草种：采用含水率 80% 左右的泥浆喷灌石笼，晾干 48h 后喷播草种（主要为狗牙根）。

⑥ 空隙回填：用回填土或填装的生态袋回填石笼与原河岸之间的空隙，回填高度不超过最上层石笼，如采用生态袋回填，铺设完成后表层覆 25mm 厚泥浆，播狗牙根、黑麦草草籽。

2) 植被恢复　植物种类选择：选择竹柳、桑、黄花槐等乔灌木，地被植物选择狗牙根、牛鞭草、莎草等匍匐茎或深根系草本植物，湿生植物选择美人蕉。

3) 封育管护　按照"以封为主、封育结合"的原则，采取设置界桩、宣传教育、专职人员巡护等综合措施，做好封育管护区植被病、虫、鼠害的防治工作，防止病虫成灾，保证封育成效。同时要充分利用宣传牌、广播等多种形式加强宣传，并与周边村社沟通，在封育期间严禁人、畜进入，严禁采伐、破坏植被，严禁在封育管护区从事与植被保护工作无关的各种农业生产，严禁不利于植被生长的破坏活动。

(2) 建设过程

1) 河岸带湿地生态恢复

按照既定施工方案，采用小型挖掘机沿原河岸走向挖基槽，宽 0.8m、深 0.15m；就地取材石块，选择坚固密实、耐风化好的石料，装填石块直径大于 12cm，每块石头质量约 15kg，采用人工装填；装填完毕后，用回填土或填装的生态袋回填石笼与原河岸之间的空隙，如采用生态袋回填，铺设完成后表层覆 25mm 厚泥浆，喷播狗牙根草种。

图 3-23 为建设中的石笼护岸。

(a)　　　　　　　　　　　　　　　　(b)

图 3-23　石笼护岸建设

2) 植被恢复

① 场地清理。为改善用于植被恢复的河岸带土壤水分和养分条件，组织人员对示范区域杂草及枯枝烂叶、垃圾等进行清理，对示范区区凹凸不平的地块分区域进行平整，从而保证栽种乔灌草植被的立地条件。

② 植物栽种。河岸带湿地生态恢复示范植被主要包括垂柳、竹柳、桑、牛鞭草、狗牙根、美人蕉等，其中垂柳和竹柳栽种同前置库示范区，其他植被栽种方法如下。

Ⅰ.桑：选择一年生幼株进行移栽，行株距 100cm×30cm，每亩 5000 株左右。栽植时，首先将苗木按大、小分类分段种植，小苗栽在边沿，便于护理，避免生存竞争时，形成参差不齐的现象。其次，修剪苗根，剪除病根、伤根，剪短过长根系，保留 4~5 寸。第三，种植时回土埋过青茎部 5~7cm，苗木端正踏实，淋足定根水，植后地面留 10~15cm 左右，剪去多余上部。最后，种植后经常保持土壤湿润，干旱季节 3~5d 浇水一次，直至生根发芽，并及时清除杂草。

Ⅱ.牛鞭草：选择种茎移栽方式。将种茎切成 15~20cm 长茎段，每段含 2~3 节，开沟扦插，沟深 10~15cm，行距 30~40cm，株距 15~20cm。将切好的种茎靠沟一侧排好，芽朝上，然后覆土，留一个芽露出地面。种植后及时浇水，天旱时及时浇水。

Ⅲ.狗牙根：选择种茎移栽和播种两种方式。种茎移栽方法同牛鞭草。播种采用散播，每亩播种 2kg 左右。

③ 日常管理与维护。河岸带湿地生态恢复示范区建成后（见图 3-24），加强日常管理与维护，主要包括以下几个方面的内容。

Ⅰ.抗旱灌溉：河岸带植被恢复各类型植物栽种完成后，需根据天气情况，实施提灌河水灌溉，以提高植物成活率。

Ⅱ.补栽和补播，防止破坏：首次栽种完成后，根据苗、种成活情况，实施植物补栽和补播；树立标识牌，防止示范区植被人为破坏。

Ⅲ.石笼护岸养护：及时对生态袋护岸植被进行浇水养护，并对因雨水冲刷破坏部分进行补充施工。

(a)

(b)

图 3-24　河岸带湿地生态修复示范区

3.3　组合型人工浮岛技术研发

3.3.1　研究内容

(1) 填料优选试验

选取 5 种常见填料沸石、陶粒、轮胎颗粒、蛭石、火山岩进行等温吸附试验和批量吸附试验，研究比较各种填料对不同营养盐 [TN、NH_3-N、NO_3^--N、TP、OP（正磷酸盐）] 的吸附效果；在此基础上将 5 种填料按不同的比例（质量比）进行混合优选，研究不同混合比例对模拟污染水体中各营养盐的去除效果，筛选出吸附氮磷效果明显的组合用于人工浮岛中。

(2) 静态浮岛试验

为了研究不同组合型人工浮岛（含混合填料和混合植物）修复水体作用的效果，将浮岛植物菖蒲和美人蕉按 3∶1、1∶1、1∶3 三种比例栽入混合填料中，在静态条件下每 3 天同一时间进行采样，测定各浮岛中水体的温度、pH 值、TN、NH_3-N、NO_3^--N、TP、PO_4^{3-}、COD_{Mn} 等指标，研究不同比例混合植物的人工浮岛对富营养化水体的修复效果，得出最佳混合植物比例的人工浮岛。

(3) 动态浮岛试验

为了研究组合型人工浮岛（含混合填料和混合植物）对富营养化水体的实质净化效

果，在静态浮岛试验的基础上选取最佳混合植物比例的人工浮岛，考察在不同水力停留时间下各人工浮岛的出水水质，得出最佳的水力停留时间；并研究组合型浮岛对进水条件为低浓度范围富营养化水体、中浓度范围富营养化水体和高浓度范围富营养化水体的净化效果，为组合型人工浮岛的实际运用提供理论依据。

3.3.2 试验装置

(1) 试验填料

选用沸石、陶粒、轮胎颗粒、火山岩、蛭石5种填料进行研究。5种填料中沸石、陶粒、火山岩、蛭石均来自河北省灵寿县，轮胎颗粒由废旧轮胎磨碎加工而成。各填料粒径为2～6mm，其中沸石、陶粒和火山岩相对密度大于1，轮胎颗粒和蛭石相对密度小于1，见表3-9。试验前5种填料均用清水洗净并烘干。

表3-9 填料的性能及产地

填料	粒径	相对密度	产地
沸石	2～4mm	2.08～2.22	河北
陶粒	2～4mm	2.08～2.09	河北
轮胎颗粒	2～4mm	0.63～0.80	北京
火山岩	4～6mm	2.22～2.50	河北
蛭石	2～4mm	0.36～0.47	河北

(2) 试验植物

通过调查分析以及文献的查询，人工浮岛中浮岛植物选用黄菖蒲、美人蕉这两种挺水植物。两种植物的幼苗均采购自江苏南通，试验前培养在试验研究场地，待生长稳定后移栽入人工浮岛中。

1) 黄菖蒲（Iris pseudacorus L.） 又称水烛、黄鸢尾、水生鸢尾、黄花鸢尾，为多年湿生草本植物，原产地为欧洲，大量分布于中国各地。植株高大，根茎直径可达2.5cm；叶片呈灰绿色，基生剑形，长40～100cm；花茎较粗，稍高于叶；花为黄色，直径长10cm左右；蒴果内有多数褐色种子，呈长形有棱角；花期为5月，果实期为6～8月。黄菖蒲喜温凉、湿润的环境，阳光充足和半阴条件下均能正常的生长，有较强的耐寒性，能适应较低程度的盐碱性土地。黄菖蒲也可作为药材，有缓解牙痛、治疗腹泻等功能。

2) 美人蕉（Canna indica L.） 又称红艳蕉、小花美人蕉、小芭蕉，为多年生草本植物，原产地为美洲、印度等热带地区；大量分布于印度和中国。植株为绿色，高度可达150cm；根茎为块状；叶片呈卵状长圆形；鞘状叶柄；花冠大多为红色；蒴果有软刺，呈绿色长卵形，花期和果实期为3～12月。美人蕉喜温暖、湿润、有阳光的环境，有较强的土壤适应能力，耐贫瘠；畏强风和霜冻，不耐寒，总花期长，在原产地周年生长开花。主要品种为红花美人蕉、黄花美人蕉、双色鸳鸯美人蕉。

(3) 试验装置

本试验共两套试验装置：一套为静态浮岛试验装置，静态浮岛对应菖蒲和美人蕉不同混合比例的植物筛选试验；另一套为动态浮岛试验装置，对应水力停留时间优化试验和不同浓度范围下富营养化水体的处理试验。

　　静态浮岛试验装置包括两大部分，即外部的 PVC 塑料水箱和内部的浮岛装置，共 10 个，其中 9 个放置浮岛，1 个作为空白对照。其中 PVC 塑料水箱长 55cm、宽 45cm、高 43cm，出水口位于塑料水箱侧面上沿下 6cm 处，进水口位于塑料水箱出水口的对面侧下沿上 10cm 处，水箱的有效容积为 90L，试验时每个水箱注入试验用水约 70L；塑料水箱内的浮岛装置长 30cm、宽 20cm、高 25cm，体积为 15L；其四周和底部打满小孔，每个浮岛装置内由亲水无纺布做内衬放置混合填料，混合填料铺在浮岛内深度约为 16～20cm，浮岛四周捆绑塑料瓶以提供浮力，整个浮岛的水面覆盖率约为 40%，见图 3-25。人工浮岛中的菖蒲和美人蕉这两种植物按不同的混合比例（3∶1、1∶1、1∶3）分成两列栽种于填料内，每列固定 2 株植物（共 4 株），植物的高度和长势基本一致。

图 3-25　静态浮岛

　　动态浮岛装置包括配水箱、蠕动泵、3 个塑料水箱和对应的人工浮岛（与静态浮岛装置一致），其中配水箱体积为 300L；蠕动泵为保定兰格恒流泵有限公司所生产，蠕动泵的驱动器型号为 BT100—1L 型，泵头为 DG15 型，流量范围为 0.74～74.80mL/min。试验用水通过塑料软管由大型水桶经过蠕动泵调节流量流入每个人工浮岛中，具体试验装置见图 3-26。

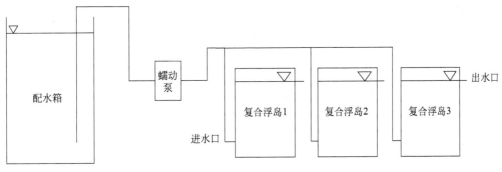

图 3-26　动态试验装置

3.3.3 试验方法

(1) 填料优选试验方法

1) 单一填料等温吸附试验 用电子分析天平依次称取 5 种填料，每次称 10g，同种填料分别放入 9 个 250mL 锥形瓶中，每个锥形瓶中加入 100mL 质量浓度为 10mg/L、20mg/L、40mg/L、60mg/L、80mg/L、100mg/L、120mg/L、140mg/L、160mg/L 的 NH_4Cl/KH_2PO_4 置于恒温振荡器中，试验设置 3 个平行；在温度为 25℃，转速设定为 125r/min 的条件下连续振荡 72h，振荡完成后取出锥形瓶，用 0.45μm 水系滤膜过滤锥形瓶中样品，测定过滤后水样中的氮磷浓度，计算填料的吸附量。

2) 单一填料批量吸附试验 用电子分析天平依次称取 30g 沸石、陶粒、轮胎颗粒、火山岩、蛭石放入 500mL 锥形瓶中，加入 300mL 的试验用水置于振荡器中，试验设置 3 个平行；在室温 23℃±2℃、转速 125r/min 的条件下连续振荡，振荡时间设定为 1h、4h、8h、12h、24h、48h、72h、96h，振荡完成后取出锥形瓶，用 0.45μm 水系滤膜过滤锥形瓶中样品，测定水样中各营养盐的浓度，计算去除率。

(2) 混合填料批量吸附试验

用电子分析天平按表 3-10 的混合填料比例依次称取 30g 混合填料放入 500mL 锥形瓶中，加入 300mL 的试验用水置于振荡器中，试验设置 3 个平行；在室温 23℃±2℃、转速 125r/min 的条件下连续振荡，振荡时间设定为 1h、4h、8h、12h、24h、48h、72h、96h，振荡完成后取出锥形瓶，用 0.45μm 水系滤膜过滤锥形瓶中样品，测定水样中各营养盐的浓度，计算去除率。

表 3-10 混合填料配比（质量比）　　　　单位:%

序号	陶粒	火山岩	沸石	轮胎颗粒	蛭石
1	50	50			
2	50	25	25		
3	50	25		25	
4	25	25	25	25	
5	25	25	25		25
6		25	25	25	25
7	20	20	40	20	
8		20	40	20	20

(3) 静态浮岛试验方法

浮岛植物：挑选预先栽培的两种试验植物美人蕉和菖蒲，高度为 30～40cm；植物浮岛按不同的填料和植物比例设置 9 个处理水平以及 1 个空白对照样：

0 号——空白样；

1 号——菖蒲＋美人蕉＋2 号混合填料（混合植物 3:1）；

2 号——菖蒲＋美人蕉＋2 号混合填料（混合植物 1:1）；

3 号——菖蒲＋美人蕉＋2 号混合填料（混合植物 1:3）；

4 号——菖蒲＋美人蕉＋6 号混合填料（混合植物 3:1）；

5 号——菖蒲＋美人蕉＋6 号混合填料（混合植物 1:1）；

6 号——菖蒲＋美人蕉＋6 号混合填料（混合植物 1：3）；

7 号——菖蒲＋美人蕉＋7 号混合填料（混合植物 3：1）；

8 号——菖蒲＋美人蕉＋7 号混合填料（混合植物 1：1）；

9 号——菖蒲＋美人蕉＋7 号混合填料（混合植物 1：3）。

（4）操作方法

① 将河水注入塑料箱内，并添加一定量的药品；测定每个水箱中初始水样的 TN、NH_3-N、NO_3^--N、TP、PO_4^{3-}、COD_{Mn}；

② 每个塑料水箱中依次放入所对应的人工浮岛（植物、填料）；

③ 每 3 天同一时间用烧杯进行采样 200mL，并测定水样中的各项理化指标；每次取样时，加入一定量的去离子水，保证每个水箱的水位不变；

④ 分析所测水样 pH 值、TN、NH_3-N、NO_3^--N、TP、PO_4^{3-}、COD_{Mn}，并结合植物的株高和生长状态得出相应结果。

（5）动态浮岛试验方法

1）不同水力停留时间　为了研究组合型人工浮岛（含混合填料、混合植物）对富营养化水体的实质修复效果，动态试验考察在不同水力停留时间下的水质变化情况并对水力停留时间进行优化，试验中塑料水箱内的水力停留时间分别设置为 1d、3d、5d、7d、9d，通过水管和蠕动泵的作用将受污染水体连续流入人工浮岛水箱内，测定进出水的各项污染物指标（TN、NH_3-N、NO_3^--N、TP、PO_4^{3-}、COD_{Mn}）。

2）不同浓度污染水体处理效果　在最优的水力停留时间下，比较组合型人工浮岛对不同浓度范围富营养化水体的修复效果，根据绪论中对我国富营养化河湖水质的介绍和分析，将试验进水设为高、中、低不同浓度变化范围的富营养化水体；其中低浓度变化范围进水与轻度富营养化河湖的水体浓度变化范围相当，中浓度变化范围进水与中度富营养化河湖的水体浓度变化范围相当，高浓度变化范围进水与重度富营养化河湖的水体浓度变化范围相当。

试验利用静态浮岛试验中最佳混合植物比例的人工浮岛进行处理，不同浓度的试验用水见表 3-11。

表 3-11　不同浓度试验用水

水质指标	TN	NH_3-N	NO_3^--N	TP	COD_{Mn}
低浓度范围/(mg/L)	4.36～5.39	1.71～2.60	1.86～2.80	0.09～0.11	5.43～6.38
中浓度范围/(mg/L)	9.63～10.95	4.61～5.34	4.12～5.28	0.45～0.62	10.95～12.04
高浓度范围/(mg/L)	17.85～20.90	8.34～9.28	9.20～10.04	0.98～1.24	19.02～21.07

3.3.4　试验结果

3.3.4.1　填料优选试验结果

人工浮岛修复富营养化水体中，组合人工浮岛的去除效果往往好于传统型浮岛。目前来看，研究者在组合型（填料）人工浮岛中的试验中，一般都是添加单一的填料，如沸石、陶粒、蛭石等，对混合填料的添加研究较少。虽然单一填料的选用一定程度上增加了浮岛中生物膜的形成，提高了净水效率，但单一填料的自身结构以及对氮磷去除的效果往往存在固有的局限性；而混合填料中由于各填料的性质不同，不仅可以为人工浮岛中微生物提供更加多样的生长环境，而且不同填料对不同污染物去除的优势还可以互补，提高污染物的综合去除效果，因此有必要对混合填料的添加进行试验研究。

本章先通过单一填料的等温吸附试验和批量试验分析不同填料去氮除磷的效果，在此基础上，选取效果一般的陶粒和火山岩作为基本填料，一方面添加一定比例的沸石（25%～40%）增强其除氮效果，另一方面添加一定比例的轮胎颗粒或蛭石（20%～25%）增强其除磷效果，优选出吸附氮磷明显的混合填料组合用于人工浮岛试验中。

（1）单一填料吸附试验

1）数据拟合方法 恒温条件下，平衡吸附量与相应的平衡质量浓度的关系曲线为吸附等温线。填料对氮磷的等温吸附一般用 Langmuir 方程和 Freundlich 方程来拟合，其中 Langmuir 公式是根据吸附的物质只有一层分子厚的假定推导出来的理论公式，Freundlich 公式则为介于单层分子与多层分子之间的经验公式。

Langmuir 模型方程为：

$$\frac{c_e}{q} = \frac{1}{q_m} \cdot c_e + \frac{1}{b \cdot q_m} \tag{3-1}$$

Freundlich 模型方程为：

$$\lg q = \frac{1}{n} \lg c_e + \lg K_f \tag{3-2}$$

式中 c_e——氮磷平衡的质量浓度，mg/L；

    q_m——填料对氮磷的最大吸附量，mg/kg；

    b——吸附结合能常数；

    n——普通常数；

    K_f——填料对 NH_3-N 吸附能力大小的常数。

2）等温吸附试验 沸石、陶粒、轮胎颗粒、火山岩、蛭石 5 种填料经过 72h 振荡吸附后，各填料对氮磷的吸附结果绘制成等温吸附曲线，如图 3-27、图 3-28 所示。

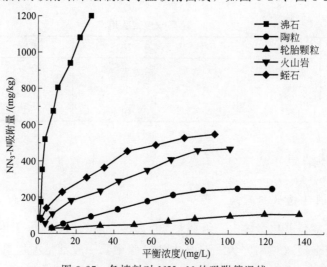

图 3-27 各填料对 NH_3-N 的吸附等温线

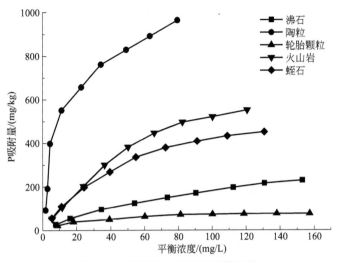

图 3-28　各填料对 P 的吸附等温线

由图 3-27 可知，5 种填料中沸石对 NH_3-N 的吸附量最大，不同填料对 NH_3-N 的吸附能力由强到弱排序依次为：沸石＞蛭石＞火山岩＞陶粒＞轮胎颗粒。从各填料的吸附等温线可以看出，沸石的等温吸附曲线斜率最大，且一直呈快速增长趋势；其余 4 种填料在 NH_3-N 的质量浓度小于 40mg/L 时，等温吸附曲线的斜率相对较大，表示填料对 NH_3-N 的吸附量快速增加；当 NH_3-N 的质量浓度在 40～80mg/L 时，等温吸附曲线的斜率逐渐变小，表明此时填料对 NH_3-N 的吸附量增加缓慢；当 NH_3-N 的质量浓度大于 80mg/L 时，填料对 NH_3-N 的吸附逐渐趋于平衡。

从图 3-28 可以看出，5 种填料中陶粒对 P 的吸附量最大，沸石和轮胎颗粒对磷的吸附量相对较小。当 P 的质量浓度大于 20mg/L 时，各填料对 P 的吸附能力由强到弱的排序依次为陶粒＞火山岩＞蛭石＞沸石＞轮胎颗粒；当 P 的质量浓度小于 20mg/L 时，火山岩对 P 的等温吸附曲线斜率小于蛭石的等温吸附曲线斜率，说明此时蛭石的吸附量大于火山岩，而其他填料吸附顺序不变。5 种填料中陶粒、火山岩、蛭石和沸石这 4 种吸附等温线的斜率都是先增大后减小，即吸附速率从快到慢至平衡，而轮胎的吸附等温线的斜率变化较平缓，吸附速率随平衡浓度变化不明显。

各填料对氮磷的吸附等温线用 Langmuir 和 Freundlich 公式拟合，结果见表 3-12 和表 3-13。

表 3-12　各填料对 NH_3-N 的等温吸附方程

填料	Langmuir			Freundlich		
	R^2	q_m	b	R^2	K_f	n
沸石	0.981	1428.571	0.127	0.952	174.181	1.606
陶粒	0.944	500.000	0.010	0.988	7.909	1.331
轮胎颗粒	0.876	156.250	0.016	0.950	9.348	2.019
火山岩	0.943	666.667	0.022	0.992	29.060	1.624
蛭石	0.967	625.000	0.054	0.997	72.627	2.186

表 3-13　各填料对 P 的等温吸附方程

填料	Langmuir			Freundlich		
	R^2	q_m	b	R^2	K_f	n
沸石	0.988	370.370	0.010	0.989	7.128	1.420
陶粒	0.986	1111.111	0.071	0.876	112.202	1.887
轮胎颗粒	0.971	90.909	0.038	0.946	10.186	2.375
火山岩	0.961	1000.000	0.011	0.979	15.668	1.280
蛭石	0.998	666.667	0.018	0.975	21.627	1.527

从表 3-12、表 3-13 可以得到，Langmuir 模型和 Freundlich 模型均能较好地拟合 5 种填料对氮磷的吸附特征（相关系数都大于 0.87）。5 种填料中，Langmuir 方程相对于 Freundlich 方程能更准确地拟合沸石和陶粒这两种填料对氮磷的等温特性，而轮胎颗粒、火山岩和蛭石对氮磷的吸附特性则由 Freundlich 方程拟合更合适，说明沸石和陶粒对氮磷的吸附更接近单层介质的吸附，轮胎颗粒、火山岩和蛭石对氮磷的吸附则介于单层和多层介质之间。

Langmuir 和 Freundlich 两种模型中包含了许多参数，各参数表示的意义都不同，在 Langmuir 方程中，q_m 表示理论饱和吸附量，b 表示吸附结合能常数，b 越大则表示填料和 NH_3-N 之间的结合越强；而在 Freundlich 方程中，K_f 表示填料对氨氮吸附能力大小的常数，理论上来讲，K_f 越大填料的吸附能力也越强。

通过 Langmuir 和 Freundlich 模型拟合 5 种填料对 NH_3-N 的吸附得到，在 Langmuir 方程中，5 种填料 q_m 的大小依次为沸石＞火山岩＞蛭石＞陶粒＞轮胎颗粒；各填料吸附结合能常数按大小排序依次为沸石＞蛭石＞火山岩＞轮胎颗粒＞陶粒。从表 3-12 中可知，在 Freundlich 方程中，5 种填料中沸石的 K_f 最大，对 NH_3-N 的吸附量也最大；其次为蛭石和火山岩，较小的为轮胎颗粒和陶粒。综合可知，5 种填料中沸石对 NH_3-N 吸附效果最好，蛭石和火山岩的吸附作用一般，陶粒和轮胎吸附效果相对较差。

通过 Langmuir 和 Freundlich 模型拟合 5 种填料对磷的吸附得到，在 Langmuir 方程中，5 种填料 q_m 的大小顺序依次为陶粒＞火山岩＞蛭石＞沸石＞轮胎颗粒；各填料的吸附结合能常数按大小排序依次为陶粒＞轮胎颗粒＞蛭石＞火山岩＞沸石。从表 3-13 中可知，在 Freundlich 方程中，5 种填料陶粒的 K_f 较大；对磷的吸附能力也较大；其次为蛭石和火山岩，较小的为轮胎颗粒和沸石。综合上述，从吸附能力的角度来看，5 种填料中陶粒对磷吸附效果最好，其次为火山岩和蛭石，轮胎颗粒和沸石吸附效果相对较差。

3）批量吸附试验

① 5 种填料对氮的吸附。根据填料对污水中 TN、NH_3-N、NO_3^--N 的动态吸附试验结果，绘制 5 种填料的吸附时间曲线，结果见图 3-29～图 3-31。

由图 3-29 可得，5 种填料对 TN 的吸附在 48h 时都已达到平衡状态，此时沸石对 TN 的吸附量最大，火山岩和陶粒次之，蛭石和轮胎颗粒的吸附量呈现负值状态，说明蛭石和轮胎颗粒对 TN 存在析出，且轮胎颗粒的析出量较大。由图 3-30 得到，各填料对 NH_3-N 都有明显的吸附作用，5 种填料中沸石、蛭石、火山岩在 24h 时达到平衡状态，陶粒和轮胎颗粒在 48h 时达到平衡状态，各填料对 NH_3-N 的吸附量由大到小顺序依次为沸石＞蛭石＞火山岩＞陶粒＞轮胎颗粒。从图 3-31 得知，各填料对 NO_3^--N 的吸附作用均不明显，除去沸石

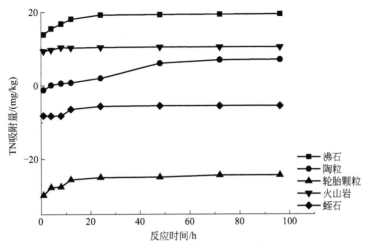

图 3-29　填料对 TN 的吸附时间曲线

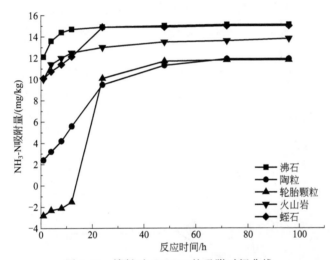

图 3-30　填料对 NH$_3$-N 的吸附时间曲线

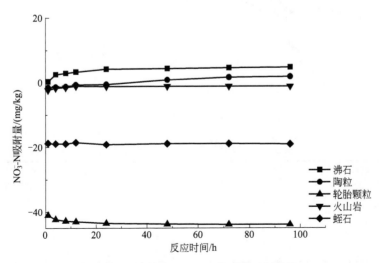

图 3-31　填料对 NO$_3^-$-N 的吸附时间曲线

和陶粒存在少许吸附，其他 3 种填料都存在析出，析出较明显的是蛭石和轮胎颗粒。

各填料平衡时对 TN、NH_3-N 和 NO_3^--N 去除率见表 3-14。

表 3-14　各填料对 TN、NH_3-N 和 NO_3^--N 的去除率

填料	TN 去除率/%	NH_3-N 去除率/%	NO_3^--N 去除率/%
沸石	55.7	97.4	28.8
陶粒	20.3	76.8	11.0
轮胎颗粒	−69.7	76.1	−268.7
火山岩	32.1	86.3	−9.5
蛭石	−16.7	94.3	−181.0

从表 3-21 中可以看出，5 种填料对 NH_3-N 的去除率均达 76％以上，去除效果最好的为沸石，去除率达 97.42％，结果与等温吸附试验一致；5 种填料对 TN 的去除率则存在明显差异，其中沸石去除率为 55.71％，大于火山岩（32.11％）和陶粒（20.29％）的去除率，而轮胎颗粒和蛭石去除率小于 0，表明这两种填料存在析出，且轮胎颗粒析出较大；5 种填料中只有沸石和陶粒对 NO_3^--N 去除率为正数，其余 3 种填料均存在析出。由此可知，5 种填料中沸石去除 TN 的效果最好，火山岩和陶粒去除效果一般，轮胎颗粒和蛭石则不适合用于除氮。

② 5 种填料对磷的吸附。根据填料对污水中 TP 和正磷酸盐（PO_4^{3-}）的动态试验结果，绘制各填料对磷的吸附时间曲线并计算各填料平衡时对 TP 和 PO_4^{3-} 的去除率，见图 3-32、图 3-33 和表 3-15。

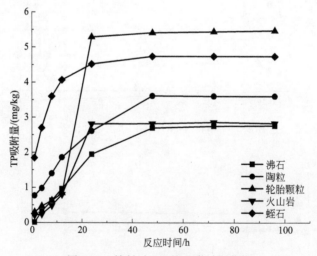

图 3-32　填料对 TP 的吸附时间曲线

表 3-15　各填料对 TP、PO_4^{3-} 的去除率

填料	TP 去除率/%	PO_4^{3-} 去除率/%
沸石	50.2	46.7
陶粒	65.4	74.5
轮胎颗粒	99.4	97.3
火山岩	43.4	49.2
蛭石	75.7	80.1

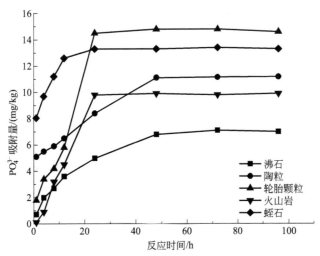

图 3-33　填料对 PO_4^{3-} 的吸附时间曲线

由图 3-32 和图 3-33 可以看出，各填料对 TP、PO_4^{3-} 都有明显的吸附作用，5 种填料中轮胎颗粒、蛭石、火山岩在 24h 已达到平衡状态，陶粒和沸石对 TP 和 PO_4^{3-} 的吸附在 48h 也达到平衡，此时 5 种填料对 TP 和 PO_4^{3-} 的吸附量由大到小排序依次为轮胎颗粒＞蛭石＞陶粒＞火山岩＞沸石。从表 3-15 得出，5 种填料对 TP 和 PO_4^{3-} 都存在一定的去除效果，其中轮胎颗粒去除率最高，TP 达 99.4％，PO_4^{3-} 达 97.3％；其次为蛭石（TP 达 75.7％，PO_4^{3-} 达 80.1％）和陶粒（TP 达 65.4％，PO_4^{3-} 为 74.5％）。综合可知，虽然陶粒对磷的理论饱和吸附量最大，但在处理磷浓度相对较低的水体时轮胎颗粒的吸附效果要好于陶粒，且轮胎颗粒成本相对较低，因此实际运用中可优先考虑选用轮胎颗粒除磷。

通过 5 种填料对氮磷去除效果的研究发现，沸石去除氮存在明显优势，陶粒和火山岩去除效果一般，轮胎颗粒和蛭石存在析出；除磷时轮胎颗粒的效果最好，其次为蛭石和陶粒，沸石和火山岩去除效果一般。因此混合填料中选用陶粒和火山岩作为基础填料，添加其他 3 种填料组合成不同比例的混合填料进行优选试验。

(2) 混合填料的优选试验

1) 混合填料对氮的吸附效果研究　根据 8 组混合填料对污水中 TN、NH_3-N 动态吸附效果，得出去除率随时间的变化图（见图 3-34、图 3-35）。由于单一填料等温吸附试验中发现各填料对硝酸盐氮（NO_3^--N）的吸附作用都不太明显且部分填料存在析出现象，因此混合填料试验中各组填料对硝酸盐氮（NO_3^--N）的去除变化没有在图上表示。

由图 3-34 可知，8 组混合填料对 TN 的去除率都呈先迅速增加后缓慢增加直至平衡的趋势，达到平衡后去除率几乎不再变化。8 组混合填料中 1 号、2 号、5 号、6 号混合填料对 TN 的去除率在 24h 已达到平衡，其余 4 组在 48h 后对 TN 的去除率也不再变化。

8 组混合填料中，2 号填料对 TN 的去除率最高，分析原因是混合填料中沸石的作用效果；虽然其他混合填料中也含有沸石，但这些组合的混合填料中都含有轮胎颗粒或蛭石，在单一填料试验中可知轮胎颗粒和蛭石对 TN 存在析出，因此减弱了 4 号、5 号和

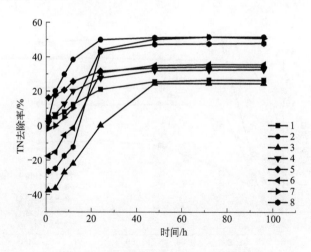

图 3-34　混合填料对 TN 的去除效果

1—陶 50％＋火 50％；2—陶 50％＋火 25％＋沸 25％；3—陶 50％＋火 25％＋轮 25％；
4—陶 25％＋火 25％＋沸 25％＋轮 25％；5—陶 25％＋火 25％＋沸 25％＋蛭 25％；
6—火 25％＋沸 25％＋轮 25％＋蛭 25％；7—陶 20％＋火 20％＋沸 40％＋轮 20％；
8—火 20％＋沸 40％＋轮 20％＋蛭 20％

6 号这几组混合填料对 TN 的去除效果；3 号混合填料中因含有轮胎颗粒在 0～24h 时去除率呈负数，随着时间的增加，陶粒和火山岩不断吸附污水中的 TN，使得去除率逐渐增加并由负数变为正数，但在 8 组填料中对 TN 的去除率最低；1 号混合填料因为只含有陶粒和火山岩，因此平衡时去除率稍好于 3 号；7 号、8 号混合填料对应 4 号填料和 6 号填料，即将 4 号和 6 号填料中沸石的比例增从 25％加到 40％，从图 3-34 中可以看出沸石的增加提高了混合填料整体对氮的去除率，7 号混合填料除氮效果仅次于 2 号；8 号混合填料中虽然沸石所占比例与 7 号一致，但其既存在轮胎颗粒又含有蛭石，因此效果不及 7 号。

综上所述，沸石的添加有助于增强混合填料除氮的效果，8 组混合填料中对 TN 去除率较高的为 2 号和 7 号，去除率达 50％以上。

从图 3-35 可以明显看出，由于前面单一填料试验得出 5 种填料对 NH_3-N 都存在较强的吸附作用，因此 8 组混合填料对 NH_3-N 的去除作用都比较明显，平衡时各组混合填料去除率均达 83.78％以上。除 1 号和 3 号混合填料对 NH_3-N 吸附平衡时间较长，到 48h 才达到平衡状态；其余 6 组混合填料对 NH_3-N 的去除率都增加较快，在 24h 已达到平衡，分析原因是这 6 组混合填料中都含有一定比例的沸石，加强了混合填料对 NH_3-N 的去除效果，特别是 5 号混合填料中，既含有对 NH_3-N 吸附作用较好的沸石和蛭石，又没有对 NH_3-N 吸附相对较弱的轮胎颗粒，因此在 8 组混合填料中 5 号混合填料平衡时对 NH_3-N 的去除率最高为 94.24％。7 号和 8 号混合填料中因为沸石所占比例达 40％，其对 NH_3-N 的去除率也达 90％以上。

2）混合填料对磷的吸附效果研究　根据 8 组混合填料对污水中 TP（TP）、正磷酸盐（PO_4^{3-}）的动态吸附效果，可得去除率随时间的变化图，如图 3-36、图 3-37 所示。

由图 3-36 和图 3-37 可得，8 组混合填料对 TP 和 PO_4^{3-} 的去除率都随时间的增长不

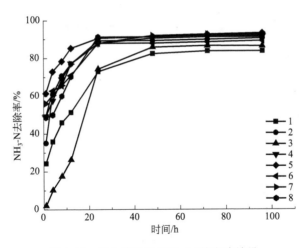

图 3-35　混合填料对 NH_3-N 的去除效果

1—陶 50%＋火 50%；2—陶 50%＋火 25%＋沸 25%；3—陶 50%＋火 25%＋轮 25%；
4—陶 25%＋火 25%＋沸 25%＋轮 25%；5—陶 25%＋火 25%＋沸 25%＋蛭 25%；
6—火 25%＋沸 25%＋轮 25%＋蛭 25%；7—陶 20%＋火 20%＋沸 40%＋轮 20%；
8—火 20%＋沸 40%＋轮 20%＋蛭 20%

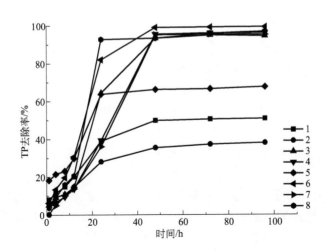

图 3-36　混合填料对 TP 的去除效果图

1—陶 50%＋火 50%；2—陶 50%＋火 25%＋沸 25%；3—陶 50%＋火 25%＋轮 25%；
4—陶 25%＋火 25%＋沸 25%＋轮 25%；5—陶 25%＋火 25%＋沸 25%＋蛭 25%；
6—火 25%＋沸 25%＋轮 25%＋蛭 25%；7—陶 20%＋火 20%＋沸 40%＋轮 20%；
8—火 20%＋沸 40%＋轮 20%＋蛭 20%

断增加，直到 48h 全部达到平衡，此时去除率增加到最大几乎不再变化。8 组混合填料中，除 1 号、2 号和 5 号这三组混合填料外，其余 5 组混合填料对 TP 和 PO_4^{3-} 的去除率都达到 90%以上，分析原因是这 5 组混合填料中都含有轮胎颗粒，极大地增强了混合填料对磷的去除效果。从混合填料的组合比例可以看出，5 号混合填料是将 4 号混合填料的轮胎颗粒换成了等质量的蛭石，而从图 3-36、图 3-37 中可知，到达平衡时 5 号混合填料

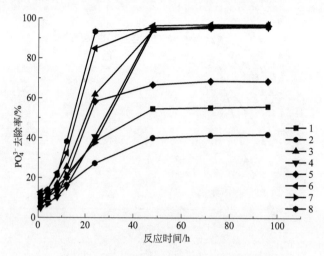

图 3-37　混合填料对 PO_4^{3-} 的去除效果图

1—陶 50%＋火 50%；2—陶 50%＋火 25%＋沸 25%；3—陶 50%＋火 25%＋轮 25%；

4—陶 25%＋火 25%＋沸 25%＋轮 25%；5—陶 25%＋火 25%＋沸 25%＋蛭 25%；

6—火 25%＋沸 25%＋轮 25%＋蛭 25%；7—陶 20%＋火 20%＋沸 40%＋轮 20%；

8—火 20%＋沸 40%＋轮 20%＋蛭 20%

对 TP 和 PO_4^{3-} 的去除率均小于 4 号，但大于 1 号和 2 号混合填料，说明蛭石可以增加混合填料对磷的去除效果，但作用弱于轮胎颗粒，与单一动态吸附试验结果相符；6 号中既含有轮胎颗粒又含有蛭石，因此对磷的去除效果最好，TP 去除率达 99.46%，PO_4^{3-} 去除率达 96.97%；2 号混合填料为陶粒、火山岩和沸石的组合，单一填料批量吸附试验中得到这 3 种填料对磷的吸附相对较弱，因此 2 号混合填料对 TP 和 PO_4^{3-} 的去除效果最差；7 号和 8 号混合填料对应于 4 号和 6 号填料，因此这两组混合填料对磷的吸附效果稍好；8 组混合填料平衡时对 TP 的去除率由大到小排序为 6 号＞8 号＞4＞号 7 号＞3 号＞5 号＞1 号＞2 号。

综合可知，含有轮胎颗粒和蛭石的多种混合填料对 TP 和 PO_4^{3-} 的去除效果更明显。

3）混合填料对氮磷的去除率　由 8 组混合填料对氮磷的去除率变化得到平衡时混合填料对 TN、NH_3-N、TP 和 PO_4^{3-} 的去除率，如图 3-38 所示。

由图 3-38 可以看出，8 组混合填料中对 TN 去除效果最好的为 2 号去除率达 51.45%，对 NH_3-N 去除效果最好的为 5 号达 93.24%；对 TP 去除效果最好的为 6 号去除率达 99.46%，对 PO_4^{3-} 去除效果最好的为 3 号去除率达 96.97%。2 号混合填料对氮去除率最高是因为在 1 号基本混合填料上只添加了沸石；3 号混合填料对磷的去除效果明显是因为只添加了轮胎颗粒；4 号混合填料是 2 号和 3 号的综合，既添加了沸石增强对氮的吸附又添加了轮胎颗粒增强对磷的吸附，可能由于轮胎颗粒的存在；4 号对 TN 的去除效果并不是特别理想，因此 7 号混合填料中增加了沸石的比例，TN 的去除率提高到 50%左右，且仅次于 2 号。6 号混合填料中因同时含有轮胎颗粒和蛭石对磷去除效果最好，因此 8 号混合填料中将 6 号沸石 25%的比例增加到 40%，虽提高了对氮的去除作用，但其对 TN 的去除率还是小于 7 号混合填料。

综上所述，8 组混合填料中 7 号混合填料为去氮除磷的最佳组合。

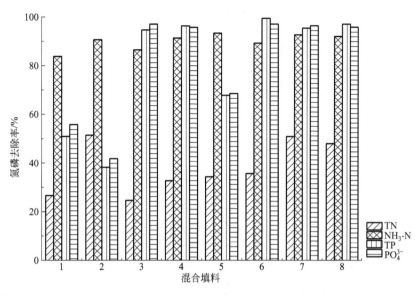

图 3-38　混合填料去除氮磷效果

1—陶 50%＋火 50%；2—陶 50%＋火 25%＋沸 25%；3—陶 50%＋火 25%＋轮 25%；

4—陶 25%＋火 25%＋沸 25%＋轮 25%；5—陶 25%＋火 25%＋沸 25%＋蛭 25%；

6—火 25%＋沸 25%＋轮 25%＋蛭 25%；7—陶 20%＋火 20%＋沸 40%＋轮 20%；

8—火 20%＋沸 40%＋轮 20%＋蛭 20%

(3) 小结

① Langmuir 模型和 Freundlich 模型均能较好地拟合 5 种填料对氮磷的吸附特征，但在 5 种填料中，Langmuir 方程能更准确地拟合沸石、陶粒对氮磷的吸附特性，Freundlich 方程则能更准确地拟合轮胎颗粒、火山岩和蛭石对氮磷的吸附特性。

② 在修复受污染水体时，5 种填料中沸石对 TN 的去除存在明显优势，陶粒和火山岩的去除效果一般，轮胎颗粒和蛭石不适合用于除氮；去除磷时轮胎颗粒的效果最好，其次为蛭石和陶粒，沸石和火山岩的去除效果一般。

③ 8 组混合填料优选中，2 号混合填料（陶粒 50%，火山岩 25%，沸石 25%）为优先去氮组合，其对 TN、NH_3-N 的去除率分别为 51.45%、90.54%；6 号混合填料（火山岩 25%，沸石 25%，轮胎颗粒 25%，蛭石 25%）为优先去磷组合，其对 TP、PO_4^{3-} 的去除率分别为 99.46%、96.97%；7 号混合填料（陶粒 20%，火山岩 20%，沸石 40%，轮胎颗粒 20%）为去除氮磷效果的最优组合，其对 TN、NH_3-N、TP、PO_4^{3-} 的去除率分别为 50.81%、92.57%、95.34%、96.36%。

3.3.4.2　静态浮岛试验结果

由填料优选试验得到，2 号混合填料（陶粒 50%，火山岩 25%，沸石 25%）对 TN 去除效果最好，6 号混合填料（火山岩 25%，沸石 25%，轮胎颗粒 25%，蛭石 25%）对 TP 去除效果最好，7 号混合填料（陶粒 20%，火山岩 20%，沸石 40%，轮胎颗粒 20%）为去除氮磷效果最优的组合，因此人工浮岛试验中添加这三组不同的混合填料作为浮岛载体进行试验研究。

人工浮岛中水生植物是其重要的组成部分，植物通过根系的吸收可去除水体中的营养物质，根系周围附着的微生物为维持自身的需要对水中氮磷也存在一定吸附作用。研究表明，混合植物型人工浮岛净化水体的作用要好于单一植物型，而人工浮岛中对于具体的混合植物比例却研究较少，因此本章试验主要以菖蒲和美人蕉这两种植物的混合为对象，考察不同比例的菖蒲和美人蕉净化水体的作用，并筛选出混合植物的最佳比例。

（1）人工浮岛对 TN 的去除效果

在静态条件下，不同混合植物比例的人工浮岛对 TN 的处理效果见图 3-39～图 3-41。

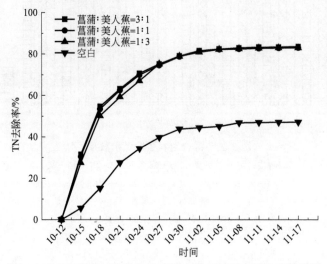

图 3-39　人工浮岛（陶粒＋火山岩＋沸石）对 TN 的去除效果

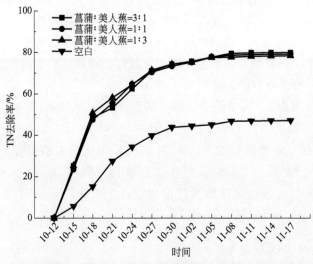

图 3-40　人工浮岛（火山岩＋沸石＋轮胎颗粒＋蛭石）对 TN 的去除效果

静态浮岛试验中，TN 进水浓度范围为 $21.00～22.85mg/L$，经过人工浮岛处理后出水浓度降低到 $2.97～4.94mg/L$，空白对照的出水浓度为 $11.10mg/L$。经过 36d 的试验，9 个处理水平下的人工浮岛对 TN 的去除率均达到 75% 以上，远远超过空白对照组，说明人工浮岛对富营养化水体中 TN 的去除作用较强。

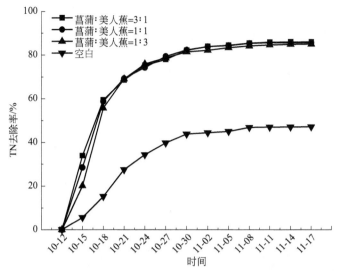

图 3-41　人工浮岛（陶粒＋火山岩＋沸石＋轮胎颗粒）对 TN 的去除效果

从图 3-39～图 3-41 中可以看出，各人工浮岛在试验前 15d 时对 TN 的去除率都迅速增加，而后缓慢增加，到 27d 后去除率几乎不再变化。分析原因可能是：氮为植物生长的必要元素，在静态条件下美人蕉和菖蒲为维持自身的生长通过根系作用不断吸收水中的氮，加之混合填料对氮的吸附作用、微生物的硝化和反硝化作用、部分有机氮的物理沉淀，使得试验初期 TN 的去除率增加明显；后期随着微生物的降解，水中有机氮被分解为可溶性氮又溶解回水中，且植物部分叶子枯萎掉落水中也会释放一定的营养物质，导致 TN 的去除率增加变缓直至不再变化。

表 3-16 中列出了不同填料的混合植物人工浮岛对 TN 的去除率，由表 3-16 可知，各人工浮岛对 TN 的去除率都达 78％以上，去除效果明显。同种填料的人工浮岛中，菖蒲和美人蕉三种比例混合栽种对 TN 的去除率相差不大，均在 2％以内；在 3 种不同的混合比例植物中，当菖蒲：美人蕉＝3：1 时对 TN 的去除率要稍好于菖蒲：美人蕉＝1：1 和菖蒲：美人蕉＝1：3 时的去除率。

表 3-16　各人工浮岛对 TN 的去除率

处理水平	去除率/％
空白	47.14
菖蒲＋美人蕉＋2 号混合填料(混合植物 3：1)	83.59
菖蒲＋美人蕉＋2 号混合填料(混合植物 1：1)	83.08
菖蒲＋美人蕉＋2 号混合填料(混合植物 1：3)	83.02
菖蒲＋美人蕉＋6 号混合填料(混合植物 3：1)	79.95
菖蒲＋美人蕉＋6 号混合填料(混合植物 1：1)	79.18
菖蒲＋美人蕉＋6 号混合填料(混合植物 1：3)	78.38
菖蒲＋美人蕉＋7 号混合填料(混合植物 3：1)	85.99
菖蒲＋美人蕉＋7 号混合填料(混合植物 1：1)	85.64
菖蒲＋美人蕉＋7 号混合填料(混合植物 1：3)	84.99

（2）人工浮岛对 NH₃-N 的去除效果

在静态条件下，不同混合植物比例的人工浮岛对 $NH_3\text{-}N$ 的处理效果见图 3-42～

图 3-44。

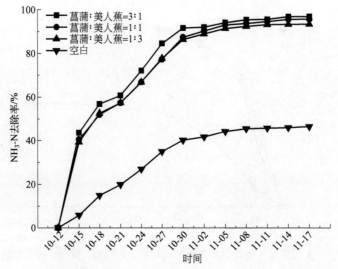

图 3-42　人工浮岛（陶粒＋火山岩＋沸石）对 NH_3-N 的去除效果

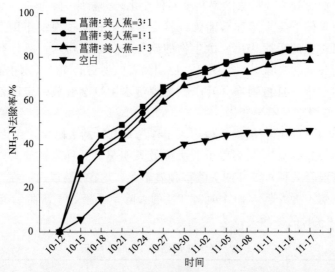

图 3-43　人工浮岛（火山岩＋沸石＋轮胎颗粒＋蛭石）对 NH_3-N 的去除效果

　　静态浮岛试验中，NH_3-N 的进水浓度范围为 7.10～8.00mg/L，经过人工浮岛的处理后，出水浓度范围为 0.24～1.66mg/L，空白对照的出水浓度为 3.80mg/L。各人工浮岛的出水浓度远远小于空白对照组，说明人工浮岛对 NH_3-N 有较好的去除效果。

　　从图 3-42～图 3-44 中可以看出，混合植物人工浮岛对 NH_3-N 去除率的增加也呈现出先快后慢的趋势，在试验 21d 后人工浮岛（陶粒＋火山岩＋沸石）组对 NH_3-N 的去除率达到 90％左右，其他两组填料人工浮岛的去除率也在 80％左右。静态条件下，受污染水体中的 NH_3-N 主要通过填料的吸附以及水中微生物的硝化作用去除。人工浮岛前几天试验，混合填料对 NH_3-N 可以进行有效的吸附；同时前期水中溶解氧相对较高，硝化作用占主导地位，水体中的 NH_3-N 浓度下降较快。人工浮岛后期试验，一方面混合填料对

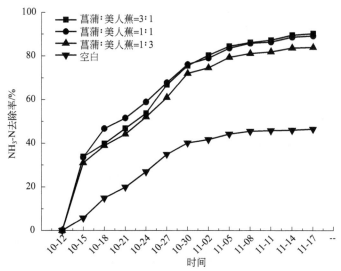

图 3-44 人工浮岛（陶粒＋火山岩＋沸石＋轮胎颗粒）对 NH_3-N 的去除效果

NH_3-N 的吸附达到平衡状态；另一方面由于填料的覆盖，水中光合作用减弱，溶解氧降低，因此水中 NH_3-N 浓度的下降也相应变得平缓。

表 3-17 表示不同填料的混合植物人工浮岛对 NH_3-N 的去除率，可以看出，人工浮岛（陶粒＋火山岩＋沸石）组对 NH_3-N 去除效果最好，平均去除率为 95.32％。同种填料的人工浮岛中，混合植物菖蒲：美人蕉＝3：1 时与菖蒲：美人蕉＝1：1 时对 NH_3-N 的去除效果相差不大，但均好于菖蒲：美人蕉＝1：3 时的去除效果，且当菖蒲：美人蕉＝3：1 时去除率相对稍高，因此人工浮岛对 NH_3-N 去除效果最好的混合植物比例为菖蒲：美人蕉＝3：1。

表 3-17　各人工浮岛对 NH_3-N 的去除率

处理水平	去除率/%
空白	46.48
菖蒲＋美人蕉＋2 号混合填料(混合植物 3：1)	96.90
菖蒲＋美人蕉＋2 号混合填料(混合植物 1：1)	95.67
菖蒲＋美人蕉＋2 号混合填料(混合植物 1：3)	93.39
菖蒲＋美人蕉＋6 号混合填料(混合植物 3：1)	84.52
菖蒲＋美人蕉＋6 号混合填料(混合植物 1：1)	83.73
菖蒲＋美人蕉＋6 号混合填料(混合植物 1：3)	78.53
菖蒲＋美人蕉＋7 号混合填料(混合植物 3：1)	90.17
菖蒲＋美人蕉＋7 号混合填料(混合植物 1：1)	89.15
菖蒲＋美人蕉＋7 号混合填料(混合植物 1：3)	83.92

（3）人工浮岛对 NO_3-N 的去除效果

在静态条件下，不同混合植物比例的人工浮岛对 NO_3^--N 的处理效果见图 3-45～图 3-47。静态浮岛试验中，NO_3^--N 的进水浓度范围为 10.18～11.20mg/L，经过人工浮岛处

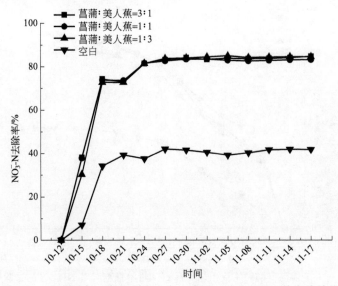

图 3-45　人工浮岛（陶粒＋火山岩＋沸石）对 $NO_3^- \text{-}N$ 的去除效果

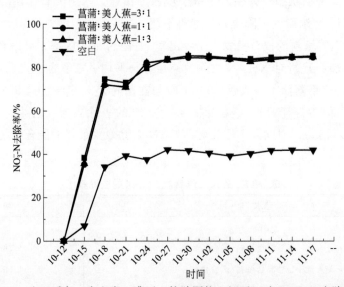

图 3-46　人工浮岛（火山岩＋沸石＋轮胎颗粒＋蛭石）对 $NO_3^- \text{-}N$ 去除效果

理的水体，出水浓度范围为 $1.12 \sim 1.73 mg/L$，而空白对照的出水浓度为 $6.10 mg/L$。各人工浮岛的出水浓度远远小于空白对照组，表明人工浮岛对 $NO_3^- \text{-}N$ 的去除作用较强。

　　由图 3-45～图 3-47 可得，不同的人工浮岛对 $NO_3^- \text{-}N$ 的去除率大致相近，试验后期去除率均达到 80% 左右。人工浮岛对 $NO_3^- \text{-}N$ 的去除方式包括微生物的反硝化作用，外加混合填料的少许吸附作用，主要方式还是反硝化作用的进行。由于试验前几天水中溶解氧相对较高，硝化作用占主导地位，因此出现了水中 $NO_3^- \text{-}N$ 浓度增加的现象；而后因为人工浮岛中的水面与阳光接触有限，水中溶解氧逐渐减少，反硝化作用增强，水体中硝化作用和反硝化作用共同进行，故试验后期各人工浮岛对 $NO_3^- \text{-}N$ 的去除率趋于平稳状态。

　　表 3-18 列出了不同混合比例植物的人工浮岛对受污染水体中 $NO_3^- \text{-}N$ 的去除率。可

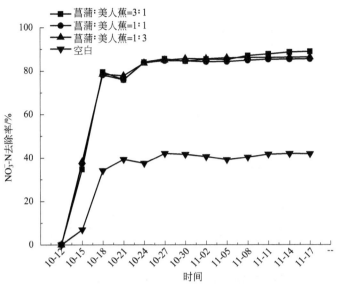

图 3-47　人工浮岛（陶粒＋火山岩＋沸石＋轮胎颗粒）对 NO_3^--N 的去除效果

以得到，同种填料的人工浮岛中，不同比例的混合植物对硝酸盐氮的去除效果差异较小，三组不同填料的人工浮岛平均去除率分别为 84.26%（陶粒＋火山岩＋沸石）、84.92%（火山岩＋沸石＋轮胎颗粒＋蛭石）、86.97%（陶粒＋火山岩＋沸石＋轮胎颗粒）。3 种不同的混合比例植物人工浮岛中，当混合植物比例菖蒲：美人蕉＝3：1 时对 NO_3^--N 的去除效果要稍好于其它比例的混合植物型人工浮岛。

表 3-18　各人工浮岛对 NO_3^--N 的去除率

处理水平	去除率/%
空白	41.90
菖蒲＋美人蕉＋2 号混合填料(混合植物 3：1)	84.79
菖蒲＋美人蕉＋2 号混合填料(混合植物 1：1)	83.32
菖蒲＋美人蕉＋2 号混合填料(混合植物 1：3)	84.66
菖蒲＋美人蕉＋6 号混合填料(混合植物 3：1)	85.30
菖蒲＋美人蕉＋6 号混合填料(混合植物 1：1)	84.66
菖蒲＋美人蕉＋6 号混合填料(混合植物 1：3)	84.79
菖蒲＋美人蕉＋7 号混合填料(混合植物 3：1)	88.96
菖蒲＋美人蕉＋7 号混合填料(混合植物 1：1)	85.59
菖蒲＋美人蕉＋7 号混合填料(混合植物 1：3)	86.37

（4）人工浮岛对 TP 的去除效果

在静态条件下，不同填料的混合植物人工浮岛对 TP 的处理效果见图 3-48～图 3-50。

静态浮岛试验中，TP 进水浓度范围为 0.94～1.12mg/L，人工浮岛处理后其出水浓度降低到 0.05～0.21mg/L，远远小于空白对照出水浓度的 0.50mg/L。经过 36d 的试验，9 个处理水平下的人工浮岛对 TP 的去除率均达到 75% 以上，表明人工浮岛对 TP 的去除效果较明显。

从图 3-48～图 3-50 可得，人工浮岛对 TP 的去除作用随时间的变化与 TN 相似，在前期 TP 的去除率增加较快，试验后期增加缓慢直至几乎不再变化。P 和 N 一样都是植物

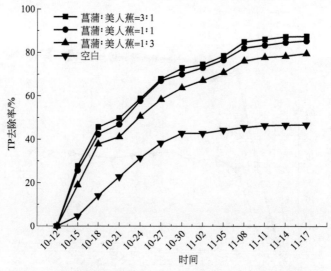

图 3-48　人工浮岛（陶粒＋火山岩＋沸石）对 TP 的去除效果

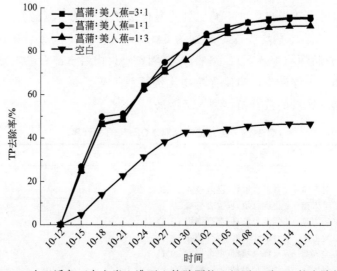

图 3-49　人工浮岛（火山岩＋沸石＋轮胎颗粒＋蛭石）对 TP 的去除效果

生长的必要元素，在静态条件下，美人蕉和菖蒲为维持自身的生长不断吸收水中的 P，加之混合填料对 P 的吸附作用以及部分有机磷的沉降作用，使得试验初期 TP 的去除率增加较快；后期随着微生物的降解，水中有机磷被分解为可溶性磷溶解回水中，且此时填料对磷的吸附已达到平衡，部分植物出现枯叶掉入水中也会带来一定影响，因此试验后期人工浮岛对 TP 的去除作用呈缓慢增加至逐渐平衡的状态。

　　3 组不同填料的人工浮岛中，人工浮岛（火山岩＋沸石＋轮胎颗粒＋蛭石）组对 TP 的去除效果相对来说较好，去除率达 90％左右，与混合填料的试验结果一致；人工浮岛（陶粒＋火山岩＋沸石）组与人工浮岛（陶粒＋火山岩＋沸石＋轮胎颗粒）组的去除效果稍弱，但相差不大，分析原因可能是这两组人工浮岛填料中都含有 25％或 25％以上的陶粒，大量的陶粒长期存在于水中水解出了大量的金属离子，这些金属离子与水中的磷酸盐

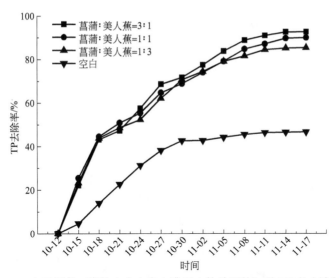

图 3-50　人工浮岛（陶粒＋火山岩＋沸石＋轮胎颗粒）对 TP 的去除效果

形成沉淀，加强了填料除磷的作用，使得 TP 含量减少。

不同填料的混合植物型人工浮岛对 TP 的去除率见表 3-19。

表 3-19　各人工浮岛对 TP 的去除率

处理水平	去除率/%
空白	46.70
菖蒲＋美人蕉＋2 号混合填料(混合植物 3∶1)	87.47
菖蒲＋美人蕉＋2 号混合填料(混合植物 1∶1)	85.33
菖蒲＋美人蕉＋2 号混合填料(混合植物 1∶3)	79.55
菖蒲＋美人蕉＋6 号混合填料(混合植物 3∶1)	95.72
菖蒲＋美人蕉＋6 号混合填料(混合植物 1∶1)	95.24
菖蒲＋美人蕉＋6 号混合填料(混合植物 1∶3)	91.88
菖蒲＋美人蕉＋7 号混合填料(混合植物 3∶1)	92.96
菖蒲＋美人蕉＋7 号混合填料(混合植物 1∶1)	90.07
菖蒲＋美人蕉＋7 号混合填料(混合植物 1∶3)	85.44

由表 3-19 可知，从去除率的角度来看，各人工浮岛对 TP 的去除率几乎都达 80% 以上；人工浮岛（陶粒＋火山岩＋沸石）组对 TP 的平均去除率为 84.12%，人工浮岛（火山岩＋沸石＋轮胎颗粒＋蛭石）组对 TP 的平均去除率为 94.28%，人工浮岛（陶粒＋火山岩＋沸石＋轮胎颗粒）组对 TP 的平均去除率为 89.49%。从整体上说，混合型植物人工浮岛对 TP 的去除作用还是较强的。

同种填料的人工浮岛中，人工浮岛（陶粒＋火山岩＋沸石）组和人工浮岛（陶粒＋火山岩＋沸石＋轮胎颗粒）组中菖蒲和美人蕉 3 种比例混合栽种对 TP 的去除率相差较大，总体来说，3 种不同的混合植物的比例中，当菖蒲∶美人蕉＝3∶1 时对 TP 的去除效果最好，其次为菖蒲∶美人蕉＝1∶1 时，而当菖蒲∶美人蕉＝1∶3 时效果最差，与菖蒲∶美人蕉＝1∶1 时的去除率相差 5% 左右；人工浮岛（火山岩＋沸石＋轮胎颗粒＋蛭石）组不同混合植物比例对 TP 的去除差异较小，但菖蒲：美人蕉＝3：1时稍好于其他两种比例。因此综合来说，在3种不同的混合植物比例中，当菖蒲：美人蕉＝3：1时对 TP 的去除效果要更好。

（5）人工浮岛对 PO_4^{3-} 的去除效果

在静态条件下，不同填料的混合植物人工浮岛对 PO_4^{3-} 的处理效果见图 3-51～图 3-53。

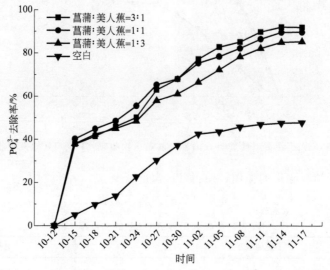

图 3-51　人工浮岛（陶粒＋火山岩＋沸石）对 PO_4^{3-} 的去除效果

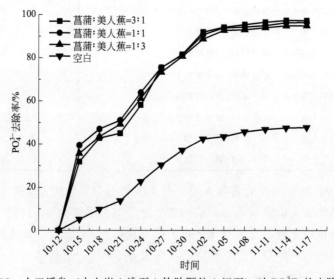

图 3-52　人工浮岛（火山岩＋沸石＋轮胎颗粒＋蛭石）对 PO_4^{3-} 的去除效果

静态浮岛试验中，PO_4^{3-} 进水浓度为 2.26～2.90mg/L（以 PO_4^{3-} 计），人工浮岛处理后出水浓度为 0.07～0.43mg/L，远远小于空白对照组的出水浓度 1.18mg/L。经过 36d 的试验，9 个处理水平下的人工浮岛对 PO_4^{3-} 的去除率都达 80% 以上，说明人工浮岛对 PO_4^{3-} 的去除作用较好。

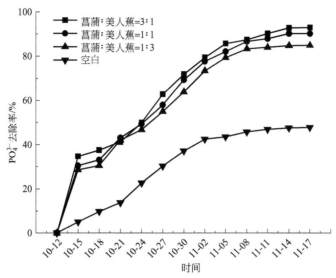

图 3-53　人工浮岛（陶粒＋火山岩＋沸石＋轮胎颗粒）对 PO_4^{3-} 的去除效果

从图 3-51～图 3-53 可得，各人工浮岛试验前期对 PO_4^{3-} 的去除率增加较快，在试验第 3 天时去除率就达到 30％～40％左右，而后随着时间的增加去除率呈缓慢增加直至平衡的趋势。分析原因是：试验初期各人工浮岛中填料会吸附水中 PO_4^{3-}，此时填料的吸附作用占主导地位；几天后填料吸附达到平衡状态，人工浮岛则主要通过植物的吸收去除水中的 PO_4^{3-}，故此时去除率的增加速度变缓；试验后期，水中微生物和酶不断分解水中不可溶的磷和有机磷，使得水中 PO_4^{3-} 增加，因此出现了去除率稍许下降的情况。

表 3-20 中列出了不同填料的混合植物人工浮岛对 PO_4^{3-} 的去除率，由表 3-20 可知，3 组不同填料的人工浮岛中，人工浮岛（火山岩＋沸石＋轮胎颗粒＋蛭石）组对 PO_4^{3-} 的去除效果最好；人工浮岛（陶粒＋火山岩＋沸石）组和人工浮岛（陶粒＋火山岩＋沸石＋轮胎颗粒）组对 PO_4^{3-} 的去除率相差不大，平均去除率也有 85％以上，验证了陶粒对磷的去除有加强作用。从各人工浮岛对 PO_4^{3-} 的去除率可以看出，同种填料的人工浮岛对 PO_4^{3-} 的去除率都相差不大，3 种不同的混合植物比例中，当菖蒲：美人蕉＝3：1 时对 PO_4^{3-} 的去除效果最好。

表 3-20　各人工浮岛对 PO_4^{3-} 的去除率

处理水平	去除率/％
空白	47.77
菖蒲＋美人蕉＋2 号混合填料(混合植物 3：1)	91.94
菖蒲＋美人蕉＋2 号混合填料(混合植物 1：1)	89.58
菖蒲＋美人蕉＋2 号混合填料(混合植物 1：3)	85.23
菖蒲＋美人蕉＋6 号混合填料(混合植物 3：1)	97.27
菖蒲＋美人蕉＋6 号混合填料(混合植物 1：1)	96.35
菖蒲＋美人蕉＋6 号混合填料(混合植物 1：3)	94.92
菖蒲＋美人蕉＋7 号混合填料(混合植物 3：1)	92.86
菖蒲＋美人蕉＋7 号混合填料(混合植物 1：1)	90.20
菖蒲＋美人蕉＋7 号混合填料(混合植物 1：3)	84.88

（6）人工浮岛对 COD_{Mn} 的去除效果

在静态条件下，各种不同的人工浮岛对 COD_{Mn} 的处理效果见图3-54～图3-56。

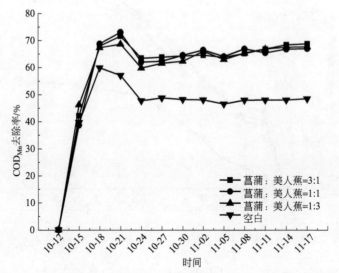

图3-54　人工浮岛（陶粒＋火山岩＋沸石）对 COD_{Mn} 的去除效果

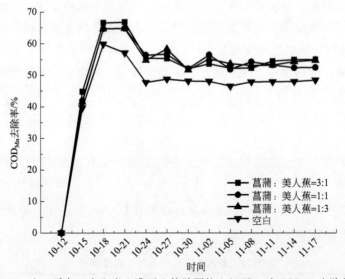

图3-55　人工浮岛（火山岩＋沸石＋轮胎颗粒＋蛭石）对 COD_{Mn} 去除效果

静态浮岛试验中，COD_{Mn} 进水浓度范围为 $20.00～29.83mg/L$，经过人工浮岛处理后出水浓度为 $7.80～14.41mg/L$，空白对照的出水浓度为 $10.30mg/L$。各人工浮岛对 COD_{Mn} 的去除率为 $50\%～70\%$，而空白对照组的去除率都达 48%。由此可见，人工浮岛对 COD_{Mn} 去除效果不明显。

从图3-54～图3-56可以看出，除人工浮岛（陶粒＋火山岩＋沸石）组对 COD_{Mn} 有少许去除作用外，其他两组填料的人工浮岛对 COD_{Mn} 几乎没有去除效果。这可能是因为人工浮岛中的植物不会吸收 COD，其对 COD 不产生直接作用；水中 COD 的去除主要依靠填料吸附、自然沉降、微生物或酶的降解等作用，因此各人工浮岛对 COD_{Mn} 的去除作受

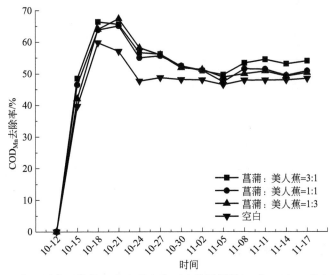

图 3-56 人工浮岛（陶粒＋火山岩＋沸石＋轮胎颗粒）对 COD_{Mn} 的去除效果

浮岛中混合填料的影响，但整体上去除效果较弱。

表 3-21 列出了各人工浮岛对 COD_{Mn} 的去除率。由表 3-21 可以看出，人工浮岛（陶粒＋火山岩＋沸石）组对 COD_{Mn} 的平均去除率为 67.76%，人工浮岛（火山岩＋沸石＋轮胎颗粒＋蛭石）组对 COD_{Mn} 的平均去除率为 54.08%，人工浮岛（陶粒＋火山岩＋沸石＋轮胎颗粒）组对 COD_{Mn} 的平均去除率为 51.74%；不同混合填料的人工浮岛中，只有人工浮岛（陶粒＋火山岩＋沸石）组对 COD_{Mn} 的相对空白对照组的去除率达 20% 左右，其他组的相对去除率都在 10% 以下。同种填料的人工浮岛中，不同混合比例植物中菖蒲：美人蕉＝3∶1 时的去除率稍高于菖蒲：美人蕉＝1∶1 时与菖蒲：美人蕉＝1∶3 时对 COD_{Mn} 的去除率，故 3 种不同的混合植物比例中，当菖蒲：美人蕉＝3∶1 时人工浮岛对 COD_{Mn} 的去除效果最好。

表 3-21 各人工浮岛对 COD_{Mn} 的去除率

处理水平	去除率/%
空白	48.48
菖蒲＋美人蕉＋2 号滤料（混合植物 3∶1）	68.75
菖蒲＋美人蕉＋2 号滤料（混合植物 1∶1）	66.91
菖蒲＋美人蕉＋2 号滤料（混合植物 1∶3）	67.63
菖蒲＋美人蕉＋6 号滤料（混合植物 3∶1）	55.00
菖蒲＋美人蕉＋6 号滤料（混合植物 1∶1）	52.51
菖蒲＋美人蕉＋6 号滤料（混合植物 1∶3）	54.73
菖蒲＋美人蕉＋7 号滤料（混合植物 3∶1）	54.04
菖蒲＋美人蕉＋7 号滤料（混合植物 1∶1）	50.91
菖蒲＋美人蕉＋7 号滤料（混合植物 1∶3）	50.29

(7) 小结

① 整体上来看，静态浮岛试验中，各人工浮岛对 TN、NH_3-N、NO_3^--N、TP、

PO_4^{3-} 都有明显的去除效果，平均去除率分别为 82.64%、88.44%、85.38%、89.29%、91.47%，但对 COD_{Mn} 去除效果较差，平均去除率只有 56.93%。

② 不同填料的人工浮岛中，人工浮岛（陶粒＋火山岩＋沸石）组对 TN、NH_3-N、COD_{Mn} 的去除效果相对较好，平均去除率分别为 83.23%、95.32%、67.77%；人工浮岛（火山岩＋沸石＋轮胎颗粒＋蛭石）组对 TP、PO_4^{3-} 的去除效果相对较好，平均去除率分别为 94.28%、96.18%；人工浮岛（陶粒＋火山岩＋沸石＋轮胎颗粒）组较适合去除氮磷，其对 TN、TP 的去除率分别为 85.54%、89.49%；不同填料的人工浮岛对 NO_3^--N 的去除效果相差不大，平均去除率均为 85% 左右。

③ 不同比例的混合植物人工浮岛对污染物的去除效果存在一定的差异。在同种填料的人工浮岛组中，结合浮岛对各营养盐的去除率可知，当菖蒲：美人蕉＝3：1 时，混合植物人工浮岛对 TN、NH_3-N、NO_3^--N、TP、PO_4^{3-}、COD_{Mn} 的去除效果最好。

3.3.4.3 动态浮岛试验结果

静态浮岛试验研究了组合型人工浮岛（含混合填料和混合植物）对富营养化水体的修复效果，并优选出了混合植物的最佳比例，即菖蒲：美人蕉＝3：1 时人工浮岛的去除效果最好。在这个基础上，动态浮岛试验采用混合植物的最佳比例，比较各人工浮岛在 1d、3d、5d、7d、9d 这几种不同的水力停留时间下对受污染水体中氮磷等营养盐（TN、NH_3-N、NO_3^--N、TP、PO_4^{3-}、COD_{Mn}）的去除效果；同时，在最优的水力停留时间 7d 下分析研究人工浮岛对三种不同浓度范围富营养化水体的处理效果。

(1) 不同水力停留时间下人工浮岛对富营养化水体的处理效果研究

1）不同水力停留时间下人工浮岛对 TN 的去除效果　动态试验中，各人工浮岛在不同水力停留时间下对 TN 的处理效果见图 3-57。

动态浮岛试验中，在不同水力停留时间下 TN 的进水浓度为 23.56～25.50mg/L，出水浓度为 6.20～17.75mg/L。各人工浮岛对 TN 的去除率随水力停留时间的增加而逐渐增加，这是因为水力停留时间越长，植物对氮的吸收作用越好，硝化和反硝化的反应时间也越长，越有利于水中氮元素的去除；但当水力停留时间过长时，水中的溶氧量会相应的减少，抑制硝化作用的进行，使得 TN 的去除率增加有限。

从图 3-57 可以看出，水力停留时间为 1～7d 时，各人工浮岛的出水浓度变化较大，出水平均浓度由 17.58mg/L 下降到 7.30mg/L，此阶段人工浮岛对 TN 的去除率增加较快，出水平均去除率由 31.04% 增加到 70.08%；而当水力停留时间增加到 9d 时，各人工浮岛 TN 的出水浓度与水力停留时间为 7d 时的出水浓度相比变化较小，出水平均浓度为 6.80mg/L，出水平均去除率为 71.12%。因此综合考虑，人工浮岛对 TN 去除的最佳水力停留时间为 7d。

2）不同水力停留时间下人工浮岛对 NH_3-N 的去除效果　动态试验中，各人工浮岛在不同水力停留时间下对 NH_3-N 的处理效果见图 3-58。

动态浮岛试验中，在不同水力停留时间下 NH_3-N 的进水浓度为 9.05～9.80mg/L，出水浓度为 2.45～6.60mg/L。各人工浮岛对 NH_3-N 的去除率随水力停留时间的增加而逐渐增加，水中的 NH_3-N 主要通过植物的吸收和硝化作用进行去除，因此水力停留时间越长，NH_3-N 的去除效果越好；而当水力停留时间过长时，水中营养盐减少，一定程度

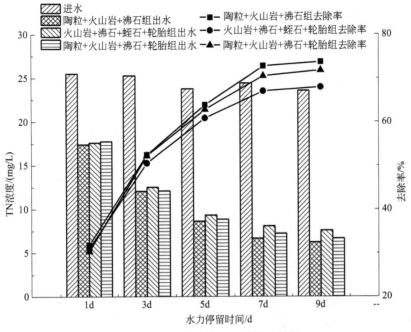

图 3-57　人工浮岛对 TN 的处理效果

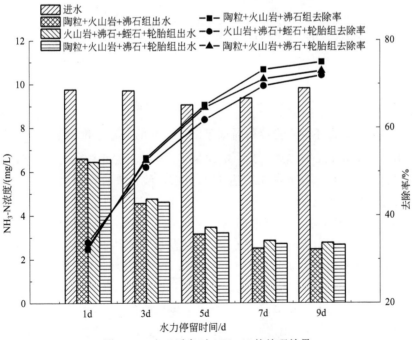

图 3-58　人工浮岛对 NH_3-N 的处理效果

上影响了植物的吸收；另一方面，水中溶氧量的减少又抑制了硝化作用的进行，从而导致 NH_3-N 的去除率增加变缓。

从图 3-58 可以看出，水力停留时间为 1～7d 时，各人工浮岛的出水浓度变化相对较大，出水平均浓度由 1d 时的 6.53mg/L 下降到 7d 时的 2.68mg/L，该阶段人工浮岛对

NH$_3$-N 的去除率增加较快，出水平均去除率由 32.99％增加到 71.30％；当水力停留时间为 9d 时，各人工浮岛 NH$_3$-N 的出水浓度与 7d 时变化不大，出水平均浓度为 2.62mg/L，出水平均去除率为 73.30％。

综上所述，人工浮岛去除 NH$_3$-N 的最佳水力停留时间也为 7d。

3）不同水力停留时间下人工浮岛对 NO$_3^-$-N 的去除效果　动态试验中，各人工浮岛在不同水力停留时间下对 NO$_3^-$-N 的处理效果见图 3-59。

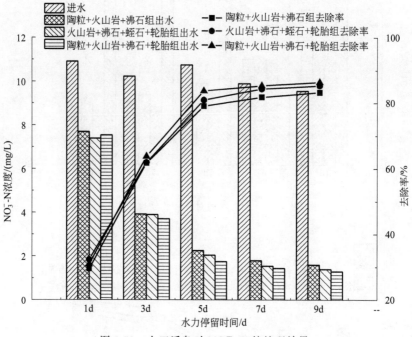

图 3-59　人工浮岛对 NO$_3^-$-N 的处理效果

动态浮岛试验中，在不同水力停留时间下 NO$_3^-$-N 的进水浓度为 9.55～10.91mg/L，出水浓度为 1.30～7.69mg/L。各人工浮岛对 NO$_3^-$-N 的去除率随水力停留时间的增加而逐渐增加，试验中浮岛对水面的覆盖率达 40％左右，使得光合作用减弱，水中溶解氧较少，因此反硝化作用较明显。

由图 3-59 可以看出，水力停留时间为 1～5d 时，各人工浮岛的出水浓度变化较大，平均出水浓度由 7.54mg/L 下降到 2.02mg/L，此阶段人工浮岛对 NO$_3^-$-N 的去除率增加较快，出水平均去除率由 30.89％增加到 81.24％；当水力停留时间为 7d 时，各人工浮岛 NO$_3^-$-N 的出水浓度变化较小，此时人工浮岛对 NO$_3^-$-N 的去除率增加变缓，出水平均浓度为 1.60mg/L，平均去除率为 83.83％。当水力停留时间为 9d 时，各人工浮岛 NH$_3$-N 的出水浓度与 7d 时相差较小，出水平均浓度为 1.43mg/L，平均去除率为 84.99％。因此综合来看，人工浮岛对 NO$_3^-$-N 去除的最佳水力停留时间为 5d。

4）不同水力停留时间下人工浮岛对 TP 的去除效果　动态试验中，各人工浮岛在不同水力停留时间下对 TP 的处理效果见图 3-60。

动态浮岛试验中，在不同水力停留时间下 TP 的进水浓度范围为 0.96～1.14mg/L，出水浓度范围为 0.24～0.82mg/L。各人工浮岛对 TP 的去除率变化趋势与 TN 一致，随

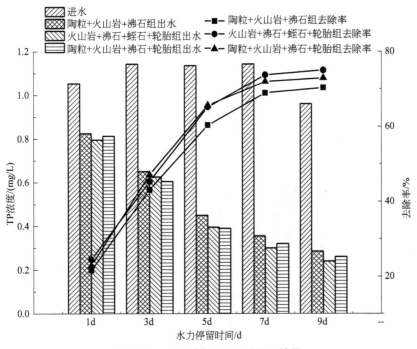

图 3-60　人工浮岛对 TP 的处理效果

着水力停留时间的增加，TP 的去除率也逐渐增加。这是因为水力停留时间越长，植物对磷的吸收作用越强，水中部分有机磷的沉降也越多，人工浮岛对 TP 的去除效果就越好。

从图 3-60 中可以看出，水力停留时间为 1～5d 时，各人工浮岛的出水浓度变化较大，出水平均浓度由 0.81mg/L 降低到 0.41mg/L，人工浮岛对 TP 的去除率增加较快，平均去除率由 22.96％增加到 63.73％；当水力停留时间为 7d 时，各人工浮岛 TP 的出水平均浓度为 0.32mg/L，平均去除率为 71.55％；当水力停留时间为 9d 时，各人工浮岛 TP 的出水平均浓度为 0.26mg/L，出水平均去除率为 72.74％。说明水力停留时间在 7～9d 时，各人工浮岛 TP 的出水浓度变化较小，去除率的增加较缓慢。因此，在污染物去除的同时，考虑资源利用的最优化，人工浮岛对 TP 去除的最佳水力停留时间为 7d。

5）不同水力停留时间下人工浮岛对正磷酸盐的去除效果　动态试验中，各人工浮岛在不同水力停留时间下对 PO_4^{3-} 的处理效果见图 3-61。

动态浮岛试验中，在不同水力停留时间下 PO_4^{3-} 的进水浓度范围为 2.94～3.12mg/L，出水浓度范围为 0.71～2.07mg/L。各人工浮岛对 PO_4^{3-} 的去除率随着水力停留时间的增加而逐渐增加，与 TP 的变化一致。由于试验前期人工浮岛进行了一段时间的培养，因此不同填料的人工浮岛对 PO_4^{3-} 的去除率相差不大。由图 3-61 可以得出，当水力停留时间为 1～7d 时，各人工浮岛的出水浓度降低较快，出水平均浓度由 1.99mg/L 降低到 0.87mg/L，该条件下，人工浮岛对 PO_4^{3-} 的去除率增加较快，平均去除率由 31.96％增加到 71.13％；当水力停留时间为 9d 时，各人工浮岛 TP 的出水平均浓度为 0.78mg/L，出水平均去除率为 73.36％，与水力停留时间为 7d 的出水浓度和去除率相比变化较小，说明水力停留时间在 7～9d 时各人工浮岛对 PO_4^{3-} 的出水去除率的增加变缓。综合考虑，在水力停留时间为 1d、3d、5d、7d、9d 中，人工浮岛对 PO_4^{3-} 去除的最佳水力停留时间

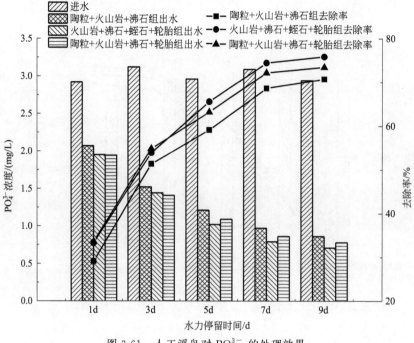

图 3-61　人工浮岛对 PO_4^{3-} 的处理效果

为 7d。

6）不同水力停留时间下人工浮岛对 COD_{Mn} 的去除效果　动态试验中，各人工浮岛在不同水力停留时间下对 COD_{Mn} 的处理效果见图 3-62。

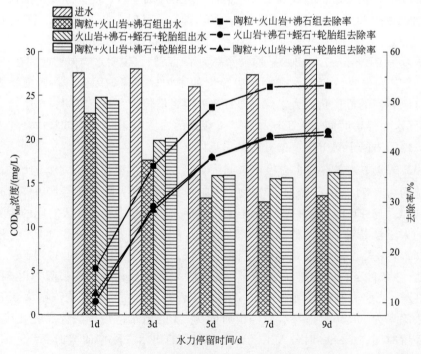

图 3-62　人工浮岛对 COD_{Mn} 的处理效果

动态浮岛试验中，COD_{Mn} 的进水浓度范围为 $26.01\sim29.05mg/L$，出水浓度范围为 $13.58\sim24.77mg/L$。各人工浮岛对 COD_{Mn} 的去除效果相对较差，但从整体上看，其去除率也是随水力停留时间的增加而增加，这是因为水中 COD 的去除主要是靠自然沉降及微生物分解，植物对 COD 不会进行吸收，所以各人工浮岛对 COD_{Mn} 的去除率较低。

由图 3-62 可以看出，水力停留时间为 $1\sim5d$ 时，各人工浮岛的出水浓度变化较大，人工浮岛对 COD_{Mn} 的去除率增加较快，出水平均去除率由 12.81% 增加到 42.23%；当水力停留时间为 7d 时，各人工浮岛 COD_{Mn} 的出水平均去除率为 46.32%；当水力停留时间为 9d 时，各人工浮岛 COD_{Mn} 的出水平均去除率为 46.90%，说明水力停留时间为 $5\sim9d$ 时各人工浮岛对 COD_{Mn} 的去除率增加逐渐趋于平缓。因此，水力停留时间为 7d 时是各人工浮岛对 COD_{Mn} 去除的最佳水力停留时间。

（2）不同浓度范围下人工浮岛对富营养化水体的处理效果研究

1）不同浓度范围下人工浮岛对 TN 的去除效果　在最佳水力停留时间 7d 下，各人工浮岛在低浓度进水条件下对 TN 的处理效果见图 3-63。

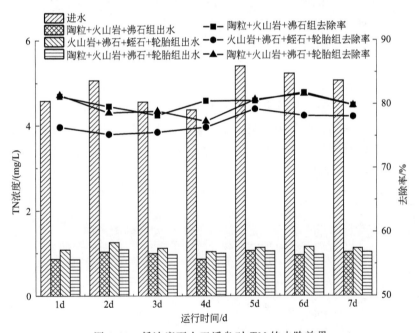

图 3-63　低浓度下人工浮岛对 TN 的去除效果

从图 3-63 可得，在进水条件为低浓度下，各人工浮岛 TN 进水浓度范围为 $4.36\sim5.39mg/L$，平均进水浓度为 $4.89mg/L$；各人工浮岛 TN 出水浓度范围分别为 $0.86\sim1.03mg/L$（陶粒＋火山岩＋沸石）、$1.03\sim1.25mg/L$（火山岩＋沸石＋蛭石＋轮胎）、$0.96\sim1.08mg/L$（陶粒＋火山岩＋沸石＋轮胎），平均出水浓度按顺序依次为 $0.96mg/L$、$1.11mg/L$、$0.98mg/L$。各人工浮岛对 TN 的去除率在 75%～85% 之间变化，不同混合填料的人工浮岛去除率相差不大。

在最佳水力停留时间 7d 下，各人工浮岛在中浓度进水条件下对 TN 的处理效果见图 3-64。

从图 3-64 可以得到，在中浓度进水条件下，各人工浮岛 TN 进水浓度为 $9.63\sim10.95mg/L$，平均进水浓度为 $10.36mg/L$；各人工浮岛 TN 出水浓度范围按顺序依次为

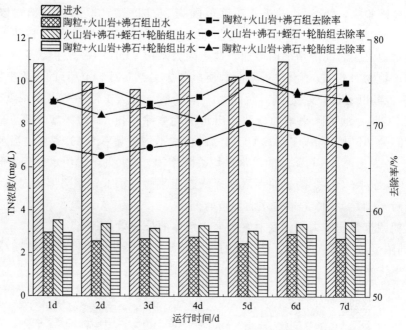

图 3-64　中浓度下人工浮岛对 TN 的去除效果

2.45~2.96mg/L、3.05~3.53mg/L、2.58~3.02mg/L，平均出水浓度分别为 2.71mg/L、3.32mg/L、2.84mg/L。各人工浮岛对 TN 的去除率在 65%~75% 之间变化，相对低浓度进水条件下此时去除率有所下降，整体上来看，人工浮岛（陶粒＋火山岩＋沸石）和人工浮岛（陶粒＋火山岩＋沸石＋轮胎）的去除率稍高，对 TN 的去除效果好于人工浮岛（火山岩＋沸石＋蛭石＋轮胎）。

在最佳水力停留时间 7d 下，各人工浮岛在高浓度进水条件下对 TN 的处理效果见图 3-65。

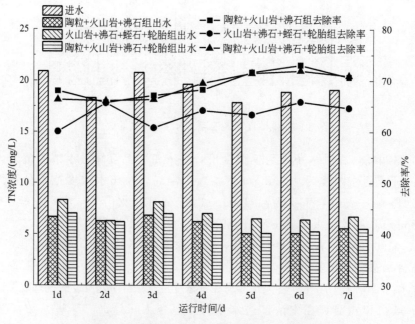

图 3-65　高浓度下人工浮岛对 TN 的去除效果

从图 3-65 可以得出,在高浓度进水条件下,各人工浮岛 TN 进水浓度范围为 17.85～20.90mg/L,平均进水浓度为 19.35mg/L;不同混合填料的人工浮岛 TN 出水浓度范围按顺序依次为 5.07～6.85mg/L、6.45～8.35mg/L、5.10～7.05mg/L,平均出水浓度分别为 5.98mg/L、7.86mg/L、6.03mg/L。各人工浮岛对 TN 的去除率在 60%～75% 之间变化,相对来说,不同填料的人工浮岛去除率相差稍大,其中人工浮岛(陶粒＋火山岩＋沸石)和人工浮岛(陶粒＋火山岩＋沸石＋轮胎)的去除率较高,对 TN 的去除效果好于人工浮岛(火山岩＋沸石＋蛭石＋轮胎)。

表 3-22 列出了 3 种浓度范围下不同填料的人工浮岛对 TN 的平均去除率,可以看出,随着进水浓度的升高,不同混合填料的人工浮岛对 TN 的去除率在不断下降,且浓度越高,去除率降低越明显,分析原因可能是植物对氮的吸收作用和填料对氮的吸附作用有限,当进水浓度较高时人工浮岛只能去除水体中一部分的氮,因此浓度越高,人工浮岛对 TN 的去除作用越不明显。在不同浓度的进水条件下,3 种不同填料的人工浮岛中,人工浮岛(陶粒＋火山岩＋沸石)对 TN 的去除率总是最高,说明该人工浮岛对氮的去除作用较强,与静态浮岛结果一致。

表 3-22 各人工浮岛对不同浓度范围下 TN 的平均去除率

人工浮岛	去除率/%		
	低浓度	中浓度	高浓度
陶粒＋火山岩＋沸石	80.24	73.87	69.14
火山岩＋沸石＋轮胎颗粒＋蛭石	77.01	67.98	63.46
陶粒＋火山岩＋沸石＋轮胎颗粒	79.77	72.56	68.89

2) 不同浓度范围下人工浮岛对 NH_3-N 的去除效果 在最佳水力停留时间 7d 下,各人工浮岛在低浓度进水条件下对 NH_3-N 的处理效果见图 3-66。

由图 3-66 可得,人工浮岛在进水条件为低浓度时,NH_3-N 进水浓度范围为 1.71～

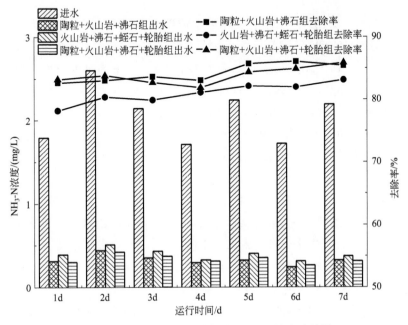

图 3-66 低浓度下人工浮岛对 NH_3-N 的去除效果

2.60mg/L，平均进水浓度为 2.06mg/L；各人工浮岛 NH_3-N 出水浓度范围分别为 0.24～0.44mg/L（陶粒＋火山岩＋沸石）、0.31～0.51mg/L（火山岩＋沸石＋蛭石＋轮胎）、0.26～0.42mg/L（陶粒＋火山岩＋沸石＋轮胎），平均出水浓度按顺序依次为 0.32mg/L、0.39mg/L、0.33mg/L。各人工浮岛对 NH_3-N 的去除率在 80%～90% 之间变化，不同混合填料的人工浮岛去除率相差不大，平均去除率均达 80% 以上。

在最佳水力停留时间 7d 下，各人工浮岛在中浓度进水条件下对 NH_3-N 的处理效果见图 3-67。

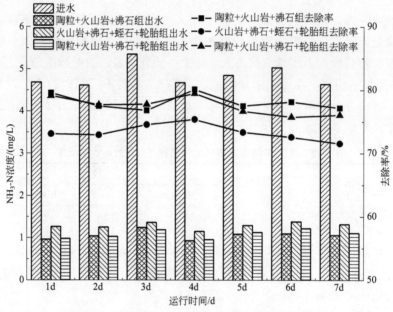

图 3-67　中浓度下人工浮岛对 NH_3-N 的去除效果

由图 3-67 可得，人工浮岛在进水条件为中浓度时，NH_3-N 进水浓度范围为 4.61～5.34mg/L，平均进水浓度为 4.83mg/L；各人工浮岛 NH_3-N 出水浓度范围按顺序依次为 0.93～1.24mg/L、1.15～1.38mg/L、0.96～1.19mg/L，平均出水浓度分别为 1.06mg/L、1.29mg/L、1.09mg/L。各人工浮岛对 NH_3-N 的去除率在 70%～80% 之间变化，相对低浓度的进水条件下整体去除率有所下降，3 种不同填料的人工浮岛中，人工浮岛（陶粒＋火山岩＋沸石）和人工浮岛（陶粒＋火山岩＋沸石＋轮胎）的去除率稍高。

在最佳水力停留时间 7d 下，各人工浮岛在高浓度进水条件下对 NH_3-N 的处理效果见图 3-68。

由图 3-68 可得，人工浮岛在进水条件为高浓度时，NH_3-N 进水浓度范围为 8.34～9.28mg/L，平均进水浓度为 8.80mg/L；各人工浮岛 NH_3-N 出水浓度范围按顺序依次为 2.13～2.60mg/L、2.59～3.42mg/L、2.22～2.85mg/L，平均出水浓度分别为 2.41mg/L、3.00mg/L、2.56mg/L。各人工浮岛对 NH_3-N 的去除率在 65%～75% 之间变化，相对低、中浓度的进水条件下整体去除率有所下降，且不同混合填料的人工浮岛对 NH_3-N 的去除率相差较大，3 种不同填料的人工浮岛中人工浮岛（陶粒＋火山岩＋沸石）的去除率稍高。

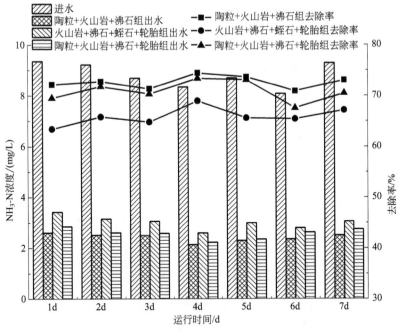

图 3-68　高浓度下人工浮岛对 NH_3-N 的去除效果

表 3-23 列出了 3 种浓度范围下不同填料的人工浮岛对 NH_3-N 的平均去除率。

表 3-23　各人工浮岛对不同浓度范围下 NH_3-N 的平均去除率

人工浮岛	去除率/%		
	低浓度	中浓度	高浓度
陶粒＋火山岩＋沸石	84.22	78.07	72.62
火山岩＋沸石＋轮胎颗粒＋蛭石	80.98	73.33	65.87
陶粒＋火山岩＋沸石＋轮胎颗粒	83.82	77.47	70.87

由表 3-23 可以看出，随着进水浓度的升高，不同混合填料的人工浮岛对 NH_3-N 的去除率在不断降低，整体趋势与 TN 去除率的变化相同。分析原因可能是进水浓度较高时，填料对 NH_3-N 的吸附有限，水中的硝化作用也只能反应部分 NH_3-N，因此在一定范围内随着浓度的升高，人工浮岛对 NH_3-N 的去除率呈逐渐降低的趋势。在不同浓度的进水条件下，3 种不同填料的人工浮岛中人工浮岛（陶粒＋火山岩＋沸石）对 NH_3-N 的去除率总是最高，说明该组人工浮岛对 NH_3-N 的去除作用较强，与静态浮岛结果一致。

3）不同浓度范围下人工浮岛对 NO_3^--N 的去除效果　在最佳水力停留时间 7d 下，各人工浮岛在低浓度进水条件下对 NO_3^--N 的处理效果见图 3-69。

由图 3-69 可得，在进水条件为低浓度下，各人工浮岛 NO_3^--N 进水浓度范围为 $1.86 \sim 2.80$mg/L，平均进水浓度为 2.16mg/L；各人工浮岛 NO_3^--N 出水浓度范围分别为 $0.30 \sim 0.51$mg/L（陶粒＋火山岩＋沸石）、$0.29 \sim 0.50$mg/L（火山岩＋沸石＋蛭石＋轮胎）、$0.26 \sim 0.49$mg/L（陶粒＋火山岩＋沸石＋轮胎），平均出水浓度均为 0.38mg/L。各人工浮岛对 NO_3^--N 的去除率均在 $80\% \sim 85\%$ 之间，不同混合填料的人工浮岛去除率相差较小。

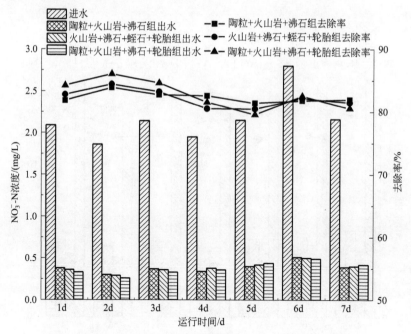

图 3-69　低浓度下人工浮岛对 NO_3^--N 的去除效果

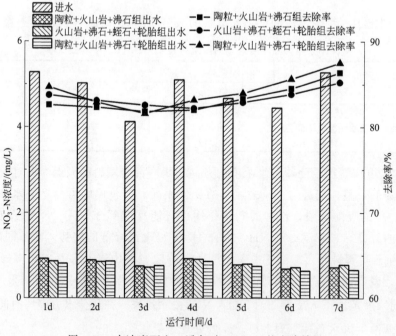

图 3-70　中浓度下人工浮岛对 NO_3^--N 的去除效果

由图 3-70 可得，在进水条件为中浓度下，各人工浮岛 NO_3^--N 进水浓度范围为 4.12～5.28mg/L，平均进水浓度为 4.85mg/L；各人工浮岛 NO_3^--N 出水浓度范围按顺序依次为 0.69～0.92mg/L、0.72～0.91mg/L、0.64～0.86mg/L，平均出水浓度为 0.81mg/L、0.80mg/L、0.76mg/L。各人工浮岛对 NO_3^--N 的去除率均在 80%～90% 之间，相对于低浓度进水条件下 NO_3^--N 整体的去除率变化不大，不同混合填料的人工浮岛

对 $NO_3^- $-N 的去除率较接近。

在最佳水力停留时间 7d 下,各人工浮岛在高浓度进水条件下对 NO_3^--N 的处理效果见图 3-71。

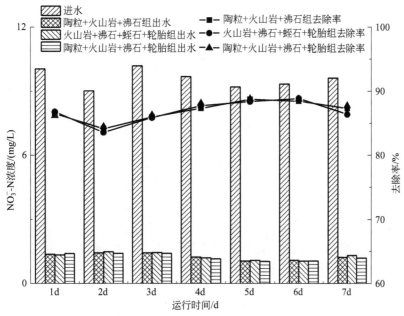

图 3-71　高浓度下人工浮岛对 NO_3^--N 的去除效果

由图 3-71 可得,在进水条件为高浓度下,各人工浮岛 NO_3^--N 进水浓度范围为 9.20～10.04mg/L,平均进水浓度为 9.58mg/L;各人工浮岛 NO_3^--N 出水浓度范围按顺序依次为 1.04～1.43mg/L、1.04～1.48mg/L、1.03～1.39mg/L,平均出水浓度为 1.26mg/L、1.27mg/L、1.23mg/L。各人工浮岛对 NO_3^--N 的去除率均在 85%～90% 之间,整体的去除率变化不大,不同混合填料的人工浮岛对 NO_3^--N 的去除率几乎相同。

表 3-24 列出了 3 种浓度范围下不同填料的人工浮岛对 NO_3^--N 的平均去除率,从整体上可以看出,人工浮岛对 NO_3^--N 的去除率随着进水浓度的升高在不断增加,但变化不大,高浓度进水条件下 NO_3^--N 的去除率与低浓度进水条件下 NO_3^--N 的去除率只相差不到 5%,分析原因可能是由于浮岛的覆盖水体中溶解氧含量相对较少,硝化反应明显,当进水浓度较高时硝化作用所反应的 NO_3^--N 也较多,因此 NO_3^--N 进水浓度越高,各人工浮岛的去除率也越高。在不同浓度的进水条件下,不同填料的人工浮岛对 NO_3^--N 的去除效果差异不大,去除作用均比较明显。

表 3-24　各人工浮岛对不同浓度范围下 NO_3^--N 的平均去除率

人工浮岛	去除率/%		
	低浓度	中浓度	高浓度
陶粒＋火山岩＋沸石	82.30	83.25	86.89
火山岩＋沸石＋轮胎颗粒＋蛭石	82.14	83.34	86.78
陶粒＋火山岩＋沸石＋轮胎颗粒	82.71	84.18	87.18

4）不同浓度范围下人工浮岛对 TP 的去除效果　在最佳水力停留时间 7d 下，各人工浮岛在低浓度进水条件下对 TP 的处理效果见图 3-72。

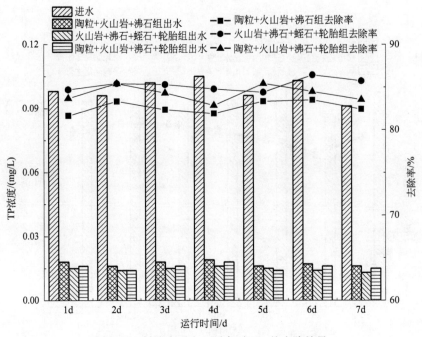

图 3-72　低浓度下人工浮岛对 TP 的去除效果

由图 3-72 可得，当人工浮岛处理低浓度富营养化水体时，TP 的进水浓度范围为 0.09～0.11mg/L，平均进水浓度为 0.10mg/L；各人工浮岛 TP 的出水浓度变化不大，其浓度范围分别为 0.01～0.02mg/L。各人工浮岛对 TP 的去除率在 80%～90% 之间变化，3 种不同的混合填料人工浮岛中，人工浮岛（火山岩＋沸石＋蛭石＋轮胎）和人工浮岛（陶粒＋火山岩＋沸石＋轮胎）的去除率较高，对 TP 的去除效果好于人工浮岛（陶粒＋火山岩＋沸石）。

在最佳水力停留时间 7d 下，各人工浮岛在中浓度进水条件下对 TP 的处理效果见图 3-73。

由图 3-73 可得，当人工浮岛处理中浓度富营养化水体时，TP 的进水浓度范围为 0.45～0.62mg/L，平均进水浓度为 0.53mg/L；各人工浮岛 TP 的出水浓度范围分别为 0.11～0.14mg/L（陶粒＋火山岩＋沸石）、0.10～0.12mg/L（火山岩＋沸石＋蛭石＋轮胎）、0.10～0.12mg/L（陶粒＋火山岩＋沸石＋轮胎），平均出水浓度均为 0.11mg/L。各人工浮岛对 TP 的去除率在 75%～85% 之间变化，不同混合填料的人工浮岛对 TP 的去除率存在一定的差异，3 种混合填料的人工浮岛中人工浮岛（火山岩＋沸石＋蛭石＋轮胎）去除效果最好。

在最佳水力停留时间 7d 下，各人工浮岛在高浓度进水条件下对 TP 的处理效果见图 3-74。

由图 3-74 可得，当人工浮岛处理高浓度富营养化水体时，TP 的进水浓度范围为 0.98～1.24mg/L，平均进水浓度为 1.11mg/L；各人工浮岛 TP 的出水浓度范围按顺序依

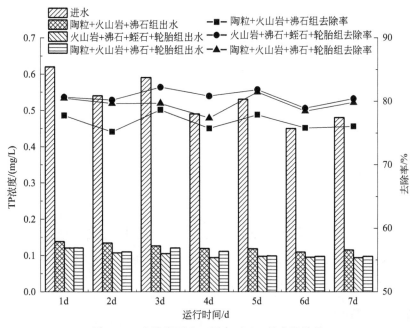

图 3-73　中浓度下人工浮岛对 TP 的去除效果

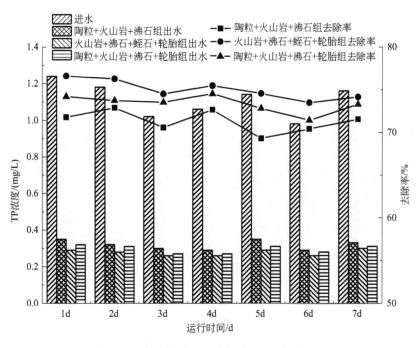

图 3-74　高浓度下人工浮岛对 TP 的去除效果

次为 0.29～0.35mg/L、0.26～0.29mg/L、0.27～0.31mg/L，平均出水浓度分别为 0.32mg/L、0.28mg/L、0.30mg/L。各人工浮岛对 TP 的去除率在 70%～80% 之间变化，不同混合填料的人工浮岛对 TP 的去除率相差稍大，3 种混合填料的人工浮岛中人工浮岛（火山岩＋沸石＋蛭石＋轮胎）的去除率最高。

表 3-25 列出了 3 种浓度范围下不同填料的人工浮岛对 TP 的平均去除率，可以看出，随着进水浓度的升高，不同混合填料的人工浮岛对 TP 的去除率在不断降低，分析原因可能是当进水浓度较高时，植物对磷的吸收有限，填料的吸附和自然沉降作用也有限，因此在一定范围内 TP 进水浓度越高，各人工浮岛的去除率越小。在不同浓度的进水条件下，3 种不同填料的人工浮岛中人工浮岛（火山岩＋沸石＋蛭石＋轮胎）对 TP 的去除率总是最高，说明该人工浮岛对磷的去除作用较强，与静态浮岛结果一致。

表 3-25　各人工浮岛对不同浓度范围下 TP 的平均去除率

人工浮岛	去除率/%		
	低浓度	中浓度	高浓度
陶粒＋火山岩＋沸石	82.64	76.71	71.30
火山岩＋沸石＋轮胎颗粒＋蛭石	85.24	80.71	75.00
陶粒＋火山岩＋沸石＋轮胎颗粒	84.24	79.54	73.36

5）不同浓度范围下人工浮岛对 PO_4^{3-} 的去除效果　在最佳水力停留时间 7d 下，各人工浮岛在低浓度进水条件下对 PO_4^{3-} 的处理效果见图 3-75。

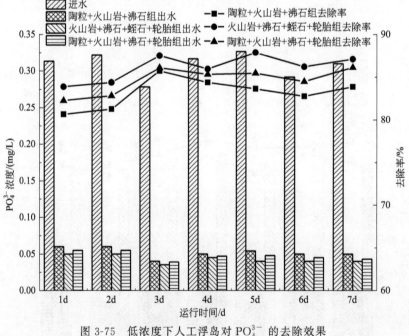

图 3-75　低浓度下人工浮岛对 PO_4^{3-} 的去除效果

由图 3-75 可得，当人工浮岛处理低浓度富营养化水体时，PO_4^{3-} 的进水浓度范围为 0.28～0.32mg/L，平均进水浓度为 0.31mg/L；各人工浮岛 PO_4^{3-} 的出水浓度变化不大，其浓度范围分别为 0.04～0.05mg/L。各人工浮岛对 PO_4^{3-} 的去除率在 80%～90% 之间变化，3 种不同混合填料的人工浮岛中人工浮岛（火山岩＋沸石＋蛭石＋轮胎）对 PO_4^{3-} 的去除效果最好。

在最佳水力停留时间 7d 下，各人工浮岛在中浓度进水条件下对 PO_4^{3-} 的处理效果见图 3-76。

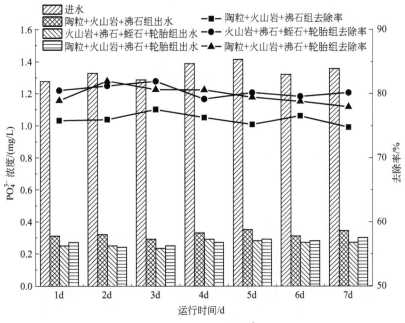

图 3-76　中浓度下人工浮岛对 PO_4^{3-} 的去除效果

由图 3-76 可得，当人工浮岛处理中浓度富营养化水体时，PO_4^{3-} 的进水浓度范围为 1.28～1.41mg/L，平均进水浓度为 1.34mg/L；各人工浮岛 PO_4^{3-} 的出水浓度范围分别为 0.29～0.35mg/L（陶粒＋火山岩＋沸石）、0.23～0.29mg/L（火山岩＋沸石＋蛭石＋轮胎）、0.24～0.30mg/L（陶粒＋火山岩＋沸石＋轮胎），平均出水浓度分别为 0.32mg/L、0.26mg/L、0.27mg/L。各人工浮岛对 PO_4^{3-} 的去除率在 75%～85% 之间变化，不同混合填料的人工浮岛对 TP 的去除率存在一定的差异，3 种混合填料的人工浮岛中人工浮岛（火山岩＋沸石＋蛭石＋轮胎）和人工浮岛（陶粒＋火山岩＋沸石＋轮胎）的去除率较高，对 PO_4^{3-} 的去除效果好于人工浮岛（陶粒＋火山岩＋沸石）。

在最佳水力停留时间 7d 下，各人工浮岛在高浓度进水条件下对 PO_4^{3-} 的处理效果可见图 3-77。

由图 3-77 可得，当人工浮岛处理高浓度富营养化水体时，PO_4^{3-} 的进水浓度范围为 2.69～3.07mg/L，平均进水浓度为 2.92mg/L；各人工浮岛 PO_4^{3-} 的出水浓度范围按顺序依次为 0.77～0.92mg/L、0.69～0.78mg/L、0.73～0.81mg/L，平均出水浓度分别为 0.83mg/L、0.72mg/L、0.77mg/L。各人工浮岛对 PO_4^{3-} 的去除率在 70%～80% 之间变化，不同混合填料的人工浮岛对 TP 的去除率相差稍大，3 种混合填料的人工浮岛中人工浮岛（火山岩＋沸石＋蛭石＋轮胎）的去除率最高。

表 3-26 列出了 3 种浓度范围下不同填料的人工浮岛对 PO_4^{3-} 的平均去除率，可以看出，随着进水浓度的升高，不同混合填料的人工浮岛对 PO_4^{3-} 的去除率在不断降低。分析原因可能是当进水浓度较高时，一方面，植物的吸收和填料的吸附作用都有一定限度；另一方面，水体中部分有机磷被分解成可溶性磷的量也较多，因此在一定范围内进水浓度越高，各人工浮岛对 PO_4^{3-} 的去除率越小。在不同浓度的进水条件下，3 种不同填料的人工

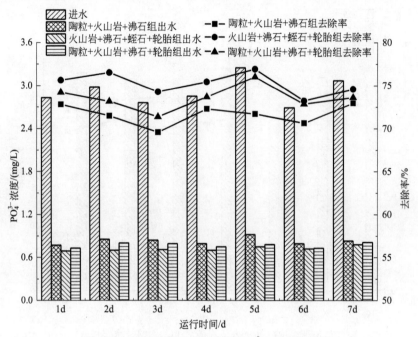

图 3-77　高浓度下人工浮岛对 PO_4^{3-} 的去除效果

浮岛中人工浮岛（火山岩＋沸石＋蛭石＋轮胎）对 PO_4^{3-} 的去除率总是最高，说明该组人工浮岛对磷的去除效果较明显，与 TP 结果一致。

表 3-26　各人工浮岛对不同浓度范围下 PO_4^{3-} 的平均去除率

人工浮岛	去除率/%		
	低浓度	中浓度	高浓度
陶粒＋火山岩＋沸石	83.18	75.99	71.63
火山岩＋沸石＋轮胎颗粒＋蛭石	86.12	80.36	75.23
陶粒＋火山岩＋沸石＋轮胎颗粒	84.64	79.74	73.56

6）不同浓度范围下人工浮岛对 COD_{Mn} 的去除效果　在最佳水力停留时间 7d 下，各人工浮岛在低浓度进水条件下对 COD_{Mn} 的处理效果见图 3-78。

从图 3-78 可以看出，在低浓度的进水条件下，各人工浮岛 COD_{Mn} 进水浓度范围为 5.43～6.38mg/L，平均进水浓度为 6.04mg/L；各人工浮岛 COD_{Mn} 出水浓度范围分别为 3.22～3.89mg/L（陶粒＋火山岩＋沸石）、3.78～4.34mg/L（火山岩＋沸石＋蛭石＋轮胎）、3.85～4.42mg/L（陶粒＋火山岩＋沸石＋轮胎），平均出水浓度按顺序依次为 3.66mg/L、4.17mg/L、4.21mg/L。各人工浮岛对 COD_{Mn} 的去除效果都不太明显，去除率在 30%～40% 之间变化，3 种不同的混合填料人工浮岛中人工浮岛（陶粒＋火山岩＋沸石）去除率最高。

在最佳水力停留时间 7d 下，各人工浮岛在中浓度进水条件下对 COD_{Mn} 的处理效果见图 3-79。

从图 3-79 可以看出，在中浓度的进水条件下，各人工浮岛 COD_{Mn} 进水浓度范围为 10.95～12.04mg/L，平均进水浓度为 11.55mg/L；各人工浮岛 COD_{Mn} 出水浓度范围按顺序依次为 5.89～6.49mg/L、6.62～7.15mg/L、6.64～7.15mg/L，平均出水浓度分别

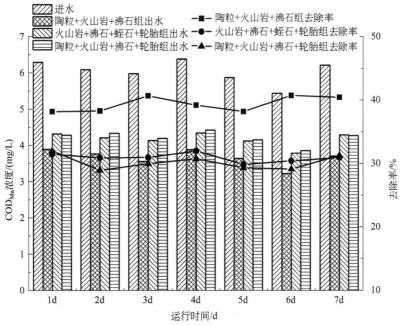

图 3-78　低浓度下人工浮岛对 COD_{Mn} 的去除效果

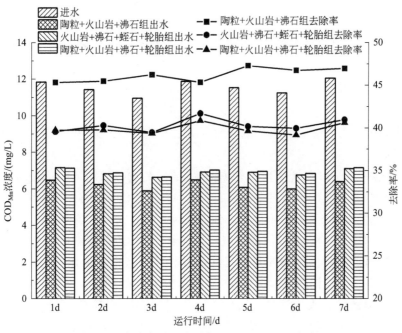

图 3-79　中浓度下人工浮岛对 COD_{Mn} 的去除效果

为 6.22mg/L、6.90mg/L、6.95mg/L。各人工浮岛对 COD_{Mn} 的去除率在 40%～50% 之间变化，不同混合填料的人工浮岛去除率相差较大，3 种不同的混合填料人工浮岛中人工浮岛（陶粒＋火山岩＋沸石）去除率最高。

在最佳水力停留时间 7d 下，各人工浮岛在高浓度进水条件下对 COD_{Mn} 的处理效果见图 3-80。

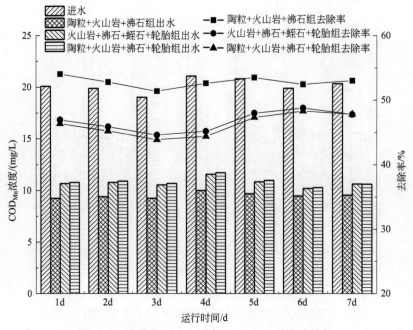

图 3-80　高浓度下人工浮岛对 COD_{Mn} 的去除效果

　　从图 3-80 中可以看出，在高浓度的进水条件下，各人工浮岛 COD_{Mn} 进水浓度范围为 19.02～21.07mg/L，平均进水浓度为 20.15mg/L；各人工浮岛 COD_{Mn} 出水浓度范围按顺序依次为 9.23～9.99mg/L、10.19～11.55mg/L、10.28～11.72mg/L，平均出水浓度分别为 9.51mg/L、10.73mg/L、10.84mg/L。各人工浮岛对 COD_{Mn} 的去除率在 45％～60％之间变化，相对中低浓度进水条件下 COD_{Mn} 的去除率有所增加，不同混合填料的人工浮岛去除率相差较大，3 种不同的混合填料人工浮岛中人工浮岛（陶粒＋火山岩＋沸石）去除率最高。

　　表 3-27 列出了 3 种浓度范围下不同填料的人工浮岛对 COD_{Mn} 的平均去除率，可以看出，随着进水浓度的升高，不同混合填料的人工浮岛对 COD_{Mn} 的去除率在不断增加，但增加的速度随着进水浓度的升高而变缓。分析原因可能是人工浮岛中植物对 COD_{Mn} 不能进行直接吸收，COD_{Mn} 的去除只能依靠填料的吸附、微生物的降解以及自然沉淀的作用，当进水浓度升高时微生物的降解和自然沉淀的有机物含量也增加，因此在一定浓度范围内，进水浓度越高，人工浮岛对 COD_{Mn} 的去除率越大。在不同浓度的进水条件下，3 种不同填料的人工浮岛中，人工浮岛（陶粒＋火山岩＋沸石）对 COD_{Mn} 的去除率总是最高，说明该人工浮岛对 COD_{Mn} 的去除作用相对较好，与静态浮岛结果一致。

表 3-27　各人工浮岛对不同浓度范围下 COD_{Mn} 的平均去除率

人工浮岛	去除率/%		
	低浓度	中浓度	高浓度
陶粒＋火山岩＋沸石	39.36	46.17	52.80
火山岩＋沸石＋轮胎颗粒＋蛭石	30.91	40.29	46.73
陶粒＋火山岩＋沸石＋轮胎颗粒	30.16	39.87	46.18

(3) 小结

① 不同水力停留时间下，人工浮岛对氮磷等营养盐的去除效果不同，随着水力停留时间的增加，各营养盐的去除效果增强，除了 NO_3^--N 的最佳水力停留时间为 5d 外，其余各营养盐的最佳水力停留时间均为 7d，因此，将水力停留时间 5～7d 作为人工浮岛修复水体的最佳水力停留时间。

② 在最优的水力停留时间下，人工浮岛在低、中、高三种不同的进水浓度下对各营养盐的去除效果不同，除了 COD_{Mn} 人工浮岛对其他营养盐的去除作用都比较明显；其中在低浓度条件下各人工浮岛对 TN、NH_3-N、TP、PO_4^{3-} 的去除效果最好，平均去除率依次为 79.01％、83.01％、84.04％、84.65％；不同浓度范围下 NO_3^--N 的去除率变化相对较小。

第 4 章

汉丰湖流域生态防护带构建关键技术

4.1 生态防护带技术模式研究

在筛选具有环境净化功能、景观美化功能，适应于季节性水位变动的河（库）岸适生植物的基础上，进行了种源栽种试验，研究结果表明这些植物不但能够经受冬季深水淹没，而且在夏季出露季节，还能够耐受适度的干旱胁迫。

4.1.1 适应水位变化的河（库）岸多功能生态防护带技术

4.1.1.1 消落带基塘工程系统

借鉴中国传统农业文化遗产的生态智慧，吸取珠江三角洲桑基鱼塘的合理成分，在三峡水库具有季节性水位变动的消落带设计并实施消落带基塘工程。在三峡水库消落带平缓区域（坡度<15°），根据自然地形和水文特征，构建大小、深浅、形状根据消落带自然地形和生态特点确定，塘内筛选种植适应于消落带水位变化（尤其是冬季深水淹没）的植物，主要是具有观赏价值、环境净化功能、经济价值的水生花卉、湿地作物、湿地蔬菜等如菱角、荸荠、茭白、菖蒲、黄花鸢尾、水生美人蕉、金钱蒲、莲藕（包括本地品种，及定向为消落带培育的太空飞天品种）、慈姑、水芹等。充分利用消落带每年退水时保留下来的丰富的营养物质以及拦截陆域高地地表径流所携带的营养物质，构建消落基塘系统。

基塘系统中的湿地植物在生长季节能够发挥环境净化、景观美化及碳汇功能。生长季节结束正值三峡水库开始蓄水，收割后能够进行经济利用，同时避免了冬季淹没在水下厌氧分解的碳排放及二次污染。第二年水位消落后，基塘内的植物能够自然萌发。基塘工程的管理采取近自然方法，不施用化肥、农药和杀虫剂，禁止过多的人工干扰。基塘工程可以运用于三峡水库坡度小于15°的平缓消落带（如湖北省秭归县的香溪河、重庆开州区影溪河、忠县东溪河、丰都县丰稳坝等），总面积达 204.59km²，占消落带总面积的66.79%，其产生的生态效益、经济效益和社会效益巨大。事实上，作为三峡水库水体与陆域集水区之间的湿地生态缓冲带，基塘工程发挥了环境净化、生物生产、庇护生境、水鸟及鱼类食物来源、景观美化等多功能生态效益。经过 5 年的试验研究，形成了库湾基塘工程、河岸基塘工程、半岛基塘工程和城市景观基塘工程四种类型。

尤其值得一提的是，在消落带基塘工程成功的基础上，针对汉丰湖的多重水位变动及开州区水敏性城市特点，探索了在保障汉丰湖水质安全的前提下，充分发挥作为生态缓冲区的消落带的综合生态系统服务功能，建设一个集污染净化、景观优化、生物生境等多功能的消落带复合生态系统，提出了城市消落带景观基塘工程建设模式，将基塘系统应用于汉丰湖滨消落带景观生态修复之中，这是对城市消落带生态治理模式的创新性探索（图 4-1、图 4-2）。

(a)　　　　　　　　　　　　　　　　　(b)

图 4-1　冬季被水淹没的基塘工程

(a)

(b)

图 4-2　退水后发育良好的基塘工程

　　景观基塘系统是针对汉丰湖受双重调节作用下水位变动特点提出的城市滨湖消落带湿地资源生态友好型利用模式。于陆域集水区边缘和汉丰湖低水位高程之间建设基塘系统，并种植耐水淹湿地植物，不仅能够起到美化景观的作用，同时还具有净化城市面源污染、增加城市生物多样性等功能。在汉丰湖南岸选择海拔处于 172～175m 的地势相对平坦的湖岸带，挖泥成塘，堆泥成基，形成一系列大小不同、形状各异的湖岸水塘，并以此构成滨湖基塘系统。根据适应性原则选择具有良好耐淹性能的湿地植物，这些湿地植物能够耐受冬季长时间淹没。

根据功能性原则，植物的选择应尽量满足城市景观基塘系统对景观优化和水质净化功能的需求。经过2～3年的淹水考验，石龙船段城市景观基塘系统示范效果良好，生物多样性提高、消落带景观效果改善、水质净化效果良好。种植于基塘系统中的各种湿地植物均能适应冬季水淹的影响，同时基塘系统也为湿地动物提供了丰富的栖息环境。汉丰湖景观基塘系统是根据桑签鱼塘传统农业文化遗产理念而针对特定水位变动条件提出的一种新的城市湿地修复模式，将消落带湿生态修复和对消落带湿地资源的合理利用相结合，景观基塘的建设丰富了滨湖湿地景观多样性，为城市居民提供了休闲、科普宣教的亲水平台。

4.1.1.2 消落带复合林泽工程系统

林泽工程是在消落带筛选种植耐淹而且具有经济利用价值的乔木、灌木，形成在冬水夏陆逆境下的林木群落。根据三峡水库淌落带的水位变动规律、高程、地形及土质条件等，将高程165～175m的带状范围作为林泽工程的实施区域，形成宽约10m的生态屏障。充分利用消落带的夏陆冬水逆境的机遇，筛选耐水淹且具有经济价值的乔灌木，依此恢复消落带林木群落，进而带动整个消落带生态系统功能的恢复，发挥了护岸、生态缓冲、景观美化和碳汇功能。主要经济产出是林木产出和碳汇效益。

通过近年来在三峡水库开州区澎溪河的试验研究，筛选出了适合在三峡水库消落带种植的耐冬季深水淹没的十余种木本植物，包括落羽杉、池杉、中山杉、水松、杨树、旱柳、垂柳、乌桕、水桦等乔木；及秋华柳、中华蚊母、枸杞、桑树、长叶水麻等耐水淹灌木。在小江汉丰湖流域库岸带筛选种植耐湿、耐淹而且具有多功能生态经济价值的乔木、灌木，构建库岸生态防护林泽系统，研究河、库岸林泽系统构建关键技术，并进行示范。根据三峡水库水位变动规律、高程、地形及土质条件等，以165～180m高程作为林泽工程的实施范围。筛选种植耐湿、耐淹的乔木、灌木，通过乔、灌配置，营建库岸复合林泽系统（图4-3）。消落带林泽工程具有提供生物生境、环境净化、碳汇和改善景观等四大功能。

研究采用的模式包括湿生乔木＋湿生灌草模式和灌木＋湿生草本植物模式。

1）湿生乔木＋湿生灌草模式 该带的湿生灌草主要构建于高程在170m以下的区域，种植秋华柳、枸杞和狗牙根等湿生灌草。该带的湿生乔木主要构建于高程170～180m之间的区域，种植植物主要以池杉、落羽杉、水松、乌桕等湿生乔木为主。

2）灌木＋湿生草本植物模式 该模式适用于坡度在15°～25°之间的河岸、库岸带，主要构建草本植物带和湿生灌木林带。该带的湿生灌木主要构建于高程在165～170m之间的区域；湿生草本植物主要构建于高程在165m以下的区域。

林泽工程的主要实施区域为消落带内的缓坡坡地带，冬季淹水，而夏季伏旱季节则可能出现缺水情况。为了考察消落带林泽工程的真实效果，本章不对种植后的树种进行特殊管护。根据调查，林泽工程研究所在的海拔范围为消落带内植物多样性最高的区域，其中藤本植物杠板归喜缠绕树木生长，为了保障林泽工程实施初期苗木的正常生长，应对树种附近的杠板归予以清理。清理手段以人工拔除为主，不可采取大面积锄草和喷洒农药等严重破坏生态系统结构和生态质量的方式。

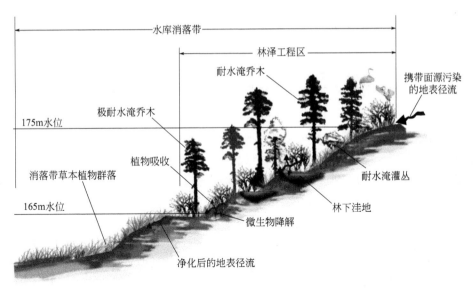

图 4-3 消落带林泽系统剖面图

如今，在三峡水库澎溪河白夹溪板凳梁、大湾实施的林泽工程经历了 5 年的水淹考验，林木生长繁茂，形成了稳定的群落结构，发挥了护岸、生态缓冲、景观美化和碳汇功能。经过试验研究，形成了复层林泽工程、林泽-基塘复合工程、林泽碳汇工程三种类型的林泽工程模式（图 4-4）。

(a)

(b)   (c)

图 4-4 林泽工程

消落带林泽工程位于重要的水陆交错带区域，是库岸高地向库区过渡的重要生态屏障，其发达的地下根系和复杂的林下植物群落将具有重要的面源污染净化功能，有助于保护库区水环境安全。

4.1.1.3 水陆生态界面设计——多带多功能缓冲系统

从近岸水际线、河（库）岸核心区域到过渡高地，从河、库岸带生物重建、河（库）岸缓冲带生境重建和河（库）岸生态系统结构与功能恢复等方面，在175～185m高程作为实施范围，构建适应于季节性水位变动的草本、灌丛、乔木组成的多带生态缓冲系统，采用的模式包括湿生乔木＋湿生灌木模式和乔木＋灌木＋草本植物模式。

（1）湿生乔木＋湿生灌木模式

受上游洪水影响，三峡水库在夏季常出现短暂的高水位，与自然河流类似的。因此在海拔较高，受夏季洪水影响的区域可以尝试恢复自然河岸植被。该带的主要构建于高程在175～180m之间的区域，种植小梾木、地瓜藤、枫杨和水杨梅等自然河岸带植被。

（2）乔木＋灌木＋草本植物模式

该模式适用于高程在180～185m之间的区域。该区域为河岸高地一般不会被洪水淹没。该区域的植被恢复以拦截高地面源污染和景观美化为主要目标。可选择的乔木有乌桕、栾树、黄桷树等；可选择的灌木有黄荆、马桑、枸杞等；可选择的草本植物有狗牙根、五节芒、牛鞭草等。

（3）复合型多带多功能缓冲系统

多带缓冲系统是集合基塘工程、生态护坡以及自然消落带特征，在汉丰湖石龙船大桥至乌阳坝段构建的综合型河、库生态防护带模式。根据汉丰湖水环境和湿地生态保护目标，基于滨湖湿地的功能需求，按照高程和地形特征，从175m以上的滨湖绿带开始到消落带下部依次构建多带生态缓冲系统，充分发挥环境净化功能（水质净化）、生态缓冲功能、生态防护功能、护岸固堤功能、生境功能、生物多样性优化功能、景观美化功能和城市碳汇功能。

1）滨湖绿带＋消落带上部生态护坡带＋消落带中部景观基塘带＋消落带下部自然植被恢复带（图4-5）　滨湖绿化带是现在的滨湖公园绿带，以乔、灌、草形成了复层混交的立体植物群落，发挥着对道路、居住区的第一层隔离、净化、缓冲作用，在为市民提供优美景观的同时，也为鸟类和昆虫提供了食物和良好生境。消落带上部生态护坡位于一、二级马道之间的斜坡上，冬季175m蓄水时会被淹没，目前以适应水位变动的狗牙根、牛筋草等草本植物为主。消落带中部景观基塘带丰富了滨湖湿地景观多样性，为城市居民提供了休闲游憩、科普宣教的亲水平台，实现了水质净化、生境改善等综合生态服务功能。消落带下部自然植被恢复带处于高程较低的区域，以耐水淹的狗牙根、牛筋草、合萌等草本植物为主。

2）生态防护带＋消落带上部生态固岸带—消落带中部复合林泽带-消落带下部自然植被恢复带　生态防护带是建设在175～180m水位线区间的以高大乔木为主、林下灌丛为辅的第一级防护带（见图4-6），该带是农业面源污染进入汉丰湖的第一道屏障，繁茂的防护带及发达的根系，可以有效减少水体流失和地表径流污染负荷。生态固岸带是为了防止消落带季节性淹水导致湖岸带脆弱，在170～175m区间以大型透水铺装为材料，中心

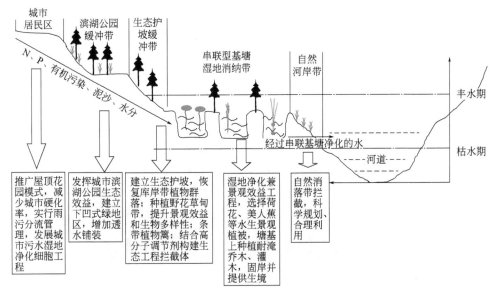

图 4-5 多带多功能生态缓冲系统模式剖面图（一）

种植巴茅等高大耐水淹植被，形成一个近自然的具有较好固岸、生境、净化等功能的生态管带；在生态固岸带以下，以卵石、原位土壤为材料，堆积呈 170m 海拔的平台，种植水杉、乌桕等乔木、灌丛，形成一个复合林泽带，冬季林泽淹没 5m，乔木有 1m 左右露出水面，为越冬鸟类栖息提供良好的环境，夏季露出，形成森林生境，效果极好。消落带下部自然植被恢复带处于高程较低的区域，以耐水淹的狗牙根、牛筋草、合萌等草本植物为主。

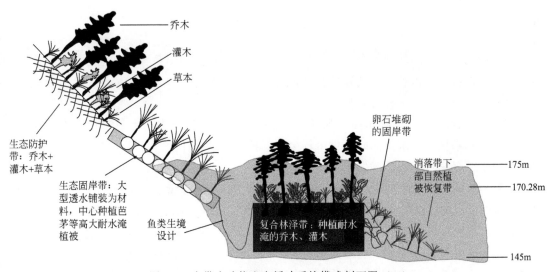

图 4-6 多带多功能生态缓冲系统模式剖面图（二）

3）大叶麻竹带—竹柳带—苍耳带—狗牙根带—多塘系统带的多带缓冲系统 2015 年 3 月开始，针对白家溪河口鸟类生境恢复和植被恢复，设计并实施了以大叶麻竹、竹柳、苍耳、狗牙根为主要植物防护带的示范工程（图 4-7）。175m 以上以大叶麻竹为主，

172～175m 之间种植竹柳，165～172m 之间自然形成以苍耳为主的草本防护带，165m 以下自然形成以狗牙根为主的草本防护带。示范工程面积约 600m²，是对自然消落带少人为改造的一种植被恢复和生态防护带建设的一种探索和研究。

(a)

(b)

图 4-7　多带多功能缓冲系统

与林泽工程、林泽基塘复合工程、基塘工程等一系列技术体系不同，生态防护带建设是对一些地形特殊、植被生长旺盛的区域进行的一种生态防护带设计的探索，也是对人为改造消落带恢复工程的一种有效参照。

4）多塘系统—多孔穴缓坡带—景观基塘带—植被恢复带　多塘系统带可以有效拦截周围径流汇水和城市污水，同时提供生物生境，提高生物多样性，多塘系统间设置人行步道，可以提供景观价值和休闲娱乐功能。

卵石堆砌的多孔穴缓坡带，经过乌杨坝段示范效果，植物根系的大量繁殖，可以有效增强固岸效果，同时提供丰富的根系空间和多孔穴生境，夏季退水可为昆虫提供良好的生境和庇护场所，有效提高生物多样性；而且，相对于土质护岸在季节性淹水条件下更安全。

景观基塘系统冬季淹水，夏季露出。夏季塘中水生植物生长对净化水质、景观美化有重要意义，冬季淹水前收获地上部，可避免淹水后植物腐烂对水体造成污染，具有多重环境效益、生态效益、社会效益。该模式效果已经在石龙船大桥段示范中得到了认可。

消落带植被恢复对于汉丰湖生态环境保护具有重要价值。自然植被恢复带作为水陆界面的最后一个屏障，不仅为冬季鱼类提供丰富的水下空间，也同时为夏季河岸生物提供生境。多年植物筛选的成果，在自然植被恢复带种植水生美人蕉和秋华柳等耐水淹植物对河岸带植被恢复有一定促进作用。

4.1.2　环湖多维湿地系统

环湖多维湿地系统主要是在汉丰湖周 170m 水位线以上消落带区域及湖岸带以上区域构建与汉丰湖水体具有一定水文连通的不同结构的湿地群，包括大小不一的多塘系统、拟潟湖结构、复合林泽基塘系统等。现以芙蓉坝野花草甸-环湖多塘-林泽基塘复合系统模式阐述如下。

野花草甸是自然界中由草本花卉植物所形成的大面积野生生境。通常，野花草甸分布在阳光较为充足的湿地边坡、半干旱场地、森林林缘甚至废弃荒地，植物种类多样性较高，呈现出多季象景观，并提供优良的生态服务，如调节微气候、改善土壤渗透率、固持水土、维持野生生物生境等。在中国，自然野花草甸常见于西部高原地区，如香格里拉地区、川西高原与青藏高原。目前，受西方国家在城市和景观建设中大量应用野花草甸的启发，中国城市环境中也开始出现人工野花草甸景观，通常称为"草花混播"。这种师法自然的生境，给城市物种保育与低碳景观的发展带来了莫大的助益。

环湖多塘多基于对中国塘智慧的不断探索，本研究认为塘系统在生态系统中具有不可忽略的重要意义，不仅具有生境异质性、水文多边性的特点，还能够临时储存水分，增加地表渗水，更具有削峰、滞洪、缓流、纳污等多种水环境效益。

林泽基塘复合系统（见图 4-8）是针对消落带特殊生境设计的适应水位变动的多功能生态缓冲系统。林泽基塘复合系统一方面提供生物生境功能，同时对区域景观效果具有较好的优化效果；另一方面，多塘系统种植纳污能力较强的植物种类，对污染负荷较低的生活污水进行直接处理。

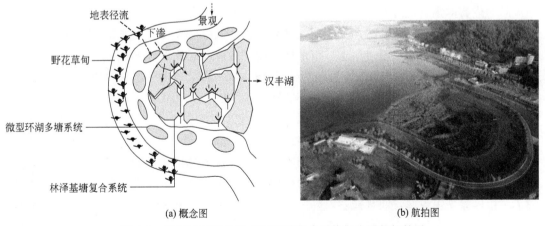

(a) 概念图　　　　　　　　　　　(b) 航拍图

图 4-8　库湾区环湖多塘-林泽基塘复合系统概念图与航拍图

4.1.3　滨湖水敏性结构系统

水敏性结构系统设计应该考虑结合土地利用控制、源头控制、径流控制、排放控制等综合方案，从雨水收集、径流过程到最终进入受纳水体，总体控制和削减污染物含量，同时要考虑其重要的景观、美学、娱乐、休闲等给人们带来心理影响的潜在价值。本研究将水敏性结构系统水质净化技术分布：植物控制、雨水储留以及雨水净化三部分。

（1）植物控制

植物控制是水敏性结构系统水质净化技术的核心，包括生物沟（Bioswale）和植物篱（Hedgerows）等技术，生物沟也叫作生物过滤系统、生物截留系统、水质控制系统、生物滤器或生物过滤洼地，是一种被草本植物覆盖的简易沟渠或者洼地，一般有水平流向和垂直流向两种形式：水平流通过植物吸附、吸收、物理沉淀、生物分解去除污染物；垂直流的生物沟由植物、过滤介质及底部穿孔管构成，处理后的径流由穿孔管收集并排放。生物沟可以有效防止径流引起的土壤侵蚀，拦截并固定雨水径流悬浮颗粒；植物篱类似一个过滤带，能够有效拦截和削减坡面径流携带的大量营养物和污染物。

（2）雨水储留

雨水储留技术是城市水平衡的关键，包括生态滞留池、滞洪池、湿洼地、雨水花园等技术。滞洪池是一种有效的控制暴雨径流和补给地下水的技术，往往可以维持一个永久性的滞洪池以降低径流洪峰，同时滞洪池也能够通过生物吸收和物理沉降起到改善水质的作用。滞洪池一般需要尽可能地靠近水源。生态滞洪池还能够提供美学、灌溉蓄水以及娱乐消遣功能，如钓鱼、划船等，但如何长期维持良好的水质是目前滞洪池技术需要解决的首要问题。

（3）雨水净化

雨水净化技术主要包括渗滤池、人工湿地、潜流通道等技术。

本研究基于水敏性城市设计技术体系构建了生物沟—雨水花园（生物塘）模式和生命景观屋顶—生命景观墙—生物沟—雨水花园—生物塘模式，并在湖岸带区域进行了示范。

1）生物沟—雨水花园（生物塘）模式　生物沟（也叫作生物过滤系统、生物截留系统、生物滤器或生物过滤洼地）是由开挖沟渠、回填介质和植物组成的暴雨径流处理系统，可以是细长的沟渠，也可以做成滞留池塘，一般有水平流向和垂直流向两种形式：水平流向的生物沟主要通过物理、化学或者生物作用去除污染物；垂直流向的生物沟一般包括植被、过滤介质以及底部的穿孔管，处理后的径流由穿孔管收集并排放。生物沟技术简单高效、成本低廉，被广泛应用于城市地区暴雨径流管理的源头控制。

雨水花园是自然形成的或人工挖掘的浅凹绿地，被用于汇聚并吸收来自屋顶或地面的雨水，通过植物、沙土的综合作用使雨水得到净化，并使之逐渐渗入土壤，涵养地下水，或使之补给景观用水、厕所用水等城市用水。其是一种生态可持续的雨洪控制与雨水利用设施。

2）生命景观屋顶—生命景观墙—生物沟—雨水花园—生物塘模式　生命景观屋顶是在屋顶以绿化的形式建设花园。屋顶花园不仅能够降温隔热效果优良，而且能美化环境、净化空气、改善局部小气候，丰富城市的俯仰景观，补偿建筑物占用的绿化地面，大大提高了城市的绿化覆盖率，而且能够对降雨初期冲刷效应具有明显缓冲效果，尤其对暴雨径流中 N、P 营养物和 Cd、Cu、Mn 等金属元素含量具有显著的削减作用，是城市水环境污染防控体系源头控制的第一级控制单元。

生命景观墙（生态墙）是指充分利用不同的立地条件，选择攀缘植物及其他植物栽植并依附或者铺贴于各种构筑物及其他空间结构上的绿化方式，其能够充分利用城市竖向空间，改善不良环境等问题，因此越来越受到城市绿化的青睐。本研究中设计生命景观墙主要是提供生物生境，可以避免雨水直接冲刷墙体增加污染负荷和缓冲径流。

生命景观屋顶—生命景观墙—生物沟—雨水花园—生物塘模式（图 4-9）是对生物沟

—雨水花园—生物塘模式的一种优化和改进。

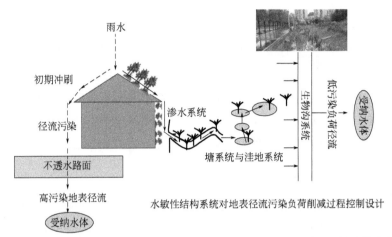

图 4-9　汉丰湖流域生命景观屋顶—生命景观墙—生物沟—雨水花园—生物塘模式设计思路

汉丰湖周边的开州区新城为典型的水敏性城市，与汉丰湖水环境安全密切相关。针对汉丰湖的水敏性特点，在河、库岸带等水敏性关键节点设计并实施具有污染净化等多功能的雨水花园、生物沟、生物洼地等综合型水敏性系统。

4.2　生态防护带水质净化效果评估

4.2.1　基塘工程污染削减效益评估

4.2.1.1　研究区样品采集与处理

根据汉丰湖景观基塘工程分布及入水、出水口以及水流通道等，选取汉丰湖南岸石龙船大桥段的一组 4 级串联塘为代表，设施入水与出水口两个采样点。2014 年 6～9 月及 2015 年 6～9 月，逐月依据降雨情况进行地表径流采集并监测如图 4-10 所示。2014 年 6～9 月共采集 11 次降雨期间入水、出水口水样，2015 年共采集 12 次降雨期间水样。入水口

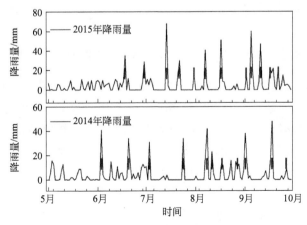

图 4-10　采样期间开州区降雨量分布及采样时间

代表降雨期间冲刷城市硬化路面形成高负荷污染径流，出水口代表经过多级基塘净化后排入汉丰湖的径流。

同时在石龙船大桥南岸自然湖岸带采集坡顶和坡麓水样作为对照。

采集水样带回实验室，参考照《水和废水监测分析方法》分别对 NH_3-N、NO_3^--N、TN、TP、溶解性 TP(DTP) 以及正磷酸盐（PO_4^{3-}）等水质指标进行测定。测试方法为：TP 和溶解性 TP(DTP) 用过硫酸钾消解-钼锑抗分光光度法；溶解态 PO_4^{3-} 为钼锑抗分光光度法；TN 为过硫酸钾氧化-紫外分光光度法；硝态氮（NO_3^--N）为紫外分光光度法；氨态氮（NH_4^+-N）为水杨酸-次氯酸盐光度法具体测试参照国家标准。

4.2.1.2 数据分析方法

各指标取重复的平均值，数据采用 Excel2003 和 SPSS 13.0 进行统计分析。

污染负荷去除率计算公式：

$$去除率＝(C_入－C_出)/C_入×100\%$$

式中　　$C_入$——系统进水的污染物浓度；

　　　　$C_出$——出水的污染物浓度。

4.2.1.3 结果与分析

(1) 对地表径流总氮含量削减效益

景观基塘工程对地表径流中 TN 含量削减效果如图 4-11 所示。

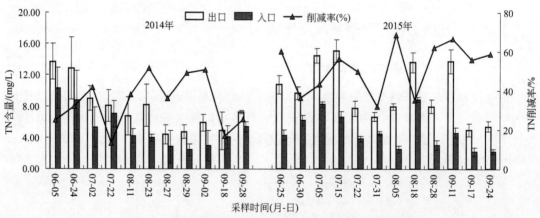

图 4-11　景观基塘工程对地表径流中 TN 含量的削减效果

如图 4-11 所示，2014 年 6～9 月及 2015 年 6～9 月共 23 次降雨期间景观基塘工程对地表径流中 TN 含量的影响。由图 4-11 可知，景观基塘入水 TN 浓度为 4.41～15.13mg/L［平均值±标准差：(8.87±3.40)mg/L］，入水口氮浓度高于国家地表水劣 V 类水质标准，可能由于部分生活污水管网不健全，导致雨水管网排污浓度较高，这部分 TN 直接入湖将给汉丰湖水环境造成极大威胁。高污染复合地表径流进入景观基塘工程，经过沉淀、拦截、过滤、植物吸收等作用，有明显的降低。景观基塘出水 TN 浓度为 2.21～10.31mg/L［平均值±标准差：(4.97±2.35)mg/L］，仍然高于国家地表水劣 V 类水质标准，但极显著的低于入水口 TN 浓度（$p<0.01$），可见景观基塘系统不仅提供了景观优化功能，同时

在汉丰湖与城市污染物源之间构成了一道拦截屏障，有效削减入湖 TN 负荷。

通过计算 TN 去除率，景观基塘工程对地表径流 TN 去除率达到 13%～69%，平均去除率为 44%±16%，与传统护坡、滤岸相比具有明显的优势。对照区 TN 的削减率为−17.7%（图 4-12），仅有 2 次降雨数据显示为正削减，可见城市面源污染直接经过自然湖岸带进入汉丰湖并不能得到有效拦截和削减；同时由于消落带季节性淹水导致土壤养分更容易流失进入水体，在城市绿带与湖泊之间构建景观基塘系统具有非常重要的意义。景观基塘工程对于污染负荷较高的生活污水或城市面源污染具有显著的拦截和去除 TN 的作用。

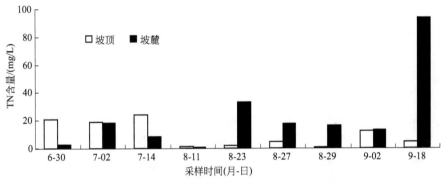

图 4-12　汉丰湖北岸自然消落带湖岸区对地表径流 TN 削减情况（2014 年对照区）

2014 年与 2015 年相比，景观基塘工程运行更加稳定。其中 2014 年 TN 去除率为 34%，而 2015 年提升到了 60%，2015 年在更高入水 TN 浓度情况下，景观基塘工程仍然可保证出水 TN 率低于 2014 年（表 4-1），可见经过两年的淹水考验，景观基塘工程对 TN 效果相对稳定，通过自然做功，使得基塘中生物多样性不断提升，基塘生态系统的结构更加完整，植物根系微生物群更加丰富，因此具有更加有效的污染去除效果。

表 4-1　景观基塘工程入水与出水 TN 含量的去除情况

采样次数	2014 年			2015 年		
	入水 /(mg/L)	出水 /(mg/L)	去除率 /%	入水 /(mg/L)	出水 /(mg/L)	去除率 /%
1	13.7±2.28	10.31±2.65	25	10.8±1.16	4.32±0.64	60
2	12.88±3.97	8.78±3.76	32	9.68±0.8	6.18±0.67	36
3	9.02±1.55	5.26±2.55	42	14.48±0.9	8.22±0.37	43
4	8.02±2.04	6.99±1.66	13	15.13±1.44	6.62±0.74	56
5	6.72±2.42	4.17±0.9	38	7.74±0.98	3.87±0.36	50
6	8.14±2.69	3.96±0.44	51	6.65±0.55	4.54±0.26	32
7	4.41±1.24	2.83±2.12	36	7.99±0.4	2.51±0.48	69
8	4.74±0.89	2.42±0.74	49	13.65±1.28	8.87±0.31	35
9	5.9±1.06	2.92±1.97	51	8.01±0.9	3.03±0.6	62
10	4.86±2.39	4.04±1.47	17	13.79±1.49	4.64±0.67	66
11	7.21±0.2	5.37±0.67	25	5±0.85	2.21±0.59	56
12				5.43±0.65	2.24±0.31	59
平均值	7.78±1.88	5.19±1.72	34	9.78±0.93	4.81±0.49	60

（2）对地表径流 TP 含量削减效益

景观基塘工程对地表径流中 TP 含量的削减效果如图 4-13 所示。

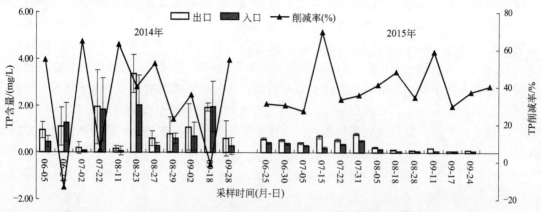

图 4-13　景观基塘工程对地表径流中 TP 含量的削减效果

如图 4-13 所示，2014 年 6～9 月及 2015 年 6～9 月共 23 次降雨期间景观基塘工程对地表径流中 TP 含量的及 TP 去除率的分析。由图 4-13 可知，景观基塘入水 TP 浓度为 0.08～3.38mg/L［平均值±标准差：(0.74±0.78)mg/L］，大部分降雨形成地表径流进入基塘时 TP 浓度为国家地表水劣Ⅴ类水质标准，P 的主要来源为地表冲刷路面和少量生活污水汇入。经过景观基塘工程沉淀、拦截、过滤、植物吸收等作用，出水 TP 浓度有明显的降低。景观基塘出水 TP 浓度为 0.06～2.02mg/L［平均值±标准差：(0.53±0.62)mg/L］，基本达到国家地表水Ⅰ级 A 类水质标准，显著的低于入水口 TP 浓度（$p<0.01$），可见景观基塘工程对地表径流入湖 TP 具有显著的削减效果。

通过计算 TP 去除率，景观基塘工程对地表径流 TP 去除率达到−14%～70%，平均去除率为 37%±20%，与邓焕广等设计的城市河流滤岸系统 TP 去除率（42.6%）相近，仍低于阎丽凤等所设计的植被缓冲系统（74%），可能原因是基塘工程对 TP 的去除需要缓慢的流速，而降雨过大形成快速的表流则去除效果会降低。同时，基塘工程对 TN 的去除主要通过植物拦截和沉淀，而塘内的营养物则通过微生物降解作用和植物吸收消纳，因此基塘工程对污染物的拦截和去除具有相对的滞后性。但总体上景观基塘工程在汉丰湖周发挥着重要的 TP 去除作用。

对照区 TP 的削减率均为负值，无景观基塘工程的区域地表径流进入汉丰湖带来较大的 TP 负荷，而且自然湖岸带对地表径流 TP 的削减效果较差，同时消落带土壤受季节性水淹影响营养物质极易流失，导致较大的污染威胁（图 4-14）。

与 TN 不同，2014 年与 2015 年相比，景观基塘工程入水的 TP 浓度具有较大差异，2014 年入水平均 TP 浓度为 (1.16±0.63)mg/L，出水浓度为 (0.86±0.57)mg/L，削减率达到 34%（表 4-2）。而 2015 年可能由于城市绿化带（特别是道路两侧的生物沟系统）发挥了拦截污染物的作用，同时城市管网不断完善，所以入水 TP 浓度较低，仅为 (0.34±0.03)mg/L，出水 TP 浓度为 (0.20±0.02)mg/L，削减率为 40%，略高于 2014 年。景观基塘工程对 TP 污染去除率随着入水污染物浓度的提高而提高，但存在阈值，当入水 TP 浓度超过 1.0mg/L 时 TP 的去除率均较低（表 4-2）。总体上 2015 年系统的 TP 削减效果比较稳定，但仍需要高浓度的输入进行验证最大污染负荷阈值，进而有利于对系统进行科学评估。

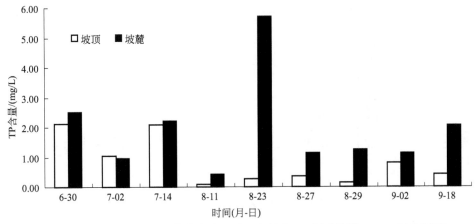

图 4-14 汉丰湖北岸自然消落带湖岸区对地表径流 TP 削减情况（2014 年对照区）

表 4-2 景观基塘工程入水与出水 TP 含量的去除情况

采样次数	2014 年			2015 年		
	入水 /(mg/L)	出水 /(mg/L)	去除率 /%	入水 /(mg/L)	出水 /(mg/L)	去除率 /%
1	0.95±0.34	0.43±0.25	54	0.59±0.04	0.41±0.04	31
2	1.12±0.81	1.27±0.84	−14	0.53±0.05	0.37±0.04	30
3	0.19±0.26	0.07±0.03	64	0.4±0.04	0.29±0.02	27
4	1.95±1.58	1.81±1.35	7	0.69±0.08	0.21±0.04	70
5	0.17±0.12	0.06±0.19	63	0.53±0.06	0.35±0.03	33
6	3.38±0.81	2.02±1.28	40	0.81±0.04	0.52±0.04	36
7	0.6±0.32	0.29±0.12	53	0.23±0.02	0.13±0.02	41
8	0.78±0.74	0.6±0.22	23	0.12±0.02	0.06±0.01	48
9	1.09±1	0.7±0.6	36	0.09±0.01	0.06±0.01	34
10	1.93±0.17	1.96±1.08	−2	0.2±0.01	0.08±0	59
11	0.61±0.76	0.28±0.35	55	0.08±0.01	0.06±0.01	30
12				0.09±0.01		37
平均值	1.16±0.63	0.86±0.57	34	0.34±0.03	0.20±0.02	40

（3）对地表径流氨氮（NH_3-N）含量削减效益

NH_3-N 是指水中以游离氨（NH_3）和铵离子（NH_4^+）形式存在的氮，是水体中的营养素，可导致水富营养化现象产生，是水体中的主要耗氧污染物，对鱼类及某些水生生物有毒害。2014 年 6～9 月及 2015 年 6～9 月监测期间景观基塘工程对地表径流中 NH_3-N 含量及 NH_3-N 去除率的分析如图 4-15 所示。

由图 4-15 可知，景观基塘入水 TP 浓度为 0.13～1.82mg/L［平均值±标准差：(0.72±0.47)mg/L］，大部分降雨形成地表径流进入基塘时 NH_3-N 含量为国家地表水 Ⅳ～Ⅴ类水质标准，NH_3-N 的主要来源为生活污水，入基塘主要为雨水地表径流，NH_3-N 含量相对较低。2014 年入水与出水 NH_3-N 含量 6～9 月均表现为先增高后降低，最大值出现在 8 月下旬，这可能与这期间为盛夏季节，生活污水排放量激增导致。而 2015 年时间变异性与 2014 年具有明显不同，主要受到 2015 年 8～9 月间密集的降雨

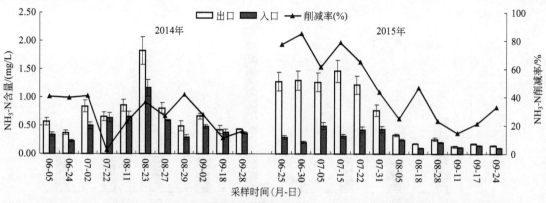

图 4-15　景观基塘工程对地表径流中 NH_3-N 含量的削减效果

导致稀释效应影响。经过景观基塘工程沉淀、拦截、过滤、植物吸收等作用，出水 NH_3-N 含量有明显的降低。景观基塘出水 NH_3-N 含量为 0.10～1.16mg/L［平均值±标准差：（0.38±0.24）mg/L］，基本达到国家地表水 II 类水质标准，显著的低于入水口 NH_3-N 含量（$p<0.01$），可见景观基塘工程对地表径流入湖 NH_3-N 含量具有显著的削减效果。

景观基塘工程对地表径流 NH_3-N 含量去除率达到 3%～85%，平均去除率为 38%±22%，低于邓焕广等设计的城市河流滤岸系统 NH_3-N 去除率（56%～65%），略高于阎丽凤等所设计的自然植被缓冲系统（31%）。总体景观基塘工程 NH_3-N 的去除效果良好，在对遭受污染的河湖进行生态修复时，应考虑环境污染特点和地表特征，以充分发挥河岸界面及流域塘系统对污染物的削减优势。2014 年与 2015 年相比，景观基塘工程入水的 NH_3-N 浓度没有显著差异，分别为 （0.72±0.09）mg/L 和 （0.66±0.08）mg/L （表 4-3）。而二者出水浓度差异显著（$p<0.05$），均值分别为 （0.51±0.05）mg/L 和 （0.25±0.03） mg/L，而 2015 年经过一年稳定期的景观基塘工程对 NH_3-N 的削减率是 2014 年工程建设初期的约 2 倍（表 4-3）。可见，随着景观基塘工程趋于稳定，其 NH_3-N 的削减效果明显增加，主要原因可能是 2014 年工程初期基塘工程内植物种类单一（主要为荷花），随着原位种子库的作用，第 2 年景观基塘中水生植物明显增加，沉水植物开始生长，因此具有更加显著的 NH_3-N 削减效果。

表 4-3　景观基塘工程入水与出水 NH_3-N 含量的去除情况

采样次数	2014 年			2015 年		
	入水 /(mg/L)	出水 /(mg/L)	去除率 /%	入水 /(mg/L)	出水 /(mg/L)	去除率 /%
1	0.56±0.07	0.34±0.04	40	1.28±0.17	0.29±0.03	77
2	0.37±0.04	0.22±0.02	40	1.29±0.17	0.2±0.02	85
3	0.84±0.11	0.5±0.06	41	1.27±0.17	0.49±0.06	61
4	0.66±0.08	0.64±0.08	3	1.46±0.19	0.31±0.04	79
5	0.85±0.11	0.66±0.08	23	1.22±0.16	0.43±0.05	65
6	1.82±0.24	1.16±0.15	36	0.77±0.1	0.43±0.05	44
7	0.8±0.09	0.59±0.01	27	0.33±0.02	0.25±0.02	25
8	0.49±0.09	0.29±0.05	42	0.18±0.01	0.1±0.01	46

续表

采样次数	2014 年			2015 年		
	入水 /(mg/L)	出水 /(mg/L)	去除率 /%	入水 /(mg/L)	出水 /(mg/L)	去除率 /%
9	0.66±0.05	0.48±0.03	28	0.26±0.03	0.2±0.01	23
10	0.43±0.07	0.38±0.05	11	0.13±0.02	0.11±0.01	15
11	0.44±0.01	0.37±0.02	16	0.18±0.01	0.14±0.01	21
12				0.15±0.01	0.1±0.01	33
平均值	0.72±0.09	0.51±0.05	28	0.66±0.08	0.25±0.03	48

景观基塘工程对 NH_3-N 的去除也存在入湖污染负荷阈值，当入水 NH_3-N 浓度过高时，形成快速表流而没有充分的滞留时间导致 NH_3-N 去除率可能较低。但总体上景观基塘系统的 NH_3-N 削减效果比较稳定，但仍需要高浓度的输入进行验证最大污染负荷阈值，并对系统进行科学评估。

(4) 对地表径流硝态氮（NO_3^--N）含量削减效益

硝态氮（NO_3^--N）是指硝酸盐中所含有的氮元素。水和土壤中的有机物分解生成铵盐，被氧化后变为硝态氮，NO_3^--N 对水体水质量的影响最显著。NO_3^--N 是面源污染的主要污染物。2014 年 6～9 月及 2015 年 6～9 月监测期间景观基塘工程对地表径流中 NO_3^--N 含量及 NO_3^--N 去除率的分析如图 4-16 所示。总计 23 次降雨期间采集地表径流 NO_3^--N 浓度变动性较大，景观基塘入水 NO_3^--N 浓度变化范围为 2.13～10.96mg/L [平均值±标准差：(5.16±2.21)mg/L]，均高于国家地表水 TN 的 V 类水质标准。NO_3^--N 进入水体成为水生藻类、浮游生物生长的优势氮源，是水体富营养化的主要因素，因此高 NO_3^--N 负荷的地表径流进入汉丰湖成为重要的面源污染证据和汉丰湖水环境安全的重要威胁。本研究设计冲刷路面的地表径流及少量生活污水汇合后进入景观基塘系统，经过多级系统的拦截、消纳、沉淀、分解以及少量的吸收，出水口的 NO_3^- 浓度平均值为 (3.12±1.84)mg/L (0.28～6.98mg/L)，高于国家地表水劣 V 类水质标准，但总体 NO_3^- 浓度显著低于入水口浓度 ($p<0.01$)。尤其 2015 年 8～9 月期间，景观基塘中植物生长最旺盛，在入水污染负荷仍较高的条件下，出水口的 NO_3^--N 浓度降低至 0.86mg/L，达到地表水环境的 III 类水标准，效果较好。

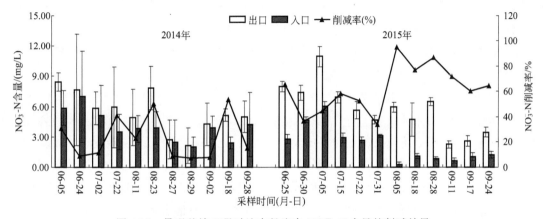

图 4-16 景观基塘工程对地表径流中 NO_3^--N 含量的削减效果

景观基塘工程对地表径流 NO_3^--N 含量去除率达到 7%～95%，平均去除率为 44%±27%。与阎丽凤等监测的自然植被缓冲系统（13%～44%）相似。景观基塘系统 NO_3^--N 去除率变异性较大，尤其是 2014 年 8 月与 9 月的去除率均低于 15%，但 7 月降雨量较小的 3 次监测，去除率均超过 23%，可见 2014 年系统建成初期呈现出不稳定的特征。同时 2014 年随着入水 NO_3^--N 浓度的增加，NO_3^--N 去除率有所增加，但也存在明显的阈值。2015 年，景观基塘系统经过一年的稳定期，整个监测期间出水 NO_3^--N 浓度较低 [(2.23±0.3)mg/L]，NO_3^--N 削减率显著高于 2014 年，平均的 NO_3^--N 削减率为 62%，是 2014 年平均削减率的近 3 倍（表 4-4）。可见，随着景观基塘工程趋于稳定，其 NO_3^--N 的削减效果也趋于稳定，尤其是 2015 年 8～9 月植物生长旺盛季节，NO_3^--N 削减率均超过 60%，这与 NO_3-N 表现出相似规律，景观基塘工程经过两年的运行，具有较好的污染去除效果。

由表 4-4 可见，中度污染条件下（NO_3^--N<5mg/L），景观基塘系统对 NO_3^--N 的去除效果较好，而高度污染条件下（NO_3^--N>5mg/L），景观基塘系统去除 NO_3^--N 的效果有限，因此景观基塘工程的推广需要进一步发展复合型基塘工程系统。

表 4-4　景观基塘工程入水与出水 NO_3^--N 含量的去除情况

采样次数	2014 年			2015 年		
	入水 /(mg/L)	出水 /(mg/L)	去除率 /%	入水 /(mg/L)	出水 /(mg/L)	去除率 /%
1	8.44±0.9	5.86±1.73	31	8.01±0.51	2.77±0.45	65
2	7.67±5.52	6.98±4.5	9	7.38±0.72	4.7±0.28	36
3	5.83±1.6	5.16±2.97	12	10.96±0.99	6.07±0.41	45
4	5.96±4	3.51±1.74	41	6.92±0.57	2.89±0.48	58
5	4.96±2.79	3.82±1.33	23	5.64±0.86	2.69±0.27	52
6	7.84±2.15	3.9±1.62	50	4.68±0.42	3.1±0.16	34
7	2.74±1.93	2.5±2.18		5.95±0.5	0.28±0.23	95
8	2.13±1.76	1.98±1.01	7	4.71±1.63	1.1±0.28	77
9	4.26±2.13	3.93±1.17	8	6.47±0.39	0.87±0.19	87
10	5.16±0.64	2.41±0.6	53	2.24±0.36	0.63±0.25	72
11	4.98±1.55	4.23±3.16	15	2.6±0.5	1.04±0.39	60
12				3.46±0.47	1.23±0.32	64
平均值	5.45±2.27	4.02±2.27	23	5.55±0.68	2.23±0.3	62

(5) 对地表径流正磷酸盐（PO_4^{3-}）含量削减效益

研究期间地表径流水体 PO_4^{3-} 含量及变化特征如图 4-17 所示。两年的监测中景观基塘工程受纳地表径流 PO_4^{3-} 浓度范围为 0.04～0.67mg/L，平均值为 (0.29±0.19)mg/L，大部分降雨径流 PO_4^{3-} 含量高于国家地表水环境质量V类水的 TP 标准浓度（0.2mg/L）。可见城市面源污染对地表水体 PO_4^{3-} 的贡献不容忽视。2014 年与 2015 年景观基塘入水 PO_4^{3-} 浓度基本略有差异，分别为 (0.37±0.17)mg/L 和 (0.22±0.18)mg/L，主要由于 2015 年 8、9 月密集的降雨导致 PO_4^{3-} 浓度较低。景观基塘出水 PO_4^{3-} 浓度范围为 0.03～0.38mg/L，均值为 (0.17±0.10)mg/L，显著低于入水口 PO_4^{3-} 浓度（$p<0.01$），大部分出水 PO_4^{3-} 浓度达到国家地表水环境质量IV类水质要求，可见景观基塘工程对地表径流入湖 PO_4^{3-} 具有显著的拦截和消纳效果。

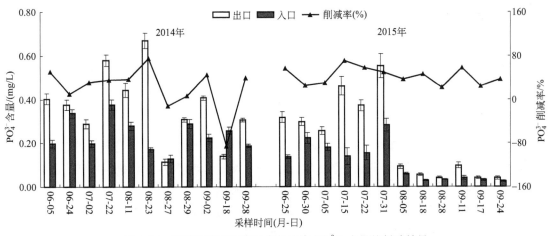

图 4-17　景观基塘工程对地表径流中 PO_4^{3-} 含量的削减效果

通过计算 PO_4^{3-} 去除率，景观基塘工程对地表径流 PO_4^{3-} 去除率达到 $-12\%\sim75\%$（除 2014 年 9 月 18 日外，其去除率为 -86%），平均去除率为 $32\%\pm33\%$，与邓焕广等设计的城市河流滤岸系统 TP 去除率（42.6%）相近。

2014 年景观基塘工程对 PO_4^{3-} 的去除率表现较大的波动性，尤其出现了两次负去除率的情况（-12% 和 -86%），整个系统处于初期运行，没有稳定的污染物去除率。2014年监测景观基塘工程对地表径流 PO_4^{3-} 去除率为 $21\%\pm42\%$。经过一年的稳定运行，景观基塘工程开始发挥其作用，整个 2015 年 PO_4^{3-} 的去除率均高于 20%，平均达到 43%，是 2014 年平均值的 2 倍。2015 年可能由于城市绿化带及道路两侧的生物沟系统发挥了拦截污染物的作用，同时城市管网不断完善，所以入水 PO_4^{3-} 浓度较低，仅为（0.21 ± 0.03）mg/L，出水 TP 浓度为（0.11 ± 0.02）mg/L。景观基塘工程对 PO_4^{3-} 污染去除率随着入水污染物浓度的提高而提高，但也存在阈值，当入水 PO_4^{3-} 浓度超过 0.5mg/L 时 TP的去除率均较低（表 4-5）。总体上 2015 年系统的 TP 削减效果比较稳定。

表 4-5　景观基塘工程入水与出水 PO_4^{3-} 含量的去除情况

采样次数	2014 年			2015 年		
	入水 /(mg/L)	出水 /(mg/L)	去除率 /%	入水 /(mg/L)	出水 /(mg/L)	去除率 /%
1	0.4±0.03	0.2±0.02	51	0.32±0.02	0.14±0.01	57
2	0.38±0.02	0.34±0.02	10	0.3±0.02	0.22±0.03	25
3	0.29±0.02	0.2±0.01	31	0.26±0.02	0.18±0.02	29
4	0.58±0.03	0.38±0.02	35	0.46±0.04	0.14±0.04	70
5	0.44±0.03	0.28±0.02	37	0.37±0.02	0.16±0.03	58
6	0.67±0.04	0.17±0.01	75	0.55±0.06	0.28±0.03	49
7	0.11±0.01	0.13±0.02	−12	0.09±0.01	0.06±0	37
8	0.31±0.01	0.29±0.02	6	0.05±0.01	0.03±0	46
9	0.41±0.01	0.22±0.02	45	0.04±0.01	0.03±0	21
10	0.14±0.01	0.26±0.02	−86	0.1±0.01	0.04±0.01	58
11	0.31±0.01	0.19±0.01	39	0.04±0.01	0.03±0	24

续表

采样次数	2014 年			2015 年		
	入水 /(mg/L)	出水 /(mg/L)	去除率 /%	入水 /(mg/L)	出水 /(mg/L)	去除率 /%
12				0.04±0.01	0.03±0	36
平均值	0.37±0.02	0.24±0.02	21	0.21±0.02	0.11±0.02	43

(6) 对地表径流溶解性 TP(DTP) 含量削减效益

TP 指水中溶解物质的含磷和悬浮物中的含磷，通常测定过程中通过微孔滤膜将悬浮物不溶性的物质过滤，测定 TP 含量为 DTP。DTP 测定能够反映水体污染物的形态特征，对解释污染物来源和去向具有重要意义。如图 4-18 所示，2014 年与 2015 年雨季监测景观基塘工程对地表径流中 DTP 含量的削减效果。监测表明，两年雨季城市地表径流中携带大量的 DTP 汇入城市受纳水体。入水 DTP 含量为 0.05～1.35mg/L ［均值为 （0.44± 0.35)mg/L］，降雨径流 DTP 含量占 TP 含量 65%，即颗粒态磷占地表径流水体 TP 量的 35%。而出水 DTP 浓度为 0.02～0.99mg/L ［均值为 （0.31±0.29)mg/L］，显著低于入水浓度，景观基塘工程对 DTP 具有一定的削减效果。同时出水 DTP 均值占 TP 浓度平均值的 94%，而颗粒态磷仅占 6%，可见在地表径流进入景观基塘后主要通过物理的过滤、沉淀以及植物拦截等作用削减大量的颗粒态磷。

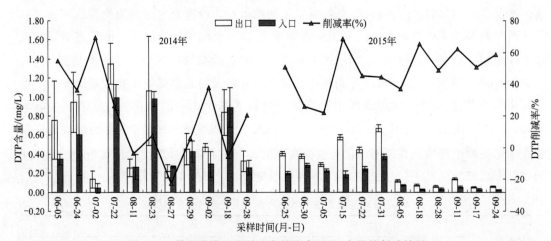

图 4-18　景观基塘工程对地表径流中 DTP 含量的削减效果

如图 4-18 所示，景观基塘系统对地表径流 DTP 的削减率－23%～69% （平均为 34%），低于 TP 削减率，进一步说明景观基塘系统主要通过物理过程有效拦截颗粒态磷而达到水环境保护的目的，同时其对 DTP 的削减作用也不可忽略。目前关于生态防护带对 DTP 的削减效果的研究较少，但本研究认为 PO_4^{3-} 研究对理解磷素的来源与去向具有重要意义。

2014 年监测与 2015 年比较，入水 DTP 浓度较高，分别为 （0.62±0.21)mg/L、（0.26±0.02)mg/L。由于入水浓度差异显著，出水 DTP 的浓度比较也呈现显著差异 ［(0.49±0.13)mg/L、(0.14±0.02)mg/L］ （表 4-6）。由于入水浓度波动性较大，同时系统处于非稳定阶段，因此 2014 年景观基塘工程对地表径流 DTP 的去除率波动性较大，其中 3 次监测表现为负值，而 2015 年 DTP 去除率较稳定，均高于 20% （表 4-6）。DTP

的浓度变化规律与 PO_4^{3-} 相似。

表 4-6　景观基塘工程入水与出水 DTP 含量的去除情况

采样次数	2014 年			2015 年		
	入水 /(mg/L)	出水 /(mg/L)	去除率 /%	入水 /(mg/L)	出水 /(mg/L)	去除率 /%
1	0.76±0.41	0.34±0.06	55	0.4±0.03	0.2±0.02	51
2	0.94±0.32	0.6±0.43	36	0.38±0.02	0.28±0.02	26
3	0.13±0.09	0.04±0.05	69	0.29±0.02	0.22±0.02	22
4	1.35±0.22	0.99±0.14	26	0.58±0.03	0.18±0.04	69
5	0.25±0.09	0.26±0.13	−4	0.44±0.03	0.24±0.02	45
6	1.06±0.57	0.98±0.08	8	0.67±0.04	0.37±0.03	45
7	0.22±0.07	0.26±0.01	−23	0.11±0.01	0.07±0.01	37
8	0.45±0.17	0.43±0.11	6	0.07±0.01	0.02±0.01	65
9	0.47±0.04	0.29±0.13	38	0.06±0.01	0.03±0.01	49
10	0.84±0.24	0.89±0.21	−6	0.14±0.01	0.05±0.01	62
11	0.32±0.11	0.26±0.08	21	0.05±0.01	0.02±0.01	51
12				0.05±0.01	0.02±0	59
平均值	0.62±0.21	0.49±0.13	21	0.26±0.02	0.14±0.02	48

4.2.1.4　小结

河岸景观基塘系统吸滞、阻滤水中污染物主要是通过物理沉降、过滤、吸附、微生物及植物吸收同化等作用。地表径流流速、基塘系统的稳定性、植物密度、植物根系生长状况、根系微生物膜状况等对景观基塘系统处理面源径流污染效果具有重要影响。初步设计景观基塘系统经过两年的连续监测，其对地表径流和少量生活污水污染负荷具有较好的削减效果。景观基塘工程对地表径流 TN、TP 的削减率分别达到 13%～69%（平均值 44%±16%）、−14%～70%（平均值 37%±20%）。总体来看，景观基塘工程对氮的去除效果优于磷，工程建设初期削减效果不稳定，变异性较大。经过一年的稳定期后，景观基塘工程系统对地表径流 TP、TN 的削减率表现稳定。景观基塘工程系统对地表径流污染净化效果存在阈值，当污染负荷高于这一阈值时则削减效果可能降低；同时景观基塘系统在高速汇入径流的条件下，可能因为较低的水滞留时间而导致氮磷去除率较低，但总体对氮磷的去除率较好。

通过对地表径流污染物氮磷形态的分析，景观基塘系统对 TP 的削减主要来自颗粒态磷的削减率，同时对 TN 的削减主要来自硝态氮和有机氮的拦截消纳。

植物生长吸收 N、P 等营养元素，出水 N、P 含量小于进水 N、P 含量与蓄水沉积 N、P 含量之和，此时基塘系统表现为营养元素的汇，减少了营养物质流失和库区水环境压力；植物通过光合作用将 C 元素固定为生物量，蓄水前对其进行收割，将实现基塘系统重要的碳汇功能；基塘系统为水生无脊椎动物、湿地鸟类等提供了丰富的栖息环境；基塘中种植的经济作物作为生物产品可为农民带来一定经济利益。

此外，三峡水库消落带作为一种特殊水陆生态界面，其中的生态环境问题纷繁而复杂。景观基塘工程是一种适合消落带特殊水位变动情况的生态友好型生态工程，在植物生长过程中坚持采用"近自然管理"模式，禁止施用农药化肥，将减轻三峡库区水污染负荷；同时，基塘系统作为一种湿地类型，能够对水库周边高地面源污染物质进行有效过滤，减缓库区水环境压力；基塘中湿地植物的生长过程实现了固定了大量碳元素，蓄水之前对其地上部分收割用作食物或能源，将充分发挥基塘系统的碳汇功能；把基塘系统看作一个暴雨储留湿地，它对地表径流产生了有效的拦截作用，不仅削弱了下游洪峰，同时也为湿地动植物提供了适宜的栖息生境。

4.2.2 乌杨坝生态缓冲带污染削减效益评估

4.2.2.1 材料与方法

(1) 研究区域概况

复合型生态缓冲带示范区位于汉丰湖北岸东河河口至乌杨坝，全长 2.5km，宽度为 20～50m，位于高程 172～185m 范围内，种植乔木为樟树（*Cinnamomum camphora* L.）、栾树（*Koelreuteria paniculata*）、黄桷树（*Ficus virens*）、乌桕（*Sapium sebiferum* L.）、柳树等；灌木有黄荆（*Vitex negundo* L.）、马桑（Coriaria nepalensis Wall.）、枸杞（*Lycium chinense* Mill.）等，草本植物有狗牙根（*Cynodon dactylon* L.）、五节芒（*Miscanthus floridulus* Labill.）、白茅（*Imperata cylindrica* Linn.）、牛鞭草（*Hemarthria altissima* Poir.）等。调查样地内主要土壤类型为潮土。

(2) 研究设计及样品的采集

2014 年 6～9 月期间，按照降雨分布情况设计采样时间，降雨期间收集缓冲带坡顶与坡麓径流水样，每次采样设计 3 个重复采样点。共采集径流样 11 次，66 个样。同时 2014 以未实施示范工程的自然湖岸区作为对照区，进行样品采集分析。

2015 年 5 月，在多带生态缓冲系统设置 3 个 5m×2m 的样方用于模拟微型径流场小区试验。每个样方四周用水泥板材围起，水泥板材插入地表 20cm，地上部分高出地表 15cm，放置地表径流侧向流动。同时在径流小区上缘和下缘各设置地表径流收集装置（见图 4-19）。分别于 2015 年 6～9 月选择降雨量在 10mm 以上的降雨期间收集径流，每次收集完后将收集器内的水样全部抽出，并清洗收集器。

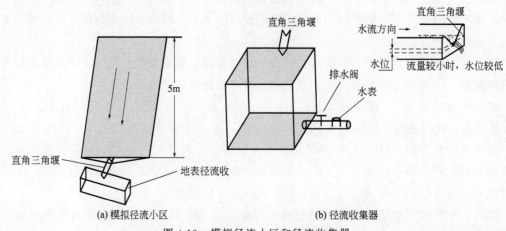

(a) 模拟径流小区　　　　　　　　(b) 径流收集器

图 4-19　模拟径流小区和径流收集器

(3) 数据分析

污染负荷去除率计算公式：

$$去除率＝(C_入－C_出)/C_入×100\%$$

式中　$C_入$——系统坡顶的污染物浓度；

$C_出$——坡麓的污染物浓度。

4.2.2.2　结果与分析

(1) 生态缓冲带对地表径流 TN 含量削减效益

如图 4-20 所示，2014 年 6～9 月及 2015 年 6～9 月共 23 次降雨期间乌杨坝生态缓冲带对地表径流中 TN 含量的影响。

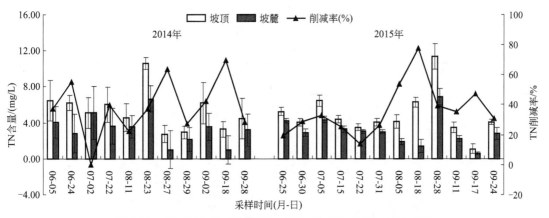

图 4-20　乌杨坝生态缓冲带对地表径流中 TN 含量的削减效果

由图 4-20 可见，乌杨坝生态缓冲带坡顶 TN 浓度为 1.08～11.35mg/L [平均值±标准差：(5.07±2.32) mg/L]，入水口 N 浓度高于国家地表水劣 V 类水质标准，主要原因是生态缓冲带上部区域均为坡耕地，大量的农田系统和施肥活动导致面源污染负荷较高，这部分 TN 直接入湖将给汉丰湖水环境造成严重威胁。高污染复合地表径流通过复合型生态缓冲系统的多级沉淀、拦截、过滤、植物吸收等作用得到有效拦截。乌杨坝生态缓冲带坡麓收集的地表径流 TN 浓度为 0.57～6.88mg/L [平均值±标准差：(3.18±1.61)mg/L]，仍然高于国家地表水劣 V 类水质标准，但极显著的低于坡顶径流 TN 浓度（$p<0.01$），可见乌杨坝生态缓冲带在汉丰湖与城市污染物源之间构成了一道拦截屏障，有效削减入湖 TN 负荷。

通过估算综合 TN 去除率，乌杨坝生态缓冲带对地表径流 TN 去除率达到－0.30%～78%，平均去除率为 37%±18%，与传统护坡、滤岸相比具有明显的优势。同时，本研究以未实施生态缓冲带区域的地表径流污染削减效果为对照，对照区 TN 的平均去除率仅为 13%（图 4-21），乌杨坝生态缓冲带的建设使得总体的 TN 削减率提升了 24%。

2014 年与 2015 年相比，乌杨坝生态缓冲带对地表径流的污染削减率基本相同，其中 2014 年 TN 去除率为 38%，2015 年为 37%（表 4-7），但乌杨坝生态缓冲带 2015 年运行更加稳定，整个削减率波动性较小。经过一年的植被恢复过程，乌杨坝生态缓冲带对 TN 效果相对稳定，未来通过自然做功，使得乌杨坝生态缓冲带生物多样性不断提升，生态系统的结构更加完整，植物根系微生物群更加丰富，因此具有更加有效的污染去除效果。

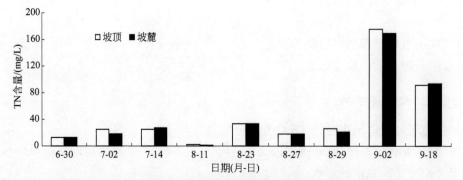

图 4-21　北岸东河河口至乌杨坝区对照区逐次取样 TN 含量比较

表 4-7　乌杨坝生态缓冲带坡顶与坡麓 TN 含量的去除情况

采样次数	2014 年			2015 年		
	坡顶 /(mg/L)	坡麓 /(mg/L)	去除率 /%	坡顶 /(mg/L)	坡麓 /(mg/L)	去除率 /%
1	6.48±2.24	4.06±1.75	37	5.24±0.46	4.23±0.25	19
2	6.22±0.84	2.79±2.17	55	4.04±0.43	2.88±0.42	29
3	5.09±1.67	5.11±2.94	0	6.43±0.6	4.34±0.34	33
4	6.02±1.94	3.62±2.02	40	4.37±0.41	3.26±0.41	25
5	4.58±1.51	3.55±1.21	23	3.51±0.37	3.02±0.19	14
6	10.63±0.66	6.66±1.48	37	4.07±0.4	3±0.23	26
7	2.75±0.93	1±2.09	63	4.11±0.74	1.9±0.32	54
8	2.95±0.7	2.15±1.32	27	6.26±0.54	1.4±0.77	78
9	6.18±2.3	3.56±1.5	42	11.35±1.43	6.88±0.9	39
10	3.26±0.85	0.99±1.61	70	3.45±0.58	2.23±0.33	35
11	4.5±2.25	3.22±1.78	28	1.08±0.52	0.57±0.18	47
12				4.08±0.29	2.81±0.64	31
平均值	5.33±1.44	3.34±1.81	38	4.79±0.57	2.94±0.43	37

（2）生态缓冲带对地表径流 TP 含量削减效益

乌杨坝生态缓冲带对地表径流 TP 含量的削减如图 4-22 所示。受到缓冲带上部农业面源污染的影响，坡顶径流 TP 含量较高 [0.04～1.27mg/L，均值为 (0.43±0.33)mg/L]，多数降雨径流 TP 含量高于国家地表水劣 Ⅴ 类水质标准。经过缓冲带系统的拦截作用，坡麓 TP 含量为 0.03～0.77mg/L （0.28mg/L±0.20mg/L），显著低于坡顶径流 TP 浓度，极显著低于未实施工程区自然湖岸带坡麓的 TP 含量 [(1.38±0.87)mg/L]。2014 年地表径流 TP 负荷变异性较大，而 2015 年地表径流 TP 含量则相对稳定，可能与缓冲带上部2015 年大面积荒弃，少量施肥活动有关。

乌杨坝生态缓冲带对 TP 的削减率变异性较大，范围为 -14%～62% （表 4-8），平均去除率为 30%±21%，与传统护坡、滤岸相似。然而，生态缓冲带对 TP 削减率变异性主要来自 2014 年，由于工程建设初期，植被恢复尚不成熟，因此稳定性较差，甚至在强降雨时存在负削减情况。而 2015 年乌杨坝生态缓冲带植被生长良好，根系发达，对径流削减效果更好，尤其 2015 年 8～9 月，植物生长最旺盛的季节，削减率均超过 45%。2015年平均削减率（38%）比 2014 年高 17%，因此系统整体运行较稳定。同时，本研究以未实施生态缓冲带区域的地表径流污染削减效果为对照（图 4-23），对照区 TP 的平均去除率仅为－3%，乌杨坝生态缓冲带的建设使得总体的 TP 削减率提升明显。

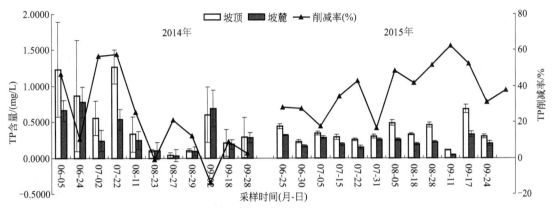

图 4-22　乌杨坝生态缓冲带对地表径流中 TP 含量的削减效果

表 4-8　乌杨坝生态缓冲带坡顶与坡麓 TP 含量的去除情况

采样次数	2014 年			2015 年		
	坡顶 /（mg/L）	坡麓 /（mg/L）	去除率 /%	坡顶 /（mg/L）	坡麓 /（mg/L）	去除率 /%
1	1.23±0.66	0.66±0.14	47	0.44±0.03	0.32±0.01	28
2	0.87±0.77	0.77±0.21	11	0.23±0.02	0.17±0.02	27
3	0.55±0.24	0.24±0.15	57	0.34±0.03	0.28±0.02	18
4	1.27±0.53	0.53±0.15	58	0.29±0.04	0.19±0.02	34
5	0.33±0.25	0.25±0.22	25	0.25±0.01	0.15±0.03	43
6	0.1±0.02	0.1±0.12	－1	0.3±0.03	0.25±0.02	16
7	0.04±0.03	0.03±0.08	21	0.49±0.04	0.25±0.02	48
8	0.11±0.02	0.09±0.06	12	0.33±0.03	0.19±0.02	42
9	0.6±0.68	0.68±0.26	－14	0.46±0.04	0.22±0.01	52
10	0.21±0.19	0.19±0.07	9	0.11±0.01	0.04±0.01	62
11	0.29±0.28	0.28±0.07	3	0.68±0.05	0.33±0.04	52
12				0.3±0.03	0.2±0.04	31
平均值	0.51±0.33	0.35±0.14	21	0.34±0.03	0.21±0.02	38

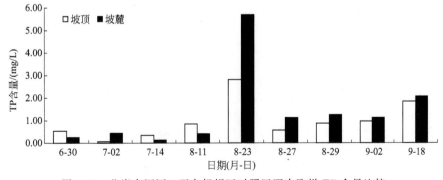

图 4-23　北岸东河河口至乌杨坝区对照区逐次取样 TP 含量比较

此外，调查中发现生态防护带对 TP 的去除率与呈正相关关系（$R^2 = 0.13$），因此乌杨坝生态缓冲带可能对更高浓度的 TP 负荷具有较好的削减效果，但仍需进一步研究。

（3）生态缓冲带对地表径流 NH₃-N 含量削减效益

如图 4-24 所示，2014 年 6～9 月及 2015 年 6～9 月共 23 次降雨期间乌杨坝生态缓冲带对地表径流中 NH₃-N 含量的影响。

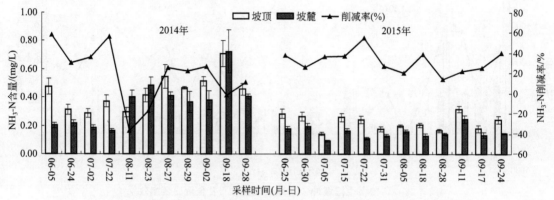

图 4-24　乌杨坝生态缓冲带对地表径流中 NH₃-N 含量的削减效果

由图 4-24 可知，乌杨坝生态缓冲带坡顶径流 NH₃-N 浓度为 0.14～0.71mg/L［平均值±标准差：(0.33±0.15)mg/L］，坡顶径流 NH₃-N 浓度符合国家地表水 Ⅱ 类水质标准，但偶尔出现Ⅲ类水的情况（表 4-9），主要由于乌杨坝区域位于城市郊区，人口密度较小，几乎没有大量生活污水产生，主要污染为农业面源污染，因此径流 NH₃-N 含量相对较低。生态缓冲带坡麓径流 NH₃-N 浓度为 0.09～0.72mg/L［平均值±标准差：(0.25±0.16)mg/L］，符合国家地表水 Ⅱ 类水质标准（表 4-9），极显著的低于入水口 NH₃-N 浓度（$p<0.01$），尤其是 2015 年生态缓冲带坡麓径流 NH₃-N 浓度基本都达到 Ⅰ 类水标准，生态缓冲带对地表径流 NH₃-N 取出效果良好，能够有效削减入湖 NH₃-N 负荷。

表 4-9　乌杨坝生态缓冲带坡顶与坡麓 NH₃-N 含量的去除情况

采样次数	2014 年			2015 年		
	坡顶 /(mg/L)	坡麓 /(mg/L)	去除率 /%	坡顶 /(mg/L)	坡麓 /(mg/L)	去除率 /%
1	0.48±0.06	0.2±0.02	58	0.28±0.03	0.18±0.02	37
2	0.31±0.03	0.22±0.02	30	0.26±0.03	0.2±0.02	26
3	0.29±0.03	0.19±0.02	35	0.14±0.01	0.09±0.01	37
4	0.37±0.04	0.16±0.01	56	0.26±0.03	0.16±0.02	37
5	0.29±0.03	0.4±0.05	−37	0.24±0.03	0.11±0.01	55
6	0.41±0.05	0.49±0.06	−17	0.18±0.02	0.13±0.01	27
7	0.55±0.08	0.41±0.03	25	0.2±0.01	0.16±0.01	20
8	0.47±0.01	0.37±0.07	22	0.21±0.01	0.13±0.02	39
9	0.51±0.03	0.38±0.07	26	0.17±0.01	0.14±0.01	14
10	0.71±0.09	0.72±0.15	−2	0.32±0.02	0.25±0.03	22
11	0.46±0.04	0.41±0.02	11	0.18±0.02	0.13±0.01	25
12				0.24±0.03	0.15±0.01	40
平均值	0.44±0.05	0.36±0.05	19	0.22±0.02	0.15±0.01	31

通过计算 NH₃-N 去除率，生态缓冲带对地表径流 NH₃-N 去除率达到−37%～58%，平均去除率为 25%±22%，略低于传统护坡、滤岸，可能与该区域地表径流 NH₃-N 污染

负荷较低有关。研究发现，2014 年出现 3 次降雨径流 NH_3-N 负削减率的情况，这可能与降雨量大小有关，而且工程建设初期，缓冲带植被生长较差，植物密度较低，因此容易产生水土流失，同时径流在缓冲带滞留时间不足导致削减率较低。因此大降雨量的污染拦截效果还有待提高，主要表现为降雨量大，土壤饱和形成地表径流，此外，降雨量较大携带的地表枯枝落叶中的污染物较多，因此出现 NH_3-N 去除率为负值的情况。

2014 年与 2015 年相比，生态缓冲带运行更加稳定。其中 2014 年 NH_3-N 去除率为19%，而 2015 年提升到了 31%。在 2015 年入水 NH_3-N 浓度较低的情况下，生态缓冲带出水 NH_3-N 率基本达到 Ⅰ 类水标准，可见经过一年的植被恢复，生态缓冲带对 NH_3-N效果相对稳定，通过自然做功，使得生态缓冲带生物多样性不断提升，生态缓冲带的结构更加完整，植物根系微生物群更加丰富，因此具有更加有效的污染去除效果。

（4）生态缓冲带对地表径流硝态氮（NO_3^--N）含量削减效益

如图 4-25 所示，乌杨坝缓冲带坡顶与坡麓地表径流 NO_3^--N 含量的变化情况。农田面源污染中，NO_3^--N 是重要的污染物之一。本研究中地表径流的 NO_3^--N 含量均较高，乌杨坝缓冲带坡顶径流中 NO_3^--N 含量为 0.36～8.57mg/L，均值为（3.24±1.72）mg/L，大部分径流中 NO_3^--N 含量高于国家地表水劣 Ⅴ 类环境标准。由于受到农业面源污染影响，2014 年坡顶径流 NO_3^--N 含量[（3.96±1.8）mg/L]高于 2015 年[（2.45±0.62）mg/L]，主要是 2015 年周围大量的农田被改造为水田或梯田，同时部分调查区农田被荒弃，施肥量的减少对试验区地表径流 NO_3^--N 负荷具有重要影响。经过生态缓冲带的拦截，坡麓地表径流 NO_3^--N 的含量显著降低，为 0.24～6.32mg/L[均值为（2.49±1.50）mg/L]，显著低于坡顶的平均浓度（$p<0.01$）。同时，2014 年坡麓径流 NO_3^--N 含量[（3.40±1.56）mg/L]是 2015 年[（1.51±0.30）mg/L]的 2 倍。2015 年坡麓的径流NO_3^--N 含量达到了国家地表水 Ⅳ 类水标准。

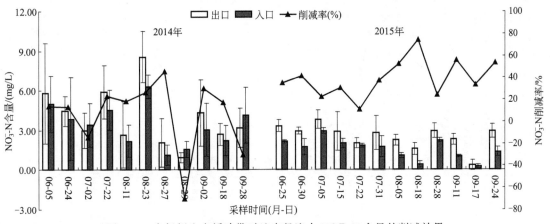

图 4-25　乌杨坝生态缓冲带对地表径流中 NO_3^--N 含量的削减效果

NO_3^--N 的去除率是反映系统拦截污染物的重要指标。乌杨坝生态缓冲带对 NO_3^--N的削减率波动性极大（表 4-10），从 -70% 至 74%，平均去除率为 23%±30%。这种变异性主要源于 2014 年工程建设初期，植物恢复水平较低，系统稳定性较差。甚至 2014 年有3 次降雨径流经过生态缓冲带后 NO_3^--N 浓度有所增加，平均削减率仅为 7%。2015 年系统区域稳定，$NO_3^- \text{-N}$ 削减率也较稳定，最低为 11%，最高为 74%，平均削减率高达 39%。乔灌草复合型生态缓冲带总体对 $NO_3^- \text{-N}$ 去除率随系统的恢复提高显著。

表 4-10　乌杨坝生态缓冲带坡顶与坡麓 $NO_3^- \text{-N}$ 含量的去除情况

采样次数	2014 年			2015 年		
	坡顶 /(mg/L)	坡麓 /(mg/L)	去除率 /%	坡顶 /(mg/L)	坡麓 /(mg/L)	去除率 /%
1	5.8±3.81	4.99±2.11	14	3.34±0.46	2.17±0.12	35
2	4.45±1.11	3.87±3.14	13	2.97±0.25	1.73±0.62	42
3	2.98±1.35	3.41±1.64	−14	3.82±0.68	2.97±0.21	22
4	5.9±2.01	4.54±1.51	23	2.9±1.46	2.02±0.35	31
5	2.68±2.53	2.19±1.23	18	2.05±0.38	1.82±0.15	11
6	8.57±1.95	6.32±0.89	26	2.8±1.32	1.76±0.8	37
7	2.08±1.84	1.13±0.77	46	2.26±0.41	1.08±0.18	52
8	0.92±0.38	1.56±0.63	−70	1.58±0.47	0.41±0.25	74
9	4.32±2.52	3.03±2	30	2.97±0.57	2.24±0.18	24
10	2.69±0.84	2.23±1.16	17	2.3±0.4	1.02±0.09	56
11	3.17±1.48	4.14±2.13	−30	0.36±0.39	0.24±0.15	33
12				2.93±0.52	1.37±0.36	53
平均值	3.96±1.80	3.40±1.56	7	2.45±0.62	1.51±0.30	39

（5）生态缓冲带对地表径流溶解性 TP(DTP) 含量削减效益

乌杨坝生态缓冲带对地表径流 DTP 含量的削减如图 4-26 所示。坡顶径流 DTP 含量为 0.04～1.14mg/L，均值为 (0.33±0.25)mg/L，多数降雨径流溶解性 TP 含量高于国家地表水劣 V 类水质标准。经过缓冲带系统的拦截作用，坡麓溶解性 TP 含量为 0.01～0.91mg/L[(0.25±0.22)mg/L]，低于坡顶径流溶解性 TP 浓度。2014 年地表径流 TP 负荷变异性较大，而 2015 年地表径流 DTP 含量则相对稳定。

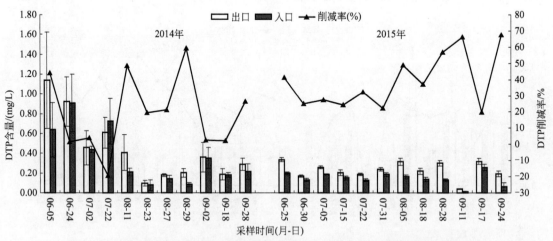

图 4-26　乌杨坝生态缓冲带对地表径流中 DTP 含量的削减效果

乌杨坝生态缓冲带对 DTP 的削减率变异性较大（表 4-11），范围为 −19%～67%，平均去除率为 29%±23%。然而，生态缓冲带对 DTP 削减率变异性主要来自 2014 年，由于工程建设初期，植被恢复尚不成熟，因此稳定性较差，甚至在强降雨时存在负削减情况。而 2015 年乌杨坝生态缓冲带植被生长良好，根系发达，对径流削减效果更好，尤其

2015 年 8～9 月，植物生长最旺盛的季节，削减率均超过 40％（9 月 17 日除外）。2015 年平均削减率（39％）比 2014 年高 20％，因此系统整体运行较稳定。

表 4-11　乌杨坝生态缓冲带坡顶与坡麓 DTP 含量的去除情况

采样次数	2014 年			2015 年		
	坡顶 /(mg/L)	坡麓 /(mg/L)	去除率 /％	坡顶 /(mg/L)	坡麓 /(mg/L)	去除率 /％
1	1.14±0.48	0.64±0.28	44	0.34±0.02	0.2±0.01	41
2	0.92±0.25	0.91±0.29	2	0.17±0.01	0.13±0.02	25
3	0.46±0.17	0.44±0.03	4	0.26±0.02	0.19±0.01	27
4	0.61±0.16	0.73±0.23	−19	0.2±0.03	0.15±0.02	24
5	0.41±0.18	0.21±0.04	48	0.19±0.01	0.13±0.02	32
6	0.1±0.03	0.08±0.05	19	0.24±0.02	0.18±0.01	22
7	0.18±0.01	0.14±0.03	21	0.32±0.04	0.16±0.02	49
8	0.2±0.04	0.08±0.02	59	0.22±0.03	0.14±0.02	37
9	0.36±0.15	0.35±0.11	2	0.3±0.02	0.13±0.01	57
10	0.19±0.06	0.18±0.06	2	0.04±0	0.01±0	66
11	0.29±0.06	0.21±0.08	26	0.32±0.03	0.26±0.03	20
12				0.19±0.03	0.06±0.04	67
平均值	0.44±0.15	0.36±0.11	19	0.22±0.02	0.14±0.02	39

通常生态缓冲带对污染物的净化首先通过过滤、拦截、沉积、吸附等物理过程，对颗粒态污染物的削减效果明显（图 4-27）。本研究中粗略估算颗粒态磷的削减率高达 56％，其中 2014 年为 41％，2015 年为 72％。可见，随着植物恢复植物密度提升，对拦截颗粒态污染物效果明显提升。

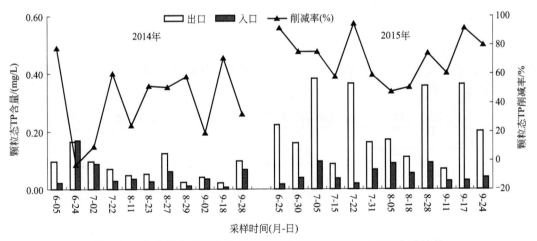

图 4-27　乌杨坝生态缓冲带对地表径流中颗粒态 TP 含量的削减效果

此外，调查中发现生态防护带对 DTP 的去除率与呈正相关关系（$R^2=0.11$），因此乌杨坝生态缓冲带可能对更高浓度的 TP 负荷具有较好的削减效果，但仍需要进一步研究。

（6）生态缓冲带对地表径流正磷酸盐（PO_4^{3-}）含量削减效益

如图 4-28 所示，乌杨坝缓冲带坡顶与坡麓地表径流 PO_4^{3-} 含量的变化情况。整个监测期间，乌杨坝缓冲带坡顶 PO_4^{3-} 含量为 0.03～0.34mg/L，均值为（0.20±0.08）mg/L，大部分径流污染负荷达到国家地表水 V 类环境标准。整体地表径流 PO_4^{3-} 含量较低，雨水冲刷径流以 TP 和 DTP 为主。乌杨坝缓冲带坡麓 PO_4^{3-} 为 0.01～0.26mg/L，均值为 (0.13 ± 0.05)mg/L，到达国家地表水 IV ～ V 类环境标准。2014 年 $[(0.23\pm0.02)$mg/L]地表径流 PO_4^{3-} 含量略高于 2015 年 $[(0.16\pm0.01)$mg/L]，这与周围农田改造和废弃密切相关。

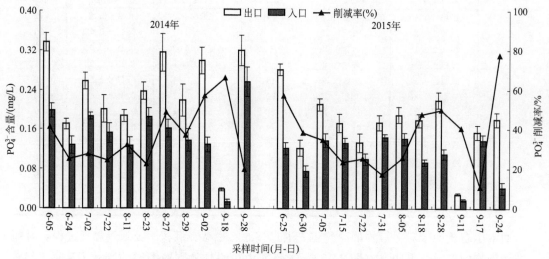

图 4-28　乌杨坝生态缓冲带对地表径流中 PO_4^{3-} 含量的削减效果

PO_4^{3-} 的去除率相对较稳定（表 4-12），从 11％～77％，平均去除率为 37％±16％。监测期间，生态缓冲带均发挥了良好的削减污染物的效益，其中 2014 年削减率为 36％，2015 年为 37％，低于蔡婧等设计的柴笼、灌丛垫、植草复合型生态护岸的去除效果。生态缓冲带对正磷酸盐的削减主要通过植物的吸附和土壤的渗滤，尽管 2015 年植物生长更加稳定，但对 PO_4^{3-} 的削减率并未提升。乔灌草复合型生态缓冲带总体对 PO_4^{3-} 去除率随系统的恢复变异较小。

表 4-12　乌杨坝生态缓冲带坡顶与坡麓 PO_4^{3-} 含量的去除情况

采样次数	2014 年			2015 年		
	坡顶/(mg/L)	坡麓/(mg/L)	去除率/%	坡顶/(mg/L)	坡麓/(mg/L)	去除率/%
1	0.34±0.02	0.2±0.01	41	0.28±0.01	0.12±0.01	57
2	0.17±0.01	0.13±0.02	25	0.12±0.02	0.08±0.01	38
3	0.26±0.02	0.19±0.01	27	0.21±0.01	0.14±0.01	35
4	0.2±0.03	0.15±0.02	24	0.17±0.01	0.13±0.01	23
5	0.19±0.01	0.13±0.02	32	0.13±0.01	0.1±0.01	25
6	0.24±0.03	0.18±0.02	22	0.17±0.01	0.14±0.01	17
7	0.32±0.04	0.16±0.02	49	0.19±0.01	0.14±0.01	26
8	0.22±0.03	0.14±0.02	37	0.18±0.01	0.09±0.01	48
9	0.3±0.03	0.13±0.01	57	0.22±0.01	0.11±0.01	50
10	0.04±0	0.01±0	66	0.03±0	0.02±0	40
11	0.32±0.03	0.26±0.03	20	0.15±0.01	0.14±0.01	11
12				0.18±0.01	0.04±0.01	77
平均值	0.23±0.02	0.15±0.02	36	0.16±0.01	0.10±0.01	37

4.2.2.3 小结

① 乌杨坝段乔—灌—草复合型生态缓冲带对面源污染 TP、TN 以及不同形态的氮磷均具有较好的拦截、去除效果。其中 TP、TN 的削减率达到 30% 和 37%，与自然河岸带系统相比具有更有效的削减污染物的效果。同时复合型生态缓冲带对 NO_3^--N 与 NH_3-N 的去除率均超过 20%，DTP 和 PO_4^{3-} 的去除率达到 29% 和 37%。同时分析有机氮和颗粒态磷的去除率得出，复合型生态缓冲带主要是通过物理拦截、吸附、过滤等方式去除 TP、TN。复合型生态缓冲带区入湖地表径流 PO_4^{3-} 和 NH_3-N 均可达到国家地表水 III 类水标准。

② 乌杨坝段乔—灌—草复合型生态缓冲带运行具有明显的恢复稳定过程，主要通过其对地表径流氮磷削减率的变异性反映。复合型生态缓冲带运行初期对 TN、TP 及其他形态氮磷的削减率变异性较大，而经过一年的植被恢复和系统稳定期，削减率相对表现较稳定。主要由于复合型生态缓冲带经过植被恢复形成密集的地下根系系统和地表植物茎干滤网，可以更有效地拦截过滤污染物。

③ 乌杨坝段乔—灌—草复合型生态缓冲带对地表径流污染负荷削减效果有限，更高区域农田系统的改造和农业塘系统的对地表径流污染物的总体控制具有较好效果，同时缓冲带下缘林泽工程区成为拦截入湖污染的多重屏障，构成综合性多带多功能生态缓冲系统。该复合型生态缓冲带的综合效益需要进一步研究。

4.2.3 复合林泽工程生态护坡污染削减效益评估

4.2.3.1 材料与方法

(1) 研究区域

白夹溪段复合林泽工程生态护坡位于澎溪河支流白夹溪旁的后湾沿线以及老土地湾旁的板凳梁向下游河岸延伸（E108°33′51.46″～E108°34′20.93″，N31°8′54.70″～N31°9′16.38″）（图 4-29）后湾沿线 175～180m 区域主要为耕地，180m 以上陡坡区域主要为人工种植马尾松林和果林；板凳梁为紧邻老土地湾一小山丘，顶部最高海拔 173m，冬季蓄水将被完全淹没，但由此形成的浅水区域将为冬季水鸟提供优越的栖息环境。板凳梁一侧为基塘工程实验区，另一侧则为传统农耕区，与林泽工程形成了复合林泽工程示范区。由于地形及周边用地的限制，本书选择了后湾 168～175m 海拔区间开展林泽工程研究。受亚热带季风气候影响，研究区域年均降雨量 1200mm，年均气温 18.2℃。

(2) 研究设计及样品的采集

2014 年 6～9 月期间，按照降雨分布情况设计采样时间，降雨期间收集缓冲带坡顶与坡麓径流水样，每次采样设计 3 个重复采样点。共采集径流样 11 次，66 个样。同时以未实施示范工程的自然湖岸区作为对照区，进行样品采集分析。

2015 年 5 月，在多带生态缓冲系统设置 3 个 5m×2m 的样方用于模拟微型径流场小区试验，分别于 2015 年 6～9 月选择降雨量在 10mm 以上的降雨期间收集径流，每次收集完后将收集器内的水样全部抽出，并清洗收集器。

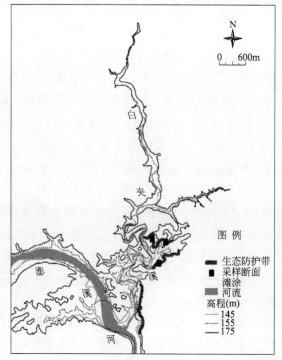

图 4-29　复合林泽工程生态护坡地理位置及研究采样断面设计

4.2.3.2　结果与分析

(1) 白夹溪复合林泽系统对地表径流 TN 含量削减效益

如图 4-30 所示，白夹溪复合林泽系统坡顶与坡麓地表径流 TN 含量的变化情况。整个监测期间，白夹溪复合林泽系统坡顶 TN 含量为 1.79～11.86mg/L，均值为（5.04±2.36）mg/L，大部分径流污染负荷高于国家地表水劣Ⅴ类环境标准。白夹溪复合林泽系统上部农田系统导致地表径流具有较高的污染负荷。白夹溪复合林泽系统坡麓 TN 含量为1.04～8.04mg/L，均值为（3.19±1.58）mg/L，仍然处于一个较高的污染浓度，但显著低于坡顶的污染物浓度。2014 年与 2015 年相比地表径流 TN 含量相似，没有较大的变异性，可见该区域面源污染整体具有持续性。

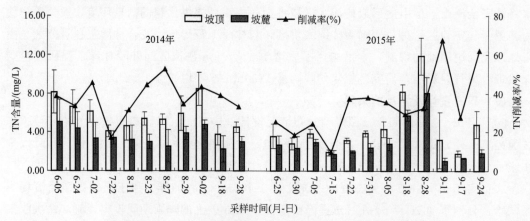

图 4-30　白夹溪复合林泽系统对地表径流中 TN 含量的削减效果

TN 的去除率相对较稳定（表 4-13），从 10％至 67％，平均去除率为 36％±13％。监测期间，复合林泽带均发挥了良好的削减污染物的效益，其中 2014 年削减率为 37％，2015 年为 35％，低于蔡婧等设计的柴笼、灌丛垫、植草复合型生态护岸的去除效果。复合林泽系统对 TN 的削减主要通过植物的吸附和土壤的渗滤，复合林泽带经过一年的植被恢复后，2014 年和 2015 年两年对地表径流的削减效果较好。复合林泽带总体对 TN 去除率效果稳定。

表 4-13　白夹溪复合林泽系统坡顶与坡麓 TN 含量的去除情况

采样次数	2014 年			2015 年		
	坡顶 /(mg/L)	坡麓 /(mg/L)	去除率 /％	坡顶 /(mg/L)	坡麓 /(mg/L)	去除率 /％
1	8.12±2.2	5.01±2.34	38	3.55±1.25	2.66±0.94	25
2	6.57±1.71	4.37±1.66	33	2.81±0.62	2.29±1.27	18
3	6.13±1.14	3.35±1.62	45	3.84±0.43	2.91±0.36	24
4	4.1±0.6	3.4±0.68	17	1.88±0.3	1.7±0.41	10
5	4.64±1.53	3.19±1.51	31	3.14±0.28	1.97±0.15	37
6	5.39±0.69	3±0.75	44	3.85±0.3	2.4±0.49	38
7	5.32±0.55	2.54±1.67	52	4.29±0.84	2.77±0.63	35
8	5.91±1.76	3.88±0.71	34	8.14±0.76	5.75±0.58	29
9	8.44±1.69	4.78±0.48	43	11.86±1.92	8.04±1.61	32
10	3.71±1.04	2.27±1.36	39	3.18±2.9	1.04±0.33	67
11	4.5±0.55	3.01±0.53	33	1.79±0.3	1.29±0.09	28
12				4.79±1.39	1.82±0.41	62
平均值	5.71±1.22	3.53±1.21	37	4.51±0.91	2.91±0.57	35

与空白对照区相比，自然消落带对雨季地表径流 TN 的去除率均表现为负值，具有明显的累积污染特征。如图 4-31 所示，对照区坡麓 TN 均高于坡顶，即表现为径流 TN 含量的累积，整体增加率为 95.4％。主要由于消落带季节性水淹后土壤养分不稳定；同时大量植物残体腐烂分解后被径流携带进入水体，造成水环境污染。因此在该区域实施复合林泽系统对流域水环境保护具有重要意义。

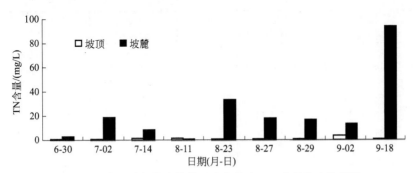

图 4-31　白夹溪自然消落带区地表径流 TN 含量的去除情况

（2）白夹溪复合林泽系统对地表径流 TP 含量削减效益

白夹溪复合林泽系统对地表径流 TP 含量的削减如图 4-32 所示。受到缓冲带上部农业面源污染的影响，坡顶径流 TP 含量较高 [0.03～1.64mg/L，均值为 （0.33±0.37）mg/L]，多数降雨径流 TP 含量高于国家地表水劣 Ⅴ 类水质标准。经过缓冲带系统的拦截作用，坡麓 TP 含量为 0.01～1.34mg/L[（0.24±0.30）mg/L]，低于坡顶径流 TP 浓度，极显著低

于未实施工程区自然湖岸带坡麓的 TP 含量[（1.92±1.57）mg/L]。2014 年地表径流 TP
负荷变异性较大，而 2015 年地表径流 TP 含量则相对稳定，在 8 月 22 日和 9 月 11 日两次
出现较高浓度的污染负荷，一方面上部农田施肥，另一方面两次均处于持续降雨期，形成
大量土壤流失。2014 年整体径流 TP 浓度高于 2015 年。

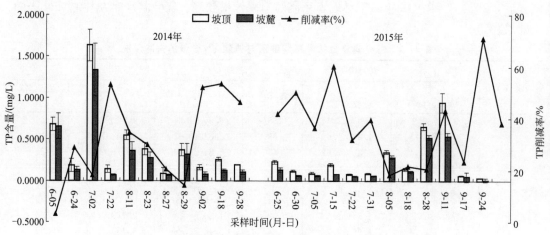

图 4-32　白夹溪复合林泽系统对地表径流中 TP 含量的削减效果

　　白夹溪复合林泽系统对 TP 的削减率变异性较大（表 4-14），范围为 3％～71％，平均
去除率为 35％±17％，与传统护坡、滤岸相似。这种较大的变异性反映出消落带林泽系
统对地表径流污染削减的不稳定性。但 2015 年整体削减率均高于 20％，能够达到较好的
拦截控污的效果。2015 年 8 月期间，多数为大雨或暴雨，形成快速径流，因此尽管径流
TP 浓度低，复合林泽系统削减率也相对降低，主要因为大雨期稀释了径流污染负荷，但
高速流入坡麓导致水力停留时间较短，而无法快速下渗过滤。

表 4-14　白夹溪复合林泽系统坡顶与坡麓 TP 含量的去除情况

采样次数	2014 年			2015 年		
	坡顶/(mg/L)	坡麓/(mg/L)	去除率/%	坡顶/(mg/L)	坡麓/(mg/L)	去除率/%
1	0.68±0.08	0.66±0.16	3	0.22±0.02	0.13±0.02	42
2	0.18±0.08	0.13±0.03	29	0.11±0.01	0.06±0.01	50
3	1.64±0.19	1.34±0.32	18	0.09±0.01	0.06±0.01	36
4	0.14±0.04	0.06±0.01	53	0.19±0.02	0.08±0	60
5	0.55±0.06	0.36±0.11	35	0.07±0.01	0.05±0	32
6	0.38±0.07	0.27±0.07	30	0.09±0.01	0.05±0.01	39
7	0.08±0.07	0.07±0.01	20	0.35±0.02	0.28±0.02	18
8	0.37±0.07	0.32±0.13	14	0.14±0.01	0.11±0.01	22
9	0.16±0.07	0.08±0.01	52	0.66±0.04	0.52±0.03	20
10	0.25±0.02	0.12±0.02	53	0.94±0.12	0.54±0.04	43
11	0.19±0	0.1±0.02	46	0.06±0	0.05±0.06	23
12				0.03±0	0.01±0.02	71
平均值	0.42±0.07	0.32±0.08	32	0.25±0.02	0.16±0.02	38

　　同时，本研究以未实施消落带复合林泽系统区域的地表径流污染削减效果为对照
（图 4-33），对照区坡麓 TP 均高于坡顶，即表现为径流 TP 含量的累积，整体增加率为

70.9％。复合林泽系统的建设使得总体的 TP 削减率提升明显。

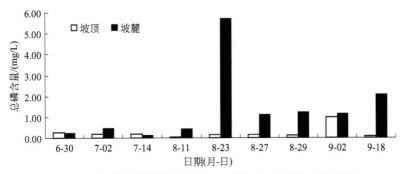

图 4-33　白夹溪自然消落带区地表径流 TP 含量的去除情况

此外，调查中发现复合林泽系统区域地表径流 TP 含量与去除率呈负相关关系（$R^2=0.14$）（图 4-34），因此白夹溪复合林泽系统由于处于消落带这一特殊环境，应对高负荷的径流的削减效果有限，仍需要进一步探索其原因并进行系统的优化。

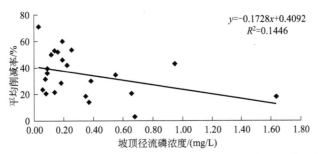

$$y=-0.1728x+0.4092$$
$$R^2=0.1446$$

图 4-34　复合林泽系统区域地表径流 TP 含量与去除率相关关系分析

（3）白夹溪复合林泽系统对地表径流 NH₃-N 含量削减效益

如图 4-35 所示，2014 年 6～9 月及 2015 年 6～9 月共 23 次降雨期间复合林泽系统对地表径流中 NH₃-N 含量的影响。

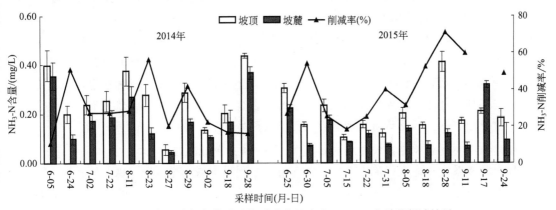

图 4-35　白夹溪复合林泽系统对地表径流中 NH₃-N 含量的削减效果

由图 4-35 可知，复合林泽系统坡顶径流 NH₃-N 浓度为 0.06～0.44mg/L［平均值±标准差：(0.23 ± 0.10)mg/L］，坡顶径流 NH₃-N 浓度符合国家地表水Ⅱ类水质标准，但偶尔出现Ⅲ类水的情况（表4-15），主要由于白夹溪段远离城市，主要以农业流域为主，大部分土地利用为自然林地，没有污染源，因此 NH_3-N 含量较小。复合林泽系统坡麓径流 NH_3-N 浓度为 0.04～0.37mg/L［平均值±标准差：(0.16±0.09)mg/L］，符合国家地表水Ⅱ类水质标准（表4-15），极显著的低于入水口 NH_3-N 浓度（$p<0.01$）。2014年比2015年径流 NH_3-N 浓度变略高（见表4-15），2014年坡麓的径流 NH_3-N 浓度高于国家地表水Ⅱ类水标准。复合林泽系统对地表径流 NH_3-N 取出效果良好，能够有效削减入湖 NH_3-N 负荷。

表 4-15　白夹溪复合林泽系统坡顶与坡麓 NH_3-N 含量的去除情况

采样次数	2014 年			2015 年		
	坡顶 /(mg/L)	坡麓 /(mg/L)	去除率 /%	坡顶 /(mg/L)	坡麓 /(mg/L)	去除率 /%
1	0.4±0.06	0.36±0.06	11	0.31±0.02	0.22±0.02	27
2	0.2±0.03	0.1±0.02	51	0.16±0.01	0.07±0.01	54
3	0.24±0.04	0.17±0.03	27	0.23±0.03	0.17±0.02	26
4	0.25±0.04	0.18±0.03	27	0.1±0.01	0.08±0	18
5	0.38±0.06	0.27±0.04	28	0.16±0.01	0.12±0.01	25
6	0.28±0.05	0.12±0.02	56	0.12±0.02	0.07±0.01	40
7	0.06±0.02	0.04±0.01	20	0.2±0.02	0.14±0.01	31
8	0.29±0.04	0.17±0.04	42	0.15±0.01	0.07±0.01	53
9	0.13±0.01	0.1±0.01	22	0.41±0.01	0.12±0.01	71
10	0.2±0.04	0.17±0.05	17	0.17±0.01	0.07±0.01	60
11	0.44±0.01	0.37±0.03	16	0.21±0.01	0.32±0.01	−53
12				0.18±0.03	0.09±0.07	49
平均值	0.26±0.04	0.19±0.03	29	0.19±0.02	0.12±0.02	33

复合林泽系统对地表径流 NH_3-N 去除率达到11%～71%（除2015年9月17日外），平均去除率为35%±17%，略低于传统护坡、滤岸，可能与该区域地表径流 NH_3-N 污染负荷较低有关。2015年9月17日坡顶径流 NH_3-N 含量低于坡麓，表现为 NH_3-N 的累积，主要是本次采样前未对径流小区下部的径流收集器进行清理，导致收集器内样品发生了变性。整个监测期间，NH_3-N 的去除率均高于15%。本研究表明，在降雨量较大期间，NH_3-N 去除率仍能够保持较高的去除率。2015年（工程建设2年后）与2014年（工程建设1年后）相比，白夹溪复合林泽系统运行均较稳定，对径流 NH_3-N 的平均去除率均超过25%。在2015年入水 NH_3-N 浓度较低的情况下，白夹溪复合林泽系统出水 NH_3-N 率基本达到Ⅰ类水标准，可见复合林泽系统对 NH_3-N 效果相对稳定，通过自然做功，使得复合林泽系统生物多样性不断提升，复合林泽系统的结构更加完整，植物根系微生物群更加丰富，因此具有更加有效的污染去除效果。

（4）白夹溪复合林泽系统对地表径流 NO_3^--N 含量削减效益

复合林泽系统对地表径流中 NO_3^--N 含量具有明显削减效果（图4-36）。

由图4-36可见，复合林泽系统坡顶径流 NO_3^--N 浓度为 1.19～6.29mg/L［平均值±标准差：(3.06±1.31)mg/L］，NO_3^--N 含量高于国家地表水劣Ⅴ类水质标准。白夹溪段地表径流 NO_3^--N 污染负荷较高，可能与周边农业活动较密集有关。复合林泽系统坡麓径流 NO_3^--N 浓度为 0.36～4.43mg/L［平均值±标准差：(2.00±0.92)mg/L］，符合国家

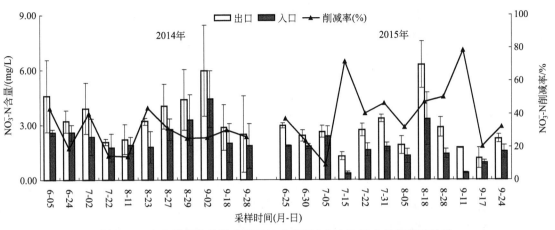

图 4-36 白夹溪复合林泽系统对地表径流中 NO_3^--N 含量的削减效果

地表水类 V 水质标准（表 4-16），显著的低于坡顶径流 NO_3^--N 浓度（$p < 0.01$）。2014 年比 2015 年径流 NO_3^--N 浓度变略高（表 4-16），但差异不显著。

表 4-16 白夹溪复合林泽系统坡顶与坡麓 NO_3^--N 含量的去除情况

采样次数	2014 年			2015 年		
	坡顶 /（mg/L）	坡麓 /（mg/L）	去除率 /%	坡顶 /（mg/L）	坡麓 /（mg/L）	去除率 /%
1	4.58±1.96	2.59±0.18	43	2.95±0.14	1.85±0.05	37
2	3.19±0.61	2.57±0.43	19	2.41±0.31	1.84±0.15	24
3	3.91±1.38	2.33±1	40	2.63±0.34	2.39±0.53	9
4	2.06±0.18	1.76±0.77	15	1.28±0.22	0.36±0.08	72
5	2.21±0.81	1.9±0.44	14	2.72±0.34	1.63±0.36	40
6	3.19±0.19	1.79±0.85	44	3.34±0.21	1.79±0.23	46
7	4.02±1.22	2.75±0.59	31	1.9±0.48	1.29±0.38	32
8	4.38±1.65	3.27±1.38	25	6.29±1.28	3.33±1.45	47
9	5.96±2.49	4.43±1.55	26	2.87±0.53	1.43±0.27	50
10	2.87±1.24	2±1.07	30	1.75±0.03	0.38±0.03	78
11	2.5±2.1	1.85±1.22	26	1.19±0.58	0.95±0.12	20
12				2.26±0.23	1.54±0.37	32
平均值	3.53±1.26	2.48±0.86	29	2.6±0.41	1.54±0.36	41

复合林泽系统对地表径流 NO_3^--N 去除率达到 9%～78%，平均去除率为 35%±17%，整体变异性较大，但主要出现在 2015 年。2015 年降雨分布极不均匀可能是导致这种变异性的主要原因。然而，在径流 NO_3^--N 污染负荷较低的情况下，2015 年平均的削减率（41%）高于 2014 年（29%），说明复合林泽系统可能对更高的污染负荷具有更有效的拦截效果；同时由于 2015 年 7～8 月密集的降雨，冲刷的大量水土和植物残体导致污染负荷被稀释，而且可能以颗粒态为主，这期间削减率均高于 30%，这主要是复合林泽系统具有密集的植物根系和地上茎干，具有良好的拦截削污效果。

此外，调查中发现复合林泽系统区域地表径流 NO_3^--N 含量与去除率呈显著的负相关关系（$R^2 = 0.09$）（图 4-37），因此白夹溪复合林泽系统由于处于消落带这一特殊环境，应对高负荷的径流的削减效果有限，仍需要进一步探索其原因并进行系统的优化。

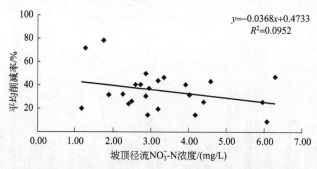

图 4-37　复合林泽系统区域地表径流 NO_3^--N 含量与去除率相关关系分析

(5) 白夹溪复合林泽系统对地表径流正磷酸盐含量削减效益

复合林泽系统对地表径流中正磷酸盐含量具有明显削减效果（图 4-38）。

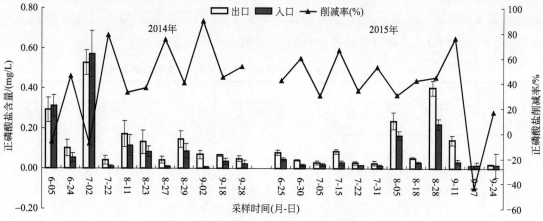

图 4-38　白夹溪复合林泽系统对地表径流中正磷酸盐含量的削减效果

由图 4-38 可见，复合林泽系统坡顶径流正磷酸盐浓度为 $0.01\sim0.53$ mg/L［平均值±标准差：(0.12 ± 0.13) mg/L］，NO_3^--N 含量达到国家地表水 V 类水质标准。白夹溪段地表径流正磷酸盐污染负荷较低，主要因为该区域周围大量天然林。复合林泽系统坡麓径流正磷酸盐浓度为 $0.01\sim0.57$ mg/L［平均值±标准差：(0.08 ± 0.13) mg/L］，符合国家地表水类Ⅲ水质标准（表 4-17），显著的低于坡顶径流正磷酸盐浓度（$p<0.01$）。2014 年比 2015 年径流正磷酸盐浓度相近（表 4-17），差异不显著。

表 4-17　白夹溪复合林泽系统坡顶与坡麓正磷酸盐含量的去除情况

采样次数	2014 年			2015 年		
	坡顶 /(mg/L)	坡麓 /(mg/L)	去除率 /%	坡顶 /(mg/L)	坡麓 /(mg/L)	去除率 /%
1	0.29 ± 0.06	0.31 ± 0.05	-7	0.08 ± 0.01	0.05 ± 0.01	42
2	0.1 ± 0.04	0.06 ± 0.02	46	0.04 ± 0	0.02 ± 0.01	60
3	0.53 ± 0.06	0.57 ± 0.12	-8	0.03 ± 0.01	0.02 ± 0.01	30
4	0.04 ± 0.02	0.01 ± 0.01	78	0.09 ± 0.01	0.03 ± 0.01	66
5	0.17 ± 0.06	0.12 ± 0.05	33	0.03 ± 0.01	0.02 ± 0	34
6	0.13 ± 0.06	0.08 ± 0.03	36	0.03 ± 0.01	0.01 ± 0.01	53
7	0.04 ± 0.02	0.01 ± 0	75	0.24 ± 0.04	0.17 ± 0.02	30

采样次数	2014 年			2015 年		
	坡顶 /(mg/L)	坡麓 /(mg/L)	去除率 /%	坡顶 /(mg/L)	坡麓 /(mg/L)	去除率 /%
8	0.15±0.04	0.09±0.04	40	0.05±0	0.03±0.01	42
9	0.07±0.02	0.01±0	89	0.4±0.04	0.22±0.03	45
10	0.07±0.01	0.04±0.02	45	0.14±0.02	0.03±0.01	76
11	0.05±0.01	0.02±0.02	53	0.01±0	0.02±0.01	−43
12				0.02±0	0.02±0.06	17
平均值	0.15±0.04	0.12±0.03	44	0.1±0.01	0.05±0.02	48

复合林泽系统对地表径流正磷酸盐去除率达到−8%～76%（2015 年 9 月 17 日为−43%，判定为异常数据），平均去除率为 45%±17%，整体变异性较大，主要变异性来自 2014 年 6 月和 2015 年 9 月。2014 年 6 月 5 日和 7 月 2 日削减率均为负值（−8%），可能由于消落带退水初期，这两次强降雨（降雨量超过 30mm）的冲刷作用导致正磷酸盐经过工程区后表现为富集作用，同期 6 月 24 日降雨量较小，冲刷较弱，因此仍然表现为较好的削减效果。2015 年 9 月 17 日由于坡麓径流收集器的未及时清理导致数据异常。除此之外，整个监测期间复合林泽系统对正磷酸盐的削减效果表现较稳定，削减率均高于 25%。

此外，调查中发现复合林泽系统区域地表径流正磷酸盐含量与相应去除率呈显著的负相关关系（$R^2 = 0.31$）（图 4-39），因此白夹溪复合林泽系统由于处于消落带这一特殊环境，应对高负荷的径流的削减效果有限，仍需要进一步探索其原因并进行系统的优化。

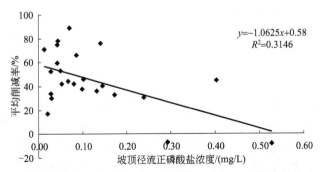

图 4-39　复合林泽系统区域地表径流正磷酸盐含量与去除率相关关系分析

(6) 白夹溪复合林泽系统对地表径流溶解性 TP 含量削减效益

白夹溪复合林泽系统对地表径流溶解性 TP 含量的削减如图 4-40 所示。坡顶径流溶解性 TP 含量为 0.01～1.03mg/L，均值为 (0.20±0.22)mg/L，多数降雨径流溶解性 TP 含量接近国家地表水 V 类水质标准。经过复合林泽系统拦截作用，坡麓溶解性 TP 含量为 0.02～0.90mg/L[(0.17±0.23)mg/L]，低于坡顶径流溶解性 TP 浓度。两年该区域地表径流 TP 负荷变异性较大，但 2014 年与 2015 年平均浓度相近。

白夹溪复合林泽系统对溶解性 TP 的削减率变异性较大（表 4-18），范围为 1%～74%，平均去除率为 43%±20%。主要因为溶解性 TP 的削减与降雨量相关性较高，高降雨量或者持续的降雨均会导致削减率变动，但复合林泽系统对地表径流削减率仍高于传统的河岸带。2015 年平均削减率（41%）与 2014 年（44%）没有显著差异，因此系统整体运行较稳定。

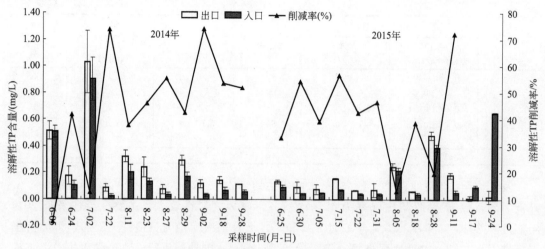

图 4-40　白夹溪复合林泽系统对地表径流溶解性 TP 含量的削减效果

表 4-18　白夹溪复合林泽系统坡顶与坡麓溶解性 TP 含量的去除情况

采样次数	2014 年			2015 年		
	坡顶 /(mg/L)	坡麓 /(mg/L)	去除率 /%	坡顶 /(mg/L)	坡麓 /(mg/L)	去除率 /%
1	0.51±0.07	0.51±0.04	1	0.13±0.02	0.09±0.02	33
2	0.17±0.07	0.1±0.04	42	0.09±0.04	0.04±0.01	54
3	1.03±0.23	0.9±0.16	13	0.07±0.04	0.04±0.01	39
4	0.08±0.03	0.02±0.01	74	0.15±0.01	0.07±0.01	56
5	0.32±0.05	0.2±0.06	38	0.06±0	0.04±0.01	42
6	0.24±0.08	0.13±0.02	46	0.07±0.05	0.04±0.01	46
7	0.07±0.04	0.03±0.02	55	0.24±0.03	0.21±0.03	13
8	0.29±0.04	0.17±0.03	42	0.06±0	0.03±0.01	39
9	0.11±0.03	0.03±0.01	74	0.48±0.03	0.39±0.03	20
10	0.14±0.03	0.07±0.02	53	0.18±0.02	0.05±0.01	72
11	0.11±0	0.05±0.02	52	0.01±0.02	0.09±0.01	33
12				0.02±0.05	0.65±0.01	
平均值	0.28±0.06	0.2±0.04	44	0.13±0.03	0.15±0.01	41

　　白夹溪复合林泽系统对污染物的净化首先通过过滤、拦截、沉积、吸附等物理过程，对颗粒态污染物的削减效果明显。本书中粗略估算颗粒态磷的削减率高达 55％，其中 2014 年为 66％，2015 年为 44％。可见随着植物恢复，植物密度提升，对拦截颗粒态污染物效果明显提升。

　　此外，调查中发现复合林泽系统区域地表径流溶解性 TP（DTP）含量与相应去除率呈显著的负相关关系（$R^2=0.41$）（图 4-41），因此白夹溪复合林泽系统由于处于消落带这一特殊环境，应对高负荷的径流的削减效果有限，仍需要进一步探索其原因并进行系统的优化。

4.2.3.3　小结

　　① 白夹溪乔—灌—草复合林泽系统对面源污染 TP、TN 以及不同形态的氮磷均具有较好的拦截、去除效果。其中 TP、TN 的削减率达到 36％和 35％，与自然河岸带系

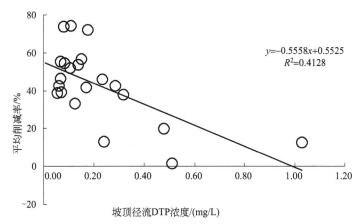

图 4-41　复合林泽系统区域地表径流 DTP 含量与去除率相关关系分析

统相比具有更有效的削减污染物的效果。同时复合林泽系统对 NO_3^--N 与 NH_3-N 的去除率均超过 35%，DTP 和正磷酸（PO_4^{3-}）的去除率达到 46% 和 43%。同时分析有机氮和颗粒态磷的去除率得出，复合林泽系统主要是通过物理拦截、吸附、过滤等方式去除 TP、TN。复合林泽系统区入湖地表径流 PO_4^{3-} 和 NH_3-N 均可达到国家地表水 Ⅱ 类水标准。

② 复合林泽系统运行没有明显的恢复稳定过程，2015 年与 2014 年相比，对各类污染负荷削减基本一致，这表明 2013 年工程建设完成，经过了 1 年和 2 年的恢复期后，复合林泽系统对地表径流的污染负荷拦截效果基本稳定。复合林泽系统植被恢复良好，在宽度>10m 的消落带区域形成密集的地下根系系统和地表植物茎干滤网，可以更有效地拦截过滤污染物。

③ 复合林泽系统对地表径流污染负荷削减效果有限，大部分数据表明，复合林泽系统对径流污染负荷的削减率与径流污染负荷成负相关关系，

4.2.4　湖岸带水敏性结构系统污染削减效益评估

4.2.4.1　材料与方法

(1) 研究区域

研究区域位于汉丰湖芙蓉坝区域，金科大酒店旁，主要处理金科大酒店酒店污水；由上部野花草甸、中部环湖多塘和下部林泽基塘复合系统构成。

(2) 研究设计及样品的采集

2015 年 6～9 月间，对下部多塘林泽复合系统进行水样采集，分别在生活污水入水口、中间塘 1、中间塘 2 以及系统出水口设计 4 个采样点，每 3d 采样一次，共计采样 21 次，共采集水样 252 个。每次采样期间现场分析 pH 值、溶解氧（DO）以及电导率。

同时 2015 年 7 月 15 日随机采集环湖多糖中的 3 个微型塘进行水样采集，3d 后再次采集同样 3 个微型塘的水样，研究环湖多塘系统对雨水拦蓄及净化功能。

4.2.4.2 结果与分析

(1) 水敏性系统对污染负荷 TN 含量削减效益

图 4-42 是芙蓉坝水敏性系统中 TN 含量的动态变化,芙蓉坝水敏性系统的入水主要以生活污水,本研究中入水口 TN 含量为 3.93～39.76mg/L,均值为 (16.48±9.56)mg/L,高于国家污水排放一级标准,这部分污水直接排放汉丰湖将对水环境安全造成极大威胁。经过本研究设计的林泽多塘系统逐级净化,塘 1 和塘 2 的 TN 浓度分别降低至 (12.24±6.89)mg/L 和 (9.95±5.65)mg/L,仍然处于较高的污染水平,但已经低于国家污水排放的一级 A 标准。系统的出水口 TN 浓度为 (6.89±2.91)mg/L,显著低于入水口污水 TN 浓度,所有出水均达到国家污水排放一级 A 标准。出水 TN 浓度与入水 TN 浓度具有极显著相关关系 ($p < 0.0001$),因此,对于该系统,污水排放 TN 浓度过高可能会导致出水浓度不达标,因此需要对该系统处理污水 TN 最高浓度进行检验。

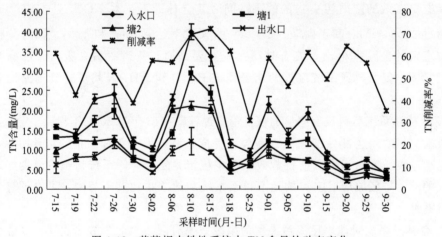

图 4-42　芙蓉坝水敏性系统中 TN 含量的动态变化

芙蓉坝水敏性系统对 TN 的削减率变异性较大 (表 4-19),范围为 31%～72%,平均去除率为 54%±12%。工程类似生态滞留池,但削减率高于传统生态滞留池、生物洼地系统以及草地洼地。Larice 等指出足够数量生态滞洪池不仅能够控制暴雨径流和补给地下水,而且可以通过生物吸收和物理沉降起到改善水质的作用,生态储留池是城市雨水储留的关键技术;Chapman 等研究表明,生态滞留池 N、P 的削减率也分别达到 30% 和 37%,Backstrom 研究表明,当径流污染物浓度较高时,草地湿洼地可以通过沉降颗粒物而保留 80% 以上的径流污染物。这种波动性主要与入水污染物浓度有关,同时可能受到降雨影响。分析表明,降雨期间采集样品所表现的 TN 去除率均较低,因为降雨期间导致塘系统内水体快速流动,污水在塘中滞留时间不足,因此不足以沉降,同时降雨冲刷导致植物吸附的颗粒态污染物重新进入水体而导致出水口污染浓度较高。此外,如图 4-43 所示,入水 TN 浓度与总体污染物削减率呈显著的正相关关系,即入水浓度越大,表现削减率越高,因此导致削减率差异。这也表明,芙蓉坝水敏性系统具有较好的设计,对该区域生活污水负荷具有较好的处理能力,但未来需要进一步研究该系统对入水 TN 最大处理容量,以防止出现污水的大量入湖。

表 4-19　芙蓉坝水敏性系统 TN 含量的去除情况

日期 （月-日）	入水口 /(mg/L)	塘 1 /(mg/L)	塘 2 /(mg/L)	出水口 /(mg/L)	削减率 /%
7-15	15.75±0.67	13.11±0.43	9.76±0.83	6.16±2.06	61
7-19	13.96±1.13	13.23±0.51	12.29±0.43	8.04±0.93	42
7-22	22.78±1.23	17.19±1.38	12.14±0.9	8.35±0.94	63
7-26	24.07±2.45	19.73±1.93	12.7±0.87	11.41±1.02	53
7-30	12.16±0.85	10.55±2.56	8.01±0.5	7.45±0.59	39
8-02	10.11±0.72	7.82±0.33	6.43±0.78	4.26±0.35	58
8-06	22.6±1.49	13.85±1.12	20.18±0.83	9.68±1.16	57
8-10	39.76±1.93	29.29±1.59	21.08±1.16	12.09±3.44	70
8-15	33.49±2.32	24.23±1.91	20.3±1.17	9.32±0.53	72
8-18	11.56±0.99	5.51±0.72	6.77±0.99	4.4±0.65	62
8-25	9.38±0.83	8.09±0.51	6.05±0.42	6.49±0.7	31
9-01	21.47±2.01	12.19±1.48	11.12±2.24	8.88±0.98	59
9-05	14.02±1.28	11.78±1.19	7.97±0.94	7.51±0.4	46
9-10	19.24±1.6	12.55±1.69	7.28±0.57	7.44±0.51	61
9-15	9.29±0.28	7.77±0.52	6.21±0.52	4.69±0.49	50
9-20	5.57±0.62	3.57±0.46	3.73±0.16	1.99±0.35	64
9-25	7.51±0.48	5.57±0.32	4.28±0.64	3.25±0.16	57
9-30	3.93±0.35	4.31±0.93	2.87±0.34	2.55±0.27	35
平均值	16.48±9.29	12.24±6.7	9.95±5.49	6.89±2.83	58

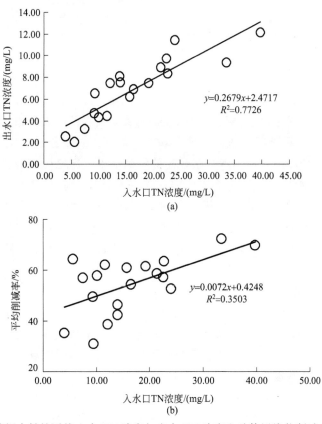

图 4-43　芙蓉坝水敏性系统入水 TN 浓度与出水 TN 浓度和总体污染物削减率的相关关系

根据出水 TN 浓度与入水 TN 浓度线性回归方程［图 4-43（a）］：

$$y = 0.2679x + 2.4717 (p < 0.0001)$$

式中　y——出水 TN 浓度；

　　　x——入水 TN 浓度。

因此，对于该系统，污水排放 TN 浓度过高会导致出水浓度不达标，需要对该系统入水 TN 浓度进行控制。通过入水与出水 TN 浓度关系方程，初步认为入水 TN 浓度不宜超过 46.76mg/L。

（2）水敏性系统对污染负荷 TP 含量削减效益

芙蓉坝水敏性系统中水体 TP 的浓度变化情况如图 4-44 所示。

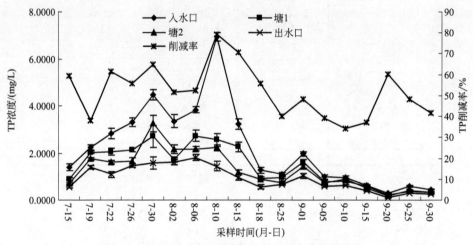

图 4-44　芙蓉坝水敏性系统中水体 TP 含量的动态变化

本研究中入水口 TP 含量为 0.28～6.93mg/L，均值为（2.21±1.73）mg/L，大部分监测期间水样 TP 高于国家污水排放二级标准，对汉丰湖水环境安全造成极大威胁。经过本研究设计的林泽多塘系统逐级净化，塘 1 和塘 2 的 TP 浓度分别降低至（1.42±0.85）mg/L 和（1.26±0.81）mg/L，仍然处于较高的污染水平，但已经接近国家污水排放的一级 B 标准。系统的出水口 TP 浓度为（0.91±0.52）mg/L，显著低于入水口污水 TP 浓度，大部分出水达到国家污水排放一级 A 标准，但在 7～8 月，尤其气温较高，生活污水排放量大，污染物浓度较高，因此系统出水浓度高于一级 A 标准，但低于 B 标准。同时出水 TP 浓度与入水 TP 浓度具有极显著相关关系，且如下方程所示［图 4-45（a）］：

$$y = 0.0072x + 0.4248 \quad (p < 0.0001)$$

式中　y——出水 TP 浓度；

　　　x——入水 TP 浓度。

因此，对于该系统，污水排放 TP 浓度过高会导致出水浓度不达标，需要对该系统入水 TP 浓度进行控制。通过入水与出水 TP 浓度关系方程，本研究计算芙蓉坝水敏性系统处理污水入水最大 TP 浓度（$y = 1$mg/L）为 2.56mg/L。

芙蓉坝水敏性系统对 TP 的削减率范围为 34%～79%（表 4-20），平均去除率为 52%±12%。该系统对污水 TP 的削减率高于大部分河岸带缓冲系统。TP 的削减率也有一定的波动性，主要归因于降雨和入水 TP 浓度的影响。如图 4-45 所示，入水 TP 浓度与总体

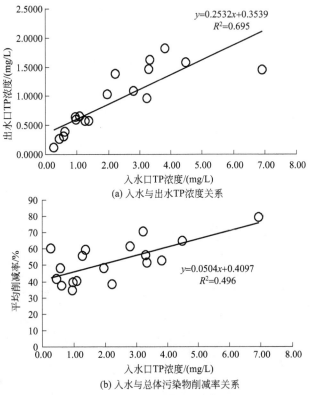

图 4-45 芙蓉坝水敏性系统入水与出水 TP 浓度和总体污染物削减率的相关关系

污染物削减率呈显著的正相关关系，即入水浓度越大，表现削减率越高，因此导致削减率差异。同时尽管 2015 年 7~8 月期间该系统对 TP 具有较高的削减效果，但出水 TP 浓度仍存在不达标现象，可见该系统在处理 TP 方面容量有限，需要进一步优化管理。

表 4-20 芙蓉坝水敏性系统 TP 含量的去除情况

日期 （月-日）	入水口 /（mg/L）	塘1 /（mg/L）	塘2 /（mg/L）	出水口 /（mg/L）	削减率 /%
7-15	1.39±0.14	0.88±0.08	0.7±0.04	0.57±0.07	59
7-19	2.23±0.12	2.03±0.05	1.75±0.06	1.38±0.08	38
7-22	2.82±0.21	2.06±0.15	1.61±0.06	1.08±0.14	62
7-26	3.3±0.17	2.14±0.08	1.63±0.16	1.46±0.08	56
7-30	4.49±0.22	2.7±0.47	3.25±0.35	1.58±0.27	65
8-02	3.34±0.28	1.72±0.09	2.16+0.19	1.62±0.1	51
8-06	3.82±0.13	2.72±0.24	2.18±0.1	1.81±0.14	53
8-10	6.93±0.18	2.56±0.26	2.23±0.13	1.44±0.21	79
8-15	3.23±0.22	2.26±0.2	1.17±0.11	0.96±0.12	70
8-18	1.28±0.13	0.94±0.05	0.87±0.03	0.57±0.08	56
8-25	1.09±0.07	0.96±0.05	0.73±0.06	0.66±0.03	40
9-01	1.97±0.09	1.61±0.1	1.42±0.08	1.02±0.1	48
9-05	0.98±0.08	0.76±0.08	0.73±0.06	0.59±0.04	39
9-10	0.97±0.05	0.81±0.07	0.9±0.03	0.63±0.04	34
9-15	0.62±0.05	0.59±0.04	0.52±0.03	0.39±0.03	37
9-20	0.28±0.02	0.21±0.01	0.19±0.01	0.11±0.01	60

日期 （月-日）	入水口 /(mg/L)	塘1 /(mg/L)	塘2 /(mg/L)	出水口 /(mg/L)	削减率 /%
9-25	0.59±0.05	0.35±0.03	0.39±0.05	0.3±0.03	48
9-30	0.46±0.03	0.34±0.02	0.32±0.02	0.27±0.02	41
平均值	2.21±1.7	1.42±0.84	1.26±0.8	0.91±0.52	59

（3）水敏性系统对污染负荷 NH$_3$-N 含量削减效益

NH$_3$-N 是污水中重要的污染物，是污水排放达标的重要参考。芙蓉坝水敏性系统中水体 NH$_3$-N 的浓度变化情况如图 4-46 所示。

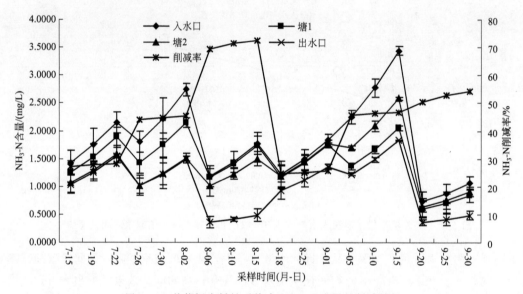

图 4-46　芙蓉坝水敏性系统中 NH$_3$-N 含量的削减效果

本研究中入水口 NH$_3$-N 含量为 0.73～3.44mg/L，均值为 (1.79±0.71)mg/L，大部分监测期间水样 NH$_3$-N 浓度均能达到国家污水排放一级 A 标准，浓度相对较低，但如果直接排入汉丰湖会消耗湖水中的 DO，造成水质恶化，其威胁仍不容小觑。监测塘1和塘2的 NH$_3$-N 浓度平均值分别为 (1.44±0.43)mg/L 和 (1.36±0.47)mg/L，达到国家地表水Ⅳ类水质标准。系统的出水口 NH$_3$-N 浓度为 (1.00±0.47)mg/L，显著低于入水口污水 NH$_3$-N 浓度，大部分出水达到国家地表水Ⅳ类水质标准，甚至部分已经达到Ⅲ类标准，系统处理 NH$_3$-N 效果显著。监测期间 NH$_3$-N 浓度总体变异性较大，具有一定的代表性，因此根据出水 NH$_3$-N 浓度与入水 NH$_3$-N 浓度构建相关方程如下 [图 4-47(a)]：

$$y = 0.5677x - 0.0117 \quad (p < 0.0001)$$

式中　y——出水 NH$_3$-N 浓度；

　　　x——入水 NH$_3$-N 浓度。

该系统整个监测期间出水 NH$_3$-N 浓度达到相关标准，效果较好。通过入水与出水 NH$_3$-N 浓度关系方程，本书计算芙蓉坝水敏性系统处理污水入水最大 NH$_3$-N 浓度（$y=5$mg/L）为 8.83mg/L。

芙蓉坝水敏性系统对 NH$_3$-N 的削减率范围为 25%～73%（表 4-21），平均去除率为

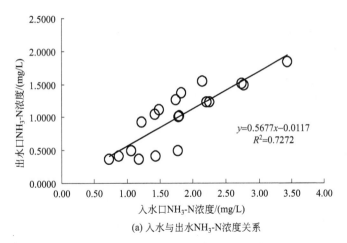

(a) 入水与出水NH$_3$-N浓度关系

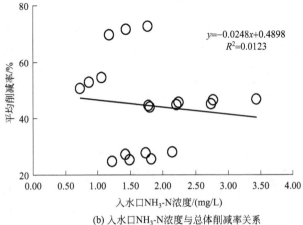

(b) 入水口NH$_3$-N浓度与总体削减率关系

图 4-47　芙蓉坝水敏性系统入水与出水 NH$_3$-N 浓度和总体污染物削减率的相关关系

45%±15%。NH$_3$-N 削减率与入水浓度没有明显的相关关系 [图 4-47(b)]，该系统在 NH$_3$-N 处理方面具有较高潜力，能够应对较高浓度的 NH$_3$-N 负荷。

表 4-21　芙蓉坝水敏性系统 NH$_3$-N 含量的去除情况

日期 （月-日）	入水口 /(mg/L)	塘 1 /(mg/L)	塘 2 /(mg/L)	出水口 /(mg/L)	削减率 /%
7-15	1.43±0.23	1.26±0.2	1.06±0.16	1.04±0.16	27
7-19	1.74±0.29	1.53±0.23	1.29±0.16	1.26±0.15	28
7-22	2.15±0.18	1.89±0.18	1.58±0.15	1.54±0.04	28
7-26	1.8±0.19	1.43±0.18	1.02±0.18	1.01±0.14	44
7-30	2.22±0.37	1.74±0.22	1.24±0.28	1.23±0.19	45
8-02	2.74±0.1	2.15±0.08	1.52±0.09	1.5±0.04	45
8-06	1.19±0.19	1.16±0.17	1.01±0.18	0.36±0.11	69
8-10	1.44±0.19	1.41±0.07	1.22±0.09	0.41±0.04	71
8-15	1.77±0.19	1.73±0.16	1.5±0.13	0.49±0.11	73
8-18	1.22±0.24	1.17±0.21	1.19±0.2	0.92±0.16	25
8-25	1.49±0.18	1.43±0.14	1.44±0.13	1.12±0.13	25
9-01	1.83±0.11	1.75±0.04	1.77±0.06	1.36±0.04	26
9-05	2.25±0.12	1.37±0.06	1.71±0.04	1.22±0.03	46
9-10	2.78±0.16	1.67±0.07	2.09±0.09	1.49±0.04	46

续表

日期 （月-日）	入水口 /(mg/L)	塘1 /(mg/L)	塘2 /(mg/L)	出水口 /(mg/L)	削减率 /%
9-15	3.44±0.07	2.06±0.04	2.59±0.02	1.83±0.01	47
9-20	0.73±0.18	0.59±0.15	0.63±0.16	0.36±0.05	51
9-25	0.88±0.17	0.7±0.17	0.75±0.16	0.41±0.1	53
9-30	1.06±0.12	0.85±0.12	0.91±0.09	0.49±0.08	54
平均值	1.79±0.69	1.44±0.42	1.36±0.47	1±0.46	45

（4）水敏性系统对 NO_3^--N 含量削减效益

NO_3^--N 是引起水体富营养化的重要污染物。如图 4-48 所示水敏性结构系统中水体 NO_3^--N 的浓度变化情况。本研究入水口污水由于未经过污水厂处理，因此具有相对较高的 NO_3^--N 含量，达到 3.21～8.04mg/L，均值为 (5.19±1.26)mg/L，为国家地表水劣 Ⅴ 类水质标准。经过一级塘、二级塘的净化，塘1和塘2的 NO_3^--N 浓度平均值分别将至 (4.06±1.43)mg/L 和 (3.55±0.62)mg/L，仍处于国家地表水劣 Ⅴ 类水质标准。监测期间系统的出水口 NO_3^--N 浓度平均值为 (2.91±0.67)mg/L(1.76～4.52mg/L)，显著低于入水口污水 NO_3^--N 浓度，大部分出水接近国家地表水 Ⅴ 类水质标准，系统处理 NO_3^--N 效果较好。

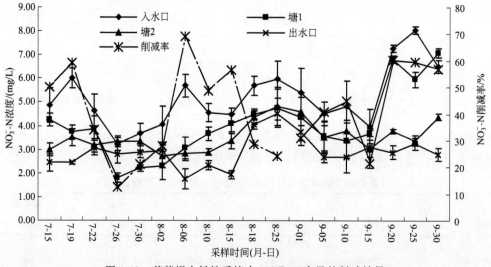

图 4-48　芙蓉坝水敏性系统中 NO_3^--N 含量的削减效果

监测期间 NO_3^--N 浓度总体变化不大，低于大部分生活污水 NO_3^--N 浓度。如图 4-49 (a) 所示，入水 NO_3^--N 浓度与出水浓度没有显著相关关系，这与 TP、TN 不同，可能由于研究期间 NO_3^--N 数据分布较稳定，因此没有呈现显著规律。

芙蓉坝水敏性系统对 NO_3^--N 的削减率范围为 13%～69%（表 4-22），平均去除率为 41%±17%，削减效果低于 TP 和 TN，且具有明显的波动性。主要由于该系统为表流型人工湿地处理系统，对溶解性营养盐的处理效果受到水力停留时间和入水量的影响较大，因此平均削减效果不如 TN，这也表明该系统对 TN 的削减可能主要来自颗粒悬浮物的过

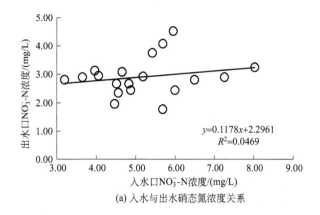

(a) 入水与出水硝态氮浓度关系

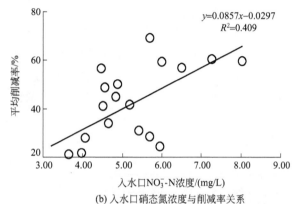

(b) 入水口硝态氮浓度与削减率关系

图 4-49　芙蓉坝水敏性系统入水与出水 NO_3^--N 浓度和总体污染物削减率的相关关系

滤、吸附以及有机氮的拦截等。NO_3^--N 削减率与入水浓度呈显著正相关关系［图 4-49 (b)］，可见该系统设计对 NO_3^--N 去除具有较好的效果，且可能具有很高的处理容量，需要进一步研究确定，以科学管理和优化。

表 4-22　芙蓉坝水敏性系统 NO_3^--N 含量的去除情况

日期 （月-日）	入水口 /(mg/L)	塘1 /(mg/L)	塘2 /(mg/L)	出水口 /(mg/L)	削减率 /%
7-15	4.88±0.73	4.24±0.26	2.98±0.28	2.44±0.36	50
7-19	6.01±0.43	3.75±0.26	3.52±0.36	2.44±0.07	59
7-22	4.65±0.68	3.88±0.52	3.16±0.3	3.07±0.3	34
7-26	3.21±0.27	1.81±0.19	3.34±0.23	2.8±0.39	13
7-30	3.66±0.43	2.21±0.14	3.34±0.39	2.89±0.26	21
8-02	4.06±0.77	2.3±0.59	2.71±0.5	2.93±0.24	28
8-06	5.69±0.47	3.07±0.46	2.84±0.3	1.76±0.42	69
8-10	4.56±0.39	3.66±0.28	2.89±0.14	2.35±0.2	49
8-15	4.47±0.29	4.11±0.41	3.39±0.38	1.94±0.16	57
8-18	5.69±0.4	4.47±0.17	4.38±0.33	4.06±0.2	29
8-25	5.96±0.79	4.74±0.81	4.83±0.79	4.52±0.26	24
9-01	5.42±1.03	4.38±1.02	4.61±0.59	3.75±0.57	31
9-05	4.52±0.5	3.57±0.6	3.52±0.68	2.66±0.2	41
9-10	4.83±1.08	3.39±0.75	3.79±0.47	2.66±0.62	45

日期 (月-日)	入水口 /(mg/L)	塘1 /(mg/L)	塘2 /(mg/L)	出水口 /(mg/L)	削减率 /%
9-15	3.97±0.72	3.66±0.25	3.03±0.8	3.12±0.43	22
9-20	7.27±0.16	6.82±0.17	3.79±0.07	2.89±0.29	60
9-25	8.04±0.16	5.96±0.32	3.39±0.2	3.25±0.25	60
9-30	6.5±0.28	7.09±0.18	4.38±0.15	2.8±0.26	57
平均值	5.19±1.22	4.06±1.39	3.55±0.61	2.91±0.67	41

(5) 水敏性系统对 DTP 含量削减效益

DTP 进入水体极易转化为正磷酸盐而被浮游生物吸收导致水体富营养化。芙蓉坝水敏性系统中水体 DTP 的浓度变化情况如图 4-50 所示。本书中入水口污水 DTP 含量为 0.15～5.01mg/L，均值为 (1.64±1.32)mg/L，大部分监测期间水样 DTP 高于国家污水排放一级 B 标准。经过林泽多塘系统逐级净化，监测期间塘 1 和塘 2 的 DTP 平均浓度分别降低至 (1.06±0.73)mg/L 和 (0.87±0.56)mg/L，仍然处于较高的污染水平，但已经接近国家污水排放的一级 A 标准。系统的出水口 DTP 浓度为 (0.66±0.45)mg/L (0.06～1.59mg/L)，显著低于入水口污水 DTP 浓度，75% 以上的出水达到国家污水排放一级 A 标准。7 月 26 日至 8 月 10 日间，可能由于气温过高，生活污水排放量大，污染物浓度较高，因此系统出水浓度高于一级 A 标准，但低于 B 标准。

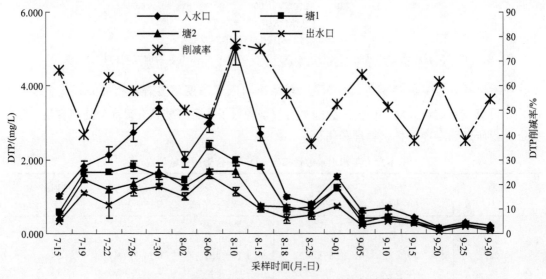

图 4-50 芙蓉坝水敏性系统中 DTP 含量的削减效果

DTP 在监测期间浓度变化规律与 TP 相同，均表现为 7～8 月较高，8 月下旬至 9 月底浓度降低。总体 DTP 浓度变异性较大，具有一定的代表性，因此对出水 DTP 浓度与入水 DTP 浓度进行简单线性回归得到如下方程 [图 4-51(a)]：

$$y = 0.2935x + 0.1787 \quad (p < 0.0001)$$

式中　y——出水 DTP 浓度；

　　　x——入水 DTP 浓度。

根据此方程，本研究计算得到芙蓉坝水敏性系统处理污水入水 DTP 的最大浓度为

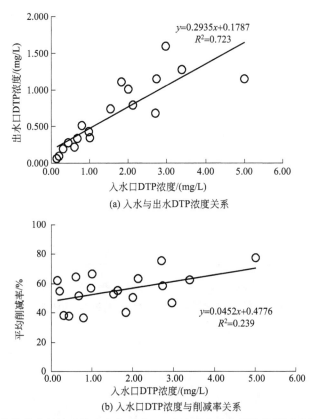

$y=0.2935x+0.1787$
$R^2=0.723$

(a) 入水与出水DTP浓度关系

$y=0.0452x+0.4776$
$R^2=0.239$

(b) 入水口DTP浓度与削减率关系

图 4-51　芙蓉坝水敏性系统入水与出水 DTP 浓度和总体污染物削减率的相关关系

2.56mg/L，（$y=1$mg/L）。

芙蓉坝水敏性系统对 DTP 的削减率范围为 37%～77%（表 4-23），平均去除率为 55%±12%。该系统对污水 DTP 的削减率高于大部分河岸带缓冲系统。DTP 的削减率也有一定的波动性，但不显著，主要归因于降雨和入水 DTP 浓度的影响。如图 4-51 所示，入水 DTP 浓度与总体污染物削减率呈显著的正相关关系，即入水浓度越大，表现削减率越高，因此导致削减率差异。DTP 的削减率与降雨量呈负相关关系，当有较大降雨时快速的表流过程降低了系统对 DTP 的去除率。

表 4-23　芙蓉坝水敏性系统 DTP 含量的去除情况

日期 （月-日）	入水口 /(mg/L)	塘 1 /(mg/L)	塘 2 /(mg/L)	出水口 /(mg/L)	削减率 /%
7-15	1.01±0.07	0.59±0.03	0.44±0.05	0.34±0.01	66
7-19	1.84±0.14	1.65±0.08	1.47±0.09	1.1±0.04	40
7-22	2.14±0.21	1.67±0.05	1.19±0.07	0.78±0.06	63
7-26	2.75±0.25	1.83±0.15	1.35±0.13	1.15±0.12	58
7-30	3.4±0.16	1.57±0.23	1.68±0.21	1.27±0.07	63
8-02	2.01±0.22	1.42±0.13	1.28±0.05	1±0.11	50
8-06	2.97±0.22	2.39±0.12	1.67±0.07	1.59±0.09	47
8-10	5.01±0.46	1.97±0.12	1.68±0.15	1.14±0.11	77

日期 （月-日）	入水口 /（mg/L）	塘1 /（mg/L）	塘2 /（mg/L）	出水口 /（mg/L）	削减率 /%
8-15	2.72±0.2	1.79±0.06	0.75±0.06	0.68±0.1	75
8-18	0.98±0.05	0.63±0.09	0.71±0.05	0.43±0.05	57
8-25	0.8±0.02	0.73±0.04	0.61±0.03	0.51±0.03	37
9-01	1.54±0.07	1.23±0.04	1.25±0.09	0.73±0.04	53
9-05	0.61±0.07	0.42±0.02	0.31±0.02	0.22±0.03	64
9-10	0.69±0.05	0.41±0.03	0.47±0.06	0.34±0.03	51
9-15	0.44±0.02	0.29±0.03	0.34±0.03	0.28±0.02	38
9-20	0.15±0.01	0.13±0.01	0.13±0.01	0.06±0.01	62
9-25	0.31±0.03	0.22±0.02	0.24±0.03	0.19±0.01	38
9-30	0.21±0.02	0.13±0.01	0.13±0.02	0.09±0	55
平均值	1.64±1.29	1.06±0.72	0.87±0.55	0.66±0.45	55

利用 TP 减去 DTP 的方法粗略估算颗粒态磷的削减效果（图4-52），削减率为53%±16%（28%～84%），与 DTP 的削减率相当，因此该系统对 TP 的削减既来自颗粒态磷的削减，也有 DTP 的消纳。

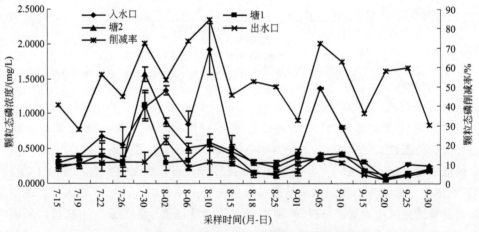

图 4-52　芙蓉坝水敏性系统中颗粒态磷含量的变化

（6）水敏性系统对正磷酸盐含量削减效益

正磷酸盐是导致水体富营养化的直接因素。芙蓉坝水敏性系统中水体正磷酸盐的浓度变化情况如图 4-53 所示。

本研究中入水口污水正磷酸盐含量为 0.13～3.36mg/L，均值为（1.28±1.04）mg/L，大部分监测期间水样正磷酸盐高于国家污水排放一级 B 标准。监测期间塘1和塘2的正磷酸盐平均浓度分别降低至（0.89±0.65）mg/L 和（0.74±0.52）mg/L，仍然处于较高的污染水平，但已经接近国家污水排放的一级 A 标准。系统的出水口正磷酸盐浓度为（0.52±0.39）mg/L（0.06～1.59mg/L），显著低于入水口污水正磷酸盐浓度，完全达到污水排放一级 B 标准。正磷酸盐在监测期间浓度变化规律与 TP、溶解性 TP 相似，均表现为7～8月较高，8月下旬至9月底浓度降低。出水正磷酸盐浓度与入水正磷酸盐浓度

存在以下方程关系 [图 4-54(a)]：

$$y = 0.3341x + 0.0912 \qquad (p < 0.0001)$$

式中　y——出水正磷酸盐浓度；

　　　x——入水正磷酸盐浓度。

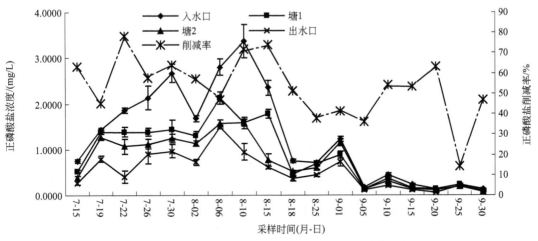

图 4-53　芙蓉坝水敏性系统中正磷酸盐含量的动态变化

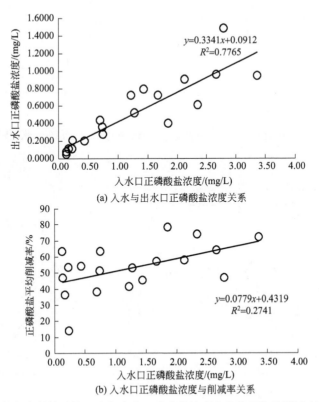

(a) 入水与出水口正磷酸盐浓度关系

(b) 入水口正磷酸盐浓度与削减率关系

图 4-54　芙蓉坝水敏性系统入水与出水正磷酸盐浓度和总体污染物削减率的相关关系

根据此方程，本研究计算得到芙蓉坝水敏性系统处理污水入水正磷酸盐的最大浓度为 2.72mg/L（$y = 1$mg/L）。

芙蓉坝水敏性系统对正磷酸盐的削减率范围为14%～78%（表4-24），平均去除率为53%±15%。正磷酸盐的削减率有一定的波动性，但不显著，主要归因于入水正磷酸盐浓度的差异。如图4-54所示，入水正磷酸盐浓度与总体污染物削减率呈显著的正相关关系，即入水浓度越大，表现削减率越高，因此导致削减率差异。

表 4-24　芙蓉坝水敏性系统正磷酸盐含量的去除情况

日期 (月-日)	入水口 /(mg/L)	塘1 /(mg/L)	塘2 /(mg/L)	出水口 /(mg/L)	削减率 /%
7-15	0.75±0.04	0.52±0.03	0.38±0.05	0.27±0.05	63
7-19	1.44±0.04	1.39±0.05	1.27±0.07	0.79±0.07	45
7-22	1.85±0.06	1.39±0.1	1.07±0.16	0.4±0.13	78
7-26	2.13±0.25	1.38±0.08	1.11±0.11	0.9±0.21	58
7-30	2.67±0.2	1.44±0.2	1.25±0.1	0.96±0.14	64
8-02	1.68±0.07	1.3±0.1	1.13±0.06	0.72±0.07	57
8-06	2.8±0.18	2.12±0.14	1.57±0.07	1.48±0.04	47
8-10	3.36±0.37	1.58±0.12	1.58±0.08	0.94±0.18	72
8-15	2.35±0.17	1.78±0.09	0.76±0.13	0.61±0.03	74
8-18	0.74±0.04	0.46±0.03	0.52±0.03	0.36±0.05	51
8-25	0.7±0.04	0.68±0.04	0.6±0.04	0.43±0.03	38
9-01	1.22±0.07	0.88±0.08	1.15±0.07	0.72±0.08	41
9-05	0.17±0.01	0.14±0.01	0.14±0.02	0.11±0.01	36
9-10	0.44±0.02	0.37±0.03	0.3±0.02	0.2±0.02	54
9-15	0.23±0.03	0.15±0.01	0.13±0.01	0.11±0.01	54
9-20	0.13±0	0.13±0	0.11±0.01	0.05±0.01	63
9-25	0.24±0.02	0.22±0.01	0.19±0.02	0.2±0.01	14
9-30	0.14±0	0.1±0.01	0.08±0.01	0.07±0.01	47
平均值	1.28±1.02	0.89±0.64	0.74±0.51	0.52±0.39	53

(7) 水敏性系统中水体电导率变化

电导率是反映水质污染状况的重要参数。芙蓉坝水敏性系统中水体电导率变化情况如图4-55所示。

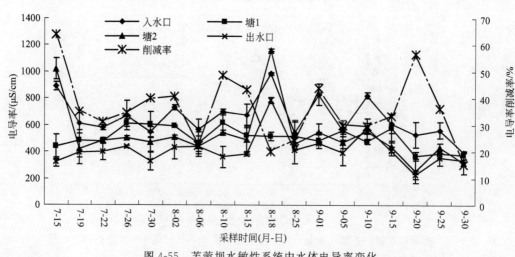

图 4-55　芙蓉坝水敏性系统中水体电导率变化

本研究中入水口污水电导率为396～984μS/cm，均值为（656±136）μS/cm。塘1和塘 2 的电导率分别降低至（504±78）μS/cm 和（528±181）μS/cm，仍然处于较高的污染水平。系统的出水口电导率为（415±114）μS/cm，显著低于入水口污水电导率。通常电导率值也越大，水的溶解性总固体（TDS）值就越大，因此表明经过系统后水体中总溶解性固体含量得到有效降低，水质得到较好的改善。电导率在监测期间随时间没有出现明显的规律，整个监测过程均处于中等水平。

芙蓉坝水敏性系统对水体电导率具有明显的降低作用（表 4-25），出水与入水相比电导率减小了 15%～64%，平均降低了 36%±10%。系统对入水水质具有较好的维持作用。

表 4-25　芙蓉坝水敏性系统中水体电导率变化情况

日期 （月-日）	入水口 /（mg/L）	塘 1 /（mg/L）	塘 2 /（mg/L）	出水口 /（mg/L）	削减率 /%
7-15	894±31.73	436±90.42	1021±81.69	323±35.86	64
7-19	610±76.54	482±77.59	418±62.76	396±87.69	35
7-22	579±18.59	475±19.72	482±19.58	398±59.72	31
7-26	671±108.56	614±26.8	503±11.21	438±9.6	35
7-30	547±41.38	602±95.51	469±70.08	328±66.97	40
8-02	733±18.53	594±6.53	511±9.45	435±88.74	41
8-06	565±79.63	464±84.85	441±42.83	440±74.8	22
8-10	703±15.91	618±58.04	542±1.44	361±81.03	49
8-15	677±77.12	525±51.02	489±105.2	385±14.6	43
8-18	984±11.61	516±30.93	1160±10.04	786±19.32	20
8-25	541±97.05	518±104.41	458±44.99	411±100.74	24
9-01	829±78.32	486±60.25	545±68.19	465±3.09	44
9-05	560±27.43	561±74.39	472±44.06	393±95.24	30
9-10	824±20.06	478±17.43	554±95.52	579±38.37	30
9-15	614±75.25	576±104.89	442±40.8	408±33.34	34
9-20	528±94.97	368±30.8	256±92.5	229±29.38	57
9-25	563±63.26	391±31.6	430±37.03	359±61.45	36
9-30	396±1.8	377±31.53	321±86.56	336±6.13	15
平均值	656.56±144.57	504.5±77.44	528.56±212.55	415±113.92	37

（8）水敏性系统中水体 pH 值变化

芙蓉坝水敏性系统中水体 pH 值变化情况如图 4-56 所示。

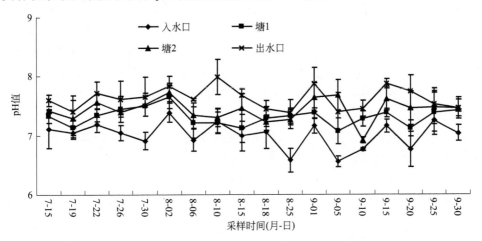

图 4-56　芙蓉坝水敏性系统中水体 pH 值变化

研究中入水口污水 pH 值较低，为 $6.56\sim7.39$，均值为 7.01 ± 0.23。塘 1 和塘 2 的 pH 值有所上升，均值分别为 7.31 ± 0.15 和 7.43 ± 0.19，处于弱碱性水平。系统的出水口 pH 值为 7.63 ± 0.19（水体电导率为 $7.39\sim7.99\mu S/cm$），显著高于入水口污水 pH 值，所有出水水样 pH 均为弱碱性。水敏性结构系统对生活污水 pH 值具有较好的改善效果。

芙蓉坝水敏性系统对水体 pH 值具有明显的提升作用，出水与入水相比 pH 值升高了 $4\%\sim14\%$，平均升高了 $9\%\pm3\%$。

4.2.4.3　小结

① 芙蓉坝水敏性系统对周围生活污水 TP、TN 具有较好的去除效果。对 TN 的去除率达到 54%，而且排水全部达到国家污水排放一级 A 标准，系统设计对 TN 的处理能力较好。然而，尽管系统对 TP 的去除率高达 52%，但系统对 TP 的处理能力不足，在 $7\sim8$ 月污水排放量较大和浓度较高期间，排水 TP 理浓度未达到一级 A 排放标准。

② 芙蓉坝水敏性系统对周围生活污水 NH_3-N 的去除率较高，达到 45%，且整个监测期间出水的 NH_3-N 含量均达到国家地表水 IV 类水标准，对污水 NH_3-N 具有较好的去除潜力。

③ 芙蓉坝水敏性系统对其他氮磷形态的削减效果均表现较好，但监测期间入水磷浓度存在超出系统处理容量的情况，因此导致出水磷浓度不达标情况。

④ 芙蓉坝水敏性系统对电导率具有较好的降低作用，对入湖水质具有较好的改善效果。

4.3　生物多样性功能评估

4.3.1　植物群落及其多样性评估

4.3.1.1　基塘工程植物多样性

基塘区域共记录到维管束植物 45 种，其中基塘工程区共记录到非人工种植高等维管植物 29 种，分属 15 科 28 属，含优势种植物 2 种，常见种植物 8 种，少见种植物 19 种；对照区共记录到非人工种植高等维管植物 34 种，分属 17 科 30 属，其中优势种植物 2 种，常见种植物 16 种，少见种植物 16 种。仅在基塘工程区发现的维管束植物共有 11 种，仅在对照区发现的维管束植物共 16 种。基塘工程区植物多样性指数 $H_p=2.368$，对照区植物多样性指数 $H'_p=2.546$。

基塘工程区主要植物群落为无芒稗群落、鸭舌草群落、野荸荠群落和萤蔺群落，其中无芒稗群落分布范围最广；对照区主要植物群落为浮萍群落、金鱼藻＋菹草群落、水葫芦群落、水虻草群落和狗牙根群落，其中浮萍群落、金鱼藻＋菹草群落和水葫芦群落主要分布在对照区的水塘中，水虻草群落主要分布于稻田间的田埂上，狗牙根群落则主要分布于休耕农田中。

基塘工程区域植物种类名录见表 4-26。

表 4-26　基塘工程区域植物名录

科	属	种	拉丁名
唇形科	紫苏属	紫苏	*Perilla frutescens*
大戟科	铁苋菜属	海蚌含珠	*Acalypha australis* L.
豆科	合萌属	合萌	*Aeschynomene indica*
豆科	鸡眼草属	鸡眼草	*Kummerowia striata*（Thunb.）Schindl.
浮萍科	浮萍属	浮萍	*Lemna minor* Linn.
禾本科	狗牙根属	狗牙根	*Cynodon dactylon*
禾本科	马唐属	马唐	*Digitaria sanguinalis*（Linn.）Scop.
禾本科	稗属	无芒稗	*Echinochloa crusgalli*
禾本科	雀稗属	双穗雀稗	*Paspalum distichum* L.
禾本科	狗尾草属	狗尾草	*Setaria viridis*（L.）Beauv.
禾本科	白茅属	白茅	*Imperata cylindrica*（Linn.）Beauv.
金鱼藻科	金鱼藻属	金鱼藻	*Ceratophyllum demersum*
菊科	蒿属	苦蒿	*Artemisia codonocephala*
菊科	紫菀属	钻叶紫菀	*Aster subulatus* Michaux
菊科	鬼针草属	鬼针草	*Bidens biternata*（Lour.）Merr. & Sherff
菊科	白酒草属	小白酒草	*Conyza canadensis*（L.）Cronq.
菊科	鳢肠属	鳢肠	*Eclipta prostrata*（Linn.）Linn.
菊科	苍耳属	苍耳	*Xanthium sibiricum* Patrin ex Widder
蓼科	蓼属	水蓼	*Polygonum hydropiper* L.
蓼科	蓼属	酸模叶蓼	*Polygonum lapathifolium* L.
蓼科	蓼属	杠板归	*Polygonum perfoliatum* L.
蓼科	蓼属	虎杖	*Polygonum cuspidatum* Sieb. et Zucc.
柳叶菜科	丁香蓼属	丁香蓼	*Ludwigia prostrata* Roxb.
马鞭草科	马鞭草属	马鞭草	*Verbena officinalis* Linn.
茄科	茄属	龙葵	*Solanum nigrum* L.
三白草科	三白草属	三白草	*Saururus chinensis*（Lour.）Baill.
莎草科	飘拂草属	水虱草	*Fimbristylis miliacea*（Linn.）Vahl
莎草科	荸荠属	野荸荠	*Heleocharis*
莎草科	莎草属	异型莎草	*Cyperus difformis* L.
莎草科	莎草属	香附子	*Cyperus rotundus* Linn.
莎草科	藨草属	萤蔺	*Scirpus juncoides* Roxb.
商陆科	商陆属	商陆	*Phytolacca acinosa* Roxb.
天南星科	菖蒲属	菖蒲	*Acorus calamus* L.
苋科	莲子草属	空心莲子草	*Alternanthera Philoxeroides*
苋科	苋属	苋	*Amaranthus tricolor*
玄参科	婆婆纳属	水苦荬	*Veronica undulata* Wall.
玄参科	母草属	泥花草	*Lindernia antipoda*（Linn.）Alston
玄参科	母草属	陌上菜	*Lindernia procumbens*
雨久花科	雨久花属	鸭舌草	*Monochoria vaginalis*（Burm. f.）Presl ex Kunth
雨久花科	凤眼蓝属	凤眼莲	*Eichhornia crassipes* Solms
鸭跖草科	鸭跖草属	鸭跖草	*Commelina communis* Linn.
眼子菜科	眼子菜属	菹草	*Potamogeton crispus*
眼子菜科	眼子菜属	浮叶眼子菜	*Potamogeton natans* Linn.
泽泻科	慈姑属	矮慈姑	*Sagittaria pygmaea* Miq.

4.3.1.2　生物沟工程植物多样性

生物沟工程系统选址在城市景观绿地范围内，原有景观绿地植物种类主要是景观绿化植物，包括桂花树、茶花树、女贞、红花檵木、紫叶小檗、杜鹃、狗牙根草皮。生物沟工程系统设计配置 22 种湿生、湿地植物，增加区域植物种类，丰富区域生，提升生物多样性和生境异质性。后期自然演替，生物沟工程系统内植物种类增加至 42 种，大多是土壤松动和客土转运过程土壤种子库萌发。将原有以狗牙根草皮为主的绿地景观改造成以湿地植物为主的异质生境。

生物沟工程区域植物种类名录见表 4-27。

表 4-27　生物沟工程区域植物种类名录

科	属	种	拉丁名
禾本科	狗牙根属	狗牙根	*Cynodon dactylon*
禾本科	狼尾草属	狼尾草	*P. alopecuroides*
禾本科	芒属	芭茅	*M. sinensis* Andl.
禾本科	芦苇属	芦苇	*Phragmites australis* Trin.
禾本科	牛鞭草属	牛鞭草	*Hemarthria altissima*
禾本科	芦竹属	水生芦竹	*A. donax*
鸢尾科	鸢尾属	黄花鸢尾	*Iris pseudacorus* Linn.
鸢尾科	鸢尾属	鸢尾	*Iris tectorum*
泽泻科	慈姑属	慈姑	*Sagittaria trifolia* L. var. *sinensis* (Sims) *Makino*
石蒜科	葱莲属	葱兰	*Z. candida*
灯芯草科	灯芯草属	灯芯草	*J. effusus*
莎草科	莎草属	风车草	*Cyperus alternifolius* L. ssp. *flabelliformis* (*Rottb.*) *Kükenth*
雨久花科	梭鱼草属	梭鱼草	*Pontederia cordata*
天南星科	菖蒲属	菖蒲	*Acorus calamus* L.
天南星科	菖蒲属	金钱蒲	*Acorus gramineus*
百合科	沿阶草属	麦冬	*O. japonicus* (Linn. f.) Ker-Gawl.
千屈菜科	千屈菜属	千屈菜	*Lythrum salicaria* L.
美人蕉科	美人蕉属	水生美人蕉	*Canna generalis* L. H. Bailey
睡莲科	睡莲属	睡莲	*Nymphaea tetragona*
睡莲科	莲属	莲	*Nelumbo nucifera*
竹芋科	塔利亚属	再力花	Thalia dealbata Fraser ex Roscae
香蒲科	香蒲属	香蒲	*Typhaorientalis Presl*
禾本科	狗尾草属	狗尾草	*Setaria viridis* (L.) Beauv.
禾本科	狗牙根属	狗牙根	*Cynodon dactylon*
苋科	莲子草属	喜旱莲子草	*Alternanthera philoxeroides* (Mart.) Griseb
蓼科	蓼属	水蓼	*Polygonum hydropiper* Linn.
毛茛科	毛茛属	毛茛	*Ranunculus japonicus*
唇形科	夏枯草属	夏枯草	*Prunella vulgaris*
蓼科	蓼属	杠板归	*Polygonum perfoliatum* L.
伞形科	窃衣属	窃衣	*Torilis scabra*
伞形科	积雪草属	积雪草	*Centella asiatica*
蔷薇科	蛇莓属	蛇莓	*Duchesnea indica*
茄科	茄属	龙葵	*Solanum nigrum*
桔梗科	半边莲属	半边莲	*Lobelia chinensis* Lour.
豆科	合萌属	合萌	*Aeschynomene indica* Linn.
骨碎补科	肾蕨属	肾蕨	*Nephrolepis auriculata*
大戟科	铁苋菜属	铁苋菜	*Acalypha australis*
酢浆草科	酢浆草属	酢浆草	*Oxalis corniculata*
菊科	紫菀属	钻形紫菀	*Aster subulatus* Michx.
菊科	苦苣菜属	苦苣菜	*Sonchus oleraceus*
菊科	苍耳属	苍耳	*Xanthium sibiricum* Patrin.
菊科	鬼针草属	鬼针草	*Bidens pilosa*

4.3.1.3　雨水花园工程植物多样性

雨水花园系统运行初期塘、生物沟植物面积所占比例为 56.49%，初期栽种比例为 30%，植被覆盖率相对较高，植被生长良好。现有植物按生活型划分，湿生植物种类最多为 72 种，挺水植物种类次之为 14 种，两者相加占湿地植物种类总数的 95.56%；而沉水植物、浮叶、漂浮物种类相对较少，三者之和占湿地植物种类总数的 4.44%。按植物的来源划分人工栽种的植物的生活类型分布分别为：挺水植物 13 种，占 68.42%，湿生植物 5 种，占 26.32%，浮叶植物 1 种，占 5.26%；自然繁衍植物的生活类型分布分别为挺水植物 1 种，占 1.39%，湿生植物 67 种，占 93.06%，漂浮植物 1 种，占 1.39%，沉水植物 2 种，占 2.78%。这说明人栽种以挺水植物为主，而自然繁衍的植物以湿生植物占据绝对优势。

雨水花园系统建成运行后，植物群落分布较不均匀，故采用群丛法来计算生物量。另外，雨水花园系统内浮叶植物，漂浮植物与沉水植物的种类、分布面积较少，因此，雨水花园系统内植物群落生物量主要统计挺水植物和湿生植物。除合萌群落外，其余群落的优势种均系人工栽植，衍生物种呈点缀分布，所占面积份额较小。与部分自然湿地相似，湿地水生植物群落的水平分布具有明显的复合性特征，属典型的群落复合体，亦称群丛复合体。

按接受统计的水生植物群丛生物量从大到小排列为黄花鸢尾群丛、鸢尾群丛、梭鱼草群丛、美人蕉群丛、大慈姑群丛、再力花群丛、慈姑群丛、香蒲群丛、睡莲群丛、荷花群丛、合萌群丛、菖蒲群丛、千屈菜群丛。

雨水花园工程区域植物种类名录见表 4-28。

表 4-28　雨水花园工程区域植物种类名录

科	属	种	拉丁名
禾本科	稗属	稗	*Echinochloa crusgalli* (L.) Beauv
禾本科	稗属	芒稗	*Echinochloa colonum* (L.) Link
禾本科	稗属	长芒稗	*Echinochloa caudata* Roshev.
禾本科	狗尾草属	狗尾草	*Setaria viridis* (L.) Beauv.
禾本科	狗牙根属	狗牙根	*Cynodon dactylon*
禾本科	芦苇属	芦苇	*Phragmites australis* Trin.
禾本科	芦竹属	芦竹	*Arundo donax* L.
禾本科	雀稗属	雀稗	*Paspalum thunbergii* Kunth
禾本科	千金子属	千金子	*Leptochloa chinensis* (L.) Nees
禾本科	白茅属	白茅	*Imperata cylindrica*
禾本科	荩草属	荩草	*Arthraxon hispidus*
禾本科	薏苡属	薏苡	*Coix lacryma jobi*
禾本科	雀稗属	双穗雀稗	*Paspalum paspaloides*
禾本科	马唐属	马唐	*Digitaria sanguinalis*
禾本科	牛鞭草属	牛鞭草	*Hemarthria altissima*
禾本科	棒头草属	棒头草	*Polypogon fugax*
莎草科	莎草属	碎米莎草	*Cyperus iria* Linn.
莎草科	莎草属	扁穗莎草	*Cyperus compressus* Linn.
莎草科	莎草属	长尖莎草	*Cyperus cuspidatus* H. B. K.
莎草科	莎草属	异形莎草	*Cyperus difformis* Linn.
莎草科	莎草属	旋磷莎草	*Cyperus michelianus* (Linn.) Link

科	属	种	拉丁名
莎草科	莎草属	风车草	*Cyperus alternifolius* L. ssp. flabelliformis(Rottb.)Kükenth
莎草科	荸荠属	野荸荠	*Eleocharis plantagineiformis* Tang&F. T. Wang
莎草科	荸荠属	稻田荸荠	*Eleocharis pellucida* Presl var. Japonica(Miq.)Tang&F. T. Wang
莎草科	藨草属	萤蔺	*Scirpus juncoides* Roxb.
莎草科	藨草属	藨草	*Scirpus triqueter* L.
莎草科	刺子莞属	水虱草	*Rhynchospora chineniss* Nees et Mey.
莎草科	水蜈蚣属	单穗水蜈蚣	*Kyllinga monocephala*
菊科	苍耳属	苍耳	*Xanthium sibiricum* Patrin.
菊科	鬼针草属	鬼针草	*Bidens pilosa*
菊科	鬼针草属	婆婆针	*Bidens bipinnata*
菊科	鳢肠属	鳢肠	*Eclipta prostrata* (L.)L.
菊科	紫菀属	钻形紫菀	*Aster subulatus* Michx.
菊科	苦苣菜属	苦苣菜	*Sonchus oleraceus*
菊科	马兰属	马兰	*Kalimeris indica*
菊科	飞蓬属	一年蓬	*Erigeron annuus*
菊科	白酒草属	白酒草	*Conyza japonica*
伞形科	胡萝卜属	野胡萝卜	*Daucus carota*
伞形科	窃衣属	窃衣	*Torilis scabra*
伞形科	积雪草属	积雪草	*Centella asiatica*
伞形科	水芹属	高山水芹	*Oenanthe hookeri*
美人蕉科	美人蕉属	水生美人蕉	*Canna generalis* L. H. Bailey
美人蕉科	美人蕉属	黄花美人蕉	*Canna indica* L. var. flava Roxb.
美人蕉科	美人蕉属	粉美人蕉	*Canna glauca* L.
唇形科	风轮菜属	细风轮菜	*Clinopodium gracile*
唇形科	夏枯草属	夏枯草	*Prunella vulgaris*
蓼科	蓼属	杠板归	*Polygonum perfoliatum* L.
蓼科	蓼属	水蓼	*Polygonum hydropiper* Linn.
毛茛科	毛茛属	毛茛	*Ranunculus japonicus*
毛茛科	毛茛属	石龙芮	*Ranunculus sceleratus*
千屈菜科	千屈菜属	千屈菜	*Lythrum salicaria* L.
千屈菜科	节节菜属	圆叶节节菜	*Rotala rotundifolia*
三白草科	三白草属	三白草	*Saururus chinensis*
三白草科	蕺菜属	鱼腥草	*Houttuynia cordata*
桑科	桑属	桑树	*Morus alba*
桑科	构属	构树	*Broussonetia papyrifera*
苋科	莲子草属	喜旱莲子草	*Alternanthera philoxeroides* (Mart.)Griseb
苋科	青葙属	青葙	*Celosia argentea*
泽泻科	慈姑属	慈姑	*Sagittaria trifolia* L. var. sinensis(Sims)Makino
泽泻科	慈姑属	大慈姑	*Sagittaria montevidensis* Chamisso & Schlentendal
睡莲科	睡莲属	睡莲	*Nymphaea tetragona*
睡莲科	莲属	莲	*Nelumbo nucifera*
雨久花科	雨久花属	鸭舌草	*Monochoria vaginalis*
雨久花科	梭鱼草属	梭鱼草	*Pontederia cordata*
鸢尾科	鸢尾属	黄花鸢尾	*Iris pseudoacorus* Linn.
鸢尾科	鸢尾属	鸢尾	*Iris tectorum*
天南星科	菖蒲属	菖蒲	*Acorus calamus* L.
天南星科	菖蒲属	金钱蒲	*Acorus gramineus*
酢浆草科	酢浆草属	酢浆草	*Oxalis corniculata*
竹芋科	塔利亚属	再力花	*Thalia dealbata* Fraser ex Roscae

科	属	种	拉丁名
香蒲科	香蒲属	香蒲	*Typhaorientalis Presl*
小二仙草科	狐尾藻属	粉绿狐尾藻	*Myriophyllum aquaticum*（Vell.）Verdc.
荨麻科	苎麻属	苎麻	*Boehmerianivea*（L.）Gaud
鸭跖草科	鸭跖草属	鸭跖草	*Commelina communis*
报春花科	珍珠菜属	过路黄	*Lysimachia christinae*
车前科	车前属	车前	*Plantago asiatica*
大戟科	铁苋菜属	铁苋菜	*Acalypha australis*
大麻科	葎草属	葎草	*Humulus scandens*（Lour.）Merr.
豆科	合萌属	合萌	*Aeschynomene indica* Linn.
浮萍科	紫萍属	紫萍	*Spirodela polyrrhiza*（L.）Schleid.
骨碎补科	肾蕨属	肾蕨	*Nephrolepis auriculata*
虎耳草科	虎耳草属	虎耳草	*Saxifraga stolonifera*
桔梗科	半边莲属	半边莲	*Lobelia chinensis* Lour.
柳叶菜科	丁香蓼属	丁香蓼	*Ludwigia prostrata*
马鞭草科	马鞭草属	马鞭草	*Verbena officinalis*
木贼科	木贼属	木贼	*Equisetum hyemale*
蔷薇科	蛇莓属	蛇莓	*Duchesnea indica*
茄科	茄属	龙葵	*Solanum nigrum*
十字花科	播娘蒿属	播娘蒿	*Descurainia sophia*
金鱼藻科	金鱼藻属	金鱼藻	*Ceratophyllum demersum*

三处工程正常运行过程中，植物种类逐渐增加，且相对于工程未建设实施时更加丰富。工程实施促使工程区内及周边地区植物多样性的提升。

4.3.1.4　汉丰湖湖岸（库岸）芙蓉坝区主要维管束植物多样性

汉丰湖生态系统作为城市生态系统中较为重要的组成部分，对于维护城市间生态系统平衡，改善城市的生态环境，保护城市生物多样性有着极其重要的作用。湿地植被群落在水文、土壤理化指标等自然要素和人类活动影响下发生演替，主要表现在植被物种多样性变化和植被群落结构变化两个方面。

统计调查显示，汉丰湖湖岸（库岸）芙蓉坝和乌杨坝两个区域，维管植物 79 种，隶属 23 科 54 属。禾本科、菊科、豆科和莎草科植物居多，多数物种为单科单属种。其中优势物种为狗牙根、钻叶紫菀、胡枝子、苍耳、小白酒草、鬼针草等（见表 4-29）。

表 4-29　汉丰湖湖岸（库岸）主要维管束植物

科	属	种	拉丁名
菊科	苍耳属	苍耳	*Xanthium sibirium* Potr. et Widd.
	白酒草属	小白酒草	*Conyza canadensis*（L.）Cronq.
	蒿属	艾蒿	*Artemisia argyi* Levl. Et Vant.
	蒿属	白蒿	*A. lactiflora* Wall. Ex DC
	蒿属	灰苞蒿	*A. roxburghiana* Bess.
	蒿属	苦蒿	*A. apiacea* Hance
	鬼针草属	鬼针草	*Bidens bipinnata* L.
	鬼针草属	三叶鬼针草	*B. pilosa* L.
	鬼针草属	狼把草	*B. tripartita* L.
	苦荬菜属	苦荬	*Ixeris denticulata*（Houtt.）Stebb.
	菊属	野菊花	*Dendranthema indicum*（L.）Des Moul.

科	属	种	拉丁名
菊科	醴肠属	鳢肠	*Eclipta alba* (L.)Hassk.
	紫菀属	钻叶紫菀	*Aster subulatus* Michx.
蓼科	蓼属	水蓼	*Polygonum hydropiper* L.
	蓼属	酸模叶蓼	*P. lapathifolium* L.
	蓼属	杠板归	*P. perfoliatum* L.
豆科	益母草属	益母草	*Leonurus Artemisia* (Lour.)S. Y. Hu
	风轮菜属	风轮草	*Clinopodium chinense* (Benth.)O. Ktze.
	合萌属	合萌	*Aeschynomene indica*
	胡枝子属	铁扫帚	*Lespedeza cuneata*(Dun. Cours.)G. Don
	胡枝子属	胡枝子	*Lespedeza bicolor* Turcz
	鸡眼草属	鸡眼草	*Kummerowia stipueacea* Max.
禾本科	狗牙根属	狗牙根	*Cynodon dactylon* (L.)Bers.
	牛鞭草属	扁穗牛鞭草	*Hemarthria compressa* (L. f.)R. Br.
	稗属	无芒稗	*Echinochloa crusgalli* var. mitis (Pursh)Peterm.
	狗尾草属	狗尾草	*Setaria viridis* (L.)Beauv.
	狗尾草属	狼尾草	*S. faberii* Herrm.
	白茅属	白茅	*Imperata cylindrica* var. major (Nees.)C. E. Hubb
	荩草属	茅叶荩草	*Arthraxon prionodes* (Steud.)Dandy
	马唐属	马唐	*Digitaria sanguinalis* (L.)Scop.
	雀稗属	双穗雀稗	*Paspalum paspaloides* Scribn.
	千金子属	千金子	*Leptochloa chinensis* (L.)Nees
	求米草属	竹叶草	*Oplismenus compositus* (L.)Beauv.
	芒属	芭芒	*Miscanthus floridulus* (Labill.)Warb.
	细柄草属	硬杆子草	*Capillipedium assimile* (Steud.)A. Camus
	菵草属	水稗子(菵草)	*Beckmannia syzigachne* (Steud.)Fernald
莎草科	莎草属	香附子	*Cyperus rotundus* L.
	莎草属	异型莎草	*C. difformis* L.
	莎草属	碎米莎草	*C. iria* L.
	苔草属	栗褐苔草	*Carex brunnea* Thumb.
	飘拂草属	水虱草	*Fimbristylis miliacea*(L.)Vahl
	水蜈蚣属	水蜈蚣	*Kyllinga brevifolia* Rottb
	藨草属	萤蔺	*Scirpus juncoides* Roxb.

芙蓉坝区域植物空间梯度分布来看，上部区域野花草甸区以人工种植的景观植物车轴草、波斯菊为主，钻叶紫菀＋合萌群落伴生，中部平坦狗牙根群落为主，鬼针草＋苍耳群落伴生，下部区域以胡枝子群落为主，水蓼＋苍耳群落伴生。

乌杨坝区域上部多功能固岸护岸区以乔木群落香樟，灌木群落八茅，草本群落以白茅为主，狗牙根群落伴生；岸坡下护岸-林泽过渡带区域，胡枝子群落为主，苍耳＋水蓼群落伴生，下部林泽区域狗牙根＋胡枝子群落为主，水蓼＋苍耳群落伴生。

4.3.1.5 汉丰湖湖岸（库岸）乌杨坝区主要维管束植物多样性

(1) 植物群落调查

按高程分为 3 个样带：175～185m 为生态防护带带，170～175m 为生态固岸带，170～172m 为复合林泽带。2017 年 5 月对乌杨坝多带多功能生态防护带建设区开展了春季生物多样性调查，对每个功能带设置 3 个固定样点进行调查，方法为样方法。

经定量调查，生态防护带总计 15 科，25 属，25 种植物。乔木平均胸径 12.2cm，平均高度 5.3m，平均冠幅 2.3m×1.9m。草本主要优势种为白茅，伴生种为木贼和蜈蚣草（表 4-30）。

表 4-30　生态防护带定量调查植物名录

科	属	种	拉丁名
三白草科	三白草属	鱼腥草	*Houttuynia cordata*
伞形科	葛缕子属	葛缕子	*Carum carvi* Linn.
	窃衣属	窃衣	*Torilis scabra*
大戟科	乌桕属	乌桕	*Triadica sebifera*
凤尾蕨科	凤尾蕨属	蜈蚣草	*Pteris vittata*
大戟科	秋枫属	重阳木	*Bischofia polycarpa* Levl.
旋花科	打碗花属	旋花	*Calystegia sepium*
木贼科	木贼属	木贼	*Equisetum hyemale* Linn.
杨柳科	杨属	杨树	Populus
樟科	樟属	樟树	*Cinnamomum camphora* L.
牻牛儿苗科	老鹳草属	老鹳草	*Geranium wilfordii*
玄参科	婆婆纳属	婆婆纳	*Veronica didyma*
禾本科	白茅属	白茅	*Imperata cylindrica*
	狗牙根属	狗牙根	*Cynodon dactylon* L.
苋科	莲子草属	莲子草	*Alternanthera sessilis*
菊科	小苦荬属	抱茎小苦荬	*Ixeridium sonchifolium* Maxim.
	白酒草属	小蓬草	*Conyza Canadensis* L.
	蒿属	野艾	*Artemisia lavandulaefolia*
	黄鹌菜属	黄鹌菜	*Youngia japonica* Linn.
	鬼针草属	鬼针草	*Bidens pilosa* L.
豆科	草木犀属	黄香草木犀	*Melilotus officinalis* L.
	鳖豆属	常春油麻藤	*Mucuna sempervirens*
	苜蓿属	小苜蓿	*Medicago minima* Linn.
	野豌豆属	野豌豆	*Vicia sepium*
	野豌豆属	小巢菜	*Vicia hirsuta* Linn.

生态固岸带总计 12 科，24 属，24 种。优势种为巴茅，伴生种为白苞蒿、黄花蒿、金星蕨（表 4-31）。

表 4-31　生态固岸带定量调查植物名录

科	属	种	拉丁名
伞形科	窃衣属	窃衣	*Torilis scabra*
	野胡萝卜属	野胡萝卜	*Daucus carota* Linn.
凤尾蕨科	凤尾蕨属	蜈蚣草	*Pteris vittata*
唇形科	风轮菜属	风轮菜	*Clinopodium chinense*
	水棘针属	水棘针	*Amethystea caerulea* Linn.
海金沙科	海金沙属	海金沙	*Lygodium japonicum* Thunb.
玄参科	婆婆纳属	婆婆纳	*Veronica didyma* Tenore

科	属	种	拉丁名
禾本科	蒲苇属	蒲苇	*Cortaderia selloana* Schult.
	狗牙根属	狗牙根	*Cynodon dactylon* L.
	白茅属	白茅	*Imperata cylindrica*
紫草科	附地菜属	附地菜	*Trigonotis peduncularis* Trev.
荨麻科	苎麻属	苎麻	*Boehmeria nivea*
菊科	小苦荬属	抱茎小苦荬	*Ixeridium sonchifolium* Maxim.
	白酒草属	小蓬草	*Conyza Canadensis* L.
	蒿属	黄花蒿	*Artemisia annua*
	小苦荬属	中华小苦荬	*Ixeridium chinense* Thunb.
	鼠麹草属	鼠麹草	*Gnaphalium affine*
	蒿属	野艾	*Artemisia lavandulaefolia*
	苍耳属	苍耳	*Xanthium sibiricum*
	蒿属	白苞蒿	*Artemisia lactiflora*
豆科	草木犀属	黄香草木犀	*Melilotus officinalis* L.
	苜蓿属	小苜蓿	*Medicago minima* Linn.
酢浆草科	酢浆草属	酢浆草	*Oxalis corniculata*
金星蕨科	金星蕨属	金星蕨	*Parathelypteris glanduligera* Kze.

复合林泽带总计 19 科，37 属，37 种。乔木平均胸径 9.1cm，平均高度 5.2m，平均冠幅 1.4m×1.0m。草本优势种为狗牙根、苍耳，伴生种为老鹳草、繁缕、裸柱菊和鼠麹草（表 4-32）。

表 4-32　复合林泽带定量调查植物名录

科	属	种	拉丁名
伞形科	野胡萝卜属	野胡萝卜	*Daucus carota*
	天胡荽属	天胡荽	*Hydrocotyle sibthorpioides*
十字花科	萝卜属	萝卜	*Raphanus sativus*
	蔊菜属	蔊菜	*Rorippa indica*
大戟科	乌桕属	乌桕	*Triadica sebifera*
唇形科	水棘针属	水棘针	*Amethystea caerulea*
报春花科	泽珍珠菜属	泽珍珠菜	*Lysimachia candida*
柏科	落羽杉属	中山杉	*Taxodium*
	水松属	水松	*Glyptostrobus pensilis*
旋花科	菟丝子属	菟丝子	*Cuscuta chinensis*
毛茛科	毛茛属	石龙芮	*Ranunculus sceleratus*
牻牛儿苗科	老鹳草属	老鹳草	*Geranium wilfordii*
玄参科	通泉草属	通泉草	*Mazus pumilus* Burm. f.
	婆婆纳属	婆婆纳	*Veronica didyma*
	婆婆纳属	水苦荬	*Veronica undulata*
石竹科	繁缕属	繁缕	*Stellaria media*
禾本科	狗牙根属	狗牙根	*Cynodon dactylon* L.
	棒头草属	棒头草	*Polypogon fugax*
	看麦娘属	看麦娘	*Alopecurus aequalis*
紫草科	附地菜属	附地菜	*Trigonotis peduncularis* Trev.
苋科	莲子草属	莲子草	*Alternanthera sessilis*
茄科	茄属	龙葵	*Solanum nigrum*

科	属	种	拉丁名
菊科	苍耳属	苍耳	*Xanthium sibiricum*
	鼠麴草属	鼠麴草	*Gnaphalium affine*
	白酒草属	小蓬草	*Conyza Canadensis* L.
	紫菀属	紫菀	*Aster tataricus.*
	紫菀属	钻叶紫菀	*Aster subulatus*
	鬼针草属	鬼针草	*Bidens pilosa* L.
	蒿属	黄花蒿	*Artemisia annua*
	裸柱菊属	裸柱菊	*Soliva anthemifolia* Juss.
蓼科	酸模属	酸模	*Rumex patientia*
	蓼属	酸模叶蓼	*Polygonum lapathifolium*
豆科	草木犀属	草木犀	*Melilotus officinalis* Linn.
	野豌豆属	野豌豆	*Vicia sepium*
	合萌属	合萌	*Aeschynomene indica*
	苜蓿属	小苜蓿	*Medicago minima* Linn.
酢浆草科	酢浆草属	酢浆草	*Oxalis corniculata*

经过定性调查，生态防护带植物总计 87 种，生态固岸带植物 37 种，复合林泽带植物 39 种。生态防护带植物群落结构复杂，形成了"乔—灌—草"的层次结构，生物多样性高。生物固岸带由于被硬化，虽形成有多孔隙空间但不适宜植物生长，以蕨类和菊科一年生植物为主。复合林泽带由于周期性的反季节水淹，草本群落以苍耳、狗牙根为优势种，具有明显的消落带特征。林泽内部土壤湿度大，土质疏松，形成了多个洼地，乔木萌发状况良好。

（2）调查结果分析

通过乌杨坝生物多样性分析可知，乌杨坝样地内从固岸护岸系统即多带多功能缓冲带到岸下多空穴栖息生境带再到林泽系统，生物多样性呈现递增的趋势，与现场实际调查的情况一致，且样带内植物分布较为均匀。

4 月整个乌杨坝样地内以胡枝子群落为主，到 7 月，胡枝子群落已经结种，并且绝大多数枯萎死亡。而乌杨坝样地内，苍耳逐渐演变为优势群落。

多带多功能固岸护岸系统内植物群落单一，上部乌桕、香樟树下主要为白茅，木贼伴生；中部巴茅区仅见少量蕨类植物生长；下部胡枝子枯萎，苍耳鬼针草生长旺盛，逐渐演变为优势属种。

林泽区胡枝子枯萎，苍耳、稗草生长旺盛，狗牙根、水虱草、合萌伴生。退水后的自然消落带区以狗牙根为主，生物物种较春季丰富，部分地势低洼区苍耳、稗草、合萌呈团簇状生长，而且狗牙根群落中香附子伴生。

4.3.2 鸟类多样性评估

4.3.2.1 研究区域

自 2013 年开始对小江汉丰湖流域内的库岸带鸟类多样性及其生境进行调查工作，主要进行鸟种调查。春季和秋季，小江汉丰湖流域受三峡库区水位调动影响，处于持续退水或蓄水阶段，生态系统极不稳定。夏季和冬季，调查区域内水位较稳定。在夏季，基塘、林泽等生态工程露出，形态结构完整，植物亦处于生长最为旺盛的季节，对留鸟、夏候鸟的庇护、觅食、育雏等发挥积极作用。而冬季高水位时，林泽、生态护坡等生态工程则是游禽、涉禽、鸣禽等重要的庇护地。夏季和冬季最能够表现鸟类与生态护岸与之间的响应机制。

2014～2015 年，生态护岸处于设计施工阶段、植被恢复阶段或者试运行阶段，结构组分不完善，护坡内人为干扰较严重，对鸟类产生直接影响，因此选择 2015 年，即生态工程实施后一年或者一年以上的夏季和冬季进行生态护岸鸟类多样性效益评估工作。采用时空替代法，以开州区湿地管理局前未进行人为恢复重建的区域作为对照样点，石龙船大桥城市景观基塘、芙蓉坝、乌杨坝、大浪坝、白夹溪老土地湾 5 个样点作为调样点。对照区域选择 145～190m 水位下消落区域及周边生境，调查样点的位置如图 4-57 所示。

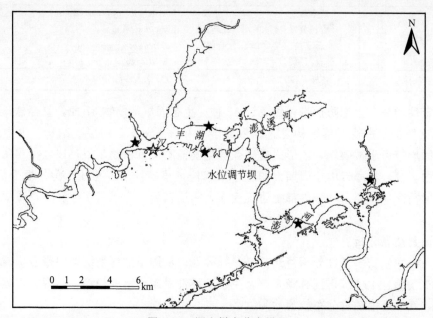

图 4-57　调查样点分布设置

注：黑色五角星区域为实施生态护岸区域，而空心五角星轮廓区域为对照样点。

每个季节在选定的样带开展 3 次调查工作。生态护岸每次调查的坡样线长度为 400m，每个调查样带单次调查时间为 30min，样点选择避开施工区和施工期。选择晴朗无风的天气，在 7：00～11：00 以及 15：00～18：00 进行调查。利用 8×42 的双筒望远镜及 20～60 倍的施华洛斯奇单筒望远镜进行鸟类调查。调查时，研究区域内看到和听到的鸟类均算，记录鸟类的行为及活动的生境。记录开始调查后样带范围内的鸟类，调查后进入调查范围内的鸟类则不计入内。

4.3.2.2　研究方法

(1) 鸟类的物种组成特征

鸟类分类参考中国鸟类名录 4.0，鸟类分布参考郑光美主编的《中国鸟类名录及分布》（第二版）。

(2) 鸟类多样性

针对研究区域内陆种类及种群数量的调查结果，采用如下的分析方法。

① 采用香农-威纳指数作为衡量鸟类群落多样性的指标，公式为：

$$H = -\sum_{i=1}^{i=S} P_i \ln P_i$$

式中　P_i——第 i 种的个体数与该群落总个体数之比值；

　　　S——总种数。

$$E = H/\ln S$$

式中　E——均匀性指数；

　　　H——实测多样性值。

Simpson 种类优势度指数

$$D = P_i \times P_i$$

② 采用 Sorenson 相似性系数衡量夏季和冬季鸟类种类的相似性，公式为：

$$c = \frac{2j}{a+b}$$

式中　j——2 个季节共有的鸟类种类数；

　　　a——第 1 个季节的鸟类种类数量；

　　　b——第 2 个季节的鸟类种类数量。

③ 利用 SPSS 软件进行分析方差分析和比较，显著性水平取 0.05。对不同的生态护岸在同一个季节进行 Duncan 分析，显著性水平取 0.05。

4.3.2.3　结果与分析

(1) 研究区域鸟类群落结构

从 2013 年 6 月至 2016 年 10 月在小江汉丰湖流域生态河、库岸带共发现鸟类 71 种，隶属于 14 目 34 科，占整个河、库岸带鸟类物种数的 94.67%；而在对照点仅发现鸟类 40 种，隶属于 7 目 25 科，河、库岸带鸟类丰度显著高于对照区。生态河、库岸带增加的类群为雁形目、鸻形目、鹰形目等门类。生态护岸与对照样带的鸟类的相似性为 64.86%，相似度较高。证明生态护岸实施河建设后，原有的河、库岸带鸟类种类仍然比较完整，并且通过栖息地结构的改造，为游禽、鸣禽、涉禽等类群提供了栖息地，这对整个流域内鸟类多样性保育发挥着积极的作用。详细的河、库岸带鸟类名录见表 4-33。在渠口镇大浪坝生态防护岸带内发现重庆市鸟类新记录到红胸田鸡（*Porzana fusca*）和蓝胸秧鸡（*Gallirallus striatus*），它们喜在隐蔽性较好的基塘中觅食、繁殖。

表 4-33　小江汉丰湖流域生态护岸带鸟类名录

编号	中文名	学名	保护等级	分布区系	居留类型	DZD	STD
1	(1)鹛䴙目 1)鹛䴙科 小鹛䴙	PODICIPEDIFORMES Podicipedidae *Tachybaptus ruficollis*	△	C	R	√	√
2	(2)鲣鸟目 2)鸬鹚科 普通鸬鹚	SULIFORMES Phalacrocoracidae *Phalacrocorax carbo*	△	P	W		√
3	(3)鸮形目 3)鸱鸮科 斑头鸺鹠	STRIGIFORMES Strigidae *Glaucidium cuculoides*	Ⅱ	O	R		√

编号	中文名	学名	保护等级	分布区系	居留类型	DZD	STD
4	(4)犀鸟目 4)戴胜科 戴胜	BUCEROTIFORMES Upupidae *Upupa epops*		P	R		√
5	(5)隼形目 5)隼科 阿穆尔隼	FALCONIFORMES Falconidae *Falco amurensis*	Ⅱ	C	T		√
6	(6)鸡形目 6)雉科 雉鸡	GALLIFORMES Phasianidae *Phasianus colchicus*		C	R	√	
7	(7)鸽形目 7)鸠鸽科 珠颈斑鸠	COLUMBIFORMES Columbidae *Spilopelia chinensis*		O	R	√	√
8	(8)佛法僧目 8)翠鸟科 普通翠鸟	CORACIIFORMES Alcedinidae *Alcedo atthis*		C	R	√	√
9	(9)鹰形目 9)鹰科 普通鵟	ACCIPITRIFORMES Accipitridae *Buteo japonicus*	Ⅱ	C	W		√
10	(10)雁形目 10)鸭科 雀鹰	ANSERIFORMES Anatidae *Accipiter nisus*	Ⅱ	C	W		√
11	绿头鸭	*Anas platyrhynchos*		P	W		√
12	斑嘴鸭	*Anas zonorhyncha*		P	R		√
13	绿翅鸭	*Anas crecca*		C	W		√
14	(14)鹤形目 14)秧鸡科 蓝胸秧鸡	GRUIFORMES Rallidae *Gallirallus striatus*		O	R		√
15	白胸苦恶鸟	*Amaurornis phoenicurus*		O	S		√
16	红胸田鸡	*Porzana fusca*		C	S		√
17	董鸡	*Gallicrex cinerea*	△	O	S	√	
18	黑水鸡	*Gallinula chloropus*	△	O	R	√	√
19	(19)鸻形目 19)彩鹬科 骨顶鸡	CHARADRIIFORMES Rostratulidae *Fulica atra*		C	W	√	√
20	20)鸻科 彩鹬	Charadriidae *Rostratula benghalensis*	△	O	S		√
21	长嘴剑鸻	*Charadrius placidus*		C	W		√
22	金眶鸻	*Charadrius dubius*		C	S		√
23	23)丘鹬科 扇尾沙锥	Scolopacidae *Gallinago gallinago*		P	W		√
24	白腰草鹬	*Tringa ochropus*		P	W		√
25	林鹬	*Tringa glareola*		P	T		√
26	(26)鹈形目 26)鹭科 矶鹬	PELECANIFORMES Ardeidae *Actitis hypoleucos*		P	W		√

续表

编号	中文名	学名	保护等级	分布区系	居留类型	DZD	STD
27	大麻鳽	*Botaurus stellaris*	△	C	W		√
28	栗苇鳽	*Ixobrychus cinnamomeus*	△	O	S		√
29	夜鹭	*Nycticorax nycticorax*		C	S		√
30	池鹭	*Ardeola bacchus*		O	R	√	
31	牛背鹭	*Bubulcus coromandus*		O	S	√	√
32	苍鹭	*Ardea cinerea*		C	R	√	√
33	白鹭	*Egretta garzetta*		O	R	√	√
34	大白鹭	*Ardea alba*		C	W		√
35	(35)雀形目 35)黄鹂科 黑枕黄鹂	PASSERIFORMES Oriolidae *Oriolus chinensis*		O	S		√
36	36)卷尾科 黑卷尾	Dicruridae *Dicrurus macrocercus*		O	S	√	√
37	37)苇莺科 东方大苇莺	Acrocephalidae *Acrocephalus orientalis*		C	S	√	
38	38)百灵科 小云雀	Alaudidae *Alauda gulgula*		O	R	√	
39	39)鹛科 棕颈钩嘴鹛	Timaliidae *Pomatorhinus ruficollis*		O	R		√
40	40)莺鹛科 棕头鸦雀	Sylviidae *Sinosuthora webbiana*		C	R	√	√
41	41)噪鹛科 白颊噪鹛	Leiothrichidae *Garrulax sannio*		O	R	√	√
42	42)山雀科 大山雀	Paridae *Parus major*		C	R		√
43	43)鸫科 乌鸫	Turdidae *Turdus merula*		C	R	√	√
44	44)鸦科 红嘴蓝鹊	Corvidae *Urocissa erythroryncha*		O	R		√
45	45)椋鸟科 灰椋鸟	Sturnidae *Spodiopsar cineraceus*		C	W		√
46	丝光椋鸟	*Spodiopsar sericeus*		O	R	√	√
47	47)雀科 山麻雀 麻雀	Passeridae *Passer rutilans* *Passer montanus*		C C	R R	 √	√ √
48	48)梅花雀科 白腰文鸟	Estrildidae *Lonchura striata*		O	R	√	√
50	斑文鸟	*Lonchura punctulata*		O	R		√
51	51)燕科 家燕 金腰燕	Hirundinidae *Hirundo rustica* *Cecropis daurica*		C C	S S	√ √	√ √
52	52)燕雀科 黑尾蜡嘴雀 金翅雀	Fringillidae *Eophona migratoria* *Chloris sinica*		P P	W R	 √	√ √

编号	中文名	学名	保护等级	分布区系	居留类型	DZD	STD
54	54）鹀科	Emberizidae					
	小鹀	*Emberiza pusilla*		P	W	√	√
	灰头鹀	*Emberiza spodocephala*		C	W	√	√
55	55）伯劳科	Laniidae					
	虎纹伯劳	*Lanius tigrinus*		P	S		√
	红尾伯劳	*Lanius cristatus*		P	S	√	√
	棕背伯劳	*Lanius schach*		O	R		√
56	56）扇尾莺科	Cisticolidae					
	棕扇尾莺	*Cisticola juncidis*		O	R	√	√
	山鹪莺	*Prinia crinigera*		O	R	√	√
	纯色山鹪莺	*Prinia inornata*		O	R	√	√
57	57）鹎科	Pycnonotidae					
	黄臀鹎	*Pycnonotus xanthorrhous*		O	R	√	√
	白头鹎	*Pycnonotus sinensis*		O	R	√	√
	绿翅短脚鹎	*Ixos mcclellandii*		O	R	√	√
58	34）鹟科	Muscicapidae					
	黑喉石䳭	*Saxicola maurus*		O	S	√	√
	鹊鸲	*Copsychus saularis*		O	R	√	√
	北红尾鸲	*Phoenicurus auroreus*		P	W	√	√
59	59）鹡鸰科	Motacillidae					
	黄鹡鸰	*Motacilla tschutschensis*		C	T		√
	黄头鹡鸰	*Motacilla citreo la*		P	T		√
	灰鹡鸰	*Motacilla cinerea*		P	R	√	
	白鹡鸰	*Motacilla alba*		P	R	√	√
	理氏鹨	*Anthus richardi*		C	S	√	
60	树鹨	*Anthus hodgsoni*		P	W		√
61	水鹨	*Anthus spinoletta*		P	W	√	

注：1. 区系分布：O 为东洋界物种，P 为古北界物种，C 为广布种。

2. 居留类型：R 为留鸟，S 为夏候鸟，W 为冬候鸟，T 为旅鸟。

3. "Ⅱ" 为国家二级保护动物。

4. "Δ" 为重庆市保护动物。

5. STD 为生态防护带；DZD 为对照带。

生态防护带中国家二级保护鸟类 4 种，分别为阿穆尔隼（*Falco amurensis*）、雀鹰（*Accipiter nisus*）、普通鵟（*Buteo japonicus*）、斑头鸺鹠（*Glaucidium cuculoides*）；重庆市保护动物 7 种，分别为大麻鳽（*Botaurus stellaris*）、栗尾鳽（*Ixobrychuscinnamomeus*）、董鸡（*Gallicrex cinerea*）、黑水鸡等（*Gallinula chloropus*）。消落带对照点无国家级保护动物，仅有 3 种重庆市保护动物。生态防护带内生境质量更高，能够为珍稀濒危的鸟类提供栖息地，也是水域内游禽隔绝人为干扰重要的缓冲带。

从分布区系分析可以得出，生态防护带（简称 STD）和对照带（简称 DZD）的东洋界鸟类种类及种群数量，这与小江、汉丰湖流域位于东洋界的动物学地理分界特征相一致。生态护岸带中东洋界、古北界和广布种的物种数均高于对照区域（图 4-58）。

对生态护岸带鸟类居留型分析，留鸟占鸟类种类数的 1/2；旅鸟占物种总数比例较低。生态护岸实施后留鸟、夏候鸟、冬候鸟、旅鸟的物种数均高于对照区，如图 4-59 所示。雀形目棕头鸦雀（*Sinosuthora webbiana*）、树麻雀（*Passer montanus*）、金翅雀

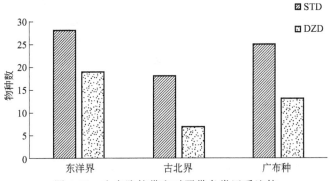

图 4-58　生态防护带和对照带鸟类区系比较

（*Chloris sinica*）等鸟类应对流域内的季节性水位动态形成相应的适宜机制。流域内集中在 165～175m 消落带沿高程梯度植被丰茂，是喜食草籽、昆虫等鸟类重要的觅食、栖息和庇护地，上述鸣禽在夏季低水位时就集中在该区域活动。而冬季高水位时，植物被淹没，棕头鸦雀（*Sinosuthora webbiana*）、树麻雀（*Passer montanus*）、金翅雀（*Chloris sinica*）等留鸟在生态护岸内丰度、多度、均匀度显著下降，迅速转移到周边农耕地、居民点、城市公园栖息。

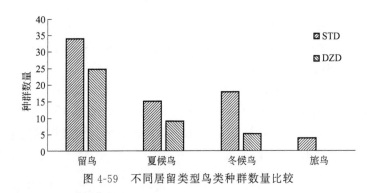

图 4-59　不同居留类型鸟类种群数量比较

（2）不同季节河、库岸带的鸟类多样性比较

1）夏季　夏季类型生态护坡鸟类多样性比较如图 4-60 所示。

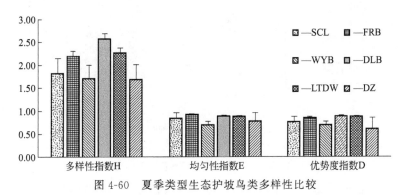

图 4-60　夏季类型生态护坡鸟类多样性比较

图 4-60 中，SCL 代表石龙船大桥调查样点；FRB 代表芙蓉坝调查样点；WYB 代表

乌杨坝调查样点；DLB 代表大浪坝调查样点；LTDW 代表老土地湾调查样点；DZ 代表对照调查样点；H 为多样性指数；E 为均匀性指数；D 为优势度指数，下同。

由图 4-60 可以得出，夏季大浪坝的鸟类多样性、均匀度、优势度最高；乌杨坝的鸟类多样性、均匀度和优势度最低。这是因为乌杨坝中的白鹭种群数量高，占鸟类群落多度的比例大。石龙船和对照样点的多样性、均匀度和优势度较接近。芙蓉坝和老土地湾的香农威纳指数、均匀度和优势度较接近。相比于对照点，大多数生态工程区域的多样性、均匀度和优势度均有所提高，特别是基塘工程的增加，直接吸引秧鸡科、鹭科鸟类在生态护岸内觅食、栖息和繁殖。

夏季类型生态、护坡鸟类种类和多度比较如图 4-61 所示。

由图 4-61 可知大浪坝的鸟类物种最高、多度均最高，鸟种数达到 20.33 种，种群数量达到 123.67 只，种群数量甚至是对照组的 3 倍。大浪坝小柳树林＋桑树落羽杉林泽＋基塘复合生态系统结构，为秧鸡科、鹭科、伯劳科、卷尾科等不同生态位的鸟类提供栖息地，因此鸟类多样性最高。石龙船、芙蓉坝、老土地湾的鸟类群落多度低于对照区。由于上述 3 个护坡的生境中游客众多、人为干扰强烈，导致隐匿性强的鸟类种类及种群数量较低，多样性亦随之较低。对照组内在 165～175m 水位高程内，一年生草本植物苍耳子、狼巴草、磨盘草等草本植物是优势种，植被平均高度近 1.5m，成为喜食草籽、昆虫的鸣禽如棕头鸦雀（*Sinosuthora webbiana*）、黑卷尾（*Dicrurus macrocercus*）、白腰文鸟（*Lonchura striata*）等重要的觅食、庇护和栖息地。在 165m 下的河滩微型洼地形态多样、隐蔽性好，吸引鹭科、秧鸡科鸟类觅食，直接提高多样性。但是在石龙船大桥（简称"SCL"）的城市景观基塘工程，通过荷花、再力花、水生美人蕉等挺水植物营造生境，形成近 1/2 面积、郁闭度良好的栖息空间，成为白胸苦恶鸟（*Amaurornis phoenicurus*）、黑水鸡（*Gallinula chloropus*）、蓝胸秧鸡（*Gallirallus striatus*）等涉禽重要的繁殖地和育雏地。城市景观基塘作为一个重要的生境模块，对汉丰湖滨湖带局部生境类型优化生、生物多样性提高，发挥积极推动作用。

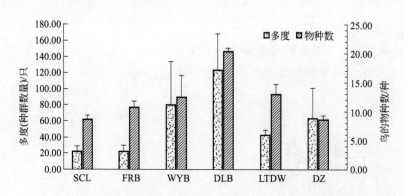

图 4-61　夏季类型生态护坡鸟类种类和多度比较

（注：SCL 代表石龙船大桥调查样点；FRB 代表芙蓉坝调查样点；WYB 代表乌杨坝调查样点；
DLB 代表大浪坝调查样点；LTDW 代表老土地湾调查样点；DZ 代表对照调查样点。）

对调查区域生态护岸夏季的香农威纳多样性指数、均匀度、优势度、物种数和多度进行单因素 Duncan 检验，显著性水平取 0.05，香农威纳多样性指数（$d_f = 17$，$F = 6.779$，$p = 0.003 < 0.05$）、优势度（$d_f = 17$，$F = 2.740$，$p = 0.071 < 0.05$）、物种数（$d_f = 17$，

$F=17.224$，$p=0.000<0.05$）、多度（$d_f=17$，$F=4.628$，$p=0.018<0.05$）差异显著。表明研究区域内不同生态护岸对鸟类多样性的多样性影响物种、程度有所不同。

2）冬季　冬季鸟类多样性比较如图 4-62 所示。

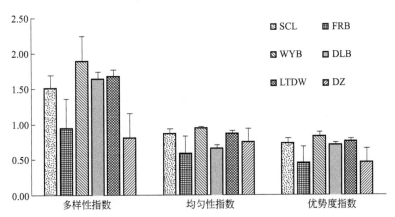

图 4-62　冬季鸟类多样性比较

（注：SCL 代表石龙船大桥调查样点；FRB 代表芙蓉坝调查样点；WYB 代表乌杨坝调查样点；
DLB 代表大浪坝调查样点；LTDW 代表老土地湾调查样点；DZ 代表对照调查样点。）

由图 4-62 可得出，冬季生态护岸的鸟类多样性、均匀度和优势度均低于夏季鸟类多样性。由于冬季高水位（165～175m）运行，相比于夏季，生境结构发生显著变化，由山地河流转变为深水水库。冬季，乌杨坝的多样性，均匀度、优势度最高。乌杨坝自 190m 到 170m，形成多带多功能缓冲系统＋动态林泽的复合模式。多带多功能缓冲系统中以香樟树、重阳木等为优势种；蒲苇是区域内的优势灌木，可以为棕背伯劳（*Lanius schach*）、白腰文鸟（*Amaurornis phoenicurus*）、黄臀鹎（*Pycnonotus xanthorrhous*）、山鹪莺（*Prinia crinigera*）等提供栖息地和食物资源。而动态林泽在高水位时，隐蔽好，下部有倒木放置，是绿头鸭（*Anas platyrhynchos*）、斑嘴鸭（*Anas zonorhyncha*）、绿翅鸭（*Anas crecca*）等重要的庇护空间，而林冠层则是鸬鹚（*Phalacrocorax carbo*）、白鹭（*Egretta garzetta*）、苍鹭（*Ardea cinerea*）、普通鵟（*Buteo japonicus*）等重要的栖木和黄头鹡鸰（*Motacilla citreola*）、棕背伯劳（*Lanius schach*）、白鹡鸰（*Motacilla alba*）重要的活动空间。乌杨坝生态护坡结构多样，适应涉禽、游禽、鸣禽等类群的生态需求，因此冬季鸟类多样性较高。对照样点的多样性较低，仅高于芙蓉坝。

相较于夏季，生态护坡冬季的鸟类物种数、多度明显低于夏季。由于冬季高水位运行，淹没生态护岸内的基塘、植物，导致棕头鸦雀（*Sinosuthora webbiana*）、树麻雀（*Passer montanus*）、金翅雀（*Chloris sinica*）等鸣禽种类减少，种群数量降低。由图 4-63 可知大浪坝的鸟类物种最高、多度均最高，但仅 12 种，种群数量达到 130 只，善于潜水觅食的白骨顶（*Fulica atra*）是优势种。其余生态护岸冬季的鸟类物种数、多度均较低。

对调查区域生态护岸冬季的多样性指数、均匀度、优势度、物种数和多度进行单因素 Duncan 检验，显著性水平取 0.05，香农威纳多样性指数（$d_f=17$，$F=7.388$，$p=0.002<0.05$）、均匀度（$d_f=17$，$F=3.160$，$p=0.048<0.05$）、优势度（$d_f=17$，$F=4.663$，$p=0.013<0.05$）、物种数（$d_f=17$，$F=17.414$，$p=0.000<0.05$）、多度

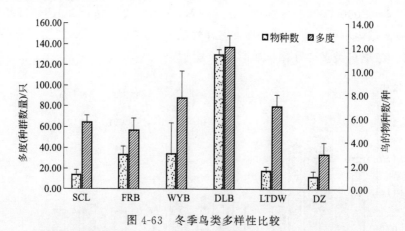

图 4-63　冬季鸟类多样性比较

（注：SCL 代表石龙船大桥调查样点；FRB 代表芙蓉坝调查样点；WYB 代表乌杨坝调查样点；

DLB 代表大浪坝调查样点；LTDW 代表老土地湾调查样点；DZ 代表对照调查样点。）

（$d_f = 17$，$F = 35.131$，$p = 0.000 < 0.05$）均呈现显著差异。表明研究区域内冬季中不同生态护岸的鸟类多样性差异明显。

4.3.2.4　结论

河、库岸带是湿地生物多样性保育的重要功能结构。通过小江、汉丰湖流域生态护岸与消落带区域对比研究表明，相比于自然河、库岸带，生态护岸内增加 37 种鸟类，部分样点种群数量增加 2 倍，并且为部分珍稀濒危鸟类、繁殖鸟提供栖息生境，鸟类多样性的生态效益显著。同时，结合护坡地形地貌特征，嵌入基塘、林泽等生境结构单元，合理植物配置，能够为涉禽、游禽、鸣禽等不同生态位的鸟类营造栖息、觅食，乃至繁殖的生境，最终提高整个区域的鸟类多样性。

4.3.3　昆虫多样性

昆虫调查与植物群落调查同步进行，采用糖醋液陷阱诱捕 72h 后回收陷阱并带回实验室鉴定。昆虫调查样点设置与植物群落调查样带相同，分为三个样带：175～185m 生态防护带；170～175m 生态固岸带和 170m 为复合林泽带，每个样带设置 3 个样点。

由定量调查数据可知（图 4-64～图 4-66），生态防护带和生态固岸带均以膜翅目昆虫为主，复合林泽带则以鞘翅目昆虫为主。由于生态护坡的修建形成了大量的空隙空间，为

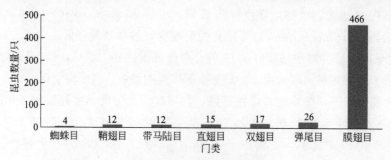

图 4-64　生态防护带昆虫样方

地表昆虫提供了有利的生境，因此此处昆虫门类数最多，生物多样性高。带马陆目在 3 个样带的样方中出现频次均较高，表明其适应性较好。由于土壤湿度大且存在多处洼地水池因此直翅目在复合林泽带分布较少。随着湿度的增加，双翅目昆虫的数量随湿度上升而增加。

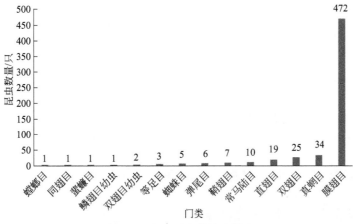

图 4-65　生态固岸带昆虫样方

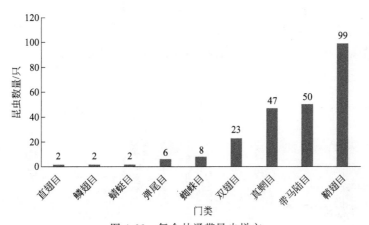

图 4-66　复合林泽带昆虫样方

第5章

汉丰湖调节坝生态调度关键技术

5.1 汉丰湖调节坝生态调度目标需求分析及方案

5.1.1 藻类对生态调度目标的需求分析

5.1.1.1 汉丰湖蓄水后流速变化情况

汉丰湖蓄水前为天然河道，而蓄水后表现为湖泊。如图 5-1～图 5-8 所示，蓄水前全年库中流速从 4 月到 9 月波动性升高，＞0.2m/s 流速的时间较长，最大流速能达到 0.4m/s，该条件有利于破坏藻类的结构，抑制引发发生水华的藻类的增殖。且考虑到部分产漂流性卵的鱼类而言，＞0.2m/s 的流速有助于部分产卵，幼鱼生长。

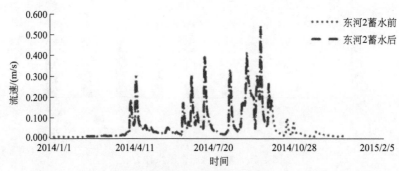

图 5-1 蓄水前后东河 2 处流速对比

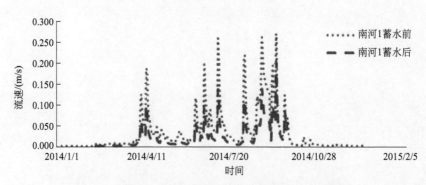

图 5-2 蓄水前后南河 2 处流速对比

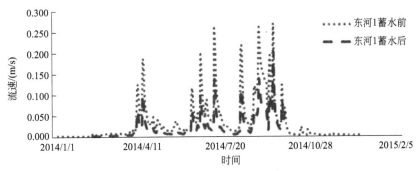

图 5-3　蓄水前后东河 1 处流速对比

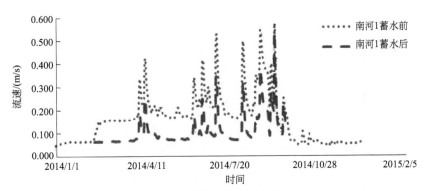

图 5-4　蓄水前后南河 1 处流速对比

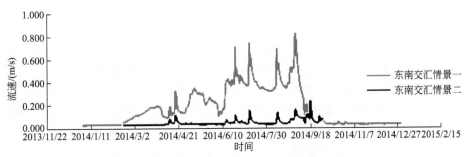

图 5-5　蓄水前后东南河交汇处流速对比

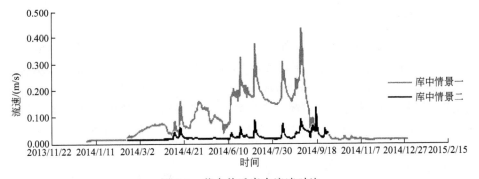

图 5-6　蓄水前后库中流速对比

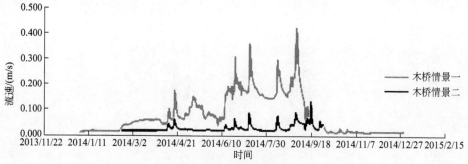

图 5-7　蓄水前后木桥流速对比

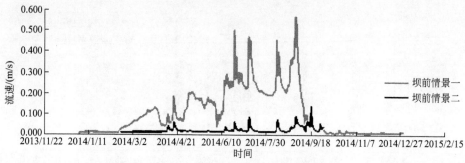

图 5-8　蓄水前后坝前流速对比

蓄水前全年库中流速从 4 月到 9 月波动性升高，大于 0.2m/s 流速的时间较长，最大流速能达到 0.4m/s，该条件有利于破坏藻类的结构，抑制引发发生水华的藻类的增殖。且考虑到部分产漂流性卵的鱼类而言，＞0.2m/s 的流速有助于部分产卵，幼鱼生长。

如图 5-1 和图 5-2 所示，东河 2 和南河 2 点流速变化不大，主要是由于这两点处于东南河上游，距离汉丰湖水库较远，地势较高，受流汉丰湖水位变化较弱，所以汉丰湖蓄水后对东河和南河上游的流速影响较小，流速还保持在原有水平。

如图 5-3～图 5-8 所示为蓄水前后东河 1、南河 1、东南河交汇处、库中、木桥和坝前的流速对比图，在图中可以明显地看出蓄水后这些点位的流速要比蓄水前小得多，东河 1、南河 1 大部分时间流速低于 0.1m/s，而汉丰湖内的东南河交汇处、库中、木桥和坝前流速大部分时间低于 0.05m/s。

5.1.1.2　典型水华分析

2015 年 10 月 9～25 日汉丰湖东南河交汇处发生大规模甲藻水华，水体呈褐色，尤其在 10 月 18～24 日之间最为严重。采样镜检发现占优势的为一种甲藻。通过查阅文献，初步判定优势藻类为飞燕角甲藻 [*Ceratium hirundinella* (Mull) Schr]。

飞燕角甲藻属于甲藻门、甲藻纲，多甲藻目，多甲藻科，角甲藻属。在水华发生时期，在 2015 年 10 月 23 日进行了水样与浮游植物的采集。植物体为单细胞，球形、椭圆形、卵形，罕为多角形，横断面常呈肾形。横沟显著，多数为左旋，也有为右旋或环状的，横沟将植物体分为上、下壳，纵沟略上伸到上壳。胞壁厚，具平滑或具窝孔状的板片，其间具板间带，具或不具顶孔，顶板 4 块，前间插板 0～3 块，沟前板 7 块，沟后板

5 块，底板 2 块。鞭毛 2 条，色素体多数，颗粒状，呈黄、褐色，部分种类具蛋白核。具或不具眼点。常具一个搏动泡，具一个间核型细胞核。繁殖为细胞纵分裂或产生休眠孢子。细胞扁平，内有含黄色、褐色或绿色色素的色素体。

图 5-9 为水华与非水华期 TN、TP、COD$_{Mn}$ 及流速的对比图。

从图 5-9 中可以看出发现水华期 TN、TP、COD$_{Mn}$ 等污染物指标与其他时期浓度没有发生较大变化，2015 年 10 月三峡水位已经在 168.5m 以上的高水位运行，所以受三峡水位的顶托作用，东南河交汇处的流速也较小，10 月 8 日、15 日、21 日、31 日监测的东南河交汇处的流速只有 0.05m/s、0.04m/s、0.06m/s、0.04m/s，非常低的流速水平是诱发藻华发生的一大因素。

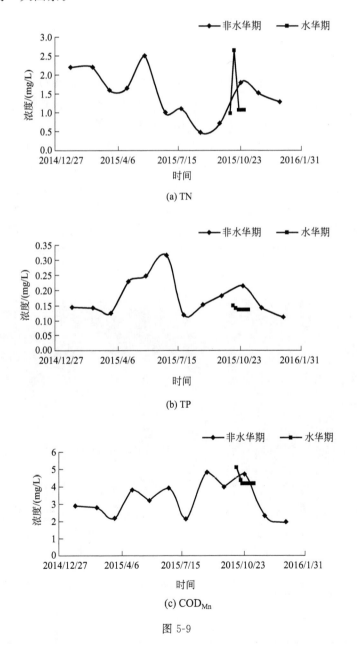

(a) TN

(b) TP

(c) COD$_{Mn}$

图 5-9

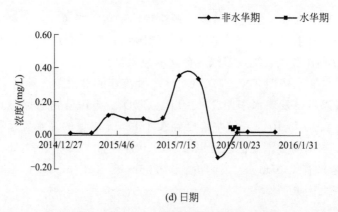

(d) 日期

图 5-9　水华与非水华期浓度、流速对比图

5.1.1.3　抑藻的流速需求

国内外关于藻类与水动力学条件的大量研究文献表明增大流速可以起到抑制藻类生长的作用，根据 Escartin 等的室内实验证明，要破坏藻群结构，水流速度必须达到 0.1m/s。所以，通过汉丰湖的调节坝调度，有可能利用小江调节坝调度运行产生临界水流条件，在温度和光照适合藻类生长的季节，通过增大易于控制暴发"水华"水域的流速，使其失去藻类生长所需要的水文和水力学条件，从而达到控制"水华"的目的。

为了定量研究水体动力条件对于小江富营养化的影响，量化水力要素在生态模型中的作用，在自然水体中开展了藻类生长试验，根据三峡水库小江回水区实测流速范围，确定 3 个流速的试验水平，分别为 0.1m/s、0.2m/s、0.3m/s，以静置且透明的浮筒为对照组（对照 0m/s）（图 5-10）。研究期间，3 个周期流速试验槽、对照槽和湖水的叶绿素 a 变化测试数据见表 5-1、图 5-11 和图 5-12。

(a)　　　　　　　　　　　　　　　　(b)

图 5-10　基于人工水力调控的小江藻类生长的原位试验

表 5-1　研究期间浮筒内外叶绿素 a（Chla）变化过程与比增长速率变化情况

第一阶段	湖水	对照槽（0m/s）	试验槽（0.3m/s）
D_1	53	23.8	32.7

第一阶段	湖水	对照槽(0m/s)	试验槽(0.3m/s)
D_2		40.8	63.1
D_3	20.1	30.4	58.8
D_4		30.8	24.5
D_5	60.7	32.8	11.3
D_6		22.4	18.7
D_7	98.4	18.4	20
比生长速率/d^{-1}	—	−0.05	−0.1
第二阶段	湖水	对照槽(0m/s)	试验槽(0.2m/s)
D_1	41.7	31	35.3
D_2	31.3	37.8	38.8
D_3	24.1	31.9	45
D_4	41.5	36.9	50.8
D_5	14.8	36.2	39.2
D_6	11.5	23.6	23.4
D_7	1.6	27.4	30.6
比生长速率/d^{-1}	—	−0.03	−0.03
第三阶段	湖水	对照槽(0m/s)	试验槽(0.1m/s)
D_1	6.9	15.7	12.7
D_2	15.1	10.8	8.9
D_3	28.6	17.7	18.2
D_4	44.1	23.8	26.5
D_5	99.3	27.5	72.4
D_6	42.3	24.4	39.2
D_7	11.4	22.4	45.8
比生长速率/d^{-1}	—	0.07	0.26

　　对比比增长速率的计算结果可以看出，流速增加，藻类比增速率呈现显著下降的趋势。随着试验流速水平从 0.1m/s 逐渐增加到 0.3m/s，流速试验槽中藻类比增长速率从 $0.26d^{-1}$ 逐渐下降到 $-0.10d^{-1}$，指数变化表现出下降趋势。在低水位的藻类生长季节，流速增加藻类比增速率呈现显著下降的趋势。流速水平和生态试验槽中藻类比增长速率的指数模型为（μ 为比增长速率，d^{-1}；v 为流速，m/s）：

$$\begin{cases} \mu = 0.337\ln(v) - 0.532 \ (R^2 = 0.965, \ sig. \leqslant 0.01, \ 不扣除对照, \ 0.1 \leqslant v \leqslant 0.3) \\ \mu = 0.224\ln(v) - 0.337 \ (R^2 = 0.962, \ sig. \leqslant 0.01, \ 扣除对照, \ 0.1 \leqslant v \leqslant 0.3) \end{cases}$$

其中，sig 为 significance 的缩写，意为"显著性"。而要达到较好的控藻效果，建议

"调度控藻"的流速水平维持在 0.2m/s 以上。

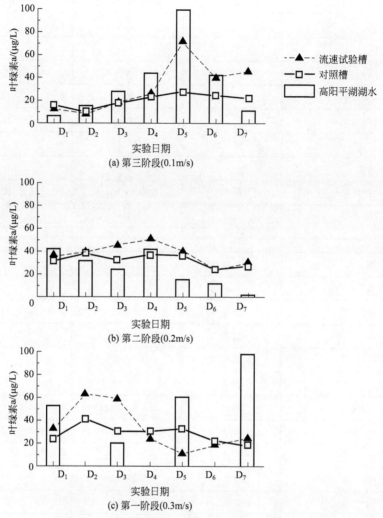

图 5-11　不同试验阶段浮筒中叶绿素 a 的变化过程

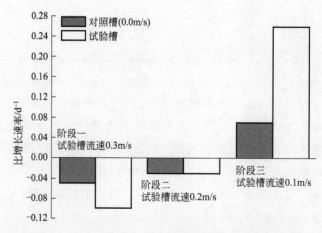

图 5-12　不同试验阶段浮筒内藻类比增长速率变化情况

5.1.2　鱼类保护对生态调度目标的需求分析

5.1.2.1　历史变化

三峡大坝建设蓄水初期（2010 年），历史数据记载小江鱼类为 56 种（表 5-2）。

表 5-2　不同时期小江鱼类类群数对比

调查时间	目	科	种	调查范围
2010 年	6	9	56	小江
2016 年	6	10	35	小江

本次调查获得 37 种鱼类，其中银飘鱼、寡鳞飘、鳜、岩原鲤、胭脂鱼、乌鳢和刀鲚 8 种鱼类是 2010 年调查未记录的种类。本次调查结果（37 种鱼类）与 2010 年调查（56 种）相比减少了 19 种，总物种数较前一次调查下降 33.9%。2 次调查共记录鱼类 64 种，其中 29 种在 2 次调查中均有出现，物种相似性指数 0.45，为中等不相似。调查发现，减少的种类主要是鲑形目银鱼科、鲇形目鲿科、鲤形目鳅科和鲤科鮈亚科中的一些鱼类。

5.1.2.2　鱼类影响因子分析

(1) 大坝建设对小江鱼类组成及群落结构的影响

三峡大坝的建成运营和小江汉丰湖大坝的建设使小江呈现典型的"库中库"水域格局。首先，双重大坝（三峡大坝和汉丰湖大坝）的建设使小江水流变缓、水量增加、静水面积增加，这一改变导致小江原有鱼类产卵场发生变化，尤其是产漂流性鱼卵发育受限，繁殖时间滞后，最终导致产漂流卵鱼类和喜流水鱼类资源减少，例如铜鱼、唇鱼骨、马口鱼等；其次，使适应于静水或缓流水域的鲢、鳙、草鱼和鳜等鱼类资源增加。在汉丰湖大坝上游的汉丰湖水域，因大坝建设导致水位上升，湖区面积显著增加，水生和湿生植物及其附着藻类等基础碳源源增加，既为鱼类提供的丰富的饵料，也为产黏性卵的鲫、鲤、黑尾鲦、草鱼、赤眼鳟等鱼类提供了多样化的繁殖生境，有利于其资源量的恢复。再者，大坝建设将会改变小江水生生物的食物网结构和能量传递模式，进而影响到鱼类群落结构和营养级关系。分析显示，虽然大坝的建设（三峡大坝和汉丰湖大坝）有利于喜静水或缓流水的鱼类资源量的增加，但原有的喜流水性和产漂流性卵的土著物种资源量却呈现锐减、衰退的趋势。因此，如何结合三峡大坝调水规律来合理地设置汉丰湖大坝调水机制，尽可能减少对小江原有土著物种的影响就显得十分重要了。

(2) 大坝运行后对漂流性鱼卵（土著鱼类）胚胎发育的影响

1）产漂流性及微黏性卵的种类　产漂流性及微黏性卵鱼类的产卵和胚胎发育主要条件是繁殖季节的合适水温、涨水、流速和一定流速的流程。表 5-3 列举了小江产漂流性和微黏性卵的种类、产卵的合适水温、流速及胚前所需发育时间，这些种类的繁殖时间主要集中的 4～6 月。

表 5-3　小江产漂流性鱼卵和微黏性鱼卵的种类及胚胎发育生态条件

编号	种类	产卵季节	温度/℃	卵的特性	最小流速/(m/s)	出膜时长
1	油餐	4～6 月	>20	漂流性卵	>0.2	—
2	餐	5～7 月	>20	微黏性	>0.2	—
3	黑尾餐	5～6 月	>20	微黏性	>0.2	—
4	银飘鱼	5～6 月	>20	漂流性卵	>0.2	—
5	寡鳞飘	4～6 月	>20	漂流性卵	>0.2	—
6	拟尖头鲌	5～7 月	>23	漂流性卵	>0.2	—
7	翘嘴鲌	4～6 月	25～27	漂流性卵	>0.2	22.5h
8	蒙古鲌	6 月上旬	23～26	卵具黏性	>0.2	38h
9	银鲴	5～8 月	17.5～27	漂流性卵	>0.6	38h
10	蛇鲴	3～4 月	15～18.3	卵微黏性	>0.2	81～82h
11	吻鲴	3～5 月	17.6～18.3	漂流性卵	0.5～0.8	56h
12	鳙	5 月	24～28	漂流性卵	0.8～1.3	22～25h
13	鲢	5 月	25	漂流性卵	0.8～1.3	24h
14	草鱼	3～5 月	25	微黏性	>0.2	24h
15	赤眼鳟	4～9 月	22～28	微黏性	>0.2	31～35h
16	鳡	4～6 月	>23	漂流性卵	>0.2	>33h
17	岩原鲤	3～4 月	18～26	黏性		124h
18	似鳊	5～6 月	19～21	漂流性卵	0.7～0.9	95h08min
19	马口鱼	6～8 月	23～25	漂流性卵	>0.2	80h
20	宽鳍鱲	4～6 月	17.1～28	漂流性卵	>0.2	73h1min
21	长颌鲚	4～6 月	15～27.5	漂流性卵	0.057～0.075	32h

2）流速的变化对胚胎发育的影响　流速是反映水体流动快慢的指标，是水流与河道宽度、坡度、糙率相互作用的综合表现。流速对鱼类产卵的影响主要包括两个方面：一是直接影响，适当的流速能刺激鱼类产卵；二是间接影响，鱼类的性腺发育需要充足的溶氧，而流速的大小与水中溶氧量有关，流速大的地方，水流的掺气效果好，水流中氧气的含量高，而流速小的地方，水流中氧气的含量低。此外，漂浮性鱼卵吸水膨胀后比重略大于水，需要水流具有一定的流速才能悬浮于水中，顺水漂流孵化，直到发育成具有主动游泳能力的幼鱼；在水流平缓或静水处则下沉，导致鱼卵死亡。当然，流速过大也不利于鱼类繁殖，过大的流速会影响黏、沉性鱼卵的受精及在河底的分布和粘附。

江河中鱼类产卵于涨水、流速、流态及水温等物理因素密切相关。在一定的温度条件下，江河中涨水是刺激大多数鱼类产卵的重要信号。已有数据显示小江中 4～6 月一般有 4～6 次涨水（图 5-13），相应地有 4～6 批亲鱼产卵。产卵盛期为 4～6 月。三峡库区的形成及汉丰湖大坝建成后，小江水文情势呈周期性变化趋势，其中在低水位（145m）运行时，小江养鹿至汉丰湖大坝段仍保持一定的流水生境，而在高水位（175m）运行时，整个小江呈宽水面的静、缓流水状态，而汉丰湖夏季正常蓄水后水位维持在 168.5m，汉丰湖内流速很低，刺激鱼类产卵的流量脉动不复存在。

3）水温变化对胚胎发育的影响　水温是水环境中及其重要的因素，它直接关系到水

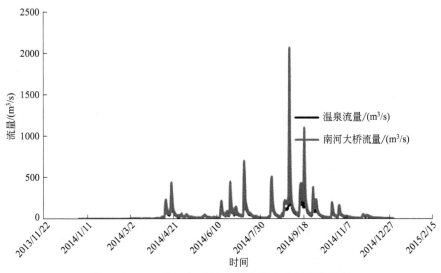

图 5-13　2014 年小江支流南河大桥水文站监测数据

中的溶解氧、机体代谢和其他有关的生命过程。水温是水生生态系统的决定因素，特定的水温是鱼类产卵成功的关键因素。水温的变动模式影响有机体的适合度，也影响生物种的数量和空间分布。温度分层是汉丰湖的一个重要特征，其分层状况与太阳辐射轻度、汉丰湖蓄水深度与出水量密切相关。类似研究显示，如金沙江溪洛渡水电站，库前水温 2～8 月一直保持在 11～12℃。3 月下泄流量中水温 10℃左右，4 月也低于 11℃，这样的水温严重影响坝下鱼类的产卵时间。目前汉丰湖尚未正式运行，其水文数据也不全面，但有一点可以确定，汉丰湖坝前 30～40m 的水深一定存在温跃层，即下泄的水温要低于自然河流水温，低水温很可能推迟了汉丰湖坝下的一些鱼类的繁殖时间（具体时间需要长期的监测数据才能计算准确）。通常，对于多数鱼类而言，18℃的水温是鱼类产卵的最低值，而低于此温度鱼类胚胎发育会很慢，且容易形成大量畸形，孵化率极低。同时，水温升温的延迟不仅推迟亲鱼的产卵期，而且缩短了幼鱼的生长期，严重影响幼鱼的越冬成活率。

（3）大坝建设对洄游鱼类的影响

长江流域是我国淡水鱼类资源最丰富的河流，也是中国最大的河流。历史上，这里干支流相连，湖泊与河网纵横交错。过去 30 多年中，长江峡谷水利枢纽工程陆续开建，统计数据显示目前长江流域大小水坝（包括水闸）达到 7000 多座，将不同河段分割开来，使自由流动的干、支流总长度大幅度减少，严重威胁到洄游鱼种的产卵和生存。小江开州区段汉丰湖大坝于 2012 年竣工，该水坝的建设改变了小江水文环境，阻隔了小江鱼类的洄游通道，特别对于需洄游到小江上游产漂流性卵鱼类的影响最大。

（4）大坝建设对小江特有、珍稀鱼类的影响

本次调查显示，小江有国家二级保护鱼类胭脂鱼一种，长江上游特有鱼类黑尾鳘和岩原鲤 2 种。

1）胭脂鱼　隶属于鲤形目，胭脂鱼科或称为亚口鱼科。现知全世界约有该科鱼类 13 属 68 种，其中多数种类分布于北美洲，仅亚口鱼分布于亚洲东北部和北美洲西北部。胭脂鱼分布于我国的长江和闽江，为我国也是亚洲特有种。我国多个科研机构（万州水产所、西南大学、长江水产所及中科院水生所等）和众多鱼类学工作者对胭脂鱼展开了较为全面、系统的研究工作，已经取得丰富的研究成果。已有研究数据表明，胭脂鱼不属于典型的洄游性鱼类，产卵时间集中在4～6月，水温17～21℃，产沉性卵（微黏性）。结合历史资料和本次调查表明小江中尚无胭脂鱼产卵场的分布，且其种群资源量也很小。研究显示，三峡大坝蓄水后，三峡大坝以上胭脂鱼的产卵场主要分布在长江上游合江至宜宾以及部分岷江、嘉陵江江段。本次调查（2016年9月）发现了1尾胭脂鱼（体长15cm，体重75g），可能与近两年在汉丰湖开展的胭脂鱼增殖放流活动有关。因此，总体而言汉丰湖大坝的修建与运行对胭脂鱼的影响不大。

2）岩原鲤和黑尾鲹　其为我国长江上游特有鱼类。

① 岩原鲤生活在深水中，常在岩石缝隙间巡游觅食，繁殖时间主要集中在3～4月，水温18～26℃，在流水刺激的条件下产卵，为黏性卵。本次调查期间在汉丰湖大坝下游的高阳镇发现了4尾岩原鲤（平均体长13cm、平均体重52g），尚未达到性成熟。小江较深的水位，丰富的饵料资源以及其部分江段独特（砾石、石缝）底质适合岩原鲤繁衍生存。汉丰湖大坝的运行后，改变了小江原有的水文条件，可能会对岩原鲤的生存产生不利影响。

② 黑尾鲹是小江优势经济鱼类之一，繁殖季节主要集中在6～7月，卵具有黏性。三峡库区蓄水后，在三峡蓄水顶托作用下小江中多个河段均能满足黑尾鲹的产卵条件，例如渠口河段、高阳镇河段等；这也是近几年来黑尾鲹能成为小江优势类群（重要经济鱼类）的一个重要因素之一。汉丰湖大坝建成运行后，可能会对黑尾鲹原有的部分产卵场（渠口）产生影响，但蓄水后可在汉丰湖中形成新的产卵场。因此，汉丰湖大坝的运行对黑尾鲹的影响不大。

5.1.3　陆生生态目标需求分析

5.1.3.1　遥感数据及分类方法

(1) 遥感数据

研究采用重庆小江地区的SPOT6卫星影像，影像获取时间分别为2014年4月9日和2014年7月6日。SPOT6影像共5个波段，其中全色波段（0.455～0.745μm）空间分辨率为1.5m。多光谱分辨率为6m，包含蓝（0.455～0.525μm）、绿（0.530～0.590μm）、红（0.625～0.695μm）和近红外（0.760～0.890μm）共4个波段。

(2) 分类方法和技术路线

所使用的SPOT-6影像空间分辨率较高，但波段较少，光谱信息并不丰富，同时可能存在光谱相互影响的情况，因此传统的基于像素的遥感影像分类方法精度较低。故本研究主要采用面向对象的分类方法对影像进行分类，以得到库区土地利用类型。实际分类工作主要以人工目视解译结合计算机自动分类的方法进行。对于通过地物特征光谱难以区分、自动分类效果较差的居民地和道路部分，主要采用人工目视解译的方法完成。对于光谱特征较为明显和单一、自动分类效果相对较好的水体、林地和耕地部分主要采用面向对象的计算机自动分类的方法进行。由于SPOT-6影像光谱信息较少，自动分类效果相对较差，因此在分类过程中需要较多的人工修正工作。

计算机自动分类方法中，主要采用面向对象的分类方法。面向对象的遥感影像分类是以对象（Objects）作为基本处理单元的图像分析方法。所谓对象，是具有光谱、纹理或空间组合关系等相同特征的均质单元，是光谱域和空间域的统一定义。面向对象影像分类技术通过影像的多尺度分割来获得对象，分类时不仅依靠对象对应地物的光谱特征，更多的是要利用其几何信息和结构信息，后续的图像分析和处理也都是基于对象进行。面向对象法更适宜运用在高空间分辨率的遥感影像中，因为高分辨率遥感影像细节丰富，形状信息和空间拓扑信息更为明确。对于本书所采用的 SPOT-6 高分辨率遥感影像，选用面向对象法能更加有效地对小江地区的土地利用类型进行分类。

面向对象的分类方法在分类时的基本处理单元是影像对象，而不是像素，因此整个分类过程主要有图像分割和图像对象的分类两个步骤；其中图像分割有棋盘分割和多尺度分割等方法，目的是将影像从整体切分为光谱和形状特征较为单一的图像对象。图像的分类方法有阈值法、模糊分类法以及决策树等监督分类方法，目的是以图像对象为基本单元对遥感影像进行分类。

图像分类工作技术路线如图 5-14 所示。

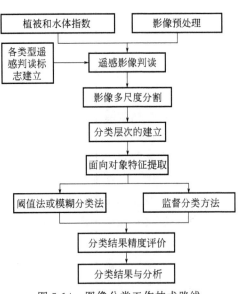

图 5-14　图像分类工作技术路线

5.1.3.2　汉丰湖湿地景观指数计算与分析

(1) 湿地景观格局表征模型

从景观生态学的角度来说，景观格局是指景观组成单元的类型、数量及空间分布与配置，它是由自然或人为原因形成的一系列细小、形状各异，排列不同的景观要素共同作用的结果。自然或人为的干扰是不同尺度上的景观格局形成的主要原因。景观格局的形成包含了一系列复杂的物理、生物和社会因子相互作用的过程。构成景观格局的景观斑块的大小、形状和连接度决定了斑块的生态学功能，会影响景观内物种的丰度、分布及种群的生存能力及抗干扰能力，进而对一系列的生态过程产生影响。因此，景观格局与生态学过程的相互关系一直是景观生态学的一个核心内容，对于景观生态学研究是至关重要的。随着科学和技术的发展，尤其是遥感、地理信息系统和全球定位技术的发展，景观格局的定量化研究方法已经发生了显著的变化。遥感技术能够获取低成本、近实时、大尺度、高分辨率的空间数据，地理信息系统的应用，使得快速、准确地处理大规模空间数据成为可能，它们与景观生态学理论的结合形成了对大尺度生态系统空间格局进行研究的独具特色的研究模式，而利用景观指数对空间格局进行定量化研究是研究的基本内容。

景观指数是指能够高度浓缩景观格局信息，反映其结构组成和空间配置的某些方面特征的定量指标。景观格局特征可以在 3 个层次上分析：

① 单个斑块（individual patch）。

② 由若干单个斑块组成的斑块类型（patch type 或 class）。

③ 包括若干斑块类型的整个景观镶嵌体（landscape mosaic）。

相应地，景观格局指数可以分为斑块水平指数（Patch-level index）、斑块类型水平指数（Class-level index）以及景观水平指数（Landscape-level index）。斑块水平上的指数包括与单个斑块的面积、形状、边界特征以及距离其它斑块远近有关的一系列指数。斑块类型水平上，由于同一类型通常包含多个斑块，因此可计算平均面积、平均形状指数等统计指标。其中，与斑块密度和空间相对位置有关的指数对于描述和理解湿地景观中不同类型的湿地斑块的格局特征非常重要，例如某种类型的湿地的斑块密度、边界密度等。在景观镶嵌体水平上，可以计算各种多样性指数，如 Shannon-Weaver 多样性指数、Simpson 多样性指数和均匀度指数等。

湿地景观格局的变化可以通过景观指数的变化反映出来，因此景观指数可以用来定量地描述和监测湿地景观结构特征随时间或不同水位的变化情况。对于某一类湿地的斑块特征的描述除了常用的斑块面积、斑块周长、斑块密度之外，还可以用景观指数来进一步表达斑块结构特征及其动态变化，以揭示景观格局在外在环境的影响下的演变信息。本书对湿地景观镶嵌体水平和单一湿地景观要素类的水平的多个典型的景观指数进行了计算，并利用这些景观指数对汉丰湖湖区消落带湿地景观空间格局的变化特征进行了简单的定量分析。在湿地景观镶嵌体水平上的典型景观指标有景观多样性指数、景观优势度指数、景观均匀度指数、景观破碎化指数和平均斑块分维数指数；在湿地单一景观要素的景观格局分析中的典型景观指标有平均斑块形状指数、平均斑块密度指数和景观斑块质心变化。

1）景观镶嵌体水平的特征指数　景观要素斑块交错分布，有机地结合在一起就形成了景观镶嵌体。镶嵌体结构是景观最主要的特征之一，景观生态学的实质就是研究景观镶嵌结构。景观镶嵌体的格局特征反映各景观要素的特征，也反映景观要素之间的相互关系，同时还反映了景观基底的空间差异。在本书中，计算了景观多样性指数、优势度、均匀度、破碎化指数和分维数等表征湿地景观镶嵌体的特征，并利用这些景观参数来描述汉丰湖湖区湿地景观镶嵌体的结构特征在不同运行水位下的变化情况。

① 景观多样性指数。景观多样性是指不同类型的湿地景观元素或生态系统在空间结构、功能机制和时间动态方面的多样化和变异性，它反映了湿地景观类型的丰富度和复杂度。对于汉丰湖湖区消落带湿地来说，景观类型的数量本身不多且随运行水位的变化不大，因此本书中的景观类型多样性主要考虑不同运行水位下各类湿地景观类型在整个系统中所占面积的比例的变化。多样性指数的计算一般基于信息论基础，计算方法类似于信息熵或类型纯度。多样性指数反映了湿地景观要素的类型多少和各类湿地景观所占比例的变化，它是景观镶嵌体斑块丰富度和均匀度的综合反映。当湿地景观只包含单独的一种湿地类型时，景观是均质的，其多样性指数为 0；由两个以上的湿地类型构成的湿地景观，当各种湿地类型所占比例相等时其景观的多样性最高；反之，各景观类型所占比例差异增大，则景观的多样性下降。常用的景观样多样性指数包括 Shannon-Weaver 多样性指数、Simpson 多样性指数以及改进的 Simpson 多样性指数等。

本研究中选用的是改进的 Simpson 多样性指数 S，其计算方法如下：

$$S = -\ln\left(\sum_{k=1}^{n} P_k^2\right) \tag{5-1}$$

式中　P_k——湿地类型 k 在湿地景观中出现的概率，这里以该湿地类型占有的栅格单元
　　　　数或像元数占景观栅格单元总数或像元总数的比值来估算；

　　　　n——湿地景观中湿地类型的数量。

② 景观优势度指数。景观优势度指数是多样性指数的最大值和实际计算值的差，也
就是实际的景观多样性对于最大景观多样性的偏离程度，它描述的是一种或多种湿地景观
镶嵌体支配景观格局的程度。景观优势度指数越大，则代表实际景观多样性对于最大景观
多样性的偏离程度越大，即组成景观的各湿地类型所占比例差异较大，即某一种或少数几
种湿地景观类型占优势；优势度小则表明偏离程度小，即组成景观的各种湿地类型所占比
例大致相当。使用景观优势度指数可以很好地反映湿地景观中占优势的湿地类型及其支配
景观程度。

景观优势度指数 D 的计算公式如下：

$$D = \ln(n) + \ln\left(\sum_{k=1}^{n} P_k^2\right) \tag{5-2}$$

式中　P_k——湿地类型 k 在湿地景观中出现的概率；

　　　　n——湿地类型的数量。

③ 景观均匀度指数。景观均匀度指数反映景观中各湿地斑块在面积上分布的不均匀
程度，通常以多样性指数及其最大值的比值来确定。景观均匀度的取值范围为 $0 \sim 1$，均
匀度的值越大，则说明湿地景观中的各湿地斑块的面积大小差异越小。

改进的 Simpson 景观均匀度指数 E 的计算公式如下：

$$E = \frac{S}{\ln(n)} = \frac{-\sum_{k=1}^{n} P_k \ln(P_k)}{\ln(n)} \tag{5-3}$$

式中　S——即改进的 Simpson 景观多样性指数；

　　　　P_k——湿地类型 k 在湿地景观中出现的概率；

　　　　n——湿地类型的数量。

④ 景观破碎化指数。景观破碎度指数用来表示湿地景观被分割的破碎程度，反映了
湿地景观在空间结构上的复杂性，在一定程度上反映了人类对景观的干扰程度。景观破碎
化是由于自然或人为干扰所导致的景观由单一、均质和连续的整体趋向于复杂、异质和不
连续的斑块镶嵌体的过程，它是生物多样性丧失的重要原因之一，与自然资源保护密切相
关。景观破碎化可以用景观斑块形状破碎度指数、景观斑块数破碎度指数以及景观斑块密
度等景观参数来衡量。其中，景观形状破碎度指数反映的是湿地景观斑块形状的复杂度，
景观斑块数破碎度指数反映的是湿地景观被分割的破碎化程度，而景观斑块密度反映的是
景观斑块切割景观基质的破碎程度。由于湿地斑块形状的复杂度与人为活动的关系很复
杂，不能很简单地说明景观整体的破碎化情况，而平均斑块密度一般需要考虑景观基质的
类型，故本研究选用景观斑块数破碎度指数作为景观破碎度指数，湿地景观整体的破碎度
指数 F_t 和第 k 个湿地类型的破碎度指数 F_k 的计算公式如下：

$$F_t = \frac{N_t - 1}{N_c} = \frac{\sum\limits_{k=1}^{n} N_k - 1}{N_c} \tag{5-4}$$

$$F_k = \frac{N_k - 1}{M_k} = \frac{N_k - 1}{A_k / N_k} = \frac{N_k - 1}{\sum\limits_{i=1}^{N_k} a_i / N_k} \tag{5-5}$$

式中　　N_t——湿地景观中斑块的总数；

$\quad\quad N_k$——第 k 类湿地景观的斑块数量；

$\quad\quad A_k$——第 k 类湿地景观的总面积；

$\quad\quad a_i$——第 k 类湿地景观中第 i 个斑块的面积；

$\quad\quad N_c$——湿地景观的总面积；

$\quad\quad M_k$——湿地景观中各类斑块的平均斑块面积。

在实际计算的过程中，湿地景观总面积 N_c 和湿地类型的平均斑块面积 M_k 一般不使用实际面积单位（或网格数、像元数）来衡量，而是使用总面积或平均斑块面积与最小斑块面积的比值来衡量，这样可以消除网格尺度的不同对破碎度指数数值的影响。破碎度指数的取值范围为 0～1，0 表示无景观破碎化现象出现，而 1 表示给定的景观已经完全破碎化，数值越大则表示景观的破碎化程度越高。

⑤ 平均斑块分维数。斑块分维数用来表示景观斑块周边形状的复杂程度，它可用于描述和比较湿地斑块的几何形状特征。分维数作为反映景观空间格局总体特征的重要指标，可以从一定程度上反映出人类活动对景观格局的影响和干扰程度。当景观斑块的边缘趋于直线性变化时，分维数较低；边缘趋向曲线化是分维数较高。面积加权平均斑块分维数 $AWMPFD$ 是湿地景观中所有景观斑块的分维数以面积为基准的加权平均值，其计算公式为：

$$AWMPFD = \sum_{k=1}^{n} \sum_{i=1}^{N_k} \left[\frac{2\ln(0.25 p_{ki})}{\ln a_{ki}} \cdot \frac{a_{ki}}{A} \right] \tag{5-6}$$

式中　　p_{ki}——第 k 类湿地中第 i 个斑块的周长；

$\quad\quad a_{ki}$——该斑块的面积；

$\quad\quad N_k$——第 k 类湿地景观的斑块数量；

$\quad\quad A$——湿地景观的总面积。

面积加权的平均斑块分维数的理论值为 1.0～2.0，$AWMPFD$ 值越大，表明斑块形状越复杂。

2）斑块类水平的特征指数　单一的湿地类型是由很多形状复杂、面积不同的湿地斑块有机结合起来形成的格局，这种景观格局反映了湿地景观要素的自身特征，同时也反映了景观基质的空间变化情况，还反映了景观要素之间的相互关系以及各种生态因素对景观格局的影响。本书计算了平均斑块形状指数、平均斑块密度指数和景观要素斑块空间质心变化等参数，并利用这些参数定量分析了湿地各景观类型的变化特征。

① 平均斑块形状指数。斑块形状是景观空间格局研究中一个重要的特征，对研究景观功能如景观中物种的扩散、能量流动和物质运移等有着非常重要的意义。斑块形状指数是斑块的周长与等面积的圆周长或者正方形周长的比值，它反映了湿地景观要素斑块的规

则程度、边缘的复杂程度。斑块形状指数越大,说明斑块的形状越不规则。

平均斑块形状指数 MS 的计算公式为:

$$MS = \frac{\sum\limits_{i=1}^{N_k} \dfrac{p_i}{2\sqrt{\pi a_i}}}{k} \tag{5-7}$$

式中　p_i——第 i 个湿地斑块的周长;

　　　a_i——该湿地斑块的面积;

　　　N_k——该类型的湿地斑块总数。

② 平均斑块密度指数。平均斑块密度反映了某个湿地景观类型斑块切割景观基质的程度,同时也反映了景观异质性的程度。它与景观斑块数破碎度指数一样,都可以用来描述景观破碎化现象。某个湿地类型的平均斑块密度越大,表示该类型的湿地景观的破碎化程度越高,空间异质性也越大。

第 k 个湿地类型的平均斑块密度 PD_k 的计算公式如下:

$$PD_k = \frac{N_k}{\sum\limits_{i=1}^{N_k} a_i} \cdot 10^{-6} \tag{5-8}$$

式中　N_k——第 k 类湿地的景观斑块数量;

　　　a_i——第 i 个景观斑块的面积。

PD_k 的单位是块/km^2。

③ 景观斑块质心变化。湿地在空间上的变化,可以用湿地分布的质心变化来表示。求出特定运行水位下所对应的湿地分布图中各类型湿地斑块的质心坐标,然后以湿地斑块的面积进行加权平均,即可得到某个类型的湿地的斑块质心。某个特定运行水位下的特定类型的湿地斑块质心的计算公式如下:

$$X = \frac{\sum\limits_{i=1}^{k} x_i \cdot a_i}{\sum\limits_{i}^{k} a_i} \tag{5-9}$$

$$Y = \frac{\sum\limits_{i=1}^{k} y_i \cdot a_i}{\sum\limits_{i}^{k} a_i} \tag{5-10}$$

式中　X、Y——该类型的湿地斑块质心的两个坐标(经纬度或投影后的平面直角坐标);

　　　x_i——第 i 个斑块的质心的 x 坐标;

　　　y_i——第 i 个斑块的质心的 y 坐标;

　　　a_i——第 i 个斑块的面积;

　　　k——该湿地类型中的斑块总数。

通过比较不同运行水位下的湿地分布质心,可以获得汉丰湖湖区消落带湿地景观要素的空间变化规律。

（2）湿地景观格局指数的计算

结合谷歌地球以及重庆市地理信息公共服务平台所提供的高清影像，以目视解译方法为主，对小江流域 2014 年 4 月的 SPOT 6 遥感影像中的汉丰湖湖区进行要湿地类型专题解译，获取了汉丰湖湖区湿地的斑块矢量数据，将这些数据与汉丰湖地区的数字高程模型数据（DEM）相结合进行水位作淹没分析，可计算出不同水位条件下的湿地斑块的面积、数量和空间分布等信息。在此基础上，可以对汉丰湖不同运行水位下的景观格局变化进行简单的分析。

根据我国 2008 年发布的《全国湿地资源调查技术规程》，汉丰湖湖区及附近 200 米高程以下的湿地可以分为河流湿地（Ⅱ）、沼泽湿地（Ⅳ）和人工湿地（Ⅴ）3 个湿地类以及永久性河流（Ⅱ1）、季节性或间歇性河流（Ⅱ2）、洪泛平原湿地（Ⅱ3）、草本沼泽（Ⅳ2）、灌丛沼泽（Ⅳ3）和库塘（Ⅴ1）6 个湿地型，其中灌丛沼泽湿地主要分布于调节坝以东区域。

图 5-15 是 2014 年 4 月汉丰湖湖区湿地的类型和分布状况，图中汉丰湖运行水位约为164.50m（黄海高程，吴淞高程约为 166.28m，下同）。从图 5-15 中可以看出，河流湿地呈带状分布，从周边汇入南河以及汉丰湖；洪泛平原湿地则主要分布于东河、南河以及头道河沿岸，分布相对的较为集中；而库塘型湿地中，汉丰湖是面积最大的，其余小型库塘则以散点状分布在汉丰湖和东河等几条永久性河流沿岸及入湖口，镶嵌于洪泛平原湿地以及沼泽湿地滩地中或分布于周边；沼泽型湿地则主要分布在汉丰湖周边的低洼处，主要由地势较低、积水严重的洪泛平原湿地逐渐发育而成。

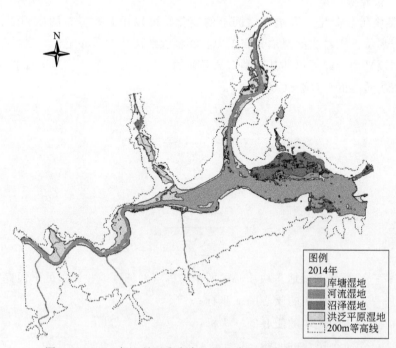

图 5-15　2014 年 4 月汉丰湖湖区湿地类型及分布（164.50m）

2014 年 4 月汉丰湖运行水位下，汉丰湖湖区景观斑块总数量为 444，湿地总面积为9.49km^2，斑块平均面积为 0.21km^2，总周长为 298.15km，斑块平均周长为 0.67km。

湖区湿地景观斑块密度 48.741，景观形状指数 1.797，分维数 1.252，分离度指数 4.533，多样性指数 1.066，均匀度指数 0.769，优势度指数 0.320。

5.1.3.3　湿地景观格局随水位的变化分析

(1) 基本参数变化分析

根据汉丰湖湖区湿地斑块矢量数据在不同运行水位下的淹没分析结果，利用 ArcGIS 软件计算出汉丰湖湖区湿地在不同运行水位下的景观格局的基本特征参数（表 5-4）和动态变化特征参数（表 5-5）。

表 5-4　不同运行水位下汉丰湖湖区湿地景观格局基本特征参数

水位/m	斑块数量	总面积/km^2	斑块平均面积/m^2	总周长/km	斑块平均周长/m
164.50	444	9.49	21368	298.15	671.50
166.50	243	9.61	39542	193.12	794.73
168.50	166	9.95	59933	142.83	860.45
172.50	70	10.46	149434	95.09	1358.37

表 5-5　不同运行水位下汉丰湖湖区湿地景观格局动态变化特征参数

水位/m	总面积/km^2	增加面积/km^2	增加率/%	库塘、河流面积/km^2	增加面积/km^2	增加率/%
164.50	9.49	—	—	5.74	—	—
166.50	9.61	0.12	1.28	7.40	1.67	29.08
168.50	9.95	0.34	3.54	8.82	1.42	19.14
172.50	10.46	0.51	5.14	10.24	1.41	16.03

从表 5-4 中可以看出，随着运行水位的增加，汉丰湖湖区湿地总面积呈逐渐增大的趋势。运行水位从 164.50m 增大到 172.50m，湿地面积增大 0.97km^2，平均每增加 1m 运行水位湿地面积增加 0.12km^2。而湖区湿地斑块数量的变化则呈逐渐减少的趋势，164.50m 运行水位下的湿地斑块总数量为 444 块，166.50m 运行水位下的湿地斑块总数量为 243 块，168.50m 运行水位下的湿地斑块总数量为 166 块，172.50m 运行水位下湿地斑块总数量为 70 块。湖区湿地总周长随运行水位的增加逐渐减小，而斑块的平均周长则略有增加。运行水位从 164.50m 上升至 172.50m 时，湿地总周长减小 203.06km，平均周长增加 686.87m。

如表 5-5 所列，164.50m 运行水位下，湖区湿地总面积为 9.49km^2，172.50m 运行水位下，湖区湿地总面积为 10.46km^2。随着运行水位的增高，湖区湿地面积略有增加。运行水位自 164.50m 上升至 166.50m 时，湖区湿地总面积增加 0.12km^2，增加率为 0.06km^2/m。运行水位自 166.50m 上升至 168.50m 时，湖区湿地总面积增加 0.34km^2，增加率为 0.17km^2。运行水位自 168.50m 上升至 172.50m 时，湖区湿地总面积增加 0.51km^2，增加率为 0.13km^2/m。运行水位自 166.50m 上升为 168.50m 时，湿地面积的增加率最高，运行水位自 164.50m 上升至 166.50m 时，湖区湿地面积的增加率最低。这说明在 164.50~166.50m 水位运行时，主要是汉丰湖湖区周边地势较低的沼泽湿地和洪泛平原湿地逐渐被淹没而转换成库塘湿地，因此湿地总面积增加并不明显；而在 166.50~168.50m 水位运行时，汉丰湖湖区周边各大河流水位被逐渐抬升因此河流湿地的面积增加明显，因此总面积增加率较高。总体而言，随着汉丰湖运行水位的上升，湖区湿地主要还是湿地类型由沼泽湿地和洪泛平原湿地向库塘和河流湿地的转化，湿地总面积的增加并不明显。

（2）景观镶嵌体水平上的湿地景观参数变化分析

将每个运行水位下的湿地斑块矢量数据以 1.0m×1.0m 的分辨率转换为栅格文件，然后在 FragStats 软件中导入各运行水位下的湿地斑块栅格数据文件并设定相应的参数，计算出每个运行水位下的景观格局参数，包括景观多样性、优势度、均衡性、破碎度、平均斑块分维数等。

景观多样性指数表征湖区湿地构成的复杂性。如图 5-16 所示，在较低水位运行情况下，湖区湿地景观多样性指数较高。随着运行水位的提升，湖区湿地景观多样性逐渐降低。湖区湿地景观多样性与运行水位之间具有明显的负相关关系，其表达式为 $y=-0.160x+1.182$。这表明随着运行水位的提升，汉丰湖湖区多样的湿地景观逐渐为水面景观（汉丰湖及东河、

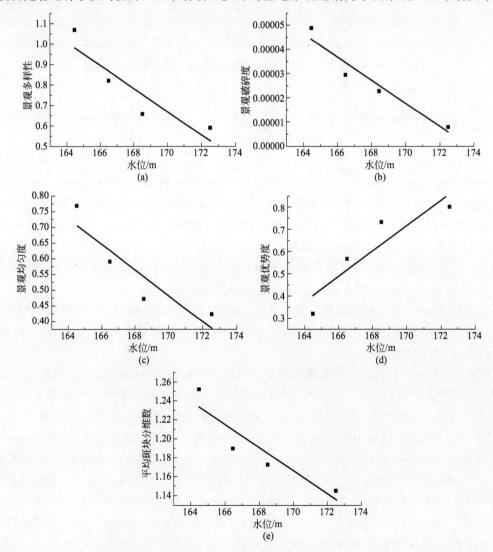

图 5-16　不同运行水位下汉丰湖湖区湿地景观指数变化特征

南河、头道河等河流）所主导，景观构成的复杂度降低。

景观优势度指数表征湖区湿地中一个或几个湿地类型占主导地位的程度。如图 5-16 所示，汉丰湖湖区湿地景观的优势度指数与运行水位之间呈明显的正相关关系，其表达式为 $y=0.160x+0.203$。随着湖区运行水位的提升，湿地景观的优势度指数不断增大，表明湖区湿地景观逐渐转变为库塘湿地和河流湿地占主导地位的格局。优势度指数与多样性指数的变化趋势正好相反，湖区湿地景观由少数景观类占优势即代表着景观构成的复杂度降低。

景观均匀度指数代表着湖区湿地面积中各斑块在面积分布的不均匀程度。图 5-16 所示，汉丰湖湖区湿地景观的均匀度指数与运行水位之间呈明显的负相关关系，其表达式为 $y=-0.116x+0.853$。随着湖区运行水位的提升，湿地景观的均匀度指数不断降低，表明湖区湿地景观斑块的面积差异越来越大。优势度指数与优势度指数变化趋势相同，且与多样性指数的变化趋势正好相反，湖区湿地景观斑块的面积差异大则代表着面积较大的景观类占主导地位，同时也表明景观构成的复杂度降低。

景观破碎度指数代表着湖区湿地破碎化的程度。如图 5-16 所示，汉丰湖湖区湿地景观的破碎度指数与运行水位之间呈负相关关系，其表达式为 $y=-0.000013x+0.000059$。随着湖区运行水位的提升，湿地景观的破碎化程度不断降低。这表明随着运行水位的升高，湖区沼泽湿地和洪泛平原湿地逐渐为汉丰湖和周边河流所淹没，景观的多样性减少，但景观的破碎化程度降低，生态完整性得到增强。当运行水位为 172.50m 时景观破碎化程度最低，此时生态景观的完整性相对最好。

平均斑块分维数代表着湿地形状的复杂度。如图 5-17 所示，汉丰湖湖区湿地景观的平均斑块分维数与运行水位之间呈负相关关系，其表达式为 $y=-0.033x+1.273$。随着湖区运行水位的增加，湿地景观斑块的平均分维数不断减小。湿地景观分维数较小，说明湿地景观整体形状较为规则和简单。随着运行水位的升高，库塘湿地和河流湿地景观主导了湖区湿地景观，因而景观格局较为简单和单一，湿地景观整体形状也变得较为简单。

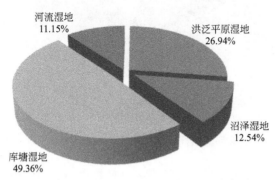

图 5-17　164.50m 运行水位下汉丰湖湖区湿地景观格局构成

1) 湿地景观格局动态变化分析　当运行水位为 164.50m 时，汉丰湖湖区湿地景观格局的构成情况如图 5-17 所示。其中，库塘湿地面积最大，占总面积的 49.36%；其次为洪泛平原湿地，占 26.94%；沼泽湿地和河流湿地分别占 12.54% 和 11.15%。

当运行水位为 166.50m 时，汉丰湖湖区湿地景观格局的构成情况如图 5-18 所示。其中，库塘湿地面积最大，占总面积的 62.07%；其次为洪泛平原湿地，占 17.31%；沼泽湿地和河流湿地分别占 5.63% 和 14.99%。从图 5-18 中可以看出，当运行水位从 164.50m 上升到 166.50m 时，库塘湿地和河流湿地的面积增加，洪泛平原湿地和沼泽湿地面积减少。当水位达到 166.50m 时，汉丰湖周边地势较低的沼泽湿地被大量淹没，因此沼泽湿地面积显著减少而库塘湿地面积显著增加。

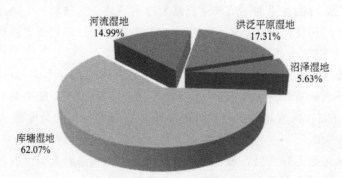

图 5-18　166.50m 运行水位下汉丰湖湖区湿地景观格局构成

当运行水位为 168.50m 时，汉丰湖湖区湿地景观格局的构成情况如图 5-19 所示。库塘湿地面积最大，占总面积的 68.53%；其次为河流湿地，占 20.14%；沼泽湿地和洪泛平原湿地分别占 1.23% 和 10.10%。从图 5-19 中可以看出，当运行水位从 166.50m 上升到 168.50m 时，库塘湿地和河流湿地的面积继续增加，而洪泛平原湿地和沼泽湿地面积继续减少。当运行水位为 168.50m 时，汉丰湖周边的沼泽湿地已基本被淹没，面积百分比下降到 1.23%，此时汉丰湖周边河流水位被抬升而面积增加，沿岸洪泛平原湿地也因被淹没而面积急剧降低。在 168.50m 运行水位下，汉丰湖湖区湿地已形成库塘湿地和河流湿地为主导的景观格局。

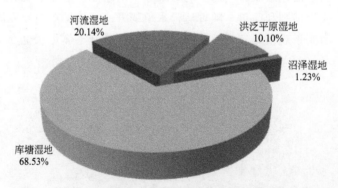

图 5-19　168.50m 运行水位下汉丰湖湖区湿地景观格局构成

当运行水位为 172.50m 时，汉丰湖湖区湿地景观格局的构成情况如图 5-20 所示。库塘湿地面积最大，占总面积的 68.64%；其次为河流湿地，占 29.22%；沼泽湿地和洪泛平原湿地分别占 0.23% 和 1.91%。从图 5-20 中可以看出，当运行水位从 168.50m 上升到 172.50m 时，库塘湿地和河流湿地为主导的景观格局得到继续加强，洪泛平原湿地和沼泽湿地面积继续减少，二者面积之和只有 2.14%。由于汉丰湖周边 168.60m 以上大部分为防洪堤坝，因此库塘面积有增加但并不明显，而汉丰湖周边河流水位被抬升后，沿岸洪泛平原湿地已基本被完全淹没，因此河流湿地的面积增加较为显著。

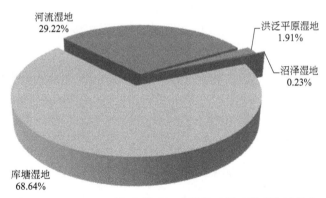

图 5-20　172.50m 运行水位下汉丰湖湖区湿地景观格局构成

2）湿地景观斑块面积动态变化分析　景观的结构单元可以分为斑块、廊道和基底 3 种，其中斑块是周围环境在外貌或性质上不同，并具有一定内部均质性的空间单元，廊道是景观中与相邻两边环境不同的线性或带状结构，基底是景观中分布最广、连续性最大的背景结构。廊道和基底具有自身独特的生态功能，但也可以看成是两类特殊的斑块。一个区域的景观格局变化可以表现在斑块特征的变化上。当汉丰湖运行水位从 164.50m 上升至 172.50m 时，湖区湿地景观斑块特征发生了较大的变化，包括斑块面积、数量等（图 5-21）。

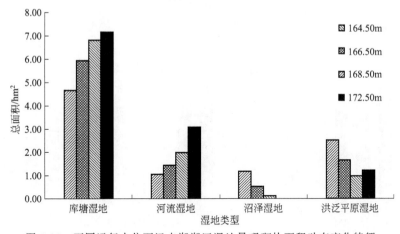

图 5-21　不同运行水位下汉丰湖湖区湿地景观斑块面积动态变化特征

如图 5-21 所示，洪泛平原湿地和沼泽湿地的斑块总面积随着运行水位的上升而逐渐减小，库塘湿地和河流湿地的斑块总面积随着运行水位的上升而增加。洪泛平原湿地和沼泽湿地在 164.50m 运行水位下面积最大，而库塘湿地和河流湿地的总面积在 172.50m 运行水位下面积最大。可以看出，随着运行水位的上升，洪泛平原湿地和沼泽湿地被逐渐淹没，湿地类型转换为库塘湿地或河流湿地。

如图 5-21 所示，库塘湿地和河流湿地的平均斑块面积的动态变化趋势与斑块总面积基本一致，均随着运行水位的不断上升而不断减小。洪泛平原湿地的平均斑块面积随运行水位的增加出现先增加后减小的趋势，而沼泽湿地的平均斑块面积则随着运行水位的不断上升先减小后增加。在各类湿地景观斑块中，河流湿地的平均斑块面积最大，而洪泛平原湿地的平均斑块面积最小。

3）湿地景观斑块数量动态变化分析　图 5-22 是不同运行水位下汉丰湖湖区湿地景观中各湿地类型的斑块数量的动态变化情况。总体而言，洪泛平原湿地和库塘湿地的斑块数量较多，沼泽湿地和河流湿地的斑块数量较少。随着运行水位的不断增加，洪泛平原湿地和库塘湿地的数量不断减少，沼泽湿地出现先增加后减少的趋势，而河流湿地的斑块数量也呈减少的趋势。从斑块数量和斑块总面积以及平均斑块面积的动态变化情况可以看出，当汉丰湖运行水位不断上升时库塘湿地和河流湿地的面积不断增加，且整体性逐步明显，而洪泛平原湿地和沼泽湿地则不断被淹没，斑块面积和斑块数量都明显减少。

4）湿地景观斑块密度动态变化分析　斑块密度反映景观的破碎化程度，也反映景观异质性程度。斑块密度越大，表示景观破碎化程度越高，空间异质性也越大。如图 5-22 所示，汉丰湖湖区湿地景观斑块密度在不同运行水位下的变化特征与景观斑块数量随运行水位的变化趋势一致。运行水位从 164.50m 上升至 172.50m 时，洪泛平原湿地和库塘湿地的斑块不断减小，沼泽湿地出现先增加后减小的趋势，而河流湿地的斑块密度也由于部分季节性或间歇性河段被淹没而呈略微减小的趋势。

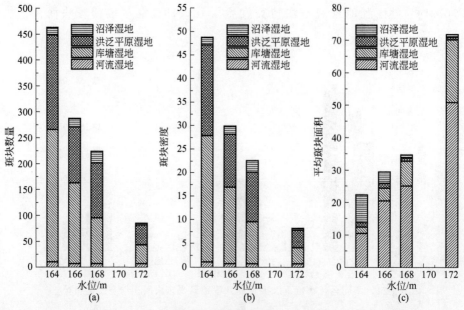

图 5-22　不同运行水位下湖区湿地景观斑块密度、数量、平均面积变化特征

(3) 不同运行水位下单一湿地景观要素变化分析

1）库塘湿地的景观格局动态变化特征　汉丰湖湖区库塘湿地主要包括汉丰湖、周边175.00m 高程以下的小型库塘以及少量 175m 高程以上但与汉丰湖湖区景观具有一定延续性的库塘。为区分河流湿地与库塘湿地，本研究中分别将新东河大桥、石龙船大桥及滨湖北路大桥作为东河、头道河和南河与汉丰湖的交界线。

当汉丰湖运行水位从 164.50m 上升至 172.50m 时，湖区库塘湿地总面积呈增加的趋势（见图 5-23）。库塘湿地总面积与运行水位之间具有正相关关系，其表达式为：$y=$

$83.56x + 407.1$。

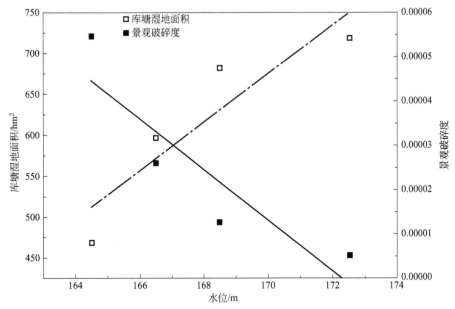

图 5-23　不同运行水位下库塘湿地面积、景观破碎度动态变化

由图 5-23 中可以看出，随着湖区运行水位的增加，库塘湿地的总面积不断增加。结合其他湿地类型的总面积变化情况可知，随着水位的上升，汉丰湖周边的沼泽湿地和洪泛平原湿地不断被淹没而转换成库塘湿地景观，湖区湿地逐渐转换成以库塘湿地和河流湿地为主体的景观格局。

水位为 164.50m、166.50m、168.50m 和 172.50m 时，湖区库塘湿地的景观破碎度指数分别为 0.000054、0.000026、0.000013 和 0.000005。如图 5-23 所示，库塘湿地的破碎度指数与运行水位存在负相关关系。同时，在这 4 个运行水位下，湖区库塘湿地的平均形状因子分别为 1.5172、1.4449、1.4010 和 1.3869。这说明随着湖区运行水位的增加，库塘湿地的破碎化程度逐渐降低，完整性逐渐提高，同时其形状上也趋向于简单化。

随着湖区运行水位的增加，库塘湿地的总面积不断增加，增加的速度在 164.50～166.50m 之间最快，而在 168.60～172.50m 之间最慢。当汉丰湖运行水位上升时，湖区库塘湿地景观的动态变化主要有两种情况，其中一种情况是汉丰湖本身水位的上升，淹没周边地势较低的沼泽湿地和部分洪泛平原湿地，以及这两类湿地中镶嵌分布的零星积水库塘，其结果是库塘湿地总面积的增加，以及沼泽湿地面积急剧降低，洪泛平原湿地面积也减少。这一过程主要发生于 164.50～168.50m 水位之间，因此库塘面积增加速度最快。库塘湿地景观动态变化的另一种情况是，当运行水位上升至 168.50m 以上时，由于汉丰湖沿岸的主要构成是防洪堤坝，水位继续上升时汉丰湖本身的面积增加较为有限；同时随着汉丰湖周边主要河流水位的上升，河流沿岸的库塘被淹没而转换为河流湿地景观，这一过程主要发生于 168.50～172.50m 之间，此水位期间库塘湿地的增加速度最慢。

当运行水位上升时，库塘湿地的质心位置变动不大，这主要是因为汉丰湖作为库塘湿地的主体，面积远超其他湿地斑块，因此对库塘湿地的质心位置具有决定性作用。当水位上升时，湿地质心先向东北方向偏移，之后主要向西北方向偏移。这主要是因为汉丰湖水位上升时首先淹没位于东北方向的沼泽湿地，随后淹没西北方向的洪泛平原湿地，到168.50m之后，汉丰湖面积变化不大，但西北方向的主要河流水位上升，沿岸库塘被淹没，导致库塘湿地质心向东南方向（汉丰湖质心方向）回移。

2）河流湿地的景观格局动态变化特征　汉丰湖湖区的河流湿地主要包括东河、南河、头道河、箐林溪以及几条季节性或间歇性小河沟。河流湿地呈带状分布，由周边汇入南河或汉丰湖。当汉丰湖运行水位从164.50m上升至172.50m时，湖区河流湿地总面积呈增加的趋势（见图5-24）。河流湿地总面积与运行水位之间具有正相关关系，其表达式为：$y=65.59x+24.92$。

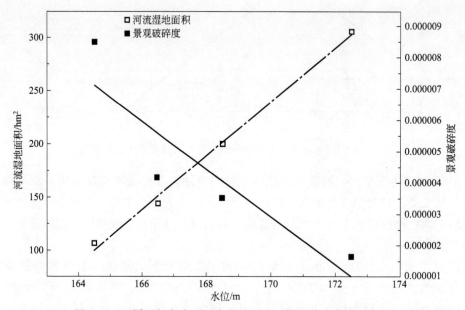

图 5-24　不同运行水位下河流湿地面积、景观破碎度动态变化

由图5-24中可以看出，随着湖区运行水位的增加，河流湿地的总面积不断增加，其增加速度在168.50～172.50m之间最快。水位为164.50m、166.50m、168.50m、172.50m时，湖区河流湿地的景观破碎度指数分别为0.000009、0.000004、0.000003和0.000002。如图5-24所示，河流湿地的破碎度指数与运行水位存在负相关关系；同时，在这4个运行水位下，湖区河流湿地的平均形状因子分别为5.5678、5.8969、4.5189和4.1246。这说明随着湖区运行水位的增加，河流湿地的破碎化程度逐渐降低，在形状上则是先趋向复杂，随着水位的进一步提升形状变得简单。

湖区河流湿地的增加主要是因为随运行水位的上升，东河、南河、头道河、箐林溪水位抬升而淹没沿岸区域，这一过程在168.50～172.50m之间最为明显，因此河流湿地的面积增加速度也最快。

3）洪泛平原湿地的景观格局动态变化特征　湖区洪泛平原湿地主要沿河流两岸分布，随着运行水位的提高，湖区洪泛平原湿地逐渐被淹没而面积减少（见图5-25）。洪泛平原湿地的总面积与运行水位之间具有负相关关系，其表达式为：$y=-77.19x+328.5$。

由图5-25可以看出，随着湖区运行水位的增加，洪泛平原湿地的总面积不断减少，其减少速度在 168.50～172.50m 之间最快。

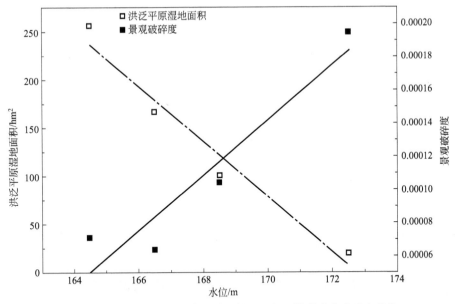

图 5-25　不同运行水位下洪泛平原湿地面积、景观破碎度动态变化

湖区洪泛平原湿地的景观破碎度指数 164.50m 水位下为 0.000071，在 166.50m 水位下为 0.000064，在 168.50m 水位下为 0.000104，在 172.50m 水位下 0.000195。如图 5-25 所示，洪泛平原湿地的破碎度指数与运行水位存在正相关关系；同时，在这 4 个运行水位下，湖区洪泛平原湿地的平均形状因子分别为 1.9414、2.0652、1.8328 和 2.7942。这说明随着湖区运行水位的增加，洪泛平原湿地的破碎化程度呈现出先下降后上升的趋势，相应的斑块形状则变化较为复杂，其原因可能是洪泛平原湿地本身地形的复杂化，导致水位上升时淹没线的形状变化较为复杂。

4）沼泽湿地的景观格局动态变化特征　汉丰湖湖区的沼泽湿地主要分布于汉丰湖周边，由地势较低、排水不便的洪泛平原湿地缓慢发育而成。湖区沼泽湿地的类型主要是草本沼泽湿地，另有部分灌丛沼泽湿地分布于乌杨岛以东、窟窿坝以西，位于研究区之外。随着运行水位的提高，湖区沼泽湿地很快被淹没而面积急剧减少（图 5-26）。沼泽湿地的总面积与运行水位之间具有负相关关系，其表达式为：$y=-39.12x+144.7$。由图 5-26 中可以看出，随着湖区运行水位的增加，洪泛平原湿地的总面积减少速度在很快，到 172.50m 运行水位时，湖区沼泽湿地已几乎完全消失。

湖区沼泽湿地的景观破碎度指数 164.50m 水位下为 0.000011，在 166.50m 水位下为 0.000026，在 168.50m 水位下为 0.000188，在 172.50m 水位下 0.000041。如图 5-26 所示，当湖区运行水位上升时，湖区沼泽湿地因为被部分淹没而由整块湿地转换为零星的湿地，因此破碎度指数呈上升趋势，但到 168.50m 运行水位之后，沼泽湿地被大量淹没，斑块数下降，破碎度指数也随之降低。在前述 4 个运行水位下，湖区沼泽湿地的平均形状因子分别为 2.3245、2.2045、1.8833 和 3.0975。这说明随着湖区运行水位的增加，沼泽湿地斑块形状的复杂度先下降而后上升。

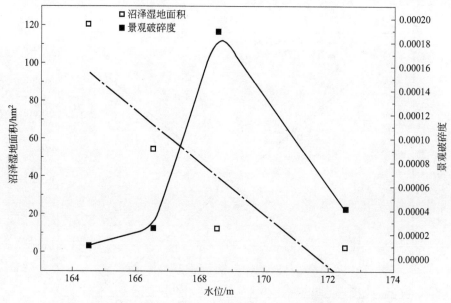

图 5-26　不同运行水位下沼泽湿地面积、景观破碎度动态变化

5.1.3.4　主要植物种类萌生、建群与种子对水淹的响应

(1) 主要植物耐水淹性能及萌生情况

对高水位运行时水-陆交错带的植物水淹情况研究有助于揭示水位消长产生的植被演化历史,理解典型消落带区植物群落的形成机制。2016 年 12 月对蓄水后的汉丰湖库区水陆交错带植物种类和水淹情况进行了调查,在 150~170m 的主要消落带部分种类由于不耐长时间和高强度水淹,退出了消落带区域。高水位时处于不同程度水淹的植物类群如表。在 150~170m 消落带的主要植物中,柳树、柏树、乌桕和毛竹等消失,水淹时间长、较深的区域仅有合萌一种木本植物,且为小灌木,表明乔木、灌木树种耐高强度水淹的能力较差。另一方面,狗牙根、空心莲子草等耐水淹能力强,因此在不同高程的消落带均具有较大优势,成为库区的建群种。

植物建群的主要方式包括种子萌发与成苗、萌生以及其他营养繁殖,植物在群落中能否存在,能否发展成为优势种,主要依赖其繁殖效率和竞争能力。根据对汉丰湖主要植物生物学特性和生活史的分析,认为萌生和种子繁殖是消落带植被建成的主要形式;营养生长良好,适应性强的种类主要依靠萌生产生后代,如狗牙根、空心莲子草、荩草、竹叶草和水蓼等植物。狗牙根植株耐水淹,根状茎发达,埋于凋落层和表层土壤,在水位下降环境适宜时,能够快速恢复生长,这是狗牙根在消落带逐渐占据优势的重要原因。

(2) 消落带植被的历史变化

表 5-6 和表 5-7 为针对三峡库区开州段消落带植物的研究,尽管调查区域稍有不同,但主要区域均为汉丰湖及其支流,在植被类型和物种组成的历史变化研究上具有较好参考价值。

表 5-6　消落带植物多样性的历史变化

年份	采样地	物种数量	科数	属数	资料来源
2008	澎溪河及其支流	98	38	77	王强（2009）
2012	汉丰湖	41	22	39	陈春娣（2012）
2016	汉丰湖及支流	36	14	29	本次样地调查

表 5-7　消落带植被组成的年际变化

年份	群落类型	主要类群	优势种类	资料来源
2008	白茅群丛、苍耳群丛、双穗雀稗群丛、喜旱莲子草群丛、萤蔺群丛、宽叶香蒲群丛、水蓼群丛	禾本科、莎草科、菊科、蓼科、伞形科、玄参科	白茅、狗牙根、小蓬草、艾、苍耳、双穗雀稗、萤蔺、喜旱莲子草、萤蔺、酸模、香附子、宽叶香蒲、水蓼、	王强（2009）孙荣（2011）
2012	空心莲子草群落、鬼针草群落、狗尾草群落、苎麻群落、小白酒草群落	菊科、禾本科、苋科、豆科、伞形科、荨麻科、旋花科	空心莲子草、水蓼、节节草、马唐、狗尾草、鬼针草、苍耳、狗牙根、小白酒草	陈春娣（2012）
2016	狗牙根群落、苍耳群落、鬼针草群落、水蓼群落、空心莲子草群落	禾本科、菊科、莎草科、蓼科、	狗牙根、苍耳、香附子、空心莲子草、无芒稗、水蓼、碎米莎草	本次样地调查

从表 5-6、表 5-7 中可看出，三峡库区蓄水初期，澎溪河流域消落带植物种类还非常丰富，科属组成较为复杂，禾本科、莎草科、蓼科等是优势类群，白茅、小蓬草、酸模和宽叶香蒲等是优势物种。2012 年针对汉丰湖的调查中，物种数量和科属组成均较少，在一定程度上反映了随着蓄水年限增加，群落趋于简化，植物多样性水平受到一定程度影响。禾本科、伞形科仍为主要类群，空心莲子草、马唐、鬼针草等逐渐发展起来，成为新的优势物种。本次调查中，物种数量和科属组成进一步简化，优势类群为禾本科、菊科和莎草科等，狗牙根、苍耳和香附子成为占绝对优势的植物种类。可见，三峡库区蓄水随年限增加，植物群落趋于简化，物种多样性水平降低，优势植物类群发生了一定变化。

与历史资料对比发现，水对消落带植被产生了显著的影响，在三峡库区蓄水后消落带植被处于动态变化中，群落结构、物种组成趋于简化，优势类群更替并逐渐趋于稳定。本研究结果可知，汉丰湖库区消落带植被覆盖良好，人为扰动少的区域盖度均在 90%，由于狗牙根等优势草本植物生长茂盛，高程较低地段的群落盖度达 100%，可有效降低地质灾害发生的风险；但群落结构总体较为简单，优势类群明显。物种多样性水平方面，植物种类较多，以湿生植物和水生植物为主，主要为本地先锋植物种类和入侵植物部分优势物种的优势度极高，均匀性较差。植物生活型以草本为主，这与适应库区蓄水后消落带植物可利用的生长季缩短有关，生长迅速、生命周期短的植物才能够适应消落带水环境的节律性变化，尤其是 170m 以下的区域。

水淹对消落带植物具有十分重要的影响，现存消落带植物具有其相应的适应策略。不同植物种类植株和种子的耐水淹能力，个体萌生能力不同，是植物群落动态变化的主要原因。在这一过程中，以乔木为主的耐受性差的种类不断的减少甚至消失，而狗牙根、空心莲子草等优势植物类群个体数量不断增加。不同高程的土壤种子库密度、种子萌发率差异显著，长时间水淹会降低多数植物种子的萌发率，浅水短时间水淹对部分植物种子萌发特性具有积极作用。因此，高水位运行期适当降低水位有利于消落带主要植物种子活性的保存，对于维持消落带植被覆盖和物种保护具有积极作用。

5.1.4 调度准则分析

5.1.4.1 防洪需求

结合三峡水库调度运行方式，小江调节坝水库的蓄水期主要为 6～9 四个月；10～12 月及翌年 1 月与三峡同步运行期；挡水期 2～5 月库区水位视三峡水库运行水位而定。调节坝的修建改变了小江库区原来的泥沙淤积分布，原进入小江中下游的部分泥沙被拦蓄在调节坝库区内，致使调节坝库区泥沙淤积，对调节坝的使用寿命和调节坝库区水面线有所影响。为延长调节坝的使用寿命，减少库区内泥沙淤积，降低库区内水位抬升幅度，当汛期调节坝上游来水量大于等于 $800\text{m}^3/\text{s}$ 时，泄水闸闸门全开敞泄冲沙。

调节坝水库运行方式如下，分枯水期和汛期两种类型。

(1) 枯水期

① 当三峡库水位上涨至 168.5m，水位调节坝工程闸门全开，水位调节坝库区水位与三峡库区水位同步运行；

② 当三峡库区水位下降至 168.5m，水位调节坝工程下闸，水位调节坝开始挡水。

(2) 汛期（三峡库区水位较低）

① 当上游来水较小时，由溢流坝过流调节坝库区水位保持 168.5～169.0m；

② 当上游来水较大，库区水位超过 169m 时，开启部分闸门，上游水量来多少泄多少，维持水位调节坝库区水位 168.5m；

③ 当上游洪水 $Q_入 < 800\text{m}^3/\text{s}$ 时，维持库区水位 168.5m；

④ 当上游洪水 $Q_入 \geqslant 800\text{m}^3/\text{s}$ 时，泄水闸闸门全开敞泄冲沙，洪水过后下闸蓄水。排沙时间按 10 年累计 28d 控制。

5.1.4.2 藻类调试目标需求分析

根据文献收集和汉丰湖的原位试验的结果，要达到较好的控藻效果，流速达到 0.2m/s 以上时试验周期内藻类比增长速率呈现指数的下降，说明流速升高将对藻类生长产生一定抑制，建议"抑制藻类生长"的流速水平维持在 0.2m/s 以上。2 月气温过低、6～8 月上游流量较大都减小了藻华发生的概率，所以作为控制水华的一般调度期。每年 3～5 月流量、气温、光照等条件都适宜藻类的生长，所以 3～5 月为控制水华的重点调度期。

5.1.4.3 鱼类调度目标需求分析

江河中鱼类产卵与涨水、流速、流态及水温等物理因素密切相关。在一定的温度条件下，江河中涨水是刺激大多数鱼类产卵的重要信号。已有数据显示小江中 4～9 月一般有 4～6 次涨水，相应地有 4～6 批亲鱼产卵。产卵盛期为 4～9 月。三峡库区的形成及汉丰湖大坝建成后，小江水文情势呈周期性变化趋势，其中在低水位（145m）运行时，小江养鹿至汉丰湖大坝段仍保持一定的流水生境，而在高水位（175m）运行时，整个小江呈宽水面的静、缓流水状态。每年的 4～9 月期间（145m 水位运行期间）小江下游（渠口-

长江段）流量脉动过程基本消失，刺激鱼类产卵的流量脉动不复存在。所以在汉丰湖正常蓄水后有必要进行 4～6 次的调度，加大汉丰湖上游流速条件，刺激汉丰湖上下游鱼类产卵。

根据鱼类影响因子分析结果可知，库区中的流速、流量脉动、水温以及鱼类洄游通道等对鱼类的繁殖生长有不可或缺的作用，其中流速的大小决定了水体中鱼类繁殖生长所需要的溶解氧，同时对部分特殊鱼类卵的孵化具有一定的刺激作用，这在一定程度上与流量具有相同的作用，通过水位及流量的波动带动水体流速。由以上分析可知，适合鱼类卵的孵化以及繁殖生长的适合流速基本处于 0.2m/s 以上，所以，目标调度需求主要在于考虑大部分小江鱼类的需求，将汉丰湖库区的流速提高到 0.2m/s 来满足鱼类对生境的适应性。

在三峡库区处于高水位时，将闸门全部打开，使汉丰湖和长江连通，即打通鱼类的洄游通道，改善鱼类的生长环境。

5.1.4.4　陆生生态调度目标需求分析

调查结果表明适宜的水位涨落可以实现汉丰湖大小景观斑块之间转化，可以兼顾大斑块为大型脊椎动物提供核心生境和庇护所和小斑块为物种多样性提供生境的功能，所以汉丰湖水位变化具有一定生态学意义。景观中斑块面积的大小、形状以及数目对生物多样性以及各种生态学过程都有一定的影响。景观斑块的大小影响着物种的数量和多样性。一般而言，物种多样性随着斑块面积的增加而增加。现实中各种大小景观斑块同时存在，具有不同的生态学功能。如大斑块对地下蓄水层和库塘水质有保护作用，有利于敏感物种的生存，为大型脊椎动物提供核心生境和庇护所，为景观其他组成部分提供种源，可维持更近乎自然的生态体系，在环境变化的情况下，可以为物种灭绝过程产生缓冲作用。小斑块则可以作为物种传播和局部物种灭绝后重新定居的生境和"踏脚石"，从而增加景观的连接度，为许多边缘物种、小型生物群以及一些稀有物种提供生境。此外，斑块的形状多种多样，其形状越紧密，则单位面积的边缘较小，有利于保蓄能量、养分和生物；而松散的形状则易于促进斑块内部与外围环境的相互作用。

对于汉丰湖湖区的遥感解译发现：

① 164.50～168.50m 水位时，汉丰湖周边大片洪泛平原和沼泽湿地转换为库塘湿地。

② 168.50～172.50m 水位时，主要是各支流水位抬升而淹没沿岸区域转换为河流湿地。

③ 运行水位自 166.50m 上升为 168.50m 时，湿地面积的增加率最高。

④ 随着运行水位的提高（165.5～168.5m），沼泽湿地景观破碎度指数变化最为明显。

⑤ 库区水位下降 3m 时库容约为 $2.9\times10^7m^3$，接近 168.5m 时库容的 50%，考虑到库区水位的下降对库区景观及水库用水等的影响，不再加大库区水位的降幅。基于以上分析，同样的水量条件下在 165.5～168.5m 范围内湿地面积变化率较大，所以调度时运行水位变化范围最大取为 165.5～168.5m。

5.1.4.5　汉丰湖生态调试准则

综上所述，考虑防洪需求、抑制水华、保护鱼类和陆生生态等多种因素，生态调度准则如下（见图5-27）：

① 三峡处于低水位运行时，将闸门全部打开，使汉丰湖和长江连通，即打通鱼类的洄游通道，改善鱼类的生长环境。

② 三峡处于低水位运行时，当上游洪水 $Q_入 < 800\text{m}^3/\text{s}$ 时，维持库区水位168.5m；当上游洪水 $Q_入 \geq 800\text{m}^3/\text{s}$ 时，泄水闸闸门全开敞泄冲沙，洪水过后下闸蓄水。

③ 流速升高将对藻类生长产生一定抑制作用，流速达到0.2m/s以上时藻类比增长速率呈现指数的下降，建议"抑制藻类生长"的流速水平维持在0.2m/s以上。

④ 为了刺激喜流水性和产漂流性卵的土著鱼种产卵，在4～9月进行调度，人工造峰4～6次，创造刺激鱼类产卵的流量脉动，达到汉丰湖产漂流性和微黏性卵的种类所需的基本流速0.2m/s以上。

⑤ 运行水位自166.50m上升为168.50m时，湿地面积的增加率最高。随着湖区运行水位的增加，汉丰湖周边大片洪泛平原和沼泽湿地转换为库塘湿地，增加的速度在164.50～168.50m之间最快。

⑥ 库区水位下降3米库容约为 $2.9 \times 10^7 \text{m}^3$，接近168.5m时库容的50%，考虑到库区水位的下降对库区景观及水库用水等的影响，不再加大库区水位的降幅，所以调度时运行水位变化范围最大取为165.5～168.5m。

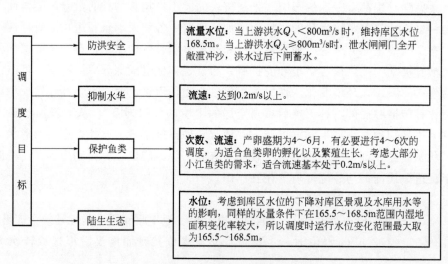

图5-27 生态调度目标需求分析

5.2 调节坝生态调度原型观测

5.2.1 调节坝原型调度监测方案

于2015年9月9～13日进行了汉丰湖调节坝生态调度原型试验，第9日、11日、12日、13日每天监测一次。第10日进行调度，下泄时间5h，10孔闸门全开，前2h闸门开度0.5m，后3h闸门开度1.0m，并且配合调节坝调度进行加密监测。

5.2.1.1　监测点位布设

监测点位共设 6 个：

① 坝前 1000m 处，断面左、中、右测点；

② 库中（宝塔窝断面）左、中、右测点；

③ 库尾（东南河下游交汇 1000m 处）左、中、右测点；

④ 支流东河上游（公交 10 路白鹤敬老院站）；

⑤ 南河（风箱萍大桥）；

⑥ 支流头道河上游（盛山电厂桥下）。

取样均位于水面以下 0.5m；

监测时间：每日 8：00～12：00 监测。

5.2.1.2　监测指标

(1) 流场监测

采用 ADCP 监测流场。

(2) 水质监测

根据《水环境监测规范》及生态调度目标，本次调度水质监测指标包括高锰酸盐指数、$NH_3\text{-}N$、TP、TN、$NO_3^-\text{-}N$、亚硝态氮、磷酸盐、叶绿素 a。所有化学测试指标分析方法参照《水和废水监测分析方法（第四版）》进行。

(3) 藻类监测

藻类的监测点位同水质监测点位，时间与水质同步。藻类种属的鉴定和现存量方法分别如下。

1）藻类定性　藻类定性样品带回实验室后在 XSP-8CA 光学显微镜（10×40）下鉴定藻种，藻类种类鉴定参照相关文献进行。

2）藻类定量　藻类定量样品带回实验室后，将采集的水样混合后取 1L 倒入圆柱形沉降筒中，静沉 48h 后用虹吸管小心吸出上清液，剩下 20～25mL 时将浓缩液移入 30mL 定量标本瓶中，然后用吸出的上清液少许冲洗沉降筒，再移入定量标本瓶中定容至 30mL。计数前将定量标本瓶中样品摇匀，用移液枪取 0.1mL 于藻类计数框中，盖上盖玻片置于 400 倍显微镜下对各种藻类分别计数，再根据式(5-11) 和式(5-12) 换算出藻类的细胞密度和生物量。

细胞密度的计算公式：

$$N_i = \left(\frac{A}{A_c} \cdot \frac{V_s}{V_a} \right) \times n_i \tag{5-11}$$

式中　N_i——每升水中第 i 种浮游藻类的细胞数量，个细胞/L；

　　　A——计数框面积，mm^2，取值 $400mm^2$；

　　　A_c——计数面积，mm^2；

　　　V_s——1L 原水经沉淀浓缩后的样品体积，mL，取值 30mL；

　　　V_a——计数框体积，mL，取值 0.1mL；

　　　n_i——每片计数所得第 i 种藻类的细胞数目，个细胞。

在确定藻类生物量时，通过藻类的几何形状测量，并参照《中国淡水藻类》、《湖泊生态系统调查方法》等文献中的常见藻类细胞体积数据来确定镜检藻种的实际体积，最后按比重为1进行换算得到该藻种的生物量（湿重）。

藻类生物量计算公式：

$$D = N_i \times V/10 \tag{5-12}$$

式中　D——藻类生物量，$\mu g/L$；

N_i——第i种藻类的细胞密度个细胞，10^5个细胞/L；

V——细胞体积，μm^3。

5.2.2　原型调度过程及实施情况

于2015年9月10日进行了一次调度。9月9日汉丰湖调节坝十孔闸门都处于关闭状态，在坝前左、中、右，库中左、中、右及东河的白鹤敬老院及南河的风箱萍大桥采集了水质数据，作为调水前的水质指标的背景值。

2015年9月10日上午进行调水实验，闸门开度0.5m，监测人员分为两组：一组在坝上游乘汽艇使用ADCP监测流量和水质情况；另一组在坝下用悬桨式流速仪进行流量的监测和复核。9：30闸门十孔开度0.5m，坝上组在坝前开始了第一次监测，10：00到达库心断面进行监测。

11：10闸门十孔开度扩大到1.0m，坝上组在坝前开始了第2次监测，12：10到达库心断面进行监测。由于人员有限，当日没有对上游支流东河、南河和头道河断面的水量和水质进行监测。

为了持续观测原型调水试验对库区水质的影响，于2015年9月11～13日对汉丰湖及支流的断面进行了3d连续的水质监测，包括坝前、库中、库尾和东河白鹤敬老院、南河风箱坪大桥及头道河大桥。

5.2.3　原型调度的效果分析

5.2.3.1　各测点水质变化分析

（1）高锰酸盐指数

图5-28～图5-30为各测点高锰酸盐指数浓度变化图，从图中可以看出坝前和库中断面左、中、右测点高锰酸盐指数虽有一定波动，从9月9～13日总体趋势持平，且各测点浓度相差不大。在坝尾右测点的浓度值较大，主要是南河水质污染较为严重，比东河的水质较差。

（2）NH$_3$-N

图5-31～图5-33为各测点NH$_3$-N浓度变化。从图中可以看出坝前与坝中左、中、右NH$_3$-N浓度虽然略有差异，但是各测点浓度在测点9月10日调水之后均呈下降趋势。坝前各测点10日NH$_3$-N值在0.4～0.6mg/L之间，而13日降至0.2mg/L以下。库中左测点比右中两测点浓度值较低，库中3个测点的浓度从9月10日的0.4mg/L左右降为13日的0.1mg/L左右。库尾左、中两测点浓度从11日开始有所降低，但是右测点受南河来

流的影响 NH$_3$-N 浓度呈上升趋势。

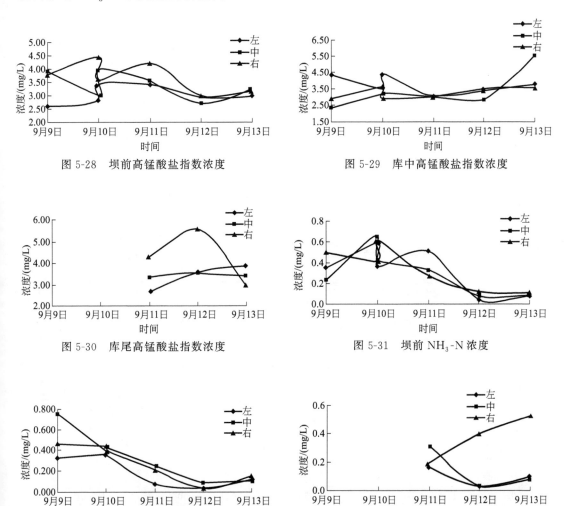

图 5-28　坝前高锰酸盐指数浓度　　　　图 5-29　库中高锰酸盐指数浓度

图 5-30　库尾高锰酸盐指数浓度　　　　图 5-31　坝前 NH$_3$-N 浓度

图 5-32　库中 NH$_3$-N 浓度　　　　　图 5-33　库尾 NH$_3$-N 浓度

（3）TP

图 5-34～图 5-36 为各测点 TP 浓度变化，从图中可以看出坝前左、中、右 3 个监测点从 9 日开始一直呈下降趋势，坝前右测点从 9 日的 0.16mg/L 下降到 13 日的 0.033mg/L，下降幅度为 80%。库中 TP 除右测点 13 呈上升趋势外，其他各点调水后都呈现下降趋势。坝前和库中 9 月 12 日都低于 0.05mg/L 的湖泊 Ⅱ 类水质浓度。9 月 11～13 日库尾中和右测点 TP 浓度基本相同，右测点 TP 浓度依然呈现上升趋势，13 日达到最高的 0.143mg/L。

（4）TN

图 5-37～图 5-39 为各测点 TN 浓度变化，从图中可以看出坝前和库中各测点在 10 日调水后基本上呈现出先降后有所升高，最后与调水前的 9 日基本持平。9 月 11 日库中的左、中测点都低于 1.0mg/L 的 Ⅲ 类水质标准。11 日库尾 TN 浓度均低于 1.0mg/L，从 11 日开始受上游来水的影响 TN 都呈上升趋势。

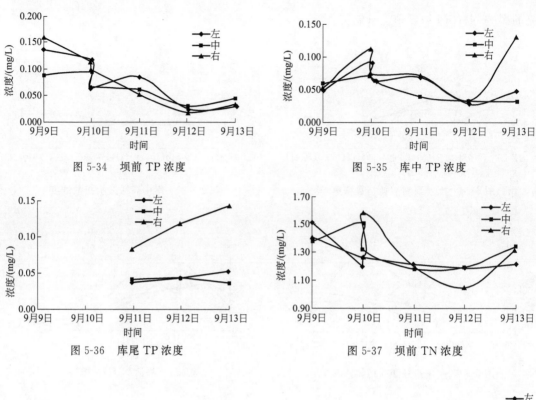

图 5-34　坝前 TP 浓度　　　　图 5-35　库中 TP 浓度

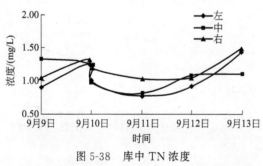

图 5-36　库尾 TP 浓度

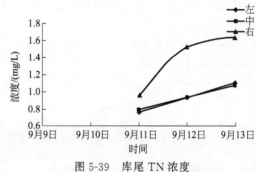

图 5-37　坝前 TN 浓度

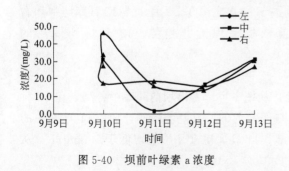

图 5-38　库中 TN 浓度

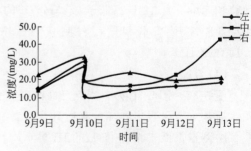

图 5-39　库尾 TN 浓度

（5）叶绿素 a

图 5-40～图 5-42 为各测点叶绿素 a 浓度变化，从图中可以看出坝前与库中叶绿素 a 从 10 日调水后呈下降趋势，经过 2d 后叶绿素浓度与之前持平。库尾从 11 日至 13 日左测点呈先降后升趋势外，其他两测点都先升后降。

图 5-40　坝前叶绿素 a 浓度　　　　图 5-41　库中叶绿素 a 浓度

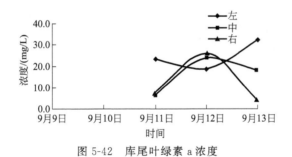

图 5-42　库尾叶绿素 a 浓度

5.2.3.2　库区平均水质变化分析

按照以上的监测方案进行了原型调度的实施工作，图 5-43～图 5-45 为 9 月 9～13 日库区内各点（坝前、库中、库尾）水质指标平均浓度随时间变化的过程曲线。如图 5-43 所示库区高锰酸盐指数日平均值变化经趋势。最大浓度 3.61mg/L，出现在 9 月 13 日，最小浓度 3.32mg/L，出现在 9 月 9 日，从变化趋势上看调度过程中库区内高锰酸盐指数变化不大，都处于Ⅱ类水平。

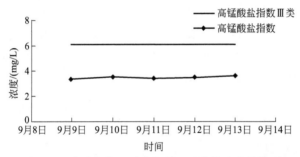

图 5-43　库区内高锰酸盐指数日平均值变化趋势图

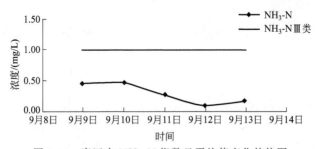

图 5-44　库区内 NH$_3$-N 指数日平均值变化趋势图

如图 5-44 所示，库区 NH$_3$-N 浓度平均浓度为 0.28mg/L。最大浓度为 0.46mg/L，出现在 9 月 10 日；最小浓度为 0.10mg/L，出现在 9 月 12 日。在调度过程中 NH$_3$-N 一直处于Ⅱ类水平，从变化趋势上看 NH$_3$-N 浓度整体呈现下降趋势，在调度后浓度从 9 月 10 日的 0.46mg/L 一直下降到 9 月 13 日的 0.06mg/L，所以调度过程有利于 NH$_3$-N 浓度的下降。

如图 5-45 所示，库区 TP 的平均浓度 0.07mg/L。库区 TP 最大浓度 0.09mg/L 出现

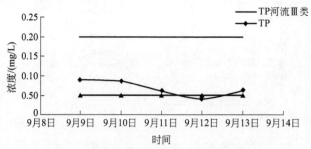

图 5-45　库区内 TP 日平均值变化趋势

在 9 月 9 日，最小浓度 0.04mg/L，出现在 9 月 12 日。

河流Ⅲ类水质 TP 标准浓度为 0.2mg/L，如果汉丰湖按河流进行评价，那么 TP 浓度全部达到河流Ⅲ类水平。

湖泊Ⅲ类水水质 TP 标准浓度为 0.05mg/L，如果汉丰湖按湖泊进行评价，那么 TP 浓度在调度后的第 2 天即 9 月 12 日也达到了湖泊Ⅲ类水平。

从变化趋势上看 TP 浓度在调度后整体呈现下降趋势，调度后浓度从 9 月 10 日的 0.09mg/L 一直下降到 9 月 12 日的 0.04mg/L，所以调水过程有利于 TP 浓度的下降。

如图 5-46 所示，库区 TN 的平均浓度为 1.18mg/L，达到Ⅳ类水水平。TN 最大浓度为 1.30mg/L 出现在 9 月 13 日；TN 最小浓度 0.97mg/L，出现在 9 月 11 日，这时已经达到地表水Ⅲ类水平。在整个调度过程中，TN 的浓度在调度后呈下降趋势，在 11 日降到了最小浓度 0.97mg/L，调度 2d 后又升高到原有水平。

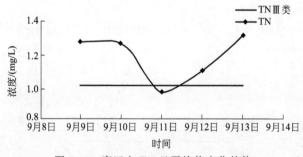

图 5-46　库区内 TN 日平均值变化趋势

如图 5-47 所示，库区叶绿素 a 平均浓度 20.5mg/m³。最小浓度 14.09mg/m³，出现在 9 月 11 日；最大浓度 26.96mg/m³ 出现在 9 月 10 日。在整个调度过程中，叶绿素 a 浓度在调度后呈下降趋势，从 9 月 10 日的 26.96mg/m³ 下降到 11 日的 0.97mg/m³，调度 2d 后又升高到原有水平。

5.2.3.3　浮游植物变化分析

如图 5-48 所示，本次监测在 20 个样本中，共发现 6 门 62 种藻类，其中绿藻门种类数最多，共 25 种，占总数的 40%；其次为硅藻门，共 21 种，占总数的 34%；蓝藻门、隐藻门、裸藻门和甲藻门各 8 种、4 种、2 种、2 种，分别占总数的 13%、7%、3%、3%。

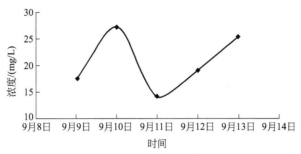

图 5-47 库区内叶绿素 a 日平均值变化趋势

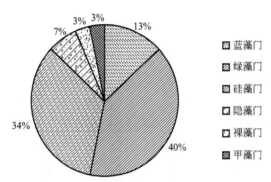

图 5-48 原型观测中各门藻类所占比例

本次监测共采集了 20 个藻类样本，藻类样品采样时间、地点及样品编号见表 5-8，$1^\#\sim6^\#$ 样品为坝前采样点，$7^\#\sim12^\#$ 为库中采样点，$13^\#\sim15^\#$ 为库尾采样点，$16^\#\sim20^\#$ 为各支流采样点。

表 5-8 藻类样品采样时间、地点及样品编号表

编号	日期	地点	时间	密度/(10^6 个细胞/L)	生物量/(10^{-3}mg/L)
$1^\#$	2015/9/9	坝前	15:13	13.49	795.64
$2^\#$	2015/9/10	坝前	9:25	14.85	876.19
$3^\#$	2015/9/10	坝前	11:10	11.13	656.82
$4^\#$	2015/9/11	坝前		7.98	471.09
$5^\#$	2015/9/12	坝前	9:57	5.95	351.33
$6^\#$	2015/9/13	坝前	9:26	10.37	611.62
$7^\#$	2015/9/9	库中	16:43	8.16	481.16
$8^\#$	2015/9/10	库中	9:58	8.65	510.51
$9^\#$	2015/9/10	库中	12:12	4.85	286.21
$10^\#$	2015/9/11	库中		4.83	284.71
$11^\#$	2015/9/12	库中	10:40	7.12	419.89
$12^\#$	2015/9/13	库中	9:47	9.73	574.35
$13^\#$	2015/9/11	库尾		4.73	278.93
$14^\#$	2015/9/12	库尾	11:26	4.73	279.14

编号	日期	地点	时间	密度 /(10⁶ 个细胞/L)	生物量 /(10⁻³mg/L)
15#	2015/9/13	库尾	10:05	4.67	275.71
16#	2015/9/9	东河白鹤敬老院	18:45	0.51	805.79
17#	2015/9/11	东河白鹤敬老院		0.36	496.21
18#	2015/9/9	风箱萍大桥	18:03	1.00	184.37
19#	2015/9/11	风箱萍大桥		0.93	54.63
20#	2015/9/11	头道河电厂大桥		0.36	235.41

从表 5-8 可以看出，20 个藻类样品中上游支流东河白鹤敬老院、风箱萍大桥、头道河电厂大桥的藻类密度都较低，都低于 1.0×10^6 个细胞/L。坝前样品藻类密度值普遍高于库中样品。库尾的藻类密度也较低，都低于 5.0×10^6 个细胞/L。

1#～6# 样品为坝前采样点，2# 和 3# 样品分别为调度日 9 月 10 日 9:25 和 11:10 在坝前所采样品，4#、5#、6# 样品为 9 月 11 日、12 日、13 日所采样品。9 月 10 日 9:25 坝前各种藻类密度和为 14.85×10^6 个细胞/L 达到最大值，11:10 藻类密度下降为 11.13×10^6 个细胞/L，从 9 月 10 日调度开始后坝前的藻类密度呈现明显的下降趋势，9 月 11 日、12 日分别为 7.98×10^6 个细胞/L、5.95×10^6 个细胞/L，而 13 日又升高到 10.37×10^6 个细胞/L。

7#～12# 样品为库中采样点，8# 和 9# 样品分别为调度日 9 月 10 日 9:25 和 11:10 在坝前所采样品，10#、11#、12# 样品为 9 月 11 日、12 日、13 日所采样品。9 月 10 日 9:58 坝前各种藻类密度和达到最大值 8.65×10^6 个细胞/L，12:12 藻类密度下降为 4.85×10^6 个细胞/L，11 日继续下降为 4.83×10^6 个细胞/L，而 12 日和 13 日又回升至 7.12×10^6 个细胞/L 和 9.73×10^6 个细胞/L。

综上所述，整个调度过程中高锰酸盐指数和 NH_3-N 都处于Ⅱ类水水平。如果按河流标准评价，TP 一直处于Ⅲ类水平；如果按湖泊标准评价，在调度后的 TP 最小浓度 0.04mg/L 也达到了湖泊Ⅲ类水水质标准。TN 在调度后最小浓度 0.97mg/L 也达到了Ⅲ类水水平。

汉丰湖调度期间藻类密度和藻类生物量都表现为坝前最丰、库中次之、库尾最少的趋势。在 9 月 10 日调水后，坝前和库中的藻类密度和藻类生物都呈递减趋势，而 2d 后的 13 日又有所回升，所以汉丰湖调水后藻类密度和藻类生物量有所减少。

5.3 汉丰湖水动力模型与生态调度方案

5.3.1 水动力学模型

基于 MIKE21FM 模型建立水动力学与富营养化模型，水动力学因子包括流量、水位、流速等，在水环境研究中起"骨架"作用，是水环境计算载体，直接影响到水体中物质、能量的输移转化过程。流场模拟的准确程度直接影响到水环境计算的准确程度。

5.3.1.1　水流运动方程

水流控制方程采用 σ 坐标系下的三维浅水方程。在笛卡尔坐标系下，任一水流运动要素是（x，y，z，t）的函数，在 σ 坐标系下任一流动要素是（x'，y'，t'，σ）的函数，同时 σ 也是（x'，y'，t'，σ）的函数。笛卡尔坐标系与 σ 坐标系的转化关系为：

$$\sigma=\frac{z-z_b}{h},x'=x,y'=y,0\leqslant\sigma\leqslant1 \tag{5-13}$$

$$\frac{\partial}{\partial z}=\frac{1}{h}\frac{\partial}{\partial\sigma} \tag{5-14}$$

$$\frac{\partial}{\partial x}=\frac{\partial}{\partial x'}-\frac{1}{h}\left(-\frac{\partial d}{\partial x}+\sigma\frac{\partial h}{\partial x}\right)\frac{\partial}{\partial\sigma} \tag{5-15}$$

$$\frac{\partial}{\partial y}=\frac{\partial}{\partial y'}-\frac{1}{h}\left(-\frac{\partial d}{\partial y}+\sigma\frac{\partial h}{\partial y}\right)\frac{\partial}{\partial\sigma} \tag{5-16}$$

则 σ 坐标系下的连续性方程为：

$$\frac{\partial h}{\partial t}+\frac{\partial hv}{\partial y'}+\frac{\partial hu}{\partial x'}+\frac{\partial hw}{\partial\sigma}=hS \tag{5-17}$$

x、y 方向的动量方程分别为：

$$\frac{\partial hu}{\partial t}+\frac{\partial hu^2}{\partial x'}+\frac{\partial huv}{\partial y'}+\frac{\partial hwu}{\partial\sigma}=fvh-gh\frac{\partial\eta}{\partial x}-\frac{h}{\rho_0}\frac{\partial p_a}{\partial x}-\frac{hg}{\rho_0}\int_z^\eta\frac{\partial\rho}{\partial x}dz-$$
$$\frac{1}{\rho_0h}\left(\frac{\partial s_{xx}}{\partial x}+\frac{\partial s_{xy}}{\partial y}\right)+hF_u+\frac{\partial}{\partial\sigma}\left(\frac{v_t}{h}\frac{\partial u}{\partial z}\right)+hu_sS \tag{5-18}$$

$$\frac{\partial hv}{\partial t}+\frac{\partial hv^2}{\partial y'}+\frac{\partial huv}{\partial x'}+\frac{\partial hvw}{\partial\sigma}=fuh-gh\frac{\partial\eta}{\partial y'}-\frac{h}{\rho_0}\frac{\partial p_a}{\partial y'}-\frac{gh}{\rho_0}\int_z^\eta\frac{\partial\rho}{\partial y'}dz-$$
$$\frac{1}{\rho_0}\left(\frac{\partial s_{yx}}{\partial x}+\frac{\partial s_{yy}}{\partial y}\right)+hF_v+\frac{\partial}{\partial\sigma}\left(\frac{v_t}{h}\frac{\partial v}{\partial z}\right)+hv_sS \tag{5-19}$$

垂向速度协变量：

$$\omega=\frac{1}{h}\left[w+u\frac{\partial d}{\partial x'}+v\frac{\partial d}{\partial y'}-\sigma\left(\frac{\partial h}{\partial t}+u\frac{\partial h}{\partial x'}+v\frac{\partial h}{\partial y'}\right)\right] \tag{5-20}$$

式中　　u、v、w——x、y、z 三个方向的速度分量，水深 $h=\eta+d$；

η——水面高程；

d——相对于基准面的水深，即河底高程到基准面的差值乘以负号；

f——柯氏力，由式 $f=2\Omega\sin\phi$（Ω 为地球旋转角速度，ϕ 为研究区域的经度）决定；

s_{xx}、s_{xy}、s_{yx}、s_{yy}——辐射应力张量分量；

p_a——大气压强；

S——点源流量；

u_s、v_s——点源进入环境水体的流速分量；

v_t——垂向紊动黏度。

垂向涡黏系数 v_t 的常用计算方式有三种，即从流速的对数率分布推算、Richardson 数法以及 $k-\varepsilon$ 法。

本模型采用的计算式如下：

$$v_t = U_\tau h \left[c_1 \frac{\sigma h + z_b + d}{h} + c_2 \left(\frac{\sigma h + z_b + d}{h} \right)^2 \right] \tag{5-21}$$

$$U_t = \max(U_{\tau s}, U_{\tau b})$$

式中 c_1、c_2——常数；

$U_{\tau s}$、$U_{\tau b}$——水面和床面的摩阻流速。

F_u、F_v 分别为 x、y 方向的应力项，使用应力梯度来描述，简化为：

$$hF_u = \frac{\partial}{\partial x} \left(2hA \frac{\partial u}{\partial x} \right) + \frac{\partial}{\partial y} \left[hA \left(\frac{\partial u}{\partial y} + \frac{\partial v}{\partial x} \right) \right] \tag{5-22}$$

$$hF_v = \frac{\partial}{\partial x} \left[hA \left(\frac{\partial u}{\partial y} + \frac{\partial v}{\partial x} \right) \right] + \frac{\partial}{\partial y} \left(2hA \frac{\partial v}{\partial y} \right) \tag{5-23}$$

$$A = c_s^2 l^2 \left[\left(\frac{\partial u}{\partial x} \right)^2 + \frac{1}{2} \left(\frac{\partial u}{\partial y} + \frac{\partial v}{\partial x} \right)^2 + \left(\frac{\partial v}{\partial x} \right)^2 \right] \tag{5-24}$$

式中 A——水平涡黏度，根据 Smagorinsky 公式确定［式(5-24)］；

c_s——计算常数；

l——特征长度；

其余符号意义同前。

u、v、w 在水面与河底的边界条件定义如下：

在 $\sigma = 1$（水面）处：

$$w = 0, \left(\frac{\partial u}{\partial \sigma}, \frac{\partial v}{\partial \sigma} \right) = \frac{h}{\rho_0 v_t} (\tau_{sx}, \tau_{sy}) \tag{5-25}$$

在 $\sigma = 0$（床面）处：

$$w = 0, \left(\frac{\partial u}{\partial \sigma}, \frac{\partial v}{\partial \sigma} \right) = \frac{h}{\rho_0 v_t} (\tau_{bx}, \tau_{by}) \tag{5-26}$$

式中 τ_{sx}、τ_{sy}——水面处 x、y 方向的风应力；

τ_{bx}、τ_{by}——x、y 方向的床面应力。

对于床面应力 $\overline{\tau}_b = (\tau_{bx}, \tau_{by})$，由二次摩擦定律来确定，即式(5-27)：

$$\frac{\overline{\tau}_b}{\rho_0} = c_f \overline{u}_b |\overline{u}_b| \tag{5-27}$$

式中 c_f——摩擦因数。

$\overline{u}_b = (u_b, v_b)$ 为床面流速，摩阻流速和床面应力的关系如式(5-28)所列：

$$U_{\tau b} = \sqrt{c_f |u_b|^2} \tag{5-28}$$

三维模型中 $\overline{u}_b$ 为距离床面 Δz_b 处的流速，假设床面与 Δz_b 之间的流速按对数分布，

则计算 c_f 值如式（5-29）所列：

$$c_f = \frac{1}{\left[\dfrac{1}{\kappa}\ln\left(\dfrac{\Delta z_b}{z_0}\right)\right]^2} \tag{5-29}$$

$$z_0 = mk_s \tag{5-30}$$

$$\frac{1}{n} = \frac{25.4}{k_s^{\frac{1}{6}}} \tag{5-31}$$

式中　κ——卡门常数，取值 0.4；

　　　z_0——床面粗糙长度尺度，计算见式（5-30）；

　　　m——常数，近似为 1/30；

　　　k_s——粗糙高度，它与糙率的关系见式（5-31）。

5.3.1.2　控制方程的数值格式

在空间上采用有限体积法对方程进行离散。有限体积法在计算流体力学界已得到广泛应用，它又称为有限容积法，以守恒性的方程为出发点，通过对流体运动的有限子区域的积分离散来构造离散方程。在计算出通过每个控制体边界沿法向输入（出）的流量和通量后，对每个控制体分别进行水量和动量平衡计算，得到计算时段末各控制体平均水深和流速。本模型在水平方向采用非结构化网格，垂向采用结构化网格。

时间积分采用半隐半显格式，浅水方程的采用式（5-32）的空间积分格式：

$$U_{n+1} - \frac{1}{2}\Delta t(G_v U_{n+1} + G_v U_n) = U_n + \Delta t G_h U_n \tag{5-32}$$

式中　下标 h，v——水平方向和垂向。

水平项采用一阶显示欧拉法进行积分，垂向二阶隐式梯形法。

输移方程积分格式如式（5-33）所示。水平输移项和垂直扩散项采用一阶显示欧拉法进行计算，垂向紊动项采用二阶隐式梯形法。

$$U_{n+1} - \frac{1}{2}\Delta t(G_v^V U_{n+1} + G_v^V U_n) = U_n + \Delta t G_h U_n + \Delta t G_v^I U_n \tag{5-33}$$

式中　上标 V、I——黏滞项和非黏滞项。

5.3.1.3　边界条件

各变量在陆地边界法向的通量均认为是 0，即在边界处 $\dfrac{\partial \Phi}{\partial n}=0$，$\Phi$ 为任一变量。浅水方程和对流扩散方程的开边界处均按第一类边界给出，即给定边界处具体的水位或者流量。

5.3.2　富营养化模型

在对汉丰湖富营养化的研究中模拟 DO、$NH_3\text{-}N$、亚硝酸盐氮、硝氮、正磷酸盐、叶绿素 a 等指标，对于任一生态学变量随时间和空间的变化均可采用式（5-34）所列的迁移扩散方程来描述。

$$\frac{\partial hC}{\partial t}+\frac{\partial huC}{\partial x'}+\frac{\partial hvC}{\partial y'}+\frac{\partial hwC}{\partial \sigma}=hF_C+\frac{\partial}{\partial \sigma}\left(\frac{D_v}{h}\frac{\partial C}{\partial \sigma}\right)+hF(C)+hC_sS \tag{5-34}$$

式中 C——某一生态学变量的浓度。

式(5-34)左边第一项为时变项，后边三项为对流项；等式右边前两项分别为水平、竖直方向的扩散项，第三项为生化反应项，代表着各生态变量在水体中进行的物理、化学、生物作用过程以及各生态动力学过程中水质、水文气象，水动力因子之间的动态联系。这一项可认为是某一生态变量浓度对于时间的全导数，即 $\dfrac{\mathrm{d}C}{\mathrm{d}t}$。

5.3.2.1 溶解氧（DO）

DO：大气复氧＋水体中的光合作用－水生植物的呼吸作用－BOD 降解－硝化反应耗氧的过程。

（1）大气复氧 $=K_2(C_s-DO)$ (5-35)

（2）硝化作用 $=K_4\cdot NH_3\cdot \theta_4^{(T-20)}\cdot \dfrac{DO}{DO+HS\text{-}nitr}$ (5-36)

（3）光合作用和呼吸作用：

$$\text{光合作用}=\begin{cases}P_{\max}\cdot F_1(H)\cdot \cos 2\pi(\tau/a)\cdot \theta_1^{(T-20)} & \tau\in[t_{\text{up}},t_{\text{down}}]\\ 0 & \tau\notin[t_{\text{up}},t_{\text{down}}]\end{cases} \tag{5-37}$$

$$\text{呼吸作用}=R_1\cdot F_1(H)\cdot \theta_1^{(T-20)}+R_2\cdot \theta_2^{(T-20)} \tag{5-38}$$

$$BOD\,\text{decay}=K_3\cdot BOD\cdot \theta_3^{(T-20)}\cdot \frac{DO}{DO+HS\text{-}BOD} \tag{5-39}$$

（4）其他表达式

光合作用的潜在营养盐限制可以用营养盐限制函数表示：

$$F(N,P)=\cfrac{2}{\cfrac{IN}{IN+KSN}+\cfrac{PO_4}{PO_4+KSP}} \tag{5-40}$$

式中 H——水深，m；

T——温度，℃；

NH_3——NH_3-N 浓度，mg/L；

BOD——BOD 的实际浓度，mg BOD/L；

IN——总无机氮，mg N/L；

DO——实际的氧浓度，mg O_2/L；

$HS\text{-}BOD$——BOD 的半饱和浓度，mg O_2/L；

KSN——氮的半饱和浓度，限制植物和藻类的光合作用，mg N/L；

$HS\text{-}nitr$——硝化作用的半饱和浓度，mg/L；

KSP——磷的半饱和浓度，限制植物和藻类的光合作用，mg P/L；

K_2——大气复氧系数；

C_s——某水温溶解氧（DO）的饱和值；

θ_3——阿列纽斯温度系数；

K_4——20℃时的硝化速率，1/d；

θ_4——硝化作用的温度系数；

R_1——20℃下光合作用（自养型）的呼吸速率；

θ_1——光合呼吸/产出的温度系数；

R_2——20℃下动物和细菌（异养生物）的呼吸速率，g O_2/(m^2·d)；

θ_2——异养生物呼吸作用的温度系数；

$F_1(H)$——光消减函数；

$F(N,P)$——营养盐限制因子；

PO_4——正磷酸盐浓度。

5.3.2.2　BOD

$$BOD_{降解} = -K_3 \cdot BOD \cdot \theta_3^{(T-20)} \cdot \frac{DO}{DO+HS\text{-}BOD} \tag{5-41}$$

5.3.2.3　NH_3-N

NH_3-N＝+BOD 降解产生 NH_3-N－NH_3-N 向硝氮的转化－植物摄取的 NH_3-N－细菌摄取 NH_3-N＋异养生物呼吸作用释放

NH_3-N 转化过程如下。

① BOD 降解产生的 NH_3-N：

$$Y_{BOD} \cdot K_3 \cdot BOD \cdot \theta_3^{(T-20)} \cdot \frac{DO}{DO+HS\text{-}BOD} \tag{5-42}$$

② 硝化作用：　　　NH_3-N 向硝氮转化＝$K_4 \cdot NH_3 \cdot \theta_4^{(T-20)}$　　　(5-43)

③ 植物摄取＝$UN_p \cdot [P-R_1 \cdot \theta_1^{(T-20)}]$　　　(5-44)

④ 细菌摄取＝$UN_b \cdot K_3 \cdot BOD \cdot \theta_3^{(T-20)} \cdot \dfrac{NH_3}{NH_3+HS\text{-}NH_3}$　　　(5-45)

⑤ 异养生物的呼吸作用释放的 NH_3-N＝$UN_p \cdot R_2 \cdot \theta_2^{(T-20)}$　　　(5-46)

式中　UN_p——植物摄取 NH_3-N 的系数；

UN_b——细菌摄取 NH_3-N 的系数；

$HS\text{-}NH_3$——细菌摄取氮的半饱和浓度，mg N/L；

其余符号意义同前。

5.3.2.4　亚硝酸盐氮

亚硝酸盐氮＝NH_3-N 向亚硝氮的转化－亚硝氮向硝氮的转化；

亚硝酸盐氮转化过程：

① NH_3-N 向亚硝酸盐氮的转化＝$K_4 \cdot NH_3 \cdot \theta_4^{(T-20)} \cdot \dfrac{DO}{DO+HS\text{-}nitr}$　　　(5-47)

② 亚硝酸盐氮向硝氮的转化＝$K_5 \cdot NO_2 \cdot \theta_5^{(T-20)}$　　　(5-48)

式中　NO_2——亚硝酸盐氮的浓度（mg/L）；

$HS\text{-}nitr$——硝化作用的半饱和浓度，mg/L；

K_5——20℃亚硝酸氮向硝氮转化的速率，1/d；

θ_5——亚硝酸氮转化的温度系数；

其余符号意义同前。

5.3.2.5 硝酸盐氮

硝氮＝亚硝氮向硝氮转化－反硝化作用

硝氮转化过程：

① 亚硝氮向硝氮转化＝$K_5 \cdot ON_2 \cdot \theta_5^{(T-20)}$ (5-49)

② 反硝化作用＝$K_6 \cdot NO_3 \cdot \theta_6^{(T-20)}$ (5-50)

式中 NO_3——硝酸盐氮浓度，mg/L；

     K_6——反硝化速率，1/d；

     θ_6——反硝化作用的阿列纽斯温度系数；

其余符号意义同前。

5.3.2.6 磷（以正磷酸盐的形式）

磷＝BOD 降解产生的磷－植物摄取的磷－细菌摄取的磷－异样生物呼吸作用消耗磷

磷的转化过程：

① BOD 降解产生磷＝$K_3 \cdot BOD \cdot Y_2 \cdot \theta_3^{(T-20)} \cdot \dfrac{PO_4}{PO_4 + HS\text{-}PO_4}$ (5-51)

② 植物摄取的磷＝$UP_p \cdot [P - R_1 \cdot \theta_1^{(T-20)}] \cdot F(N,P)$ (5-52)

③ 细菌摄取的磷＝$UP_b \cdot K_3 \cdot BOD \cdot \theta_3^{(T-20)} \cdot \dfrac{PO_4}{PO_4 + HS\text{-}PO_4}$ (5-53)

式中 PO_4——正磷酸盐浓度；

     UP_p——植物摄取磷的系数；

     UP_b——细菌摄取磷的系数；

  $HS\text{-}PO_4$——细菌摄取磷的半饱和浓度，mg P/L；

其余符号意义同前。

5.3.2.7 叶绿素 a

叶绿素 a＝叶绿素的净产量－叶绿素的死亡量－叶绿素的沉积量

叶绿素的转化过程：

$$\frac{\mathrm{d}CHL}{\mathrm{d}t} = +[P - R_1 \cdot \theta_1^{(T-20)}] \cdot K_{11} \cdot F(N,P) \cdot K_{10} - K_8 \cdot CHL - K_9/H \cdot CHL$$

                                           (5-54)

式中 CHL——叶绿素 a 的浓度，mg/L；

     K_8——叶绿素 a 的死亡率，1/d；

     K_9——叶绿素 a 的沉积率，1/d；

    K_{10}——叶绿素 a 与碳的质量比，mg CHL/mg C；

    K_{11}——初级生产力的碳氧质量比，mg C/mg O；

其余符号意义同前。

5.3.3　二维模型搭建

本章中将采用上述模型建立汉丰湖平面二维水动力模型,采用非限定性网格(三角网格)建立了包括汉丰湖坝上和四条支流(东河、南河、桃溪河以及头道河)的水动力学模型,模型网格数为 6563 个,节点为 64636 个。

水动力学模型中上游四条支流(东河、南河、桃溪河以及头道河)采用流量边界条件,坝节坝处采用水位条件。富营养化模型中模拟的指标包括 DO、NH_3-N、亚硝酸盐氮、硝态氮、正磷酸盐、叶绿素等指标,在东河、南河、桃溪河以及头道河处及调节坝采用水质条件进行计算。

5.3.4　模型率定

5.3.4.1　水动力模型率定

采用 2014 年实测数据对水动力学模型进行率定,上游四条支流东河、南河、桃溪河以及头道河采用 2014 年日流量实测数据,调节坝处采用 2014 年日水位数据。通过对汉丰湖内的东南河交汇处、乌杨大坝、木桥三处的实测与计算流速对比调整参数,最后水动力学模型 Manning number 取为 $35\text{m}^{1/3}/\text{s}$。通过汉丰湖内实测与计算流速的对比发现(图 5-49),搭建的水动力模块能够有效地模拟汉丰湖水动力变化,流速趋势线的吻合度验证了水动力模型的有效性。

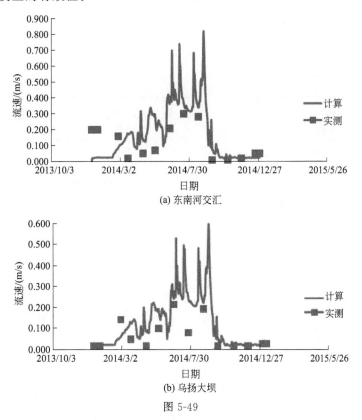

图 5-49

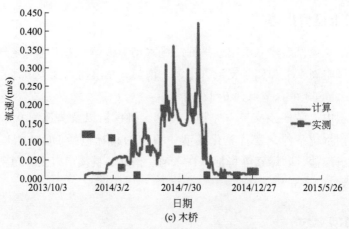

图 5-49　汉丰湖内各点流速计算与实测对比图

5.3.4.2　水质模型验证

(1)　模型验证断面及实测数据

2014 年汉丰湖内东南河交汇处和木桥两处进行了水质监测（表 5-9），采用 2014 年这两个点的实测数据对富营养化模型进行率定。

表 5-9　模型验证断面实测水质数据

断面	时间	DO /(mg/L)	叶绿素 a /(mg/m³)	NH₃-N /(mg/L)	NO₃⁻-N /(mg/L)
东南河交汇	2014/1/14	6.700	1.510	0.254	0.635
	2014/2/28	10.060	15.040	0.159	0.896
	2014/3/21	8.180	10.920	1.528	0.886
	2014/4/23	8.170	1.650	0.105	1.175
	2014/5/19	9.350	1.596	0.566	0.847
	2014/6/20	8.510	2.540	0.036	0.905
	2014/7/20	8.210	3.190	0.034	0.868
	2014/8/21	8.030	2.620	0.006	0.981
	2014/9/20	8.190	2.670	0.066	0.706
	2014/10/24	8.400	14.560	0.164	0.574
	2014/11/22	4.560	0.840	0.341	0.715
	2014/12/22	7.364	2.836	0.050	0.832
木桥	2014/1/14	5.580	1.450	0.129	0.495
	2014/2/28	8.340	8.010	0.079	0.754
	2014/3/21	12.390	10.330	0.146	0.777
	2014/4/23	7.900	9.195	0.308	1.195
	2014/5/19	9.210	2.690	0.625	1.054
	2014/6/20	7.750	3.490	0.067	1.075

续表

断面	时间	DO /(mg/L)	叶绿素 a /(mg/m³)	NH₃-N /(mg/L)	NO₃⁻-N /(mg/L)
木桥	2014/7/20	7.840	2.080	0.052	0.919
	2014/8/21	8.160	2.340	0.077	0.859
	2014/9/20	8.180	4.320	0.110	0.763
	2014/10/24	8.290	12.670	0.465	0.590
	2014/11/22	4.870	0.820	0.332	0.727
	2014/12/22	6.907	1.959	0.119	0.834

（2）验证结果及分析

调节模型参数进行率定，率定的主要模型参数结果见表 5-10。

表 5-10　模型主要参数率定结果

参数	取值	单位	符号
生化需氧量过程:20℃时的一级降解速率(溶解)	0.5	1/d	K_3
生化需氧量过程:氧的半饱和浓度	2	mg/L	HS-BOD
氧过程:植物呼吸率,m²	0	1/d	R_1
氧过程:温度系数,呼吸	1.08	无量纲	θ_1
氧过程:超氧化物歧化酶的温度系数	1.07	无量纲	θ_3
硝化过程:20℃时的一级降解速率	0.05	1/d	K_4
硝化过程:20℃时的一级降解速率	1	1/d	K_5
硝化过程:温度系数的降解率,氨向亚硝酸氮	1.088	无量纲	θ_4
硝化过程:温度系数的降解率,亚硝酸盐向硝酸盐	1.088	无量纲	θ_5
硝化过程:氧的半饱和浓度	2	mg/L	HS_nitr
氨化过程:氮吸收的半饱和浓度	0.05	mg/L	HS_NH₃
硝化过程:20℃时的一级反硝化速率	0.1	1/d	K_6
硝化过程:反硝化速率温度系数	1.16	无量纲	θ_6
磷过程:磷吸收的半饱和浓度	0.005	mg/L	HS_PO₄
叶绿素过程:氮的半饱和浓度,光限制	0.05	mg/L	KSN
叶绿素过程:磷的半饱和浓度,pH 值限制	0.01	mg/L	KSP
叶绿素过程:叶绿素 a 接受的碳分配	0.025	mg CHL/mg C	K_{10}
叶绿素过程:初级生产的碳氧质量比	0.2857	mg C/mg O	K_{11}
叶绿素过程:叶绿素 a 的死亡率	0.01	1/d	K_8
叶绿素过程:叶绿素 a 的沉降速度	0.2	m/d	K_9

图 5-50～图 5-57 为计算所得的 2014 年东南河交汇断面和木桥断面叶绿素 a 浓度、NH₃-N 浓度、NO₃⁻-N 浓度以及 DO 浓度实测值与计算值的对比图。2014 年的监测数据为 1 月 1 次，因此共有 12 个点。从图中实测值与计算值的吻合程度来看，模拟的结果能够较好地描述各指标的大概变化，由此可知建立的水质模型能够较好地反映汉丰湖库区中的水质变化趋势。

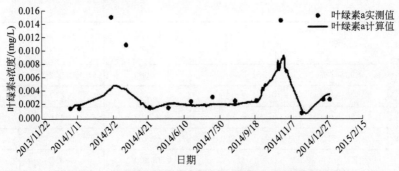

图 5-50　东南河交汇叶绿素 a 实测值与计算值对比

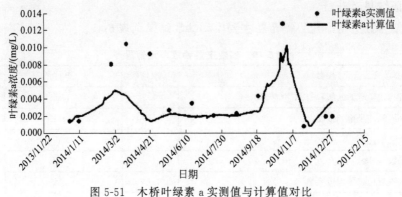

图 5-51　木桥叶绿素 a 实测值与计算值对比

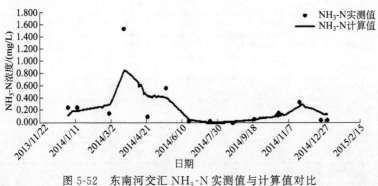

图 5-52　东南河交汇 NH₃-N 实测值与计算值对比

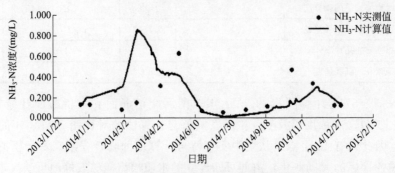

图 5-53　木桥 NH₃-N 实测值与计算值对比

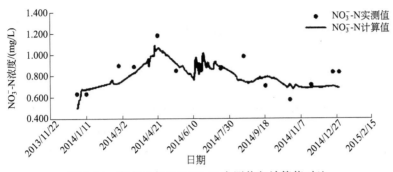

图 5-54　东南河交汇 NO_3^--N 实测值与计算值对比

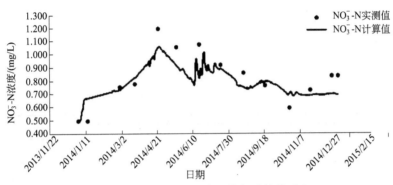

图 5-55　木桥 NO_3^--N 实测值与计算值对比

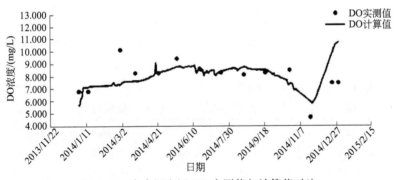

图 5-56　东南河交汇 DO 实测值与计算值对比

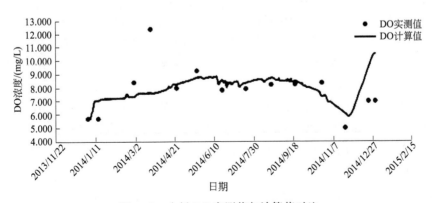

图 5-57　木桥 DO 实测值与计算值对比

5.3.5 小江调节坝调度方案设计与效果分析

5.3.5.1 方案设计

各方案调度时泄水阶段运行水位从168.5m下降至165.5m，下泄水量共$2.691 \times 10^7 m^3$，不同方案采用不同的下泄流量，所以下泄历时不同。补水阶段从165.5m上升到168.5m，补水时上游水量条件采用平均来水流量$117 m^3/s$，补水需要64h。

表5-11 以不同流量下泄到相应水位所需要的时间

下泄流量/(m³/s)		历时/h
方案1	100	75
方案2	500	15
方案3	1000	7
方案4	1500	5
方案5	2000	4
方案6	2500	3
方案7	3000	2
补水流量(m³/s)		
117		64

如表5-11所列设计如下7个方案，分析不同下泄流量下汉丰湖水动力条件变化以及水质变化。

方案1：初始水位168.5m，①开闸以$100 m^3/s$流量下泄到165.5m（历时75h），补水至168.5水位（历时64h）；②开闸以$100 m^3/s$流量下泄到165.5m（历时75h），补水至168.5水位（历时64h）；③开闸以$100 m^3/s$流量下泄到165.5m（历时75h），补水至168.5水位（历时64h）；共往复3次，最后以168.5m水位持续运行。

方案2：初始水位168.5m，开闸以$500 m^3/s$流量下泄到165.5m（历时15h），补水至168.5水位（历时64h）；共往复3次，最后以168.5m水位持续运行。

方案3：初始水位168.5m，开闸以$1000 m^3/s$流量下泄到165.5m（历时7h），补水至168.5水位（历时64h）；共往复3次，最后以168.5m水位持续运行。

方案4：初始水位168.5m，开闸以$1500 m^3/s$流量下泄到165.5m（历时5h），补水至168.5水位（历时64h）；共往复3次，最后以168.5m水位持续运行。

方案5：初始水位168.5m，开闸以$2000 m^3/s$流量下泄到165.5m（历时4h），补水至168.5水位（历时64h）；共往复3次，最后以168.5m水位持续运行。

方案6：初始水位168.5m，开闸以$2500 m^3/s$流量下泄到165.5m（历时3h），补水至168.5水位（历时64h）；共往复3次，最后以168.5m水位持续运行。

方案7：初始水位168.5m，开闸以$3000 m^3/s$流量下泄到165.5m（历时2h），补水至168.5水位（历时64h）；共往复3次，最后以168.5m水位持续运行。

为了模拟汉丰湖内发生水华，通过泄水进行抑制藻华过程，汉丰湖及上游河流叶绿素初始浓度设为20mg/m³，上游边界东河、南河、桃溪河以及头道河设为叶绿素初始浓度过程设为5mg/m³进行模拟。

5.3.5.2　流速变化

(1) 流速及流场分布

方案1和方案2流速较小，随着下泄流量的增大，汉丰湖库区内的流速逐渐增大，相应流速控制面积也逐渐增大，方案1条件下流速达到0.1m/s的面积很小，只在汉丰湖调节坝前有部分分布，方案2条件下达到0.1m/s的流速较方案2有明显增大，随着下泄流量增大到3000m³/s，流速达到0.1m/s的控制面积覆盖了整个汉丰湖库区。流速达到0.2m/s、0.3m/s以及0.4m/s的控制面积与0.1m/s流速控制面积分布一致，均是随着下泄流量增大，各流速阈值下的控制面积增大。

流速阈值达到0.1m/s、0.2m/s、0.3m/s和0.4m/s的控制面积，流速达到0.1m/s的控制面积随着下泄流量的增大逐渐增大，方案4~方案7流速大于0.1m/s的控制区域基本覆盖了整个汉丰湖库区。方案1到方案3流速达到0.2m/s较多分布在东河、南河以及坝前部分区域，从方案4到方案7，达到0.2m/s流速开始在汉丰湖库中有明显增大的面积分布。达到0.3m/s的流速在方案5~方案7的库中开始有分布，在方案7中分布面积最大。流速达到0.4m/s控制面积很小，方案1~方案6的库中均无明显分布，只在方案7中有显著的面积分布。

综上可以发现，0.1m/s的流速在方案2~方案7的泄水过程中均有显著且较大的面积分布，0.2m/s的流速在方案4~方案7的泄水过程中于汉丰湖库中有明显分布，0.3m/s、0.4m/s的流速均只在方案7泄水过程中的库中有明显分布，根据原位控藻试验研究结果，库中流速达到0.2m/s时有利于控制藻类生长，因此，方案4~方案7均适合作为控制的下泄流量来达到水利控藻的目的。

(2) 典型断面流速大小

为了比较整个泄水蓄水过程中，库区中流速的主要变化，在库区中设置4个典型断面[见书后彩图12]，分别为东南河交汇处、库中、木桥以及坝前，比较各方案下各典型断面处的流速变化。

从图5-58~图5-61中可以看出在整个过程中，4个典型断面的流速随着泄水过程而发生较大变化。

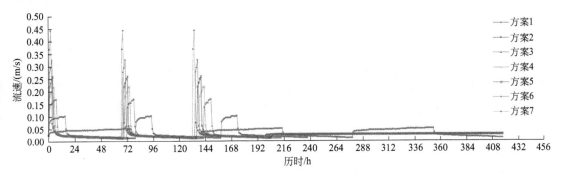

图5-58　各方案下东南河交汇处流速变化

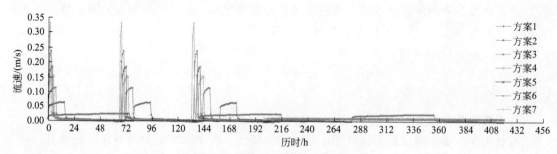

图 5-59　各方案下库中处流速变化

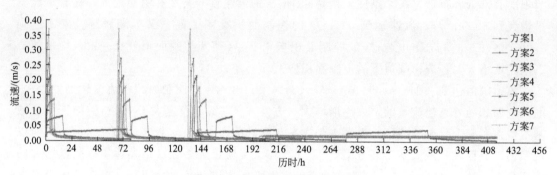

图 5-60　各方案下木桥处流速变化

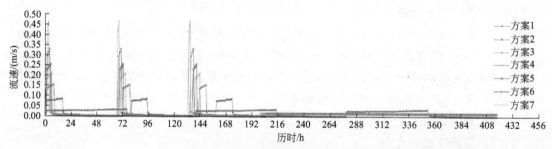

图 5-61　各方案下坝前处流速变化

　　方案 1 泄水之前各断面流速均低于 0.02m/s，当以 100m³/s 的下泄流量进行泄水时，带动了库区中水体的流动，4 个典型断面的流速随之抬升，均达到 0.02m/s 以上，部分断面流速达到了 0.05m/s，但均不超过 0.06m/s。

　　方案 2 泄水之前各断面流速均低于 0.05m/s，当以 500m³/s 的下泄流量进行泄水时，各断面的流速随之抬升达到 0.05m/s 以上，部分断面流速达到了 0.1m/s，但均不超过 0.2m/s。

　　方案 3 泄水之前各断面流速均低于 0.1m/s，当以 1000m³/s 的下泄流量进行泄水时，各断面的流速随之抬升达到 0.1m/s 以上，但均不超过 0.2m/s。

　　方案 4 泄水之前各断面流速均低于 0.1m/s，当以 1500m³/s 的下泄流量进行泄水时，各断面的流速随之抬升达到 0.1m/s 以上，部分断面的流速达到 0.2m/s，但均不超过 0.3m/s。

　　方案 5 泄水之前各断面流速均低于 0.2m/s，当以 2000m³/s 的下泄流量进行泄水时，各断面的流速随之抬升达到 0.2m/s 以上,但均不超过 0.3m/s。

方案 6 泄水之前各断面流速均低于 0.2m/s,当以 2500m³/s 的下泄流量进行泄水时,各断面的流速随之抬升达到 0.2m/s 以上,部分断面流速达到 0.3m/s,但均不超过 0.4m/s。

方案 7 泄水之前各断面流速均低于 0.2m/s,当以 3000m³/s 的下泄流量进行泄水时,各断面的流速随之抬升达到 0.3m/s,部分断面流速达到 0.4m/s,但均不超过 0.5m/s。

(3) 典型断面流速阈值历时

不同的方案下,各断面的流速变化趋势一致,大小差异显著,方案 1 到方案 7,泄水过程中的流速逐步增大,从方案 1 的 0.02m/s 到方案 7 中部分断面流速达到 0.4m/s 可以看出,下泄流量越大,流速越大,增加越快,达到大流速的时间越短。表 5-12 中列出了各方案中各典型断面的流速阈值历时。

表 5-12　单次下泄典型断面流速阈值历时

方案	流速分布	典型位置流速历时/h			
		东南河交汇	库中	木桥	坝前
方案 1	>0.02m/s	75	75	75	75
方案 2	>0.05m/s	15	15	15	15
方案 3	>0.1m/s	7	7	7	7
方案 4	>0.1m/s	5	5	5	5
方案 5	>0.1m/s	4	4	4	4
方案 6	>0.2m/s	3	3	3	3
方案 7	>0.2m/s	2	2	2	2

由表 5-12 中可以看出,各方案中的典型断面流速阈值历时与下泄时间基本保持一致,方案 1 以 100m³/s 的流量下泄 3 次,每次下泄时间为 75h,流速达到较高值 0.02m/s 的时间为 75h,方案 2 到方案 7 同方案 1 一致。因此,随着库区水开始下泄,带动水体流速,下泄流量越大,流速越大。

5.3.5.3　叶绿素 a 浓度变化

(1) 不同方案的浓度场

库区中叶绿素 a 起始浓度均为 20mg/m³,第 1 次泄水蓄水过程带动了库区中水体的流动,形成一定大小的流速,对库区中藻类生长增殖产生了不同程度的影响,当边界输入浓度为 5mg/m³ 时,随着水体交换和自净能力,库区中叶绿素 a 浓度被不断的稀释降解,表现为沿着东河、南河到东南河交汇,再到木桥及坝前,浓度依次降低。当完成第一次泄水蓄水过程之后,方案 1 的叶绿素 a 浓度降低较快,库中浓度已经达到约 7~10mg/m³,方案 2 到方案 7 库中浓度稀释较慢,第 1 次泄水蓄水完成叶绿素 a 只在东南河交汇处有较为明显的浓度变化。当完成第 2 次泄水需水过程之后,方案 1 中库区水体基本上能够全部被更换一次,基本整个库区的叶绿素 a 浓度均能够稀释到 5mg/m³ 左右,方案 2~方案 7 中的叶绿素 a 浓度在库中区域有了较为明显的变化。当完成第 3 次泄水蓄水之后,7 个方案库区中的叶绿素 a 浓度几乎都能被稀释降解到 5mg/m³。

经过 1d 的泄水需水过程，各方案下叶绿素 a 浓度变化较为明显的区域只在东河与南河，而汉丰湖湖内叶绿素 a 浓度基本未变，所以如果要实际净化汉丰湖水质和抑制藻类的作用，1d 的汇水时间明显太短。

经过 3d 的调度，汉丰湖东南河交汇处到库中叶绿素 a 浓度明显降低，但是库中到坝前段叶绿素 a 浓度还较高。

经过 10d 的调度，汉丰湖内各断面包括上游支流所有水面叶绿素 a 浓度都呈现较低浓度，说明各方案经过 10d 调度，整个汉丰湖都可以达到净化水质和抑制藻类的作用。

（2）不同方案浓度降解历时

如图 5-62 所示为各方案东南河交汇处叶绿素过程，从图中可以看出各方案浓度过程略有差异，但是总体趋势基本相同。各方案条件下大约 1.5d 后东南河处水质开始降低，5d 后东南河交汇处的叶绿素 a 浓度可降低到上游河流水平。

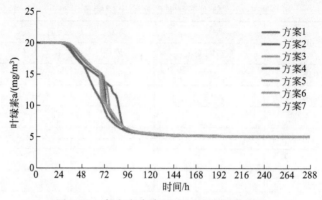

图 5-62 各方案东南河交汇处叶绿素过程

如图 5-63 所示为各方案坝前断面叶绿素 a 过程，从图中可以看出各方案浓度过程略有差异，但是总体趋势基本相同。各方案条件下大约 3d 后东南河处水质开始降低，10d 后东南河交汇处的叶绿素浓度可降低到上游河流水平。

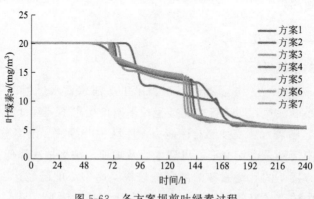

图 5-63 各方案坝前叶绿素过程

综上所述，从水质角度来看，在汉丰湖典型断面上各方案的浓度过程略有差异，但是总体趋势基本相同，说明从上游东河、南河等边界的水置换汉丰湖内的水所用时间基本相同。各方案都需要大约 10d 时间，可以将汉丰湖内水体置换一次。而对于 2000m³/s 以上的泄水方案，至少要 3 次反复的泄蓄水过程才能将汉丰湖水彻底置换一次。

5.3.5.4　调节坝调度方案

综上所述，基于生态调试准则，综合各方案流速与叶绿素 a 的分析结果，建议汉丰湖生态调度方案如下，2000m³/s 和 3000m³/s 调度方案的水位控制线如图 5-64 所示。

① 在三峡处于高水位时将闸门全部打开，使汉丰湖和长江连通，即打通鱼类的洄游通道。

② 4～9 月三峡低水位时进行 4～6 次调度：每次调度初始水位 168.5m，开闸以 2000～3000m³/s 流量下泄到 165.5m（历时 2～4h），关闸补水至 168.5m 水位（历时 64h 左右），这种 168.5－165.5－168.5m 水位变化过程要往复 3 次（整个过程在 10d 以上）。

③ 结合防洪需求，4～9 月可在上游洪水 $Q_\text{入} \geqslant 800$m³/s 时进行上述调度，同时泄水闸闸门全开敞泄冲沙。

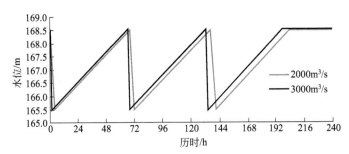

图 5-64　2000m³/s 和 3000m³/s 调度方案水位控制线

6.1 汉丰湖流域污染分布特征分析与评价

6.1.1 汉丰湖流域污染源调查与评价

6.1.1.1 汉丰湖流域点污染源调查

综合城镇生活源、工业源和农村畜禽养殖源的排放量调查成果，统计得到现状年点源废水排放量为 2.93404×10^7 t，COD、NH_3-N、TP、TN 的排放量分别为 23214.52t、2290.49t、416.64t、3932.52t。各类污染源在分类污染物中所占比重分别如图 6-1 所示。

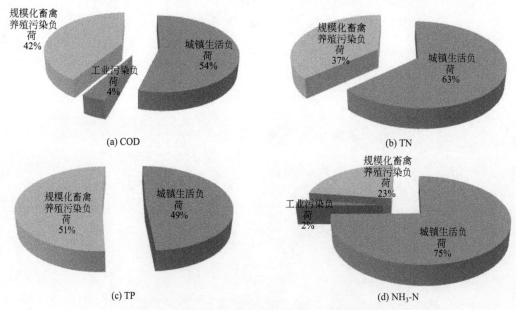

(a) COD

(b) TN

(c) TP

(d) NH_3-N

图 6-1　各类点污染源在分类污染物中所占比重图

根据图 6-1 所示结果可知，汉丰湖流域点源负荷中，对湖泊水质类别起控制性作用的 TN 指标，主要来自城镇生活污染源（约占点源负荷总量的 63%）；对湖泊水质类别影响较为显著的 TP 指标负荷，规模化畜禽养殖负荷与城镇生活源基本相当，分别占51% 和 49%。

6.1.1.2　汉丰湖流域面污染源调查

对汉丰湖流域农村生活污染源、农业种植污染、分散式畜禽养殖污染、水产养殖污染源几类非点源污染源类型进行调查，统计得到不同非点源污染源的 COD、NH_3-N、TP、TN 的排放量分别为 55800.72t、6190.24t、3391.95t、18067.04t，各类污染源在分类污染物中所占比重见图 6-2。

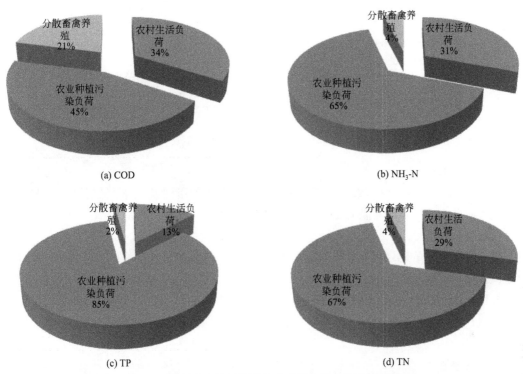

(a) COD　　　　　　　　　　　　　(b) NH_3-N

(c) TP　　　　　　　　　　　　　(d) TN

图 6-2　各类非点源污染源在分类污染物中所占比重图

根据图 6-2 所示结果可知，汉丰湖流域非点源负荷中，对湖泊水质类别起控制性作用的 TN 指标，主要来自农业种植流失的 N 元素（约占非点源负荷总量的 67%）；对湖泊水质类别影响较为显著的 TP 指标负荷，农业种植流失的 P 元素约占非点源负荷总量的 85%。

6.1.2　汉丰湖流域非点源污染模型研究

6.1.2.1　汉丰湖流域非点源污染模型基本原理与框架

选取 SWAT 模型作为汉丰湖流域非点源污染负荷模拟、控制单元污染物削减方案制定及污染控制与管理措施效果评估的模型工具。

SWAT 模型输入数据主要包括空间数据、气象数据及污染源数据；此外还需要流域实测的流量、泥沙及水质数据进行模型的参数率定与验证。表 6-1 所列为构建汉丰湖流域 SWAT 模型数据库所需要的基础数据的相关信息。SWAT 模型输入数据主要包括空间数据、气象数据及污染源数据；此外，还需要流域实测的流量、泥沙及水质数据进行模型的参数率定与验证。

表 6-1　汉丰湖流域基础数据一览表

数据类型	数据来源	数据描述
DEM	中国科学院国际科学数据服务平台	30m×30m 栅格图
土壤图	世界和谐土壤数据库 HWSD	1∶100 万土壤类型分布及理化性质
土地利用	中国地球系统科学数据共享平台	30m×30m 土地利用图
气象	中国气象数据共享网	万州站日气象(2006～2012 年)
降水	水文年鉴	7 个站点的日降水序列(2006～2012 年)
水文	水文年鉴	温泉站日径流泥沙含量(2007～2012 年)
污染源	中国环境科学研究院	流域污染源调查数据
水质	中国环境科学研究院	逐月水质浓度数据(2010～2012 年)

6.1.2.2　模型输入数据库

(1) 空间数据

SWAT 模型所需的空间数据包括流域 DEM、土地利用图及土壤图。其中，DEM 为 30m×30m 栅格图，用于子流域划分及计算地形参数（坡度及坡长等）。

土地利用图为 30m×30m 的土地利用类型分类，用于统计计算各子流域的土地利用类型分布及 HRU 单元划分，本研究将汉丰湖流域土地类型重分类为林地、草地、旱田、园地、水田、城镇用地及水体 7 种。

流域土壤类型分布用于构建模型土壤数据库及 HRU 单元划分，数据来源为联合国粮农组织（FAO）和维也纳国际应用系统研究所（IIASA）所构建的世界和谐土壤数据库（HWSD）。

(2) 气象数据

气象数据采用流域临近的万州站 2007～2012 年日序列数据，数据来源为中国气象数据共享网，包括日最高温、最低温、相对湿度、日照时数及平均风速。气象数据中对模型模拟精度影响最大的为降水数据，降水数据的空间分布及精度直接影响模型水文过程的模拟。

SWAT 气象数据库利用其天气发生器进行气象数据的插值及预测，以满足缺资料地区的需求。SWAT 模型内建了 WXGEN 天气发生器，其作用主要有两个：一是用于生成气候数据；二是填补缺失的数据。SWAT 模型所需的全部气象数据包括降水、最高温、最低温、相对湿度、平均风速及太阳辐射数据。通常，为保证模型模拟精度，日降水、最高温及最低温为必需的气象数据，而相对湿度、平均风速及太阳辐射数据可以通过 SWAT 模型的天气发生器基于降水和温度数据进行预测。本研究的气象数据收集于流域临近的万州气象站，包括最高温、最低温、相对湿度、日照时数及平均风速，但缺少太阳辐射数据。我国现有各种气象观测台站共 2500 多个，进行太阳辐射监测的台站只有约 110 个，而进行逐日太阳辐射的站点则更少，本研究采用了日照时数来进行太阳辐射日序列的估算，构建 SWAT 模型所需的气象数据。首先，采用式（6-1）计算大气上空太阳辐射。

$$H_0 = \frac{24}{\pi} I_{SC} E_0 \{ \omega T_{SR} (\sin\delta\sin\varphi) + [\cos\delta\cos\varphi\sin(\omega T_{SR})] \} \tag{6-1}$$

式中　I_{SC}——太阳常数，4.921MJ/(m²·h)；

$\qquad E_0$——地球轨道偏心率矫正因子；

$\qquad \omega$——地球自转的角速度，r/h，取值为 0.2618r/h；

$\quad T_{SR}$——日出时数；

$\qquad \delta$——太阳赤纬，rad；

$\qquad \varphi$——地理纬度，rad。

E_0 由 Duffie etal 给出的简单表达式 [式(6-2)] 来计算：

$$E_0 = \left(\frac{r_0}{r}\right)^2 = 1 + 0.033\cos\left(\frac{2\pi d_n}{365}\right) \tag{6-2}$$

式中　r_0——平均地日距离，1AU；

$\qquad r$——任意给定天的日地距离，AU；

$\quad d_n$——该年的天数，d，2月总被假定为 28d。

δ 由 Perrin de Bricham baut 开发的式(6-3) 计算：

$$d = \sin^{-1}\left\{ 0.4\sin\left[\frac{2\pi}{365}(d_n - 82)\right] \right\} \tag{6-3}$$

$$T_{SR} = \frac{\cos^{-1}[-\tan\delta\tan\varphi]}{\omega} \tag{6-4}$$

在理想条件下（即晴空状态），大气上空太阳辐射通过大气层到达地面，有部分被大气吸收。通常情况下，总辐射在大气中的透明度系数为 0.8 左右，特定的环境条件其透明系数有所差异。

因此，晴天状态下太阳总辐射可以用式(6-5) 来计算：

$$H_L = 0.8 H_0 \tag{6-5}$$

式中　H_L——晴天状态下太阳总辐射。

逐日太阳辐射采用经验式(6-6) 计算：

$$H = H_L \left(a + b \times \frac{S}{S_L} \right) \tag{6-6}$$

式中　H——日实测总辐射；

$\quad S$、S_L——日照时数和日长；

$\quad a$、b——经验系数，一般根据太阳辐射值模拟得到。

本章采用左大康等根据我国不同类型地区实测总辐射和日照百分率的月平均值和晴天状态下的月总辐射资料计算得到 a 为 0.248，b 为 0.752。

(3) 土壤属性数据

土壤属性数据库提供不同土壤类型的物理及化学属性信息，结合土壤类型空间分布图，进行与土壤相关参数（粒径组成及田间持水量等）的空间化。模型所需的土壤物理属性主要包括土层厚度、有机碳含量、饱和水力传导度、密度及可利用有效水量等。土壤的化学属性包括各土壤层各形态氮磷的含量，SWAT 模型模拟了各土壤层的氮磷物质循环，理论上土壤层中物质含量是动态变化的，构建模型只需给出浓度的初始值，通过设置模型模拟的预热期来减小初值设置对模型模拟的影响。

（4）污染源数据

SWAT模型进行氮磷污染负荷模拟时，需要各子流域点源负荷作为输入数据。汉丰湖流域点源负荷输入以开州区的乡镇行政边界为单元，调查统计了工业、城镇生活、规模化畜禽养殖、农村生活、分散畜禽养殖及农业种植的污染负荷。将汉丰湖流域边界与开州区的乡镇行政边界进行叠加分析，得到汉丰湖（除澎溪河及普里河流域外）TN、TP点源负荷入湖总量分别为2026.2t/a和216.2t/a（表6-2）；其中，其他湖周流域入湖TN点源负荷贡献最大占35.7%，南河流域入湖TP点源负荷贡献最大，达35.3%。由于汉丰湖库周为人口与工业密集地区，点源排放量较大，且距离汉丰湖较近，因此对汉丰湖水体水质威胁较大。

表6-2　各入湖流域的TN及TP点源负荷统计

入湖流域	TN负荷 /(t/a)	百分比 /%	TP负荷 /(t/a)	百分比 /%
东河	377.6	18.6	41.0	18.9
桃溪河	208.7	10.3	27.5	12.7
南河	716.3	35.4	76.3	35.3
其他湖周流域	723.6	35.7	71.4	33.0
入湖总量	2026.2	100	216.2	100

（5）农作物管理情景初始化

流域内农作物的管理情景的设置，影响着对水文及水质过程的模拟。例如，不同作物的蒸散发过程影响流域水量平衡过程，作物类型及种植方式影响土壤侵蚀与流水，施肥量、时间及方式影响流域氮磷负荷的流失强度。对于大、中尺度的流域非点源模型而言，考虑每一个子流域每一个HRU内的管理措施是不可能的，只有适当取舍才能反映出流域的真实情况。研究区流域地理范围广阔，主要农作物有玉米、小麦、甘薯、水稻等，而且即使在每一种作物的主要产区，也非所有耕地均种植该作物，因此对耕地中的每一种作物进行划定范围、建立管理情景是不现实的，应查阅相关统计年鉴，结合实地调查和农作物种植情况，进行流域农作物种植管理情景的概化。根据开州区2010年统计年鉴，汉丰湖种植的农作物有水稻、小麦、玉米、高粱、豆类、薯类、油料及其他谷物，其中，薯类（39.3%）的种植面积比例最高，其次为水稻（21.8%）。首先，进行农作物种植类型的概化，在流域土地利用类型划分时将农用地划分为旱田与水田，假定水田的种植作物为水稻RICE。在旱地作物中，薯类（59.6%）占旱田总面积的比例最高，其次为玉米（25.1%）和油料（15.3%）。本书对旱地农作物进行了概化，假定旱田种植作物为比例最高的薯类。确定了农作物种植类型后，需要进行作物管理情景的概化，包括作物的种植、施肥、轮作及收割等。其中，施肥量通过2010年开州区统计年鉴的化肥施用折纯量来估算，同时将流域内的农村生活和畜禽养殖污染负荷折算为基肥施用到种植用地上。化肥的施用强度为：氮肥187kg/hm^2，磷肥68kg/hm^2。基肥的施用强度为：氮肥42kg/hm^2，磷肥5kg/hm^2。参考实地调研及相关研究结果，建立了流域农作物管理措施情景，具体过程见

表 6-3。

表 6-3   汉丰湖流域主要农作物管理信息

代码名称		日期	管理	施肥强度/(kg/hm^2)	
				氮肥	磷肥
RICE	水稻	5 月 10 日	播种	不施肥	
		6 月 20 日	插秧/基肥	42	5
		7 月 5 日	分蘖肥	187	68
		10 月 25 日	收割	收获并杀死	
POTATO	薯类	2 月 1 日	播种	不施肥	
		3 月 1 日	基肥	42	5
		4 月 10 日	施肥	187	68
		6 月 20 日	收割	收获并杀死	
		8 月 1 日	播种	不施肥	
		9 月 1 日	基肥	42	5
		10 月 10 日	施肥	187	68
		12 月 10 日	收割	收获并杀死	

此外，为完成模型参数率定与验证工作，本书收集了汉丰湖流域东河上游温泉水文站的水文、泥沙及水质数据；同时收集了流域内 5 个断面 2010～2012 年逐月、2007～2009 年每季度的水质数据。

6.1.2.3   子流域及 HRU 单元划分

本书的计算范围包括汉丰湖流域、澎溪河及普里河流域，总面积 3586km²。其中，以水位调节坝为界，汉丰湖流域为上游汇水区。由于三峡水库蓄水期间，澎溪河和普里河流域因受顶托会影响汉丰湖水质，所以在构建模型时也包括了澎溪河和普里河流域，与汉丰湖流域一起进行子流域的划分。

SWAT 模型主要基于 DEM 对研究区进行水系提取，并在此基础上形成子流域，控制性参数为子流域集水面积阈值，河道阈值面积越小，河网越密，子流域的数目越大。HRU 是 SWAT 模型最基本的计算单元，是同一个子流域内有着相同土地利用类型、土壤类型及坡度分区的单元，有着相似的水文响应特征。水文响应单元概念的引入可以考虑到流域下垫面特征的空间变异性，使模型能够反映不同的土地利用和土壤类型在蒸发、产流、入渗等水文过程的差异。当一个子流域内有多个 HRU 时，SWAT 模型对每个 HRU 单元分别进行水文及水质过程模拟，然后将子流域内所有 HRU 产生的径流、泥沙及污染负荷累加输入到该子流域的河道中。SWAT 模型对 HRU 的划分主要有两种方法：第一种是将每个子流域划分为一个 HRU，取比例最大的土地利用和土壤类型代表该子流域的土地利用和土壤类型；第二种是将每个子流域划分为若干个 HRU，HRU 的个数主要通过设置最小土地利用和最小土壤类型的比例这两个阈值来确定，如果子流域中某种土地利用或土壤类型所占比例低于其对应的阈值，那么该种土地利用或土壤类型将被合并到该子流域的其他土地利用或土壤类型中。

本研究基于 $30m \times 30m$ 的 DEM 数据，将研究区划分成 89 个子流域（见图 6-3），子流域面积大小范围为 $0.05 \sim 144.6km^2$，其中直接入湖的子流域有 20 个，分别为子流域 44、45、46、47、48、49、50、53、54、55、56、57、58、59、60、67、68、72、74、75。在划分水文响应单元 HRU 时，本书采用了将每个子流域划分成多个水文响应单元的方法，根据土地利用类型、土壤类型及坡度分级进行 HRU 划分，其中土地利用阈值取5%，土壤类型阈值取 5%，坡度阈值取 5%，共生成 1629 个 HRU。由于流域地形复杂，选择复式坡度并划分为 3 个等级：$0 \sim 25$、$25 \sim 48$ 和 $48 \sim 9999$。

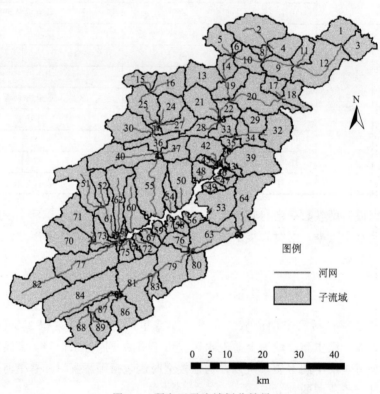

图 6-3　研究区子流域划分结果

6.1.2.4　模型参数率定与验证

(1) 径流小区试验

针对汉丰湖流域消落带的非点源污染问题，本书选择了汉丰湖北岸东河河口至乌杨坝和澎溪河白夹溪支流两个消落带开展径流小区试验，探讨在自然降雨条件下不同下垫面条件对氮磷的消减特征，为汉丰湖流域非点源污染模型参数率定提供基础数据支撑。

1）径流小区及径流收集装置布设　径流小区设置为宽 2m、长 5m，小区边界墙用PVC 塑料板制成，边界墙高出地面 $15 \sim 20cm$，入土深 $30 \sim 50cm$，防止地表径流侧向流动，径流小区下坡方向设置径流收集装置（见图 6-4）。径流收集装置由一个 PVC 塑料桶和水表组成。在塑料桶桶壁的中上部位水平方向上安装 3 根虹吸管，桶的底端安装 1 根PVC 排水管，离桶底近一侧的排水管上安一个水阀开关。3 根虹吸管一端伸入塑料桶内底部，另一端位于桶外，并与位于桶底端安装的出水管相连，该出水管的下端安装 1 个水表。当 PVC 塑料桶中的水位超过 3 根虹吸管的高度时发生虹吸作用，桶内的水自动排出，此时水表可自动记录地表径流的输出量；当桶内的水位低于虹吸管时虹吸现象停止，这时可以打开排水管开关，使圆桶内蓄积的水排出，水表可自动记录地表径流的输出量。每次收集完水样后需将径流收集装置内的水全部排出，并进行彻底清洗。

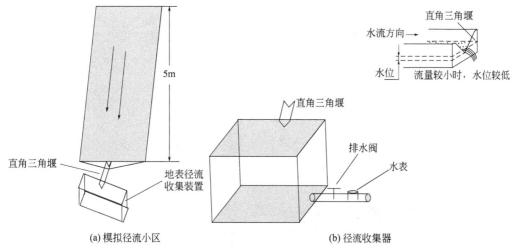

(a) 模拟径流小区　　　　　　　　　　(b) 径流收集器

图 6-4　径流小区及径流收集装置示意图

2）径流小区自然背景情况　　根据野外调研，本研究选择在汉丰湖北岸东河河口至乌杨坝一带和澎溪河白夹溪支流开展径流小区试验。乌杨坝径流小区坡度为 30°左右，流域内以农田种植为主，采样期间主要种植玉米，工程实施后改种白茅、牛鞭草等草本植物。白夹溪径流小区坡度为 35°左右，采样期间主要种植玉米、红苕，施工后改种自然消落带草本植物。

3）试验结果分析讨论　　根据开州区 2015 年汛期降雨情况，于 2015 年 6～9 月开展径流小区监测试验，2015 年 6～9 月降雨量大于 10mm 的降雨共有 12 场（见图 6-5）。

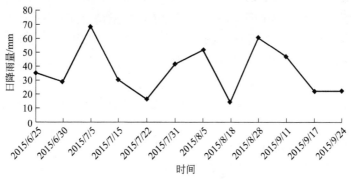

图 6-5　2015 年 6～9 月监测的日降雨量

① 不同降雨条件下氮磷流失特征。基于 2015 年 6～9 月监测到的 12 场降雨情况，对产生径流的两个试验小区乌杨坝径流小区（人工种植草本植物，30°）和白夹溪径流小区（自然消落带草本植物，35°）在不同降雨条件下的氮磷输出情况进行对比，结果如图 6-6 所示。

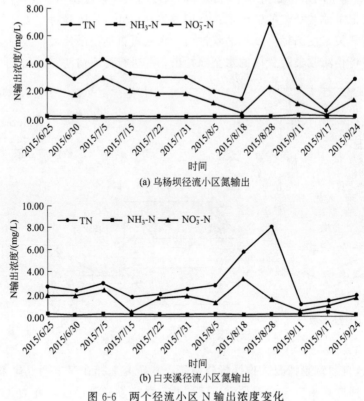

(a) 乌杨坝径流小区氮输出

(b) 白夹溪径流小区氮输出

图 6-6　两个径流小区 N 输出浓度变化

从图 6-6 中可以看出，在不同降雨条件下，两个试验小区的 TN 输出浓度基本介于地表水Ⅳ～劣Ⅴ类水质标准之间，TP 输出浓度基本介于地表水Ⅱ～劣Ⅴ类水质标准之间，其中乌杨坝径流小区 TN 输出浓度相对较高。从营养盐氮磷输出形态来看，两个试验小区的氮输出主要以 NO_3^--N 为主，其所占浓度比例平均超过 TN 浓度的 50%，说明在降雨条件下，地表径流氮素输出主要以可溶解性 NO_3^--N 为主。类似的，两个试验小区的磷素输出主要以可溶解性磷为主（见图 6-7），其所占浓度比重超过 TP 输出浓度的 60%，这也从侧面反映了灌木、草本植物对径流冲刷的耐受力较强，不易发生水土流失。

② 不同下垫面条件下氮磷流失特征。根据本研究相关成果，乌杨坝径流小区和白夹溪径流小区施工前为坡耕地，主要种植玉米、红薯等农作物。本研究开展的示范工程施工后在乌杨坝径流小区改种白茅、牛鞭草等草本植物，在白夹溪径流小区改种消落带自然草本植物。

根据试验结果，2 个径流小区改造前后 TN 和 TP 输出浓度均有较大幅度的下降。其中，乌杨坝径流小区 TN 平均输出浓度由 4.83mg/L 减少到 3.04mg/L，TN 消减率为 35.8%；TP 平均输出浓度由 0.351mg/L 减少到 0.215mg/L，TP 消减率为 37.8%（见图 6-8）。白夹溪径流小区 TN 平均输出浓度由 4.43mg/L 减少到 2.89mg/L，TN 消减率为 33.9%；TP 平均输出浓度由 0.351mg/L 减少到 0.215mg/L，TP 消减率为 38.0%（见图 6-9）。由此可见，在陡坡实施坡耕地改造、退耕还林还草可有效减少氮磷的流失，对流域水土保持和污染控制工作意义重大。

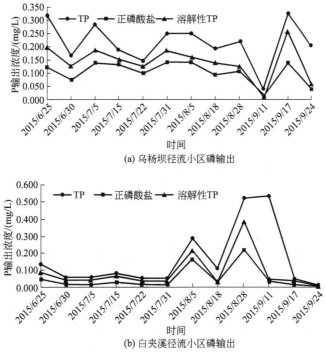

(a) 乌杨坝径流小区磷输出

(b) 白夹溪径流小区磷输出

图 6-7　两个径流小区 P 输出浓度变化

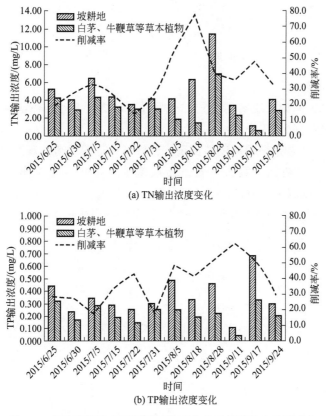

(a) TN输出浓度变化

(b) TP输出浓度变化

图 6-8　乌杨坝径流小区不同下垫面条件下氮磷输出浓度变化

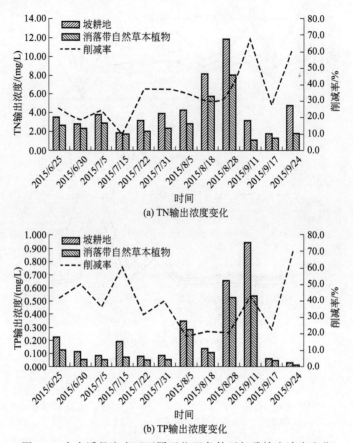

图 6-9　白夹溪径流小区不同下垫面条件下氮磷输出浓度变化

（2）参数率定与验证

本研究的 SWAT 模型采用实测水文、水质数据，结合上述径流小区的监测结果，对模型的参数开展率定、验证工作。

本书基于东河上游温泉站月尺度的流量、输沙量和氮磷负荷的观测值对相应的参数进行率定。为减少初值（初始土壤含水量及土层氮磷含量）设置对模型模拟的影响，将 2006 年设置为模型预测期，2007～2009 年为模型率定期，2010～2012 年为模型验证期。选取相对误差 Re、相关系数 R^2 及纳什系数 NS 作为模型适用性评价指标，公式如下：

$$Re = \frac{\overline{Q}_p - \overline{Q}_o}{\overline{Q}_o} \times 100\% \tag{6-7}$$

$$R^2 = \frac{\left[\sum\limits_{i=1}^{n}(Q_{pi} - \overline{Q}_p)(Q_{oi} - \overline{Q}_o)\right]^2}{\sum\limits_{i=1}^{n}(Q_{pi} - \overline{Q}_p)^2 \sum\limits_{i=1}^{n}(Q_{oi} - \overline{Q}_o)^2} \tag{6-8}$$

$$NS = 1 - \frac{\sum\limits_{i=1}^{n}(Q_{oi} - Q_{pi})^2}{\sum\limits_{i=1}^{n}(Q_{oi} - \overline{Q}_o)^2} \tag{6-9}$$

式中 Q_{oi}——观测值；

$\qquad$ Q_{pi}——模拟值；

$\qquad$ $\overline{Q}_o$——多年平均观测值；

$\qquad$ $\overline{Q}_p$——多年平均模拟值；

$\qquad$ n——样本个数。

一般认为 NS 和 $R^2 > 0.75$ 且 $\pm Re < 10\%$，模型适用性非常好；NS 和 $R^2 \leqslant 0.50$、$\pm Re \geqslant 25\%$，模型拟合精度不满意；介于两者之间则认为模型适用性和拟合精度比较令人满意。除了上述 3 个指标外，还要比较模拟值-实测值过程线拟合效果合理与否。

本研究采取人工手动调整参数，人工校准采用的基本方法为试错法，通过手动人工调整参数的取值，代入模型中进行试算，得到不同的模拟结果，再将模拟值与实测值进行对比，直到达到标准为止，最终确定最优参数的取值。

1）径流率定与验证 采用 2007～2009 年月流量与日流域数据进行汉丰湖流域 SWAT 模型水文参数多时间尺度的率定，2010～2012 年的数据进行模型参数的验证。水文参数包括产流参数和汇流参数，产流参数控制由降水转化为径流的量，而汇流参数控制产流量向流域出口汇集的过程，参数率定中考虑的主要参数、范围、描述及其控制的模拟过程如表 6-4 所列。在率定模型径流参数时，首先进行多年平均流量的率定，以使模型模拟值满足水量平衡；其次，采用进行月流量数据进行参数率定，此时主要率定模型的产流参数，以使模拟值负荷实测序列的季节变化，最后采用日流量数据进行参数率定，此时主要率定模型的汇流参数，包括坡面汇流及河道汇流参数。参数 CN 值对应每个 HRU 单元，是根据流域土地利用及土壤类型进行赋值，在率定时不是逐个的修改每个 HRU 的参数值，而是将其同时变大或变小，本次是将 CN 值同时乘以一个系数，最终率定值为 -0.05，即将所有 HRU 的 CN 值同时减小 5%。

表 6-4 汉丰湖流域径流参数率定结果

参数	模拟过程	描述	参数范围	参数率定值
CN	地表径流	径流曲线数	$-0.2～0.2$	-0.05
ESCO	蒸散	土壤蒸发补偿系数	$0.01～1$	0.95
ALPHA_BF	地下水	基流 α 系数	$0～1$	0.048
GW_DELAY	地下水	地下水延迟天数	$30～50$	31
GW_REVAP	地下水	地下水蒸发系数	$0～0.2$	0.02
REVAPMN	地下水	浅层地下水蒸发发生的临界值	$0～1000$	750
GWQMN	地下水	浅层地下水回归流产生的临界值	$0～2000$	1000
CH_N2	河道汇流	主河道曼宁系数	$0～0.3$	0.014
CH_K2	河道汇流	主河道有效水力传导度	$0～50$	0

温泉站月流量的模拟值与实测值的对比见图 6-10，模拟效果统计见表 6-5 月流量的模拟结果为：率定期的 R_e 为 -2.5%，R^2 为 0.97，NSE（NSE 指纳什效率系数，英文 Nash-Sutcliffe Effeiciency Coefficient 的简称，一般用于验证水文模型模拟结果的好坏）为 0.97；验证期的 R_e 为 -14.2%，R^2 为 0.94，NSE 为 0.89。除个别月份模拟值偏大，模拟值无明显偏差。

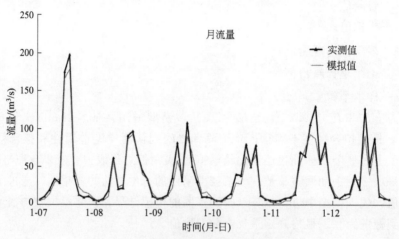

图 6-10　温泉站月流量模拟值与实测值

表 6-5　温泉站月流量模拟效果

项目	时段	R_e/%	R^2	NSE
月流量	率定期	−2.5	0.97	0.97
	验证期	−14.2	0.94	0.89

总体上，SWAT 模型对水量的模拟效果较好，模拟序列可以反映出实测序列的季节及月份变化，误差在率定期与验证期均控制在±15%以内，率定期的 R^2 和 NSE 均超过了 0.9，验证期的 R^2 和 NSE 也都超过了 0.85。然而，对于汛期的某些峰值月份模拟误差稍大，例如，2011 年 9 月和 2012 年 7 月，流量模拟值明显偏小。可能是因为 SWAT 模型是一个连续性模型，其以日为时间步长进行流域水量、泥沙量及污染负荷的模拟，如果某些月份包含短历时、高强度的降雨事件时，模型对径流及污染负荷的模拟值可能偏低。

此外，统计了模拟期的年均流量，与实测值进行对比，以验证 SWAT 模型年尺度的模拟效果。图 6-11 所示为年均流量模拟值与实测值的对比，表 6-6 所列为年流量实测值与模拟值的相对误差统计结果。由年流量的模拟结果看，SWAT 模型对年尺度流量模拟

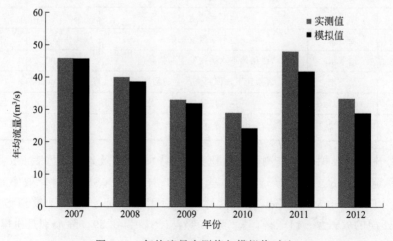

图 6-11　年均流量实测值与模拟值对比

效果较好，模拟年流量序列反映了流域水量的年际变化。各个年份的模拟值与实测值相对误差较小，率定期年流量的误差均在 4% 以内，模拟效果较好；验证期的年流量模拟效果稍差，各年份的相对误差均在 17% 以内。

表 6-6 年流量实测值与模拟值对比

年份	2007	2008	2009	2010	2011	2012
实测值/(m³/s)	45.8	39.7	32.9	28.9	48.0	33.3
模拟值/(m³/s)	46.5	39.5	32.8	24.7	42.6	29.9
相对误差/%	−0.4	−3.2	−3.2	−16.3	−12.8	−13.3

2）泥沙率定与验证 采用 2007～2009 年月输沙量进行汉丰湖流域 SWAT 模型水文参数率定，2010～2012 年月输沙量进行验证。SWAT 模型泥沙参数包括坡面侵蚀参数及河道泥沙输移参数，前者采用 MUSLE 方法模拟坡面侵蚀量，或者在坡面侵蚀进入河道后模拟泥沙在河网系统中的输移过程，泥沙参数率定中考虑的主要参数、范围、描述及其控制的模拟过程如表 6-7 所列。首先，针对不同土地利用和管理方式，调整 MUSLE 水土保持因子（USLE_P 因子）；调整影响河道泥沙输移演算的参数，包括计算挟沙能力的线性系数（SPCON）和指数系数（SPEXP），主河道（PRF）和支流河道（ADJ_PKR）泥沙演算的洪峰速率调整因子，以及河道侵蚀和覆盖因子（CH_COV）。

表 6-7 汉丰湖流域泥沙参数率定结果

参数	描述	参数范围	最终取值
SPCON	挟沙能力线性指数	0.0001～0.01	0.0004
SPEXP	挟沙能力幂指数	1～2	1.1
PRF	主河道洪峰速率调整因子	0～2	1.5
ADJ_PKR	支流洪峰速率调整因子	0.5～2	0.6
CH_COV1	河道侵蚀因子	−0.05～1	0.01
CH_COV2	河道覆盖因子	−0.001～1	0.02
USLE_P	USLE 水土保持措施因子	0～1	旱地 0.7，水田 0.8

温泉站月输沙量的模拟值与实测值的对比见图 6-12，模拟效果统计见表 6-8。月输沙量的模拟结果为：率定期的 R_e 为 11.6%，R^2 为 0.85，NSE 为 0.77；验证期的 R_e 为 −16.5%，R^2 为 0.65，NSE 为 0.55。总体上月泥沙模拟值偏小，对汛期某些峰值月份模拟有明显偏小。

表 6-8 温泉站月输沙量模拟效果

项目	时段	R_e/%	R^2	NSE
月输沙量	率定期	11.6	0.85	0.77
	验证期	−16.5	0.65	0.55

总体上，SWAT 模型对泥沙的模拟效果良好，模拟序列可以反映出实测序列的季节及月份变化。模型对于月输沙量序列的模拟良好，率定期的 R^2 和 NSE 均超过了 0.75，但验证期模拟效果稍差，R^2 和 NSE 分别为 0.65 和 0.55。总体上，SWAT 模拟的月输沙序列反映了实测值的特征，输沙量集中在汛期月份（6～10 月），而非汛期的输沙量较

少。从月输沙量模拟值与实测值对比图可看出，在某些汛期峰值月份 SWAT 泥沙模拟值模拟误差模拟明显偏大，这可能是模型对峰值流量模拟误差引起的，同时也与输沙数据的监测精度和频率有关。一般来说，在强降雨事件下，河流泥沙含量急剧变化，需要对输沙量进行高时间分辨率的观测才能保证输沙量实测数据的精度。

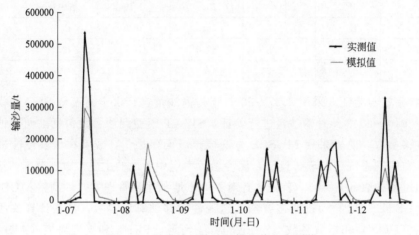

图 6-12　温泉站月输沙量模拟值与实测值

此外，统计了温泉站年泥沙量模拟值，并与实测值进行对比。其中图 6-13 所示为年泥沙量实测值与模拟值的对比，由图中可看出：与月流量的模拟效果相比，年泥沙量的模拟效果较差，2008 年和 2009 年的泥沙量模拟值明显偏高，而 2012 年与 2010 年模拟值明显偏小，其中 2008 年模拟值与实测值得相对误差最大，其他年份模拟值的相对误差较小。

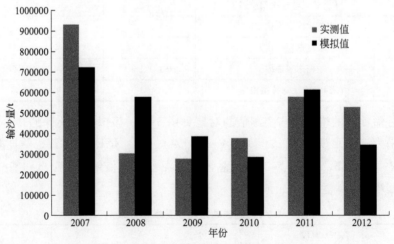

图 6-13　年泥沙量实测值与模拟值对比

3）氮磷污染物率定和验证

① 氮磷负荷估算。原理上，河流断面的污染负荷可以通过监测站点连续的流量及水质浓度数据进行计算。目前，我国多数水文站有长期的流量资料和定期的水质监测数据。但水质监测数据为离散数据，时间步长大，监测频率较低，基本上是 1～2 个月监测一次水质，有时甚至是每季度监测一次，因此很难获得与流量监测频率相当的水质浓度数据。

河流断面流量的大小是其污染负荷大小的最关键影响因素,可以通过监测站点的同步流量及浓度数据进行回归分析,建立污染负荷与断面流量之间定量关系的统计模型,进而估算未进行水质监测时段的污染负荷通量。本研究采用东河上游温泉站的日流量数据及附近津关断面水质数据,参考前人同类研究,建立日流量与氮磷污染负荷的统计模型,采用的回归模型公式为:

$$\frac{W_i}{A}=a\left(\frac{Q_i}{A}\right)^b \tag{6-10}$$

式中　W_i——断面的氮磷污染负荷通量,g/s;

$\quad$　A——流域面积,km^2;

$\quad$　Q_i——日流量,m^3/s;

$\quad$　a、b——TN 和 TP 负荷待求的常量参数。

对式(6-10)左右求对数得:

$$\lg\left(\frac{W_i}{A}\right)=\lg a+b\lg\left(\frac{Q_i}{A}\right) \tag{6-11}$$

式(6-11)中 a 和 b 的值可通过对 $\lg(W_i/A)$ 和 $\lg(Q_i/A)$ 进行线性回归来推求。温泉站 TN 和 TP 负荷估算采用 2007~2012 年逐日流量数据及津关断面的 TN 和 TP 浓度数据,以及 2010~2012 年逐月及 2007~2009 年逐季度数据。TN 和 TP 浓度监测样本数分别为 41d 与 45d。首先,根据水质浓度监测的日期,查找到当日的日流量数据;然后,根据当日的 TN 及和 TP 浓度与日流量计算污染负荷通量 W_i,最后利用 $\lg(W_i/A)$ 与 $\lg(Q_i/A)$ 进行线性回归分析,推求参数 a 与 b 的值。TN 及 TP 污染负荷统计模型参数回归结果见表 6-9。

表 6-9　TN 及 TP 污染负荷回归分析结果

污染物	a	b	R^2	n
TN	1.17	1.11	0.95	41
TP	0.06	1.07	0.83	45

注:R^2 为 $\lg(W_i/A)$ 与 $\lg(Q_i/A)$ 线性回归结果。

图 6-14 和图 6-15 所示为 TN 和 TP 月负荷序列。

由图 6-14、图 6-15 可知,氮磷负荷季节性差异明显,汛期 TN 与 TP 负荷占全年负荷的 78.2% 与 77%。

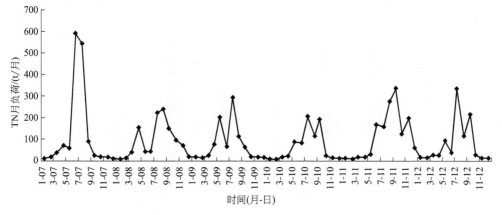

图 6-14　TN 月负荷序列

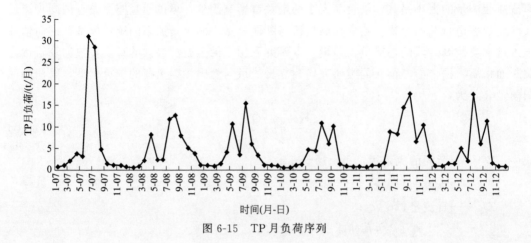

图 6-15 TP 月负荷序列

图 6-16 及图 6-17 所示为 TN 和 TP 年均负荷序列。由图 6-16、图 6-17 可知,氮磷负荷年际差异明显,TN 与 TP 负荷多年平均值分别为 1107.8t 和 62.3t,输出强度最大的是 2007 年。

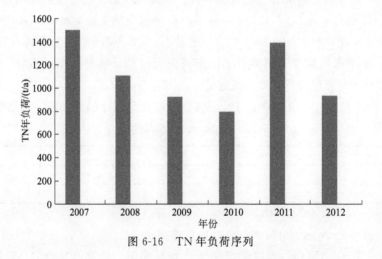

图 6-16 TN 年负荷序列

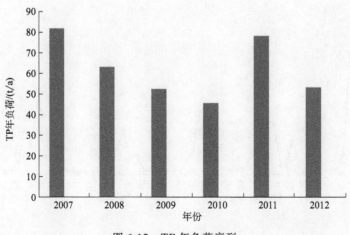

图 6-17 TP 年负荷序列

② 氮磷污染物率定与验证。采用 2007～2012 年 TN 及 TP 月负荷进行模型参数率定和验证。其中模型率定期 2007～2009 年，验证期为 2010～2012 年。TN 与氮磷月负荷模拟值与实测值对比见图 6-18、图 6-19，模拟效果指标统计见表 6-10。

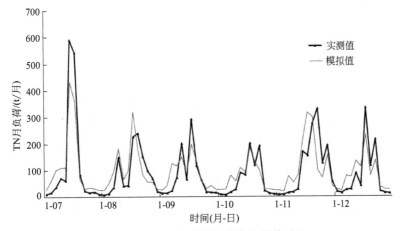

图 6-18　TN 月负荷模拟值与实测值对比

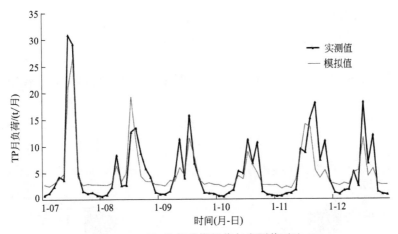

图 6-19　TP 月负荷模拟值与实测值对比

表 6-10　TN 与 TP 月负荷模拟效果

项目	时段	R_e/%	R^2	NSE
TN 负荷	率定期	5.3	0.86	0.81
	验证期	7.7	0.57	0.56
TP 负荷	率定期	1.9	0.87	0.84
	验证期	−7.1	0.59	0.56

TN 月负荷的模拟结果为：率定期的 R_e 为 5.3%，R^2 为 0.86，NSE 为 0.81；验证期的 R_e 为 7.7%，R^2 为 0.57，NSE 为 0.56。

TP 月负荷的模拟结果为：率定期的 R_e 为 1.9%，R^2 为 0.87，NSE 为 0.84；验证期的 R_e 为 −7.1%，R^2 为 0.59，NSE 为 0.56。

总体上，SWAT模型对N、P负荷的模拟效果良好，模拟序列可以反映出实测序列的季节及月份变化。在率定期内，SWAT模型对N、P月负荷模拟效果较好，率定期的R^2和NSE均超过了0.8，总负荷误差在率定期控制在±6%以内；验证期内，SWAT模型对N、P负荷模拟效果良好，总负荷误差在验证期控制在±8%以内，R^2和NSE均超过了0.55。

表6-11所列为模拟期（2010~2012年）TN与TP月负荷模拟值与实测值的对比结果，由表可知，TN与TP月负荷均值的相对误差较小，分别为6.4%和2.4%。模拟期TN、TP月负荷模拟值与实测值的散点相关图表明月负荷模拟值与实测值的线性相关性较好，整个模拟期的R^2为0.74，TP月负荷模拟值与实测值整个模拟期的R^2为0.77。总体上，SWAT模型氮磷月负荷模拟值偏小，主要在汛期的峰值月份，这和径流与泥沙模拟体现出相似的特征。

表6-11   2010~2012年TN与TP月负荷模拟值与实测值对比

项目	实测值	模拟值	相对误差
TN负荷/(t/月)	92.3	98.3	6.4%
TP负荷/(t/月)	5.2	5.1	−2.4%

此外，统计了模拟期的TN、TP年负荷值，与实测值进行对比，验证SWAT模型年尺度污染负荷的模拟效果。图6-20和图6-21所示分别为TN、TP负荷实测值与模拟值对比的柱状图。

由图6-20、图6-21可知，SWAT模型对年尺度N、P负荷模拟效果较好，模拟年序列反映了流域污染负荷的年际变化。TP年负荷实测值与模拟值误差较小，模拟误差最大的为2011年，相对误差为−11.3%，其他年份模拟值的相对误差均在±5%之内。与TP年负荷模拟值相比，模型对TN年负荷模拟的误差稍大，但也控制在±15%之内，模拟误差最大的为2009年，相对误差为14.1%。

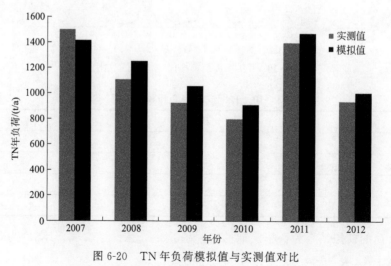

图6-20   TN年负荷模拟值与实测值对比

TN与TP年负荷模拟值与实测值的线性相关图表明年负荷模拟值与实测值的线性相关性较好，R^2分别达到了0.93和0.87，模拟值无明显偏差。

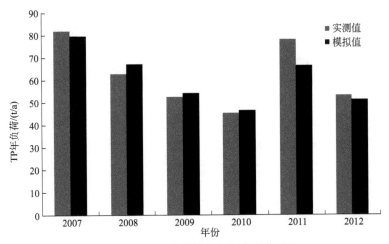

图 6-21　TP 年负荷模拟值与实测值对比

6.1.3　汉丰湖流域负荷特征及预测分析

6.1.3.1　汉丰湖流域污染物时空分布特征

(1) 汉丰湖流域入湖污染物时间分布

基于 SWAT 模型模拟结果，统计了汉丰湖入湖水量、沙量及污染负荷的年际及年内特征，以分析汉丰湖水文情势及污染负荷特征。为分析年际特征，统计了模拟期（2007～2012 年）入湖年均水量、沙量及氮磷负荷，图 6-22～图 6-25 所示分别为汉丰湖年均入湖水量、泥沙量、TN 及 TP 负荷模拟值。

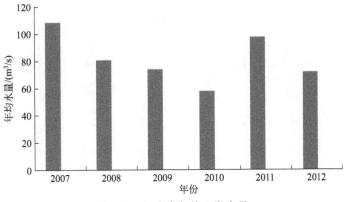

图 6-22　汉丰湖年均入湖水量

由图 6-22～图 6-25 中可知，汉丰湖入湖水量、泥沙量及污染负荷年际差异明显，2007 年水量较为丰沛，2010 年则水量较少。2007 年入湖平均流量为 108.1m³/s，入湖泥沙量为 1.68×10^6 t，入湖 TN 负荷 4342.9t，入湖 TP 负荷 229.9t，分别为 2010 年的 1.9 倍、2.8 倍、1.5 倍及 1.4 倍。由于在模型构建中，点源负荷是按照污染源调查数据计算出年均排放量，且按照恒定值输入到模型中，因此所有污染负荷的年际差异体现在非点源

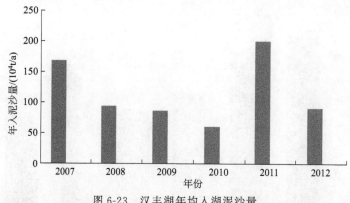

图 6-23　汉丰湖年均入湖泥沙量

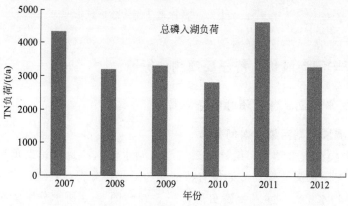

图 6-24　汉丰湖年均入湖 TN 负荷

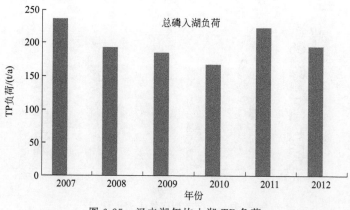

图 6-25　汉丰湖年均入湖 TP 负荷

污染负荷的变化上。从枯水年、平水年到丰水年，降水量逐渐增大，总径流、各项径流成分（地表径流、壤中流及地下径流）及蒸发量也逐渐增大，这使以降雨-径流为主要驱动的非点源污染在丰水年比例较大，而枯水年的点源污染比例较大。

　　为分析汉丰湖入湖水量、沙量及污染负荷的年内分配特征，统计了模拟期（2007～2012 年）入湖每月平均水量、沙量及氮磷负荷，图 6-26～图 6-29 所示分别为汉丰湖月平均入湖水量、泥沙量、TN 及 TP 负荷的模拟值。

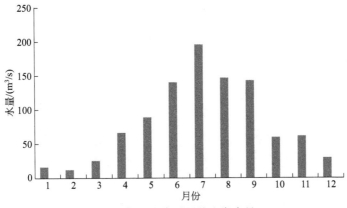

图 6-26　汉丰湖月平均入湖水量

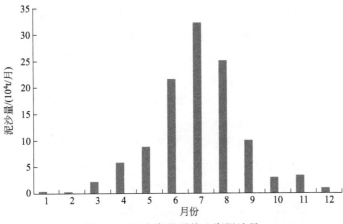

图 6-27　汉丰湖月平均入湖泥沙量

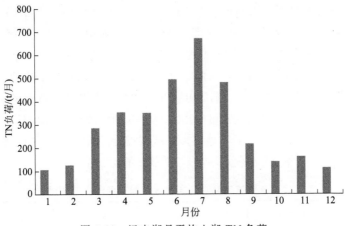

图 6-28　汉丰湖月平均入湖 TN 负荷

由图 6-26～图 6-29 中可知，入湖水量、沙量及污染负荷季节差异明显，各月份中 7 月的水量、沙量及污染负荷贡献量最大，分别贡献总入湖水量、沙量及氮磷负荷的 20%、

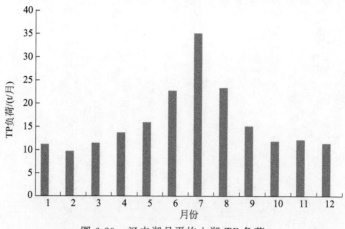

图 6-29　汉丰湖月平均入湖 TP 负荷

28％、19％及 18％。统计汛期（5～10 月）对年入湖水量、沙量及污染负荷的贡献可得，整个汛期贡献了全年入湖水量的 79％，入湖沙量的 89％，入湖 TN 负荷的 67％，入湖 TP 负荷的 64％。入湖氮磷负荷汛期的比例小于入湖水量和沙量，流域产汇流与输沙过程主要受到自然的降雨-径流过程的驱动，而点源负荷的排放在模型输入时假定在年内是恒定的，这就减小了氮磷负荷的年内差异。汉丰湖流域为典型季风气候，降水主要集中在夏季汛期，导致以降雨-径流过程为驱动的输沙及非点源过程主要集中在汛期。

（2）汉丰湖流域入湖污染物空间分布

汉丰湖流域内的 4 条河流所携带的泥沙和非点源 N、P 是汉丰湖非点源污染的主要贡献者。由汉丰湖入湖子流域划分结果可知，共有 20 个子流域直接流入汉丰湖，基于温泉水文站率定与验证的模型参数，输出和统计入湖水量、泥沙量及氮磷污染负荷，以分析汉丰湖流域水文情势及入库负荷特征。汉丰湖直接入湖的 20 个子流域中，sub44 为东河流域入库子流域，sub55 为桃溪河流域入库子流域，sub68 为南河流域入库子流域，其他湖边入库子流域 17 个。将 SWAT 模型模拟的 20 个子流域出流量、输沙量、TN 及 TP 负荷进行累加，计算的汉丰湖年均入湖流量为 81.4m³/s，入湖年径流量 2.57×10⁸m³，入湖年泥沙量为 116.4×10⁴t，入湖年均 TN 负荷为 3601t，入湖年均 TP 负荷为 194.3t。

表 6-12 统计了入湖流域水量、泥沙及氮磷负荷，东河为最大的入湖流域，贡献了入湖水量的 50％，入湖泥沙量的 36.1％，入湖 TN 负荷的 37.5％以及入湖 TP 负荷的 35.6％；桃溪河贡献了入湖水量的 19.3％，入湖泥沙量的 8.2％，入湖 TN 负荷的 18.8％以及入湖 TP 负荷的 17.2％；南河贡献了入湖水量的 17.3％，入湖泥沙量的 10.9％，入湖 TN 负荷的 32.8％以及入湖 TP 负荷的 42.5％；其他湖边子流域贡献了入湖水量的 15.2％，入湖泥沙量的 44.7％，入湖 TN 负荷的 10.8％以及入湖 TP 负荷的 4.9％。

表 6-12　各河流流域对汉丰湖入湖非点源污染的贡献量

入湖流域	入湖水量 /(10⁸m³/a)	入湖沙量 /(10⁴t/a)	入湖 TN 负荷 /(t/a)	入湖 TP 负荷 /(t/a)
东河	1.24	42.0	1351	69.1
桃溪河	0.50	9.5	677	33.3

入湖流域	入湖水量 /(10^8m^3/a)	入湖沙量 /(10^4t/a)	入湖 TN 负荷 /(t/a)	入湖 TP 负荷 /(t/a)
南河	0.44	12.7	1184	82.6
其他湖边流域	0.39	52.1	389	9.3
入湖总量	2.48	116.4	3601	160.7

书后彩图 13～彩图 16 所示分别为汉丰湖流域单位面积泥沙、TN、TP 及 COD 输出空间分布图。从图中可以看出，汉丰湖流域的泥沙输出强度在 0.02～38.7t/hm^2 之间，其中子流域 32 的泥沙的输出强度最大，达到了 38.7t/hm^2。非点源 TN 负荷输出强度在 0.02～16.1kg/hm^2 之间，东河流域明显大于其他流域，由于流域 N 输出以溶解态居多，而东河的径流量大于其他河流，因此东河的 TN 负荷较其他流域要大很多，其中子流域 29 的 TN 输出强度最大，达到了 16.1kg/hm^2。非点源 TP 负荷也呈现相同趋势，其负荷输出强度在 0.01～0.54kg/hm^2 之间，其中子流域 32 的 TP 输出强度最大，达到了 0.54kg/hm^2。非点源 COD 输出强度在之间 31.6～349.5kg/hm^2，其中子流域 49 的 COD 非点源输出强度最大，达到了 349.5kg/hm^2，其次为子流域 46 及 47，都是直接入湖的小流域，主要的贡献来自农业种植及农村生活污染。

点源 TN 负荷输出强度 0.2～125.5kg/hm^2 之间（书后彩图 17），子流域 58 输出强度最大，达到了 125.5kg/hm^2；点源 TP 负荷输出强度 0.0～9.9kg/hm^2 之间（书后彩图 18），子流域 58 输出强度最大，达到了 9.9kg/hm^2；点源 COD 负荷输出强度 0.4～661.5kg/hm^2 之间（书后彩图 19），子流域 58 输出强度最大，达到了 661.5kg/hm^2。TP 及 TP 点源负荷空间分布呈现出相似的特征，输出强度最大两个子流域为 58 及 56，主要的贡献来自城镇生活污水。总体上，东河及桃溪河点源输出强度较小，而湖边小流域输出强度较高。

6.1.3.2　汉丰湖流域污染负荷关键源区识别

(1) 土壤侵蚀关键源区

对汉丰湖流域产沙分布进行分析，根据中华人民共和国水利部 2008 年批准颁布的《土壤侵蚀分类分级标准》(SL 190—2007)，对南四湖流域土壤侵蚀状况进行分级，确认土壤侵蚀关键区。

本研究依据《土壤侵蚀分类分级标准》中土壤水力侵蚀的强度分级标准，见表 6-13。

表 6-13　土壤水力侵蚀强度分级

侵蚀等级	Ⅰ	Ⅱ	Ⅲ	Ⅳ	Ⅴ	Ⅵ
侵蚀强度	微度侵蚀	轻度侵蚀	中度侵蚀	强度侵蚀	极强度侵蚀	剧烈侵蚀
侵蚀模数 /[t/(hm^2·a)]	0～5	5～25	25～50	50～80	80～150	＞150

将汉丰湖流域 4 个河流流域 89 个子流域的单位泥沙负荷转化为侵蚀模数，并对汉丰湖流域的土壤侵蚀状况进行分级，见书后彩图 20。

由书后彩图 20 可以看出，汉丰湖流域内约占总流域面积 8.4% 的区域土壤侵蚀模数集中在 0～5t/(hm^2·a)，属于微度侵蚀；土壤侵蚀模数在 5～25t/(hm^2·a) 之间的区域约占流域总面积的 85.9%，即流域内约 85.9% 的区域属于轻度土壤侵蚀；土壤侵蚀模数在 $25\sim50\text{t}/(\text{hm}^2\cdot\text{a})$ 范围的面积仅占流域总面积的 5.7%，属于中度土壤侵蚀，都位于东河流域。流域内土壤侵蚀等级以轻度侵蚀为主，土壤侵蚀严重的地区主要集中在地势起伏较大、径流量大、植被覆盖度低以及土壤较为松散的地区。以侵蚀模数大于 $10\text{t}/(\text{hm}^2\cdot\text{a})$ 作为流域内土壤侵蚀关键区，即图中橙色和红色部分，子流域所在编号见表 6-14。对汉丰湖流域而言，土壤侵蚀关键源区应重点做好水土保持工作。

表 6-14　土壤侵蚀关键区所处流域及子流域

流域	子流域
东河流域	1～7,9～14,17～23,28～29,32,34
南河流域	51,52,61
桃溪河流域	16,24～25,27,36,40,55
其他入河流域	48,50,54

(2) 营养物质流失关键源区

对汉丰湖流域非点源 TN、TP 负荷分布进行分析，根据《地表水环境质量标准》(GB 3838—2002)，对汉丰湖流域 TN、TP 流失状况进行分级，确认 TN、TP 流失关键区。

在 SWAT 模型的运算结果中，没有直接给出 TN、TP 浓度，本研究采用的污染物浓度计算公式如下：

$$\rho_i = Q_i/F_i \times 100 \tag{6-12}$$

式中　ρ_i——某子流域进入河道的污染物浓度，mg/L；

　　　Q_i——某子流域进入河道的单位面积负荷，kg/hm^2；

　　　F_i——某子流域进入河道的总水量，mmH_2O。

根据上式对汉丰湖流域 89 个子流域的 TN、TP 浓度进行计算。书后彩图 21 和彩图 22 所示为 TN、TP 浓度空间分布。由彩图 21 可以看出，汉丰湖流域 TN 浓度整体偏高，大部分地区的 TN 浓度高于 2.0mg/L，最高浓度达 12.9mg/L，超过地表水Ⅴ类水质标准。由彩图 22 可以看出，汉丰湖流域 TP 浓度大于 0.2mg/L 的地区约占总流域面积的 35%，这些地区水体中 TP 浓度超标，不满足地表水Ⅲ类水质要求。

6.1.3.3　未来发展情景下污染负荷预测

(1) 流域子单元污染物空间分布特征

随着社会经济的发展，汉丰湖流域人口将有所变化，预计 2020 年汉丰湖流域的人口总数约为 122 万人，其中非农业人口 64 万人。到 2020 年，全流域生产总值将突破 600 亿元，因此考虑在 2020 年社会经济发展及人口增长的情况下的污染物的排放量，并以此为基准，为后续入湖污染物削减及相关措施的提出提供基准方案。

基于 SWAT 模型的模拟，流域内 TN 非点源产生总量较高（67.5～121.1t/a）的子流域共有 15 个，分别位于东河、桃溪河及南河，贡献最大为位于东河的子流域，TN 非点源的主要贡献为农业种植，农用地的面积比较较高（书后彩图 23）。从各乡镇的非点源总氮负荷量来看，天和镇的 TN 非点源产生量最高，最低的为丰乐街道，其他乡镇的 TN

非点源负荷量总体上处于 40.0～70.0t/a 之间（图 6-30）。同时，对汉丰湖的点源 TN 染负荷的模拟显示，汉丰湖流域的 TN 点源污染负荷总体上与面源污染负荷较为接近，但在不同区域污染负荷的总量变化较大，从行政单元来看，铁桥镇、南雅镇和汉丰街道的污染负荷量最高，分别达到 197t/a、192t/a 和 107t/a，远高于非点源的负荷总量，但部分乡镇如白泉乡、关面乡和丰乐街道等地区，TN 的负荷量却远低于非点源负荷（图 6-31）。分析表明，随着社会经济的发展，未来铁桥镇和南雅镇的 TN 负荷量削减还需要继续加强，该区域的点源和非点源负荷总量均较高，汉丰街道、大德镇、金峰镇、镇东街道、义和镇、临江镇、渠口镇、长沙镇、南门镇、岳溪镇和五通乡的点源 TN 治理还需要进一步加强，天和镇、巫山镇、渠口镇、义和镇、三汇口乡、九龙山镇、大德镇和白桥乡等地区的非点源 TN 治理还需要进一步加强。

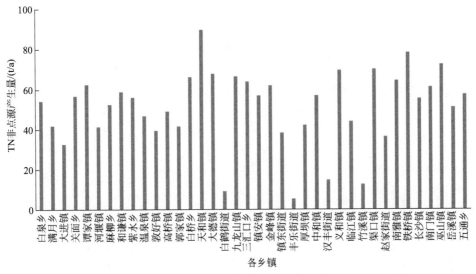

图 6-30　各乡镇 TN 非点源产生量

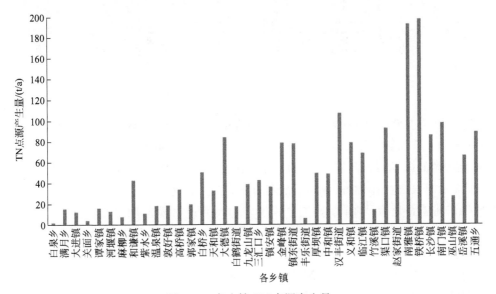

图 6-31　各乡镇 TN 点源产生量

基于 SWAT 模型的模拟，流域内总磷非点源产生量较高的子单元主要为分布于东河子流域的 12、20 和 32 号小流域内，主要分布于关面乡、温泉镇和白桥乡及其附属子流域内，该区域耕地面积较大，坡耕地在其中占了很大的比重（书后彩图 24），因此造成了面源污染负荷中 TP 负荷量较高。对比不同乡镇的 TP 非点源负荷量来看，谭家镇、天和镇、南雅镇和铁桥镇的 TP 非点源产生量最高，均高于 2t/a，TP 非点源负荷量较低的白鹤街道、丰乐街道、汉丰街道和竹溪镇，TP 非点源负荷量总体上均小于 0.4t/a（图 6-32）。同时，对汉丰湖的点源 TP 污染负荷的模拟显示，汉丰湖流域的 TP 点源污染负荷总体上高于面源污染负荷，超过了非点源污染负荷总量的 4 倍多。绝大多数乡镇的 TP 污染负荷来自点源污染，从行政单元来看，铁桥镇、南雅镇和南门镇的污染负荷量最高，分别达到 21t/a、18t/a 和 12.5t/a，远高于非点源的负荷总量，但部分乡镇如白泉乡和关面乡，TP 的负荷量却远低于非点源负荷量（图 6-33）。分析表明，随着社会经济的发展，未来铁桥镇和南雅镇的 TN 负荷量削减还需要继续加强，该区域的点源和非点源负荷总量均较高，和谦镇、大德镇、金峰镇、镇东街道、汉丰街道、义和镇、临江镇、渠口镇、赵家镇、长沙镇、南门镇、岳溪镇和五通乡的点源 TN 治理还需要进一步加强，谭家镇和天和镇的非点源 TN 治理还需要进一步加强。

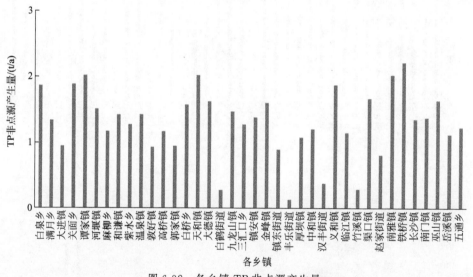

图 6-32 各乡镇 TP 非点源产生量

通过对 SWAT 模型的改进和修正，本次研究中也对汉丰湖流域内的 COD 非点源产生量进行了的模拟，模拟的结果表明 COD 非点源负荷量较高的子流域主要有 64 号子流域（金峰镇）、南河中游的 70 和 71 子流域，普里河中上游的 77、81 及 84 号子流域，COD 非点源负荷主要贡献来自农村生活及农业种植，散养畜禽养殖贡献较少（见书后彩图 25）。比较不同乡镇的 COD 非点源负荷量来看，不同乡镇的 COD 非点源负荷量变化较大，其中预测显示铁桥镇的 COD 负荷量最高，达到每年 2478t，高桥镇、白桥乡、天和镇、大德镇、金峰镇、厚坝镇、中和镇、义和镇、临江镇、南雅镇、长沙镇、南门镇、岳溪镇和五通乡的 COD 非点源产生量均超过 1000t/a，COD 非点源负荷量较低的为白泉乡、满月乡、大进镇、关面乡、丰乐街道和汉丰街道，COD 非点源负荷量总体上均小于 300t/a（图 6-34）。

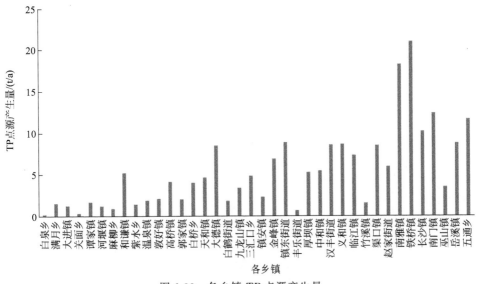

图 6-33　各乡镇 TP 点源产生量

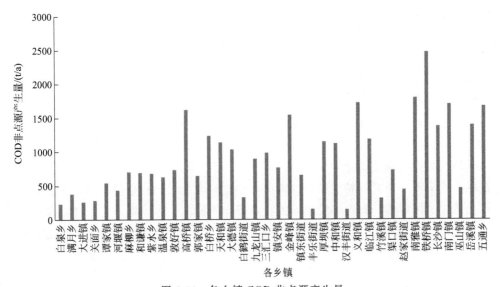

图 6-34　各乡镇 COD 非点源产生量

对汉丰湖的点源 COD 污染负荷的模拟显示，汉丰湖流域的 COD 点源污染负荷总体上低于面源污染负荷，全部行政区域内的 COD 非点源污染负荷总量均高于点源污染负荷量，表明绝大多数乡镇的 COD 污染负荷来自非点源污染，从行政单元来看，铁桥镇、金峰镇和大德镇的污染负荷量最高，分别达到 1010t/a、622t/a 和 578t/a，低于非点源的负荷总量（图 6-35）。分析表明，随着社会经济的发展，未来铁桥镇、南雅镇、南门镇、义和镇和金峰镇的 COD 负荷量削减还需要继续加强，该区域的点源和非点源负荷总量均较高，镇东街道、汉丰街道和渠口镇的点源 COD 治理还需要进一步加强，高桥镇、白桥乡、天和镇、大德镇、后坝镇、中和镇、临江镇、长沙镇、岳溪镇和五通乡的非点源 COD 治理还需要进一步加强。

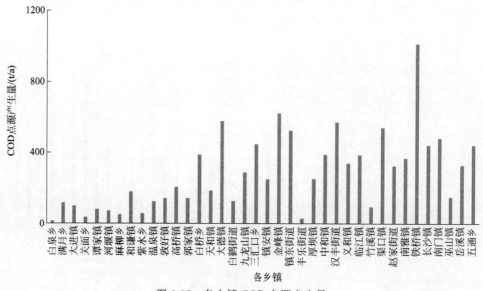

图 6-35　各乡镇 COD 点源产生量

(2) 乡镇污染空间分布特征

考虑到鉴于污染防治措施通常以乡镇为单位开展实施，因此将行政单元与 N、P 和 COD 污染负荷量进行叠加，得到以乡镇为单元的污染物空间分布结果。TN 和 TP 的分布呈现相同的规律，产生量高的乡镇集中在南河流域，两种污染物产生量最大的乡镇均为南雅镇和铁桥镇，并且周边的乡镇污染物产生量也相对较大，这部分乡镇的一个共同特点就是点源所占比重较大远大于非点源，相对来说东河流域则是以非点源产生量为主（见书后彩图 26），TP 的分布表现出与 TN 极高的一致性（见书后彩图 27）。COD 产生量最大的乡镇是铁桥镇，产生量较高的乡镇其 TP、TN 的产生量也相对较高，这部分乡镇集中在南河流域，它们有一个共同特点就是点源所占比重较大远大于非点源，因此在后期考虑污染负荷削减措施的时候，针对不同单元的特点提出不同的治理措施。主要考虑在非点源所占比重较大的 18 个乡镇重点采取非点源措施，其他单元重点考虑采取点源处理措施（见书后彩图 28）。

6.1.3.4　汉丰湖流域污染源变化特征

根据现状调查与预测，汉丰湖流域 4 种典型污染物现状年和规划水平年（2020 年）入湖污染负荷量见表 6-15。规划水平年较现状年污染负荷入湖污染量有所减少，其中 COD、NH$_3$-N、TP、TN 分别减少 2752.03t/a、183.41t/a、65.52t/a、1280.62t/a。

表 6-15　现状年和规划水平年汉丰湖入湖污染负荷量　　　　　单位：t/a

水平年	COD	NH$_3$-N	TP	TN
现状年	45086.82	689.9	324.4	5170.3
规划水平年	42334.79	506.49	258.88	3889.68
减少	2752.03	183.41	65.52	1280.62

6.2 汉丰湖水动力特性与水环境演变特征研究

本章构建汉丰湖湖区水动力与水环境模型，分析汉丰湖湖区水动力特性与水环境特征，研究三峡水库运行对汉丰湖的水动力和水环境的影响，为汉丰湖流域实施污染物总量控制奠定基础。

6.2.1　汉丰湖水动力特性与水环境模型研究

6.2.1.1　模型研究基本思路

汉丰湖湖区水面较为开阔，最大水面面积达 $14.8km^2$。目前在汉丰湖湖区仅布置了 $2\sim3$ 个的常规水质监测点，进行每月一次的常规水质观测，难以详细了解汉丰湖湖区水体时间变化规律，构建数值模拟成为汉丰湖湖区水动力和水环境特征及湖泊水污染综合防治等研究的重要技术手段。

本研究构建的汉丰湖水动力与水环境数学模型的基本思路如下。

(1) 明确模拟指标，进行开发模块设计

污染物在湖体内的输移扩散等特性，很大程度上取决于湖流运动规律，因此汉丰湖湖区水环境数学模型构建了湖区水动力学模型、水质模型（包括水温模型），水质模型模拟的主要水质指标为高锰酸盐指数（COD_{Mn}）、TP、TN 和 NH_3-N。

(2) 确定模型类型

汉丰湖属于较大型浅水性湖泊，水体垂向混合相对较为均匀，空间平面的不均性分布比较显著。因此，从反映研究区域水流水质总体变化特征以及满足实际需求角度考虑，采用水深平均的平面二维数学方程来描述汉丰湖的水流水质运动特点。经分析，本研究拟基于 MIKE21 模型，构建汉丰湖水环境数学模型。

(3) 数学模型构建

通过对汉丰湖形状和水下地形进行合理概化，充分反映湖区的自然环境特征，设置模型的边界条件，形成汉丰湖湖区的水环境数学模型。

(4) 数学模型参数的率定与验证

汉丰湖水体内的物理、化学及生物演变过程较为复杂，而所构建的数学模型只是对这些过程的简化数学描述，一般需要利用实测资料对模型参数进行率定与验证，以保证模型能够反映天然过程，并且具有一定的模拟精度。根据收集到的汉丰湖水流水质资料，利用近年来固定点实测水质资料年变化过程和项目期间开展的水环境现状监测数据，进行汉丰湖水环境数学模型的验证，确保建立的汉丰湖水环境数学模型能较好地反映汉丰湖实际水质动态演变特征。

6.2.1.2　模型原理

MIKE 软件是由丹麦水力研究所（DHI）研发的专业水环境模拟软件，主要应用于河流、海洋、湖泊等方面的研究。根据汉丰湖的特征，本研究采用了其中的 MIKE21 FM 模块进行模拟计算。

6.2.1.3　汉丰湖水动力与水质模型

(1) 计算区域及水下地形

通过现场调研和监测数据分析，汉丰湖模型计算区域包括汉丰湖湖区最高水位线周边及其以下区域，总面积为 16km²，由于汉丰湖湖区区域边界形状不规则，模型宜采用非结构化网格处理方式进行划分，x 为东方向，y 为北方向，坐标值代长度。为了计算快捷，在顺着河道方向采用四边形网格，其他区域采用三角形网格，共计 3037 个节点，3146 个计算网格。

(2) 初始条件及边界条件

1) 初始条件

① 水动力初始条件。水动力初始条件的变量包括湖泊初始水位、流场流速等。初始流速为零，水位的初始状态选择模拟年的年初水位，初始水位设置为 167m。

② 水质初始条件。初始浓度为各断面年均浓度，其中 COD 浓度为 3.86mg/L，NH₃-N 浓度为 0.27mg/L，TP 浓度为 0.157mg/L，TN 浓度为 2.21mg/L。

2) 边界条件　本模型的边界包括：湖岸边界、入湖边界和出湖边界三个部分。

① 湖岸边界。湖岸边界采用水流无滑移条件，即取岸边水流流速为 0。

② 入湖边界

I.水动力边界。根据河道水陆边界条件，设置东河、头道河、桃溪河、南河四条支流作为入湖边界，采用流域预测或实测数据作为模型计算的入湖边界条件，2014 年 3 月～2015 年 2 月入湖河流流量边界如图 6-36～图 6-39 所示。

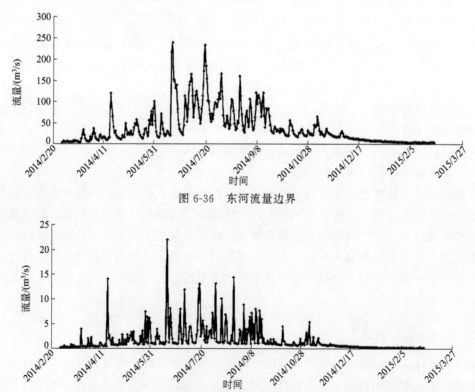

图 6-36　东河流量边界

图 6-37　头道河流量边界

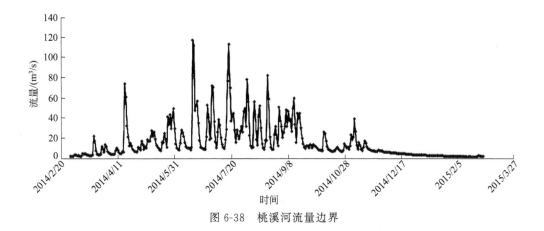

图 6-38　桃溪河流量边界

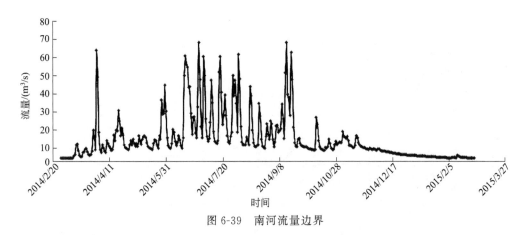

图 6-39　南河流量边界

Ⅱ.水质边界。根据入湖河道水质监测结果，东河、头道河、桃溪河、南河四条支流入湖水质边界采用同一时期的流量，各入湖河流水质边界如图 6-40～图 6-43 所示。

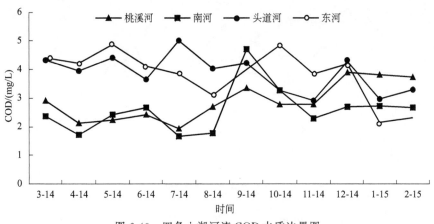

图 6-40　四条入湖河流 COD 水质边界图

③ 出湖边界

Ⅰ.水动力边界。湖区出湖水量主要由汉丰湖水位调节坝调节，根据其调度准则，采用实测数据作为出流水位，调节坝水位边界如图 6-44 所示。

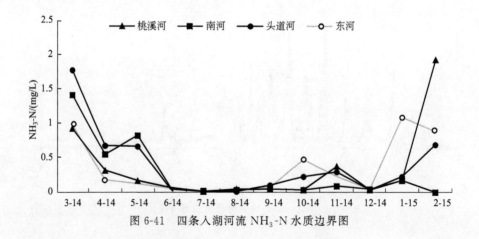

图 6-41　四条入湖河流 NH$_3$-N 水质边界图

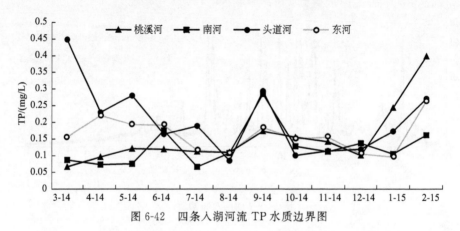

图 6-42　四条入湖河流 TP 水质边界图

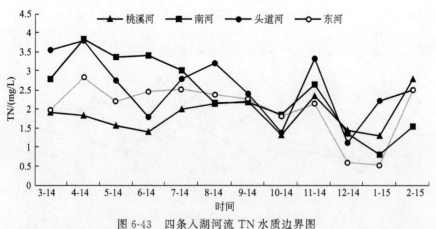

图 6-43　四条入湖河流 TN 水质边界图

Ⅱ. 水质边界。根据入湖河道水质监测结果，出湖水质边界如图 6-45 所示。

3）计算参数选取

① 时间步长为 300s，计算时间为 1 年。

② 干湿边界：当计算区域水深小于 0.005m 时，计算区域为"干"，不参加计算；当水深大于 0.1m 时，计算水域为"湿"，需参加计算。

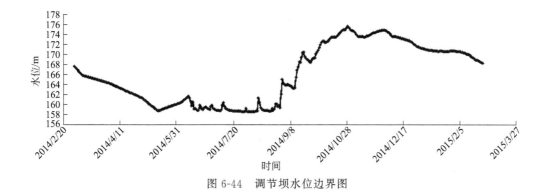

图 6-44　调节坝水位边界图

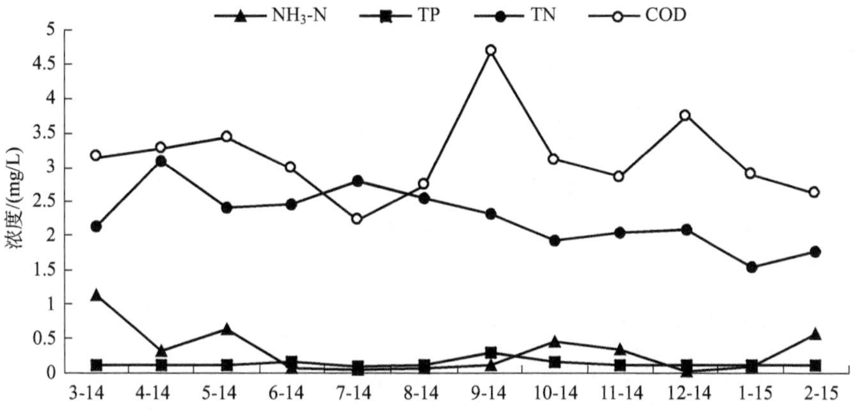

图 6-45　调节坝水质边界图

③ 通过分析 1989～2016 年逐日风场资料，结果表明：汉丰湖库区风场年内风向变化相对稳定，每年 3～10 月均以东北风向为主，该期间多年平均风速为 0.4m/s；11 月～翌年 2 月以西南风向为主，该期间多年平均风速为 0.3m/s。从多年风场资料统计结果分析，汉丰湖库区风场年际间变化不显著，故本次湖区库面风场采用多年平均风场资料具有较好的代表性。

（3）参数率定与验证

1）水动力参数

① 水动力参数率定。根据 2014～2015 年月监测数据，结合重庆大学王晓青 2012 年对澎溪河流域水动力研究成果，汉丰湖糙率取值 $n=0.033$ 作为初始糙率进行计算，涡粘系数根据 Smagorinsky 公式确定。

② 水动力参数验证。利用汉丰湖实测逐日水文、风向等基础数据，输入所构建的模型进行模拟计算，并利用湖中（木桥点位）逐月水动力监测数据进行验证，模型计算得到的 2014～2015 年汉丰湖湖中流速过程与实测流速变化过程的对比见图 6-46，模型模拟的汉丰湖流速过程与实测值拟合较好，由此可以说明所构建的水流模型能较好地反映汉丰湖湖区水流运动规律，可以作为汉丰湖水质模拟的基础。

2）水质参数

① 水质参数率定。根据 2014～2015 年月监测水质数据，汉丰湖主要水质指标

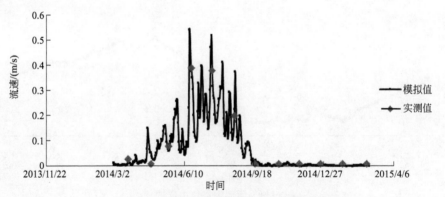

图 6-46　汉丰湖流速模拟值与实测值对比

COD_{MN}、TN、TP、NH_3-N 的综合降解系数：COD_{MN} 为 $8.37 \times 10^{-9}/s$，TN 为 $1.90 \times 10^{-9}/s$，TP 为 $1.38 \times 10^{-8}/s$，NH_3-N 为 $3.37 \times 10^{-8}/s$。

② 水质参数验证。利用汉丰湖实测逐日水文、风向、水质等基础数据，输入所构建的模型进行模拟计算，并利用湖中（木桥点位）逐月主要水质（COD_{Mn}、TN、TP、NH_3-N）监测数据进行验证，模型计算得到的 2014～2015 年汉丰湖湖中主要水质（COD_{Mn}、TN、TP、NH_3-N）过程与主要实测水质（COD_{Mn}、TN、TP、NH_3-N）变化过程的对比见图 6-47，模型模拟的汉丰湖主要水质（COD_{Mn}、TN、TP，NH_3-N）过程与实测值拟合较好，由此可以说明所构建的水质模型能较好地反映汉丰湖湖区水质规律，可以作为汉丰湖湖区水环境模拟与分析。

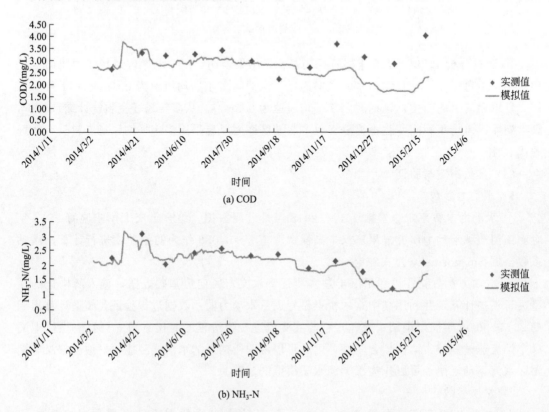

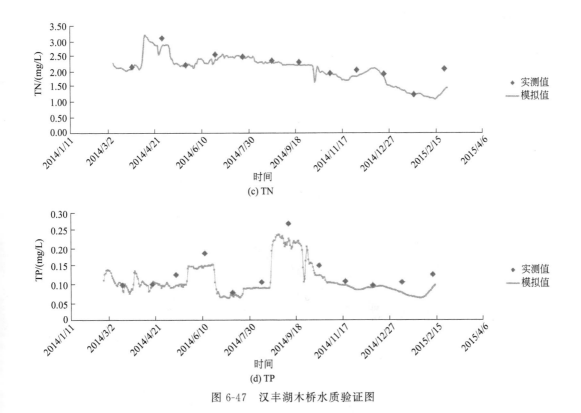

图 6-47　汉丰湖木桥水质验证图

全湖平均流速在 1.0～2.2cm/s 之间，模拟的湖流流态与以往研究结论比较符合，表明所建立的水流模型能较好地仿真模拟汉丰湖湖区水流运动特性。

6.2.2　汉丰湖区水动力条件与水质变化特征

6.2.2.1　汉丰湖区水动力特性分析

根据汉丰湖流域水文特点，以现状年入湖水质、水量以及多年平均风场为边界条件，利用已构建的模型，分别模拟现状年汉丰湖湖区水动力条件，湖区主要点位水动力参数特征结果如下。

(1) 流场

汉丰湖在多年平均主导风向条件下，主湖区流场整体呈现自西向东流动，在湖左岸靠近东河附近局部区域有环流现象，各入流河流呈明显的河流流态特征，表明了汉丰湖湖区流场主要受水流重力的作用，风对汉丰湖湖区水流驱动较小。

汉丰湖区全湖平均流速为 0.14m/s，主要点位的年内月均流速变化过程如图 6-48 所示。汉丰湖湖区流速库尾最大，最小流速为 0.003m/s，最大流速为 1.016m/s，平均流速为 0.26m/s。库中与库前的流速相差较小，平均流速分别为 0.079m/s 和 0.072m/s。

(2) 水位

现状年汉丰湖主要点位水位过程见图 6-49。由图可知，从时间上看汉丰湖年内月均水位主要位于 159.1～174.2m 之间，变幅较大，最高水位出现在东河边界附近。从空间上来看，纵向上，水位差异较小，库尾水位与库前水位差异约为 2cm，与库中水位相关约为 1.0cm；横向上，水位基本上无差异。

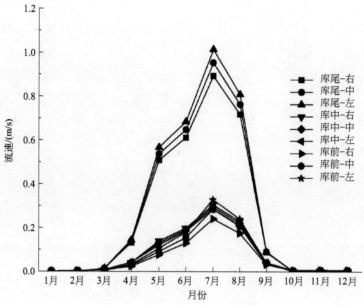

图 6-48　汉丰湖各主要点位的流速过程

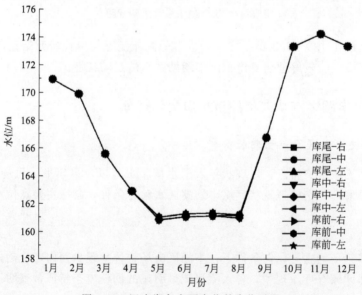

图 6-49　汉丰湖各主要点位的水位过程

（3）水深

现状年汉丰湖主要点位水深过程见过图 6-50。由图可知，从时间上看，汉丰湖年内月均水深在 0.39～17.11m 之间变化，平均水深为 7.43m，变幅较大，最高水位出现在南前右岸。从空间上来看，纵向上，受河道高程的差异，水深存在一定的差异，库尾、库中、库前平均水深分别为 5.5m、7.77m、8.97m；横向上，由于地形高程的不同，水深也存在一定的差异，但差异较小。

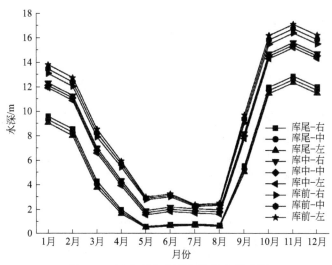

图 6-50　汉丰湖各主要点位的水深过程

6.2.2.2　汉丰湖区水质变化特征

利用已构建的模型，根据典型年水文条件和水质监测数据，模拟现状汉丰湖湖区水质状况，并分析典型区域水质特征，结果如下所述。

（1）TP 变化特征

现状汉丰湖区 TP 全湖平均值为 0.13mg/L，水质劣于湖泊Ⅲ类水质标准。湖区和主要点位的年内月均 TP 变化过程如图 6-51、图 6-52 所示。汉丰湖湖区水质各入流支流水质最差，湖中水质次之，调节坝前水质相对较好。汉丰湖湖区水质在纵向上呈空间差异，其中库尾水质最差，平均浓度为 0.129mg/L，库中水质次之，平均浓度为 0.128mg/L，库前水质相对较好，平均浓度为 0.123mg/L；在横向上，水质差异较小，但左岸大于右岸。汉丰湖 TP 在年内也呈在一定差异，其中 9 月最大，其次为 6 月，其他月份相差不大。结果也表明丰水期 TP 水质较差主要受面源污染影响。

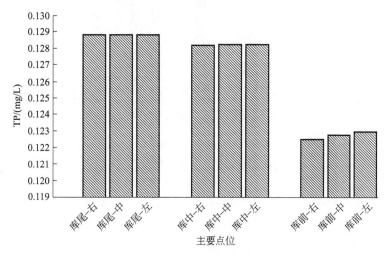

图 6-51　汉丰湖湖区 TP 浓度典型区域年均水质浓度

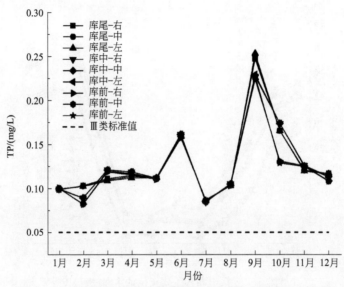

图 6-52　汉丰湖湖区 TP 浓度典型区域月均水质浓度年内变化

（2）TN 变化特征

现状汉丰湖区 TN 全湖平均值为 2.06mg/L，水质劣于湖泊Ⅲ类水质标准。湖区和主要点位的年内月均 TN 变化过程如图 6-53、图 6-54 所示。汉丰湖湖区水质各入流支流中头道河和南河 TN 较差，东河和桃溪河 TN 较好。汉丰湖湖区 TN 在纵向上呈空间差异，其中库尾水质最好，TN 平均浓度为 2.034mg/L，库前水质次之，TN 平均浓度为 2.060mg/L，库中最差，TN 平均浓度为 2.071mg/L；在横向上，水质差异较小，但右岸大于左岸。汉丰湖 TN 在年内也呈现一定的差异性，其中 4 月最大，其次为 7 月，最低出现在 2 月，其他月份相差不大。结果也表明 TN 水质较差出现在丰水期，主要受面源污染影响。

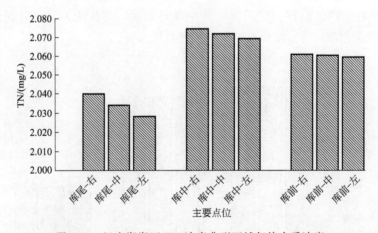

图 6-53　汉丰湖湖区 TN 浓度典型区域年均水质浓度

（3）COD_{Mn} 变化特征

现状年汉丰湖区 COD_{Mn} 全湖平均值为 3.03mg/L，水质满足湖泊Ⅲ类水质标准。湖区和主要点位的年内月均 COD_{Mn} 变化过程如图 6-55、图 6-56 所示。汉丰湖湖区水质各入

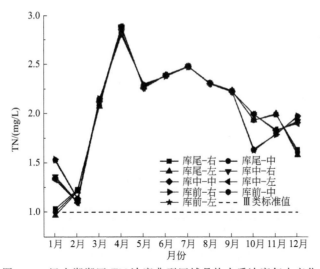

图 6-54　汉丰湖湖区 TN 浓度典型区域月均水质浓度年内变化

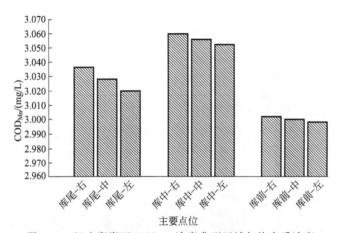

图 6-55　汉丰湖湖区 COD_{Mn} 浓度典型区域年均水质浓度

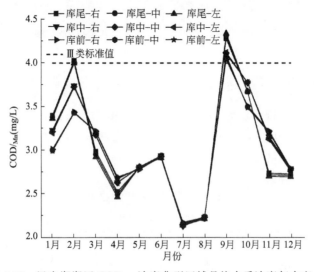

图 6-56　汉丰湖湖区 COD_{Mn} 浓度典型区域月均水质浓度年内变化

流支流中头道河和南河 COD_{Mn} 浓度较高，东河和桃溪河 COD_{Mn} 较好。汉丰湖湖区 COD_{Mn} 在纵向上呈空间差异，其中库前水质最好，COD_{Mn} 平均浓度为 3.00mg/L，库尾水质之次，COD_{Mn} 平均浓度为 3.03mg/L，库中最差，COD_{Mn} 平均浓度为 3.06mg/L；在横向上，水质差异较小，但右岸大于左岸，结果与右岸污水处理厂污水排入有关。汉丰湖 COD_{Mn} 在年内也呈在一定差异，其中 9 月最大，其次为 2 月，最低出现在 7 月，其他月份相差不大。结果表明汉丰湖湖区 COD_{Mn} 水质指标同时受面源和点源的影响。

（4）NH₃-N 变化特征

现状年汉丰湖区 NH₃-N 全湖平均值为 0.20mg/L，水质满足湖泊Ⅲ类水质标准。湖区和主要点位的年内月均 NH₃-N 变化过程如图 6-57、图 6-58 所示。汉丰湖湖区水质各入流支流中头道河和东河 NH₃-N 浓度较高，南河和桃溪河 NH₃-N 较好。汉丰湖湖区 NH₃-N 在纵向上呈现出一定的空间差异性，其中库中水质最好，NH₃-N 平均浓度为 0.195mg/L，库前水质次之，NH₃-N 平均浓度为 0.204mg/L，库尾最差，NH₃-N 平均浓度为 0.213mg/L；在横向上，水质差异较小，但左岸大于右岸。汉丰湖 COD_{Mn} 在年内也呈在一定的差异性，其中 3 月最大，其次为 10 月，最低出现在 7 月，其他月份相差不大。

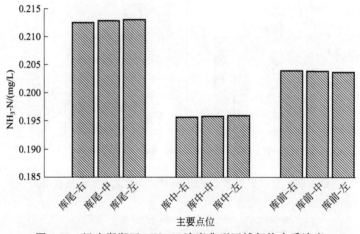

图 6-57　汉丰湖湖区 NH₃-N 浓度典型区域年均水质浓度

6.2.3　三峡水库运行对汉丰湖水动力与水质影响

由于三峡水库最高运行水位为 175m，形成 600 多千米长的回水区间，水面面积约为 1084km²。汉丰湖作为三峡水库中的"库中库"，湖区水动力和水质将受到三峡水库和汉丰湖水位调节坝的运行调度影响。

（1）三峡水库运行方式

三峡水库以防洪为主，发电服从防洪。为满足防洪需要，汛期（6～9 月）水库维持防洪限制水位（145m）运行。从 10 月开始，水库实施汛后蓄水，水位逐步升高至 175m 运行。枯水期（11 月～翌年 1 月），发电和航运统筹兼顾，在满足电力系统要求的条件下，水库尽量维持在高水位运行。随后，入库径流减小，水库水位逐步下降，5 月末降至最低消落水位（145m）。根据三峡工程 30 年径流代表系列，水库运行水位统计表见表 6-16。

三峡水库 10 月内水位上涨至 170～175m 区间的概率为 93.33%，上涨至 165～170m 的概率为 6.67%。

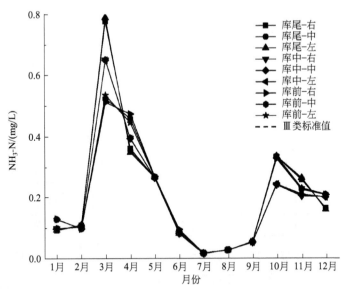

图 6-58　汉丰湖湖区 NH$_3$-N 浓度典型区域月均水质浓度年内变化

表 6-16　三峡工程 30 年径流代表系列水库运行水位统计　　　　单位：%

月末水位（吴淞高程）	1 月	2 月	3 月	4 月	5 月	6 月	7 月	8 月	9 月	10 月	11 月	12 月
145m						100	100	100	100			
150m												
150m＜水位≤155m				3.33	63.33							
155m＜水位≤160m			13.33	6.67	23.33							
160m＜水位≤165m		13.33	26.67	26.67	10.00							
165m＜水位≤170m	3.33	46.67	30.00	10.00	3.3					6.67		
170m＜水位≤175m	96.67	40.00	30.00	53.33						93.33	100	100
合计	100	100	100	100	100	100	100	100	100	100	100	100

（2）汉丰湖调节坝水库运行方式

结合三峡水库调度运行方式，调节坝水库运行方式如下。

1）枯水期

① 当三峡库水位上涨至 170.28m（吴淞高程），调节坝工程闸门全开，调节坝库水位与三峡库水位同步运行；

② 当三峡库水位下降至 170.28m，调节坝泄水闸下闸，调节坝开始挡水。

2）汛期

由于三峡库水位较低：

① 当上游来水较小时，由溢流坝过流，调节坝库水位保持 170.28～170.78m；

② 当上游来水较大，库水位超过 170.78m 时，部分开启闸门，上游来水量多少泄多

少，维持水位调节坝库水位 170.28m；

③ 当上游洪水 $Q_入 \geqslant 800m^3/s$ 时，泄水闸闸门全开敞泄冲沙，洪水过后下闸蓄水。排沙时间按 10 年累计 28d 控制。

(3) 三峡水库—调节坝水库联合运行工况

三峡水库每年 2～4 月开始降水，5～8 月为枯水期，9～10 月开始蓄水，于 11 月达到 175m，持续至次年 1 月。根据三峡水库与汉丰湖运行工况共分为汉丰湖正常蓄水位-三峡高水位、汉丰湖正常蓄水位-三峡降水、汉丰湖正常蓄水位-三峡低水位、汉丰湖正常蓄水位-三峡涨水四个阶段（表 6-17）。

表 6-17　三峡水库-汉丰湖水库联合运行工况

水位状态	水库	时段			
		11 月至翌年 1 月	2～4 月	5～8 月	9～10 月
	汉丰湖	满水位	满水位	满水位	满水位
	三峡	高水位	降水	低水位	涨水

根据上述三峡水库和汉丰湖水位调节坝调度过程和《三峡库区开州区消落区生态环境综合治理水位调节坝工程可行性研究报告》可知，汉丰湖乌杨调节坝运行后，正常蓄水位为 170.28m，库容为 $0.56 \times 10^8 m^3$。汉丰湖水位升至 175m 时，对应的库容为 $0.8 \times 10^8 m^3$，增加库容 $0.24 \times 10^8 m^3$。多年平均来水条件下，10 月、11 月和 12 月共计流入湖区的流量为 $12.4 \times 10^8 m^3$，为库容增量的 51.7 倍；90% 保证率枯水流量条件下，10 月、11 月和 12 月共计流入的流量为 $2.0 \times 10^8 m^3$，为库容增量的 8.3 倍。依据宝塔窝多年平均年径流量和逐月径流量水文计算，年平均水置换次数为 43 次，最不利的 4 月份，多年平均径流量为 $1.83 \times 10^8 m^3$，月置换次数为 3.3 次，5～9 月份径流量占总径流量 $24.17 \times 10^8 m^3$ 的 74.19%，5 个月的总置换次数为 31.9 次。据此判断，汉丰湖湖区水量基本上均来自流域上游来水。

同时参考《三峡水库开州区消落区生态环境综合治理水位调节坝工程初步设计报告》研究结果，调节坝坝址水位受三峡水位顶托影响较小，枯水期三峡水库水位较高，但来量较小，调节坝处的回水位较三峡水库坝前水位仅抬高约 0.1m。因此汉丰湖上游来水足以弥补三峡水库水位提升而增加的库容，小江回水对汉丰湖水质的影响时间和空间范围都十分有限。

从上述分析可知，总体上来看，三峡水库蓄水后，回水进入汉丰湖的概率较小，进而三峡水库回水对汉丰湖湖区的水动力和水质影响的概率很小。为进一步了解三峡水库水位上涨至 170.28m 时是否出现回水现象，本研究采用已构建的模型模拟汉丰湖调节坝建成正常运行后的情景，分析三峡水库运行对汉丰湖水动力和水质的影响。汉丰湖调节坝下游边界由汉丰湖调度运行水位和三峡水库 2014 年运行水位综合确定，即当汉丰湖水位小于 170.28m（吴淞高程）时采用 170.28m，大于 170.28m（吴淞高程）时采用 2014 年三峡水库坝前水位，具体如图 6-59 所示。

6.2.3.1　对湖区水动力条件的影响

根据 2014 年 1 月 1 日～12 月 31 日的基础数据，设置模型的边界条件，并模拟计算

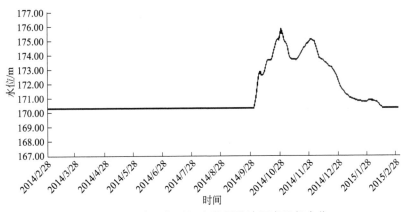

图 6-59　正常运行后汉丰湖坝设计调度运行水位

2014 年的汉丰湖湖区水动力特征。

通过对全年模拟结果进行分析，正如前面分析所示，汉丰湖湖区水动力条件基本不受三峡水库蓄水的影响，影响期间主要为集中在 10 月下旬的短暂时间，从模拟结果可知，2014 年 10 月 1 日 0：00：00～29 日 0：00：00，汉丰湖湖区水流自上向下流动的流态，但从 2014 年 10 月 29 日 3：00：00 开始，汉丰湖湖区水流呈现自下向上流动的流态，自从 2014 年 10 月 30 日 1：00：00 开始，汉丰湖湖区水流维持自上向下流动的流态。

模拟结果表明三峡库区蓄水后对汉丰湖的水动力与水量有一定影响，具体影响情况如下。

（1）回水时长

对 2014 年汉丰湖湖区流态进行逐一分析，结果表明，汉丰湖湖区水流呈自下向上的流态分布在 2014 年 10 月 28 日 0：00：00～29 日 24：00：00（图 6-60），可见汉丰湖湖区流态受三峡水库回水的影响时长较短，约 48h 的时间，之后又呈现自上向下流动的流态。

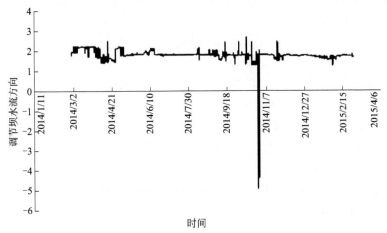

图 6-60　汉丰湖调节坝处水流流向年内变化

（2）回水水量

对 2014 年 10 月 28 日 0：00：00～29 日 24：00：00 期间进入汉丰湖湖区的水量进行统计分析，结果表明：回水期间进入汉丰湖水量约为 $2.69\times10^4 m^3$，相对于汉丰湖库容为

$0.56×10^8 m^3$，回水水流量非常少，占比不足 0.5%，相对于汉丰湖水位升至 175m 时所增加库容 $0.24×10^8 m^3$，占比不足 1.12%。由此可见，水位上升期间，汉丰湖湖区的水量主要来自本流域的来水，占比约 99%，三峡蓄水对汉丰湖湖区水量的影响较小。

（3）回水面积

对 2014 年 10 月 28 日 0：00：00～29 日 24：00：00 期间湖流流态进行分析，结果表明，2014 年 10 月 28 日 13：00：00 时，流速上溯最远至距调节坝 800m 附近（书后彩图 29，黑色虚线），所对应的回水面积最大，统计分析显示所对应的面积约为 $1.21km^2$，占汉丰湖湖区 175m 水位所对应面积（$14.8km^2$）的 8.1%。可见回水水面面积占一定比例，但总体有限。

（4）回水流速

对 2014 年 10 月 28 日 0：00：00～29 日 24：00：00 期间流态进行分析，流速上溯最远至距调节坝 800m 附近（书后彩图 30，红线），此时对区域内的流速进行统计分析，结果表明，流速介于 -0.003～0.018m/s 之间，平均值为 0.02m/s。最大流速位于东河入口处，约 0.018m/s，最小流速位于调节坝处，呈现负流速，约为 -0.003m/s。相对正常情况，汉丰湖湖区流态发生了一定的改变，但整体来看流速小，基本可以忽略。

（5）回水水深

对 2014 年 10 月 28 日 0：00：00～29 日 24：00：00 期间水深进行统计分析，结果表明，汉丰湖水深介于 0m～18m 之间，平均值为 5.73m。最大水深位于湖区中央靠近调节坝附近（见书后彩图 31），最大水深为 19.77m。水深与相对正常情况基本相同，对湖区基本无影响。

（6）回水水位

对 2014 年 10 月 28 日 0：00：00～29 日 24：00：00 期间汉丰湖湖区水位进行统计分析（见书后彩图 32），结果表明，汉丰湖水位介于 175.14～175.61m 之间。水位比三峡水库坝前水位 175m 高 0.15m，结果与三峡设计报告的 10cm 基本相同。可见三峡回水位对湖区的水位的改变不大，基本可以忽略。

6.2.3.2 对湖区水质的影响

根据汉丰湖水环境模拟结果，以回水期间（2014 年 10 月 1 日 0：00：00～11 月 30 日 24：00：00）为重点分析时段，汉丰湖湖区在回水前、回水中、回水后主要水质指标进行模拟，模拟结果表明三峡库区蓄水至 175m 期间，汉丰湖湖区主要水质指标（COD_{Mn}、$NH_3\text{-}N$、TP、TN）发生了一定的变化，具体情况如下。

（1）主要水质指标的变化

1）TP 的变化　TP 回水前、回水中、回水后水质浓度分别为 0.127mg/L、0.127mg/L、0.126mg/L，三峡水库蓄水后，汉丰湖湖区 TP 基本上无差异，表明三峡水库蓄水对汉丰湖湖区的 TP 基本上无影响。

2）TN 的变化　TN 回水前、回水中、回水后水质浓度分别为 1.802mg/L、1.808mg/L、1.805mg/L，三峡水库蓄水后，汉丰湖湖区回水期间 TN 稍高，但差异较小，表明三峡水库蓄水对汉丰湖湖区的 TN 基本上无影响。

3）COD_{Mn} 的变化　COD_{Mn} 回水前、回水中、回水后水质浓度分别为 3.270mg/L、

3.287mg/L、3.282mg/L，三峡水库蓄水后，汉丰湖湖区回水期间 COD_{Mn} 稍高，但差异较小，表明三峡水库蓄水对汉丰湖湖区的 COD_{Mn} 基本上无影响。

4）NH_3-N 的变化 NH_3-N 回水前、回水中、回水后水质浓度分别为 0.470mg/L、0.461mg/L、0.463mg/L，三峡水库蓄水后，汉丰湖湖区回水期间 NH_3-N 稍低，但差异较小，表明三峡水库蓄水对汉丰湖湖区的 NH_3-N 基本上无影响。

（2）三峡水库蓄水期回水进入汉丰湖的污染负荷量

根据 2014 年 10 月 29 日 3：00：00～20：00：00 期间进入汉丰湖湖区的水量，结合相应时期的 COD_{Mn}、NH_3-N、TP、TN 的平均浓度，结果表明，回水期间进入汉丰湖水量约为 $2.69 \times 10^4 m^3$，进入汉丰湖湖区的 COD_{Mn}、NH_3-N、TP、TN 分别为 0.094t、0.009t、0.004t、0.047t。由此可见，三峡水库蓄水至 175m 期间，库区回水进入汉丰湖湖区主要污染物量很少，表明三峡蓄水对汉丰湖湖区水质影响较小。

综上分析，三峡水库水蓄水期间，对汉丰湖湖区的水质影响较少。

6.3 汉丰湖限制排污总量控制方案研究

本章以汉丰湖湖区为重点研究区域，系统调查并收集了汉丰湖湖区水功能区划、现状排污量等基本条件资料，以构建的汉丰湖水环境数学模型为技术工具，合理设置了水环境容量计算的边界条件，核算了汉丰湖湖区水环境容量，并结合汉丰湖流域现状排污状况、汉丰湖流域的水环境总量控制与管理需求，提出了汉丰湖流域限制排污总量意见，为汉丰湖流流域水污染综合防治提供相关依据。

6.3.1 汉丰湖水环境容量计算

6.3.1.1 水环境容量计算条件

（1）水质指标

汉丰湖水系整体不大，污染物来源相对较少。根据汉丰湖多年水质监测资料和流域污染调查资料，并结合国家总量控制要求和湖库富营养化评价的相关需求，综合确定 COD_{Mn}、NH_3-N、TP、TN 四项指标为汉丰湖水环境容量计算的水质控制指标。

（2）水质保护目标

参照 2010 年重庆市水功能区划，汉丰湖水域的水质管理目标为Ⅲ类，依据《地表水环境质量标准》（GB 3838—2002）Ⅲ类湖泊水质标准。

（3）设计水文条件

根据《水域纳污能力计算规程》（GBT 25173—2010）（以下简称《规程》），核算湖泊水域纳污能力应采用 90%保证率年型最枯月平均流量及同年最枯月平均水位作为设计入湖流量和湖泊设计水位。由于汉丰湖湖区水位受三峡水库水位变化影响，年内水位变化较大，因此本次研究选择一定保证频率的年型作为设计水文年，并且分成丰、平、枯水期分别核算不同水期的水环境容量。

根据已有资料，2012 年是一个比较接近 90%保证率的枯水年。同时根据前述的湖泊水质评价结果，2007～2014 年期间汉丰湖平均水质类别没有明显变化，故选取 2012 年作为汉丰湖水环境容量核算的设计水文年。

（4）设计风场条件

汉丰湖为典型的浅水型湖流，理论上，不同风场将形成不同的环流结构及湖流形态，从而对湖区污染物的输移、扩散及累积产生影响。相关资料显示，汉丰湖湖区风速较小且风场年内风向变化相对稳定，通常小于 0.3m/s，因此在汉丰湖水环境容量核算时，采用多年平均风场作为设计风场。

（5）设计初始浓度场

水环境容量核算中的初始条件主要影响计算达到稳定的时间，汉丰湖水环境容量核算的初始浓度场设计是依据监测数据的平均值确定的湖区本底水质控制浓度（表 6-18）。

表 6-18 汉丰湖库区初始浓度场　　　　　　　单位：mg/L

指标	COD_{Mn}	$NH_3\text{-}N$	TP	TN
浓度	2.64	0.129	0.102	2.114

6.3.1.2　汉丰湖水环境容量计算结果

以上述计算条件为边界，采用模型试算法，根据各支流流量以及位置因素不断改变 4 条支流污染物浓度，直至控制断面（或水质监测站点）浓度达到库区水质控制目标上限，此时各支流入湖污染物浓度与流量以及对应时间的乘积即为该支流在该时间段的汉丰湖允许排污量。通过计算得到汉丰湖 COD_{Mn}、$NH_3\text{-}N$、TP、TN 的允许排污量，计算结果见表 6-19。

表 6-19 设计水情条件下汉丰湖水环境容量计算结果　　　　单位：t

情景	丰水期				平水期				枯水期			
	COD_{Mn}	$NH_3\text{-}N$	TP	TN	COD_{Mn}	$NH_3\text{-}N$	TP	TN	COD_{Mn}	$NH_3\text{-}N$	TP	TN
东河	931	203	9	271	1101	186	10	237	1050	186	9	305
头道河	1050	179	12	271	1033	178	14	271	1016	186	10	288
桃溪河	1151	179	12	271	1118	220	14	271	1067	254	10	288
南河	1118	239	11	254	1050	210	10	271	1084	203	10	237
城镇	518	52	5	156	518	52	5	156	518	52	5	156
合计	4769	853	49	1222	4819	846	52	1205	4735	882	45	1273

根据表 6-19 可知，在水质目标浓度约束条件下，汉丰湖丰、平、枯水期 COD_{Mn}、$NH_3\text{-}N$、TP、TN 水环境容量分别为 4769t、853t、49t、1222t，4819t、846t、52t、1205t，4735t、882t、45t、1273t。汉丰湖区各指标（COD_{Mn}、$NH_3\text{-}N$、TP、TN）的水环境容量分别为 14322t/a、2580t/a、146t/a、3701t/a。

6.3.2　汉丰湖流域污染物总量控制

按照《水法》《水污染防治法》等法律法规的相关规定，在满足汉丰湖水体水质目标条件下，以保护和改善流域水资源质量为出发点，根据水资源综合规划中水资源保护规划的有关要求，结合汉丰湖水环境容量的实际情况，提出汉丰湖的限制排污总量意见。

6.3.2.1　限制排污总量确定原则

限制排污总量一般是根据纳污能力计算结果和现状污染负荷，取两者之中的较小值。在本次汉丰湖水环境容量计算中，已将河道入湖水质不劣于现状并满足分区内河流规划水质目标作为水环境容量的核算原则，因此限制排污总量的确定是以汉丰湖环境容量为基础，将环境容量分配到各入湖河流与排污口。同时，根据汉丰湖的规划，2020 年所有污水将不进入汉丰湖，即城市污水容量为 0。此外，为了提高限制排污的可操作性，提出入湖河流水质的控制浓度要求。

6.3.2.2　汉丰湖流域污染物负荷排放现状

根据流域污染物排放现状估算，2014 年汉丰湖流域各类污染源现状排放量见表 6-20；其中 COD_{Mn} 为主要排放源，TN 面源次之，TP 排放最少。

表 6-20　汉丰湖流域入湖污染负荷现状　　　　　　　单位：t/a

入湖单元	COD_{Mn}	$NH_3\text{-}N$	TP	TN
东河	1477.4	99.8	67.0	1129.6
头道河	2138.3	146.2	87.1	1371.4
桃溪河	1422.2	100.2	53.9	904.3
南河	1989.0	188.2	100.9	1298.5
城镇污水	1555.2	155.5	15.6	466.6
合计	8582.1	689.9	324.4	5170.3

6.3.2.3　限制排污总量意见及分配

根据汉丰湖水环境容量计算结果，提出限制排污总量以及各入湖河流的分配。汉丰湖入湖河流限排总量分配根据汉丰湖环境容量计算结果，各入湖河流污染物的限制排污总量见表 6-21。

表 6-21　汉丰湖各入湖河流限制排污总量分配　　　　　　单位：t/a

入湖单元	COD_{Mn}	$NH_3\text{-}N$	TP	TN
东河	3082	576	29	813
头道河	3251	652	31	762
桃溪河	3336	654	36	830
南河	3099	544	36	830
城镇污水	1555.2	155.5	15.6	466.6
合计	14322	2580	146	3701

现状削减量定义为现状排放量减去最大允许排放量（水环境容量），具体计算公式如下：

$$W_{削} = W_{现} - W_{控} \tag{6-13}$$

式中　$W_{削}$——现状削减量，t/a；

$W_现$——现状排放量，t/a；

$W_控$——环境容量，t/a。

根据污染源调查分析结果，汉丰湖接纳的污染物削减量如表 6-22 所列。

表 6-22　汉丰湖各入湖河流和排污口物削减量　　　单位：t/a

入湖单元	COD_{Mn}	NH_3-N	TP	TN
东河	1604.3	475.9	−38.4	−316.8
头道河	960.4	397.3	−51.5	−541.7
桃溪河	1913.6	553.4	−18.4	−74.6
南河	1262.1	463.7	−69.9	−536.5
城镇污水	0.0	0.0	0.0	0.0

其中削减量为正时，表示该河段容量剩余；削减量为负，表示无容量剩余，需对污染物入河量进行削减。

由表 6-22 可知，汉丰湖当前 COD_{Mn} 和 NH_3-N 仍有一定的容量，所有入湖单元 TN 和 TP 均要削减，其中 TN 削减总量为 1469.6t/a，削减最大为头道河，削减量为 536.5t/a；其次为东河和南河，削减量分别为 541.7t/a 和 316.8t/a；桃溪河削减量最小，削减量为 74.6t/a。TP 削减量总量为 178.1t/a，削减最大为头道河，削减量为 69.9t/a；其次为南河和东河，削减量分别为 51.5t/a 和 38.4t/a；最小为桃溪河，削减量为 18.4t/a。

6.3.2.4　汉丰湖入湖河流水质浓度控制要求

根据汉丰湖水环境容量计算成果，通过对近期汉丰湖湖区逐月入湖水质浓度分析，计算得到汉丰湖入湖河流控制浓度的平均值如表 6-23 所列。

将表 6-23 所列的入湖水质控制浓度值作为汉丰湖入湖的水质边界条件时，模拟得到汉丰湖年内逐月水质基本达到水质保护目标要求，故表 6-23 中所示的入湖水质控制浓度的平均值亦可作为环湖河道入湖水质浓度的控制要求。

表 6-23　汉丰湖入湖河流水质控制浓度　　　单位：mg/L

情景	丰水期				平水期				枯水期			
	COD_{Mn}	NH_3-N	TP	TN	COD_{Mn}	NH_3-N	TP	TN	COD_{Mn}	NH_3-N	TP	TN
东河	5.5	1.2	0.054	1.2	6.5	1.4	0.06	1.01	6.2	1.6	0.055	1.12
头道河	6.2	1.06	0.07	1.6	6.1	1.05	0.08	1.6	6	1.1	0.06	1.7
桃溪河	6.8	1.06	0.07	1.6	6.6	1.3	0.06	1.6	6.3	1.5	0.06	1.7
南河	6.6	1.5	0.065	1.41	6.2	1.24	0.058	1.3	6.4	1.4	0.06	1.2
城镇污水	0	0	0	0	0	0	0	0	0	0	0	0

综上所述，为满足汉丰湖各水功能区水质目标要求，当入湖河流水质满足如表 6-23 所列的入湖水质控制浓度平均值要求时，汉丰湖湖区水质不同水期可基本达到水质目标要求。

第 7 章

典型小流域水污染综合防治技术集成方案

基于汉丰湖非点源污染负荷模型和湖泊水环境容量计算成果，在汉丰湖流域水污染治理方案筛选的基础上，模拟预测单项措施条件下流域水质变化及其与湖泊水质间的响应关系，根据单项措施的水质响应模拟结果并采用系统动力学模型，提出基于未来发展情景的汉丰湖流域水污染防治技术集成方案，并从水质目标可达性、经济合理性和流域实用性角度选择目标可达、经济合理、技术可行的汉丰湖流域水污染防治集成方案，以便为汉丰湖水质达标管理提供科学的技术支撑。

7.1 汉丰湖流域水污染综合防治对策措施

通过系统分析汉丰湖流域点源（包括城镇生活与垃圾、工业污染、规模化畜禽养殖等）和农田面源（包括农村生活、农业种植、分散畜禽养殖等）污染特征，结合河湖水环境历史与现状监测数据，基于对流域污染源解析、湖区水动力特性分析、流域水文过程与入湖污染物模拟，以及污染源与湖泊水质响应关系的研究成果。当前汉丰湖流域存在的主要水环境问题包括：

① 农田种植所产生的氮、磷流失是汉丰湖库区 N、P 入湖负荷的最主要来源，造成湖区水体富营养化；

② 还需要进一步规范汉丰湖周边畜禽养殖，降低畜禽养殖污染；

③ 城乡镇污水收集率还需要进一步提高，采取适当措施提高污水处理厂脱氮除磷效果；

④ 库区水动力条件复杂多变，绝大部分时间均表现为湖相特征，并存在江水倒灌现象。

系统梳理"十一五"以来三峡库区水污染防治规划中提出的各类水污染防治措施，结合"十二五"三峡水专项提出的点源、面源污染控制技术及生态修复措施，综合分析汉丰湖流域"十二五"规划措施在污染负荷削减和水质改善方面的实施效果。基于汉丰湖流域水环境问题识别和"十二五"规划措施的实施效果，并结合流域防控分区区划及湖区水质可能存在的演变过程，针对汉丰湖主要水环境问题，提出了汉丰湖流域农田面源治理（生态农业建设）、规模化畜禽治理、城乡污水收集与处理、库区直排点源治理、入湖小流域治理等对策措施。

7.1.1 农田面源污染治理措施

高效生态农业是在生态经济学原理的指导下，合理吸收传统农业精华和充分利用现代农业科技成果，以获得经济发展与资源、环境之间的协调相处，进而取得可持续发展的现代化农业。三峡地区已经开展的生态农业技术表明，高效生态农业是三峡库区农田面源污染治理的有效措施，可以有效保护库区生态环境，并对移民安置、振兴农村经济和保护三峡库区水环境有不可替代的作用。

7.1.1.1 生态农业环境保障技术

（1）坡改梯技术

坡耕地、坡园地是三峡库区土壤侵蚀的主要策源地，两者年土壤流蚀量占三峡库区总流蚀量的 73%，因此，防治坡耕地、坡园地的土壤侵蚀是减少入库泥沙的关键，对促进三峡库区生态环境与社会经济的协调发展意义重大。

1）坡改技术　坡改梯技术是指在坡度＜25°的坡耕地上或非坡耕地上修建水平梯田，用以种植农作物或经济林。这种技术亦称坡改梯单项技术。如把修建水平梯田和修建沉沙幽池、蓄水池、排水沟等小型水利水保工程及道路工程进行合理配套，有机结合，则称为坡改梯综合技术。在三峡区水平梯田根据用途的不同分为耕作梯田和果树梯田，根据田坎组成物质的不同分为石坎梯田和土坎梯田；其中，石坎梯田有条石梯田、块石梯两种。

2）梯田规划　在坡度＜25°的坡面，沿等高线呈长条带状布设梯田田块，坡沟交错面大、地形较破碎的坡面，田块布设要大弯就势，小弯取直。根据面积、用途，结合降水和水源条件，在坡面的横向和纵向合理布设沉砂幽池、蓄水池、排水沟及道路，也就是沿横向每隔左右布设一条纵向道路，在道路两侧布设路边排水沟，在田面内侧，即靠近田坎一侧布设田间排水沟，在纵向沟与横向沟交汇处布设蓄水池，在蓄水池的进水口前配置沉砂幽池，在田间排水沟与路边排水沟交汇处之前也要配置沉砂幽池。在纵向坡度较大处或转弯处也可适当布设消力池。

（2）横坡网格垄作技术

横坡网格垄作技术是指在坡度＜15°的坡耕地上，沿等高线横坡作垄（也称大垄），垄沟内修筑垂直于垄向的横土档（亦称小垄），土档间距 2.0～3.0m，在大垄上种植玉米等作物，小垄上种植红薯等作物。据张奇等研究，横坡网格垄作技术具有防蚀、保墒和增产多重效果。试验结果表明，与横坡垄作相比，在 8°和 14°的坡耕地上，横坡网格垄作的地表径流深分别减少 9.3%和 40.1%；泥沙流失量分别减少 43.8%和 24.6%，其防蚀保水作用十分显著。但随着坡度的增加，横坡网格垄作的防蚀减沙作用降低。该项技术蓄水、保墒、防蚀的原理在于垄沟的封闭式结构能拦截降雨使其就地入渗。

（3）等高植物篱技术

等高植物篱就是在坡度＜25°的坡耕地上，沿等高线布设密植的灌木或灌化乔木、灌草结合的植物篱带，带间种植作物或经济林。调查研究表明，该项坡地环境因子调控技术对增加土壤有机质含量、延缓地表径流流速、延长产流时间及控制土壤侵蚀具有明显的作用。等高植物篱的生态经济功能主要取决于植物篱的种类、带内配置模式和带间距。调查等高植物篱技术的地点主要是秭归县的王家桥小流域以及开州区的汉河小流域等，其中王家桥小流域为中国科学院地理研究所、华中农业大学和香港中文大学的试验基地。其纬度为 $31°53'06''$，距长江干流 4km，地面坡度 22°～30°。多年平均降水量 1013.1mm，年均温 16.7℃。土壤为中性、石灰性紫色土，质地多为轻壤到中壤，抗蚀性差。试验区布设的等高植物篱有新银合欢、香根草、马桑、黄荆等多种，篱带间种植的作物为冬小麦、黄豆等。

据中国科学院地理科学与资源研究所申元村等试验结果，试验区种植的篱笆植物，黄荆、马桑、新银合欢、木灌及香根草等种植物的篱笆带，2 年后均初步成形。从观测结果看，几种灌木树种均有较强的构造活篱笆的能力，其中黄荆和木模表现最好。根据观测结果分析，黄荆、马桑、新银合欢、木模、香根草、黄花菜等种篱笆植物适宜三峡库区的环境条件，生长状况良好。一般在定植 2 年后可基本形成篱笆带。

7.1.1.2　汉丰湖流域生态农业发展状况

三峡库区的生态农业，以农业面源污染分区为基础，以控制水土流失为重点，利用生态农业环境保障技术，因地适宜地发展生态农业。2007 年开州区启动了"加快"循环农业发展建设，实行人口、资源、环境相互协调发展的新农业经济增长方式，促进农业现代化建设。

7.1.1.3　汉丰湖流域农田面源治理措施

按照三峡库区农田面源治理与防控的相关措施要求，并结合三峡库区生态农业环境保障技术和实施情况，对汉丰湖流域坡度为 10°～15°的坡耕地进行横坡耕作（横坡网格垄作），对于坡度为 15°～25°的坡耕地进行坡改梯（坡改梯技术），对坡度＞25°的坡耕地则退耕还林或还草。

（1）退耕还林措施

针对汉丰湖流域坡度＞25°的坡耕地采取退耕还林或还草措施，该部分坡耕地实施该项技术后，其 N、P 流失量将逐步恢复到背景值。

（2）坡改梯综合技术措施

根据欧阳曙光等（2016）对大别山南麓坡耕地水土保持治理模式研究表明，石坎、半石坎、PP 织物袋坎、土坎、土坎＋香根草篱等坡改梯模式和自然坡耕地的年土壤侵蚀模数分别为 629t/km、1004t/km、661t/km、1501t/km、1080t/km 和 4903t/km，与自然坡耕地相比，无论哪种坡改梯模式都能明显减少水土流失，减少因水土流失带来的 N、P 负荷流失量，因此坡耕地改造技术措施是非常有效的。

根据对汉丰湖流域坡耕地 N、P 营养物质输出强度识别成果，目前谭家乡、紫水乡、和谦镇、温泉镇、天和镇、中和镇、麻柳乡、敦好乡、三汇口乡、九龙山乡、大德乡、义和镇、南雅镇、临江镇、渠口镇、关面乡、河堰镇 17 个乡镇 N、P 负荷输出强度较大；同时结合坡改梯综合技术的水土流失拦截情况和现有坡耕地所占比重的实际情况，水土流失减少量按 60% 设计，现存坡耕地所占耕地比重为 50%，即通过坡改梯综合技术可减少上述 N、P 输出强度较大单元的 30% 以上。

（3）生态保育措施

谢德体等对生态保育措施对三峡库区小流域地表氮磷排放负荷影响研究表明，通过实验对比传统措施（顺坡耕作＋玉米/水稻秸秆回收＋榨菜菜叶还田）和生态保育措施（横坡等高耕作＋水稻/玉米秸秆—榨菜菜叶还田＋水旱农桑配置）的氮磷流失动态特征和排放负荷，发现生态保育措施 N、P 排放负荷在玉米/水稻季分别降低 4.95～5.60kg/hm² 和 0.09～0.10kg/hm²，榨菜季分别降低 4.58～5.18kg/hm² 和 0.04～0.05kg/hm²，全年单位面积全氮和全磷排放负荷消减比例分别为 69.68%～69.70% 和 66.67%～70.01%；径流量与土壤氮排放量均受降雨量显著影响，而磷排放量受降雨影响较小；径流量、氮素及磷素累积规律相似，但生态保育措施氮磷累积幅度显著小于传统措施。综上可知，生态保育模式能够有效消减地表氮磷流失，降低土壤氮磷排放负荷。

结合汉丰湖流域坡耕地耕作情况，并结合生态保育措施在三峡库区小流域单元的研究成果（N、P 负荷排放量削减率超过 66%），对汉丰湖流域其他 N、P 负荷输出强度不大的乡镇实施生态保育措施，各低负荷排放乡镇单元的 N、P 负荷输出强度减少 30% 以上。

(4) 测土配方技术措施

张卫红等（2015）应用生命周期法评价了我国测土配方施肥项目减排效果，评价结果表明：我国采用测土配方施肥技术，会使氮肥施用量减少，小麦节约纯氮（25.32±9.13）kg/hm²，玉米节约（37.40±6.44）kg/hm²，水稻节约（17.36±7.15）kg/hm²；三种主要粮食作物平均节约纯氮（27.23±7.42）kg/hm²。因汉丰湖流域 38 个乡镇已经完成测土配方施肥项目，单位面积化肥利用率提高 3～5 个百分点，化学需氧量（COD）、TN、TP 排放量分别降低 10%～20%。

按照《开州区生态农业发展十三五规划》目标要求，到 2020 年全县测土配方施肥技术覆盖率达 70% 以上，推广应用配方肥 8000t/a，推广应用商品有机肥 $5×10^4$t/a（畜禽粪资源减少），化肥使用总量比 2015 年减少 5% 以上。故在本次农田种植面源污染治理对策措施中，使汉丰湖流域测土配方施肥技术普及率设定为 70%，新增测土配方技术覆盖耕地的 N、P 负荷排放量减少 15%。

7.1.2 规模化畜禽养殖污染治理措施

(1) 汉丰湖流域畜禽养殖量统计

汉丰湖流域包括开州区 38 个乡镇据统计，2015 年汉丰湖流域生猪存栏头数 782395 头，牛存栏头数 33696 头，山羊存栏头数 284093 头，家禽存栏 3547400 只。

(2) 汉丰湖流域畜禽养殖污染排放量

对畜禽粪便排泄指数，我国已有较多的成果，其中中国农业出版社出版的《农业技术经济手册》较全面地介绍了这方面的数据。不同畜禽养殖类型，其排泄量有较大的差异，不同畜禽其生长周期也有一定的差异，根据畜禽的生产周期以及其排泄指数，可以计算出畜禽每年废弃物的排放量（见表 7-1）。

表 7-1　畜禽粪便排泄指数

项目	牛	猪	羊	鸡	鸭
粪/(kg/d)	20	2	2.6	0.12	0.13
粪/(kg/a)	7300	398	950	25.2	27.3
尿/(kg/d)	10	3.3	—	—	—
尿/(kg/a)	3650	656.7	—	—	—
饲养周期/d	365	199	365	210	210

从表 7-1 中可以看出，就个体而言，牛的排泄量最大，其次的猪、羊，家禽排泄量最小。畜禽粪便中含有大量的对环境造成严重影响的污染物质，对此环境保护部南京环境科

学研究所（现生态环境部南京环境科学研究所）在对太湖地区畜禽粪便污染研究时，测定了各种类型畜禽粪便中的 COD、BOD、NH₃-N、TN 及 TP 的含量（见表 7-2），这一结果同农业部门的有关研究成果基本一致。

表 7-2　畜禽粪便中污染物的平均含量　　　　　　　　单位：kg/t

项目		COD	BOD	NH$_3$-N	TP	TN
牛	粪	31	24.55	1.7	1.18	4.37
	尿	6	4	3.47	0.4	8
猪	粪	52	57.03	3.08	3.41	5.88
	尿	9	5	1.43	0.52	3.3
羊	粪	4.63	4.1	0.8	2.6	7.5
	尿	—	—	—	1.96	14
鸡粪		45	47.87	4.78	5.37	9.84
鸭粪		46.3	30	0.8	6.2	11

根据畜禽的排泄指数（表 7-1）和畜禽粪便中污染物的浓度（表 7-2），可以计算出每一头/只畜禽一年中的污染物的排放量（表 7-3）和每一头/只畜禽一天中污染物的排放量（表 7-4）。

表 7-3　每头（每只）畜禽每年排泄粪便中的污染含量

项目	牛/(kg/a)		猪/(kg/a)		羊粪/(kg/a)	家禽粪/(kg/a)
	粪	尿	粪	尿		
COD	226.3	21.9	20.7	5.91	4.4	1.165
BOD	179.07	14.6	22.7	3.28	2.7	1.015
NH$_3$-N	12.48	12.67	1.23	0.84	0.57	0.125
TP	8.61	1.46	1.36	0.34	0.45	0.115
TN	31.9	29.2	2.34	2.17	2.28	0.275

表 7-4　每头（每只）畜禽每天排泄粪便中的污染含量

项目	牛/(g/d)		猪/(g/d)		羊粪/(g/d)	家禽粪/(g/d)
	粪	尿	粪	尿		
COD	620.0	60.0	104.0	29.7	12.0	5.4
BOD	490.6	40.0	114.1	16.5	10.7	5.5
NH$_3$-N	34.2	34.7	6.2	4.7	2.1	0.6
TP	23.6	4.0	6.8	1.7	6.8	0.6

由此可计算出汉丰湖流域畜禽养殖的污染物排放量，COD 150085.4kg/d，BOD 142583.3kg/d，NH₃-N 30214.63kg/d，TP 11814.95kg/d，TN 33090.55kg/d。

(3) 汉丰湖流域畜禽养殖污染治理对策

根据开州区畜禽养殖发展规划要求，流域内所有的畜禽养殖排放污染物不得进入当地水体、河流，排放的污染物进入土地消化前必须符合《畜禽养殖业污染物排放标准》（GB 18596—2001），并符合总量控制要求。

在 2013 年 11 月 19 日印发"开州区人民政府办公室关于印发《汉丰湖水环境保护治理方案（2013—2014 年）》的通知"中，2013 年完成汉丰湖流域内畜禽养殖场的调查摸底工作，并拟订方案、筹措资金，开展现场实物复核工作。2014 年 12 月底前拆除（关闭）汉丰湖核心保护区，东华大桥至温泉集镇东河流域段，镇安风箱坪大桥至临江集镇南河流域段，以及头道河、驷马河、观音河等支流禁养区内的规模养殖场；完成汉丰湖控制保护区、东河（温泉镇集镇—白泉乡集镇）、南河（临江大桥—巫山集镇）等河段两侧限养区内的规模养殖场污染防治设施改造，对不具备污染防治设施改造条件的畜禽规模场进行拆除（关闭）。2015 年年底前拆除（关闭）鲤鱼塘水库准保护区、影响防护区内紫水河、水田河、麻柳河支流 200 米陆域内的规模养殖场完成普里河、岳溪河、映阳河、桃溪河、满月河、盐井坝河、东坝溪河等河段两侧限养区内的规模养殖污染防治设施改造，对不具备污染防治设施改造条件的畜禽规模场进行拆除（关闭）。

综合开州区生态农业发展"十三五"规划和汉丰湖流域畜禽养殖治理的推进时序及实施效果，针对汉丰湖流域畜禽养殖治理的实施效果进行 2 种工况：100％削减（畜禽粪便全部作为有机肥还田，规划目标）、70％削减（大部分畜禽粪便作为有机肥还田，现状利用情况）。

7.1.3　城镇生活污水处理措施

按照开州区"十二五"期间提升城镇污水处理水平的总体要求，积极开展城市污水处理厂的工程减排，提高城市污水处理质量。按照"开州区'十三五'生态建设与环境保护规划"设计的约束性指标要求，开州区城区污水收集率达到 95％（2015 年城市生活污水集中处理率达到 90％），城区污水处理厂将迁至汉丰湖下游，其污染物排放标准达到《城镇污水处理厂污染物排放标准》（GB 18918—2002）一级 A 标准；乡镇污水处理厂污水集中处理率达到 85％（根据开州区人民政府办公室关于印发《汉丰湖水环境保护治理方案（2013—2014 年）》的通知要求，2014 年重点集镇生活污水集中处理率达到 65％，2015 年乡镇生活污水集中处理率已达到 78％），其污染物排放标准达到一级 B 标准，主要的污染物排放指标限值见表 7-5。

表 7-5　污水处理厂主要污染物排放指标限值　　　　　　　　单位：mg/L

控制项目	BOD_5	COD	TN	NH_3-N	TP
一级 A 标准值	10	50	15	8	0.5
一级 B 标准值	20	60	20	15	1.0

综合"开州区'十三五'生态建设与环境保护规划"设计的约束性指标要求，"十三五"期末，开州城区污水收集与集中处理率应达到 95％，污染物排放执行一级 A 标准；其他乡镇污水处理厂污水收集率达到 85％，污染物排放执行一级 B 标准。

7.1.4　汉丰湖入湖河流小流域综合治理措施

加大城区入湖河流小流域综合治理力度，如驷马河（汉丰街道，安康社区汇入）、平桥河（镇安镇，丰太村汇入）、头道河（镇东街道，镇东村汇入）等，以改善城区河道水环境质量，各入湖河道实施生态治理工程后，其入湖污染负荷削减率超过 30%。

7.1.5 下游回水影响

开州浦里工业新区建设是落实市委、市政府实施五大功能区域发展战略、积极参与长江经济带建设的重大举措；是推动"万开云"板块协同发展最重要和最现实的载体平台、形成设施共享、功能互补、产业互动、有机协作的组团式半小时城镇群的联动核心；是"面上保护、点上开发"的示范区；是推进开州区产业结构升级、加快集群和城乡统筹发展、推动脱贫攻坚、改善民生的务实措施。

随着浦里工业新区向北拓展与开州区城区对接，向南与万州经开区功能承接，开发建设渠口、赵家、长沙、南门等乡镇（街道），普里河的水质可能会有所变差，但应满足小江水功能区划水质保护目标（Ⅲ类）要求。

7.1.6 汉丰湖流域水污染综合防治对策情景设计方案

基于汉丰湖流域水环境问题识别和"十二五"规划措施的实施效果，并结合汉丰湖流域防控分区区划及湖区水质可能存在的演变过程，系统梳理了实现汉丰湖水环境容量总量控制需求的流域水污染综合防治对策与措施，提出了汉丰湖流域水污染综合防治对策措施情景设计方案，详见表 7-6。

表 7-6 汉丰湖流域水污染综合防治对策措施情景设计方案

序号	农田面源污染治理措施				规模化畜禽养殖污染治理措施	城镇污水处理措施
	退耕还林措施	坡改梯综合技术措施	生态保育措施	测土配方技术措施	土地消纳，有机肥还田	污水收集与集中处理
现状（0方案）	—	—	—	测土配方施肥技术普及率为20%	70%削减（畜禽粪便全部作为有机肥还田）	开州城区处理率达90%，乡镇污水处理率达85%
情景1	坡度>25°的坡耕地实施退耕还林	—	—	测土配方施肥技术普及率为20%	70%削减（畜禽粪便全部作为有机肥还田）	开州城区处理率达90%，乡镇污水处理率达85%
情景2	—	N、P负荷输出较大的17个乡镇实施坡改梯综合技术	—	测土配方施肥技术普及率为20%	70%削减（畜禽粪便全部作为有机肥还田）	开州城区处理率达90%，乡镇污水处理率达85%
情景3	—	—	N、P负荷输出强度不大的乡镇实施生态保育措施	测土配方施肥技术普及率为20%	70%削减（畜禽粪便全部作为有机肥还田）	开州城区处理率达90%，乡镇污水处理率达85%

续表

序号	农田面源污染治理措施				规模化畜禽养殖污染治理措施	城镇污水处理措施
	退耕还林措施	坡改梯综合技术措施	生态保育措施	测土配方技术措施	土地消纳，有机肥还田	污水收集与集中处理
情景4	—	—	—	测土配方施肥技术普及率提高到70%	70%削减（畜禽粪便全部作为有机肥还田	开州城区处理率达90%，乡镇污水处理率达85%
情景5	—	—	—	测土配方施肥技术普及率为20%	100%削减（畜禽粪便全部作为有机肥还田，规划目标）	开州城区处理率达90%，乡镇污水处理率达85%
情景6	—	—	—	测土配方施肥技术普及率为20%	85%削减（畜禽粪便全部作为有机肥还田，阶段目标）	开州城区处理率达90%，乡镇污水处理率达85%
情景7	—	—	—	测土配方施肥技术普及率为20%	70%削减（畜禽粪便全部作为有机肥还田）	开州城区处理率达95%（一级A标），乡镇污水处理率达85%（一级B标）
情景8	—	—	—	测土配方施肥技术普及率为20%	70%削减（畜禽粪便全部作为有机肥还田）	开州城区处理率达90%，乡镇污水处理率达85%
情景9	—	—	—	测土配方施肥技术普及率为20%	70%削减（畜禽粪便全部作为有机肥还田）	开州城区处理率达90%，乡镇污水处理率达85%
情景10	坡度＞25°的坡耕地实施退耕还林	N、P负荷输出较大的17个乡镇实施坡改梯综合技术	N、P负荷输出强度不大的乡镇实施生态保育措施	测土配方施肥技术普及率提高到70%	100%削减（畜禽粪便全部作为有机肥还田，规划目标）	开州城区处理率达95%（一级A标），乡镇污水处理率达85%（一级B标）

7.2 汉丰湖流域水污染防治措施效果分析

7.2.1 单项措施效果模拟

7.2.1.1 退耕还林措施实施效果分析

《中华人民共和国水土保持法》第14条明确规定："禁止在25°以上陡坡开垦种植农作物"，中央［1998］15号文件《中国中央、国务院关于灾后重建，整治江湖、兴修水利的若干意见》也提出："从现在起坚决制止毁林开荒，积极创造条件，逐步实施25°以上坡耕地退耕还林。"汉丰湖流域坡度＞25°的坡耕地约占耕地面积的55%，在此进行作物耕种不仅产量低，还会造成严重的水土流失。据统计，重庆市每年土壤流失量中60%以上来自陡坡耕地,中等强度以上的水土流失面积也主要分布在坡度>25°的陡坡地。水土流失的加剧导致土壤侵蚀、土地退化、削弱了抗御灾害的能力,成为库区生态破坏最主要的表现形式,因此针对此种情况提出在汉丰湖流域实施退耕还林措施。

基于构建的 SWAT 模型,通过模拟退耕还林措施,如果对全流域内坡度>25°的坡耕地全部进行退耕还林措施,对于 TN 的削减能起到很好的效果,削减率(减少量/点面源产生量)达到 35%以上,TP 的削减率达到 11.52%,主要是因为实施退耕还林后相应的化肥施用量及水土流失量减少,从而达到降低非点源污染负荷的效果(表 7-7)。

表 7-7　退耕还林措施污染物削减模拟结果　　　　　　　　　　单位:t/a

削减情景	无措施		退耕还林		削减率/%
	点源	非点源	点源	非点源	
TN	1946.90	1942.78	1946.90	561.33	35.52
TP	209.34	49.54	209.34	19.73	11.52

从空间分布上来看,经过退耕还林措施后,TN 排放量减少最显著的乡镇为天和镇、大德镇和九龙山镇,TP 排放量减少最高的 3 个乡镇分别是天和镇、南雅镇和谭家镇(见书后彩图 33)。

7.2.1.2　坡改梯综合技术实施效果分析

考虑到汉丰湖流域>25°的陡坡耕地已经开始实施了退耕还林措施,坡改梯措施主要针对汉丰湖流域 15°~25°的坡耕地开展。通过模拟计算发现,坡改梯措施对 TN 的总体削减率仅为 1.47%,TP 的总体削减率仅为 1.00%(表 7-8)。通过对比该类型耕地的面积发现,汉丰湖流域内 15°~25°的坡耕地面积较少,占总耕地面积的比例较小,因此该项措施的污染物削减效果并不明显。

表 7-8　坡改梯综合措施污染物削减模拟结果　　　　　　　　单位:t/a

削减情景	无措施		坡改梯		削减率/%
	点源	非点源	点源	非点源	
TN	1946.90	1942.78	1946.90	1885.78	1.47
TP	209.34	49.54	209.34	46.96	1.00

通过对比该项措施的空间实施效果可以发现,该单项措施实施后,TN 排放量减少最显著的乡镇为天和镇、三汇口乡和大德镇,TP 排放量减少最高的 3 个乡镇分别是谭家镇、天和镇和河堰镇(见书后彩图 34)。

7.2.1.3　生态保育措施实施效果分析

生态保育措施是对汉丰湖流域坡耕地进行横坡耕作(横坡网格垄作),考虑到退耕还林措施已经在坡度>25°的陡坡耕地实施,坡改梯措施已经针对汉丰湖流域 15°~25°的坡耕地实施,生态保育措施主要选择汉丰湖流域 10°~15°的坡耕地开展。通过模拟计算发现,坡改梯措施在全流域的实施,每年可以减少 TN 排放 152.45t,每年可以减少 TP 排放 6.61t;从削减率来看,TN 的削减率仅为 3.81%,TP 的削减率仅为 2.55%(表 7-9)。

表 7-9　生态保育措施污染物削减模拟结果　　　　　单位：t/a

削减情景	无措施		生态保育		削减率/%
	点源	非点源	点源	非点源	
TN	1946.90	1942.78	1946.90	1794.45	3.81
TP	209.34	49.54	209.34	42.93	2.55

通过对比该项措施的空间实施效果可以发现，该单项措施实施后，TN 排放量减少最显著的乡镇为义和镇、南雅镇和铁桥镇，TP 排放量减少最高的 3 个乡镇分别是南雅镇、铁桥镇和义和镇（见书后彩图 35）。尽管氮磷面源污染的削减率较小，表明未来开展生态保育措施时，这 3 个镇对氮磷污染物的削减效果是最佳的。

7.2.1.4　提高测土配方施肥技术普及率实施效果分析

测土配方是目前三峡库区应用较为成熟的面源污染治理措施之一，在《开州区生态农业发展十三五规划》中，预计到 2020 年测土配方施肥技术覆盖率达 70% 以上，化肥使用总量比 2015 年减少 5% 以上。通过对测土配方措施的模拟研究表明，采用该项措施能够减少全流域 TN 排放 168.36t/a，TN 削减率 4.33%；减少 TP 排放 4.8t/a，TP 削减率 1.85%（表 7-10）。

表 7-10　测土配方措施污染物削减模拟结果　　　　　单位：t/a

削减情景	无措施		测土配方		削减率/%
	点源	非点源	点源	非点源	
TN	1946.90	1942.78	1946.90	1774.42	4.33
TP	209.34	49.54	209.34	44.74	1.85

通过对比测土配方措施实施后，氮磷污染物的空间排放特征可以发现，TN 排放量减少最显著的乡镇为天和镇、巫山镇和九龙山镇，TP 排放量减少最高的 3 个乡镇分别是南雅镇、铁桥镇和义和镇（见书后彩图 36）。

7.2.1.5　规模化畜禽养殖污染治理措施实施效果分析

规模化畜禽养殖曾经是近年来影响汉丰湖及其入湖支流水环境质量的重要因素，经过"十二五"期间的大力整治，目前库区核心区内的规模化养殖基本消失，下一步则需要继续对现有的各支流和搬迁到上游的规模化畜禽养殖场进行更为严格的管理，在结合《开州区生态农业发展十三五规划》和汉丰湖流域规模化畜禽养殖治理推进时序及实施效果，分别提出了 100% 的收集利用和 85% 的收集利用两种模式。在 100% 收集利用的模式下，可以有效减少 TN 排放 905.83t/a，减少 TP 排放 163.13t/a，削减率分别高达 23.29% 和 63.01%（表 7-11）；在 85% 收集利用的模式下，该项措施可以有效减少 TN 排放 769.43t/a，减少 TP 排放 145.11t/a，削减率分别高达 19.78% 和 56.06%（表 7-12）。

表 7-11　规模化畜禽养殖治理措施（100％收集利用）污染物削减模拟结果

单位：t/a

削减情景	无措施		规模化畜禽养殖(100％)		削减率/％
	点源	非点源	点源	非点源	
TN	1946.90	1942.78	1041.07	1942.78	23.29
TP	209.34	49.54	46.21	49.54	63.01

表 7-12　规模化畜禽养殖治理措施（85％收集利用）污染物削减模拟结果

单位：t/a

削减情景	无措施		规模化畜禽养殖(85％)		削减率/％
	点源	非点源	点源	非点源	
TN	1946.90	1942.78	1177.47	1942.78	19.78
TP	209.34	49.54	64.22	49.54	56.06

通过对比实施规模化畜禽养殖治理措施后，氮磷污染物的空间排放特征可以发现，采取不同强度的污染治理措施，TN 排放量减少最显著的乡镇均为铁桥镇、南门镇和五通乡（见书后彩图 37、彩图 38），TP 排放量减少最高的 3 个乡镇均为南雅镇、铁桥镇和南门镇（见书后彩图 37、彩图 38）。该项措施的实施，同时对铁桥镇和南门镇的 N、P 削减都有较好的效果。

7.2.1.6　提高污水处理率实施效果分析

按照开州区"十二五"期间提升城镇污水处理水平的总体要求，结合《重庆市开州区"十三五"生态建设与环境保护规划》的设计约束性指标要求，对相关措施实施后的效果模拟发现，通过提高污水处理厂的处理率，可以有效减少 TN 排放 732.63t/a，减少 TP 排放 90.29t/a，削减率分别高达 18.84％和 34.88％（表 7-13）。

表 7-13　提高污水处理率实施后污染物削减模拟结果　　单位：t/a

削减情景	无措施		提高污水处理率		削减率/％
	点源	非点源	点源	非点源	
TN	1946.90	1942.78	1214.27	1942.78	18.84
TP	209.34	49.54	119.05	49.54	34.88

污水处理厂处理率提高后，南雅镇、铁桥镇和汉丰街道办事处的 TN 和 TP 削减量最为明显（见书后彩图 39），这也表明当前南雅镇、铁桥镇和汉丰街道办事处的污水处理水平亟待提高。

7.2.1.7　河道生态治理实施效果分析

河道生态治理可以有效减少小流域开发强度较高的驷马河（汉丰街道，安康社区汇入）、平桥河（镇安镇，丰太村汇入）、头道河（镇东街道，镇东村汇入）等区域的点源和面源污染排放。通过对以上区域实施河道生态治理后的模拟效果发现，该项措施可以有效减少 TN 点源排放 94.68t/a，减少 TP 点源排放 9.86t/a，可以有效减少 TN 非点源排放

44.24t/a，减少 TP 非点源排放 1.08t/a，削减率分别为 3.57％和 4.23％（表 7-14）。

表 7-14　河道生态治理实施后污染物削减模拟结果　　　　　　单位：t/a

削减情景	无措施		河道生态治理		削减率/％
	点源	非点源	点源	非点源	
TN	1946.90	1942.78	1852.22	1898.54	3.57
TP	209.34	49.54	199.48	48.46	4.23

通过实施河道生态治理措施，TN 和 TP 排放量减少最显著的乡镇为镇东街道办事处、汉丰街道办事处和大德镇，为下一步小流域综合治理提供了重要的依据（见书后彩图 40）。

7.2.2　组合措施实施效果分析

综合以上提出的各项措施，模拟了 10 项措施全部实施的情况下，汉丰湖可以每年减少点源 TN 排放 1021.39t/a，减少 TP 点源排放 193.44t/a，可以有效减少非点源 TN 排放 1464.59t/a，减少非点源 TP 排放 31.89t/a，削减率分别达到 63.91％和 87.04％（表 7-15）。

表 7-15　组合措施实施后污染物削减模拟结果　　　　　　单位：t/a

削减情景	无措施		组合措施实施		削减率/％
	点源	非点源	点源	非点源	
TN	1946.90	1942.78	925.51	478.19	63.91
TP	209.34	49.54	15.90	17.65	87.04

通过实施组合治理措施，非点源 TN 排放量减少最显著的乡镇为渠口镇、南门镇和金峰镇，非点源 TP 排放量减少最显著的乡镇为金峰镇、渠口镇和南雅镇；TN 点源排放量减少最显著的乡镇为铁桥镇、南雅镇和南门镇，TP 点源排放量减少最显著的乡镇为南雅镇、铁桥镇和南门镇。

综合以上措施，TN 排放量减少最显著的乡镇为南门镇、五通乡和铁桥镇，TP 排放量减少最显著的乡镇为南雅镇、铁桥镇和南门镇（见书后彩图 41）。

7.2.3　单项措施与河湖水质响应关系

基于构建的汉丰湖水动力与水质模型，以汉丰湖流域实施污染防治措施后入湖污染浓度为边界条件，模拟条件各项措施实施后汉丰湖湖区 TP 和 TN 两水质指标响应状况 [COD_{Mn} 和 NH_3-N（略）]，分析各措施实施后典型点位（南河入湖口下、头道河入湖口下、东河入湖口下、汇合口下、木桥、调节坝前）的主要水质指标响应状况，评估各项污染防治措施的效果。

7.2.3.1　退耕还林措施实施效果分析

以汉丰湖流域坡退耕还林单项措施模拟的入湖水量与水质效果为边界条件，实施退耕还林措施后，汉丰湖区各点位（南河入湖口下、头道河入湖口下、东河入湖口下、汇合口下、木桥、调节坝前，下同）的 TP、TN 年均浓度值分别见图 7-1、图 7-2。结果表明：所有点位的 TP 浓度年均值均劣于Ⅲ类水质标准，其中南河入湖口下断面水质最差。TN

指标除头道河和东河入湖口下两断面满足Ⅲ类水质标准外，其他点位均超过了Ⅲ类水质标准，其中南河入湖口下断面水质最差。汉丰湖水质整体水质仍劣于Ⅲ类水质标准。

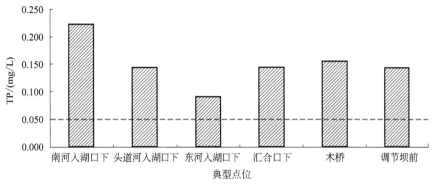

图 7-1　退耕还林措施下汉丰湖湖区典型点位 TP 年均水质状况

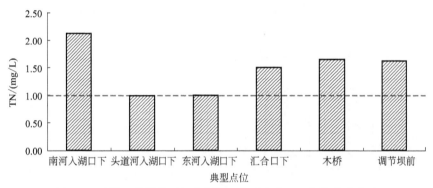

图 7-2　退耕还林措施下汉丰湖湖区典型点位 TN 年均水质状况

汉丰湖区各点位的 TP、TN 指标浓度年内变化过程分别见图 7-3、图 7-4。结果表明：TP、TN 均有超标现象，其中 TP 除 7 月外，6 个典型区域均存在超标现象，TN 主要超标月份在 1～5 月和 10～12 月。

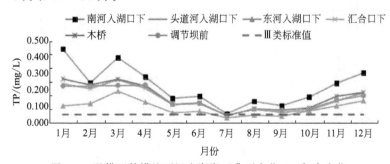

图 7-3　退耕还林措施下汉丰湖湖区典型点位 TP 年内变化

退耕还林措施实施后，汉丰湖湖区水质仍达不到相应的水质标准，需进一步结合其他措施进行综合防治。

7.2.3.2　坡改梯综合技术实施效果分析

以汉丰湖流域坡改梯单项措施模拟的入湖水量与水质效果为边界条件，坡改梯综合技

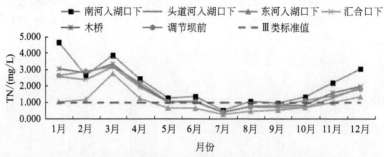

图 7-4　退耕还林措施下汉丰湖湖区典型点位 TN 年内变化

术实施后，汉丰湖区各点位的 TP、TN 指标水质浓度年均值分别见图 7-5、图 7-6（图中虚线…表示Ⅲ类标准值，下同）。结果表明：所有点位的 TP 和 TN 年均浓度值均劣于Ⅲ类水质标准，其中南河入湖口下断面水质最差，汉丰湖区整体水质仍劣于Ⅲ类水质标准。

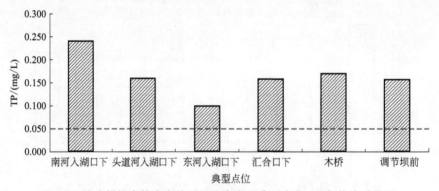

图 7-5　坡改梯综合技术实施后汉丰湖湖区典型点位 TP 年均水质状况

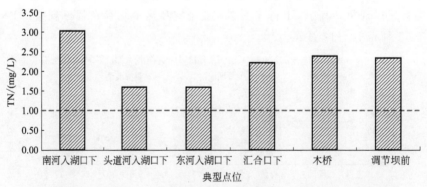

图 7-6　坡改梯综合技术实施后汉丰湖湖区典型点位 TN 年均水质状况

　　汉丰湖区各点位的 TP、TN 水质浓度年内变化过程分别见图 7-7、图 7-8。结果表明：各点位的 TP、TN 指标浓度均大范围超标，其中 TP 指标除东河 7～9 月基本达标外，其他点位及年内整个期间均超标；TN 主要超标除 9～10 月东河基本达标外，其他点位和所有月份均超标。

　　坡改梯综合技术实施后，汉丰湖湖区水质距离Ⅲ水质标准仍有较大差距，需进一步采取措施整合防治。

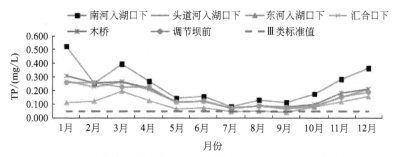

图 7-7 坡改梯综合技术实施后汉丰湖湖区典型点位 TP 年内变化

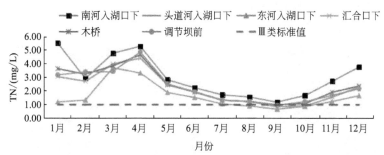

图 7-8 坡改梯综合技术实施后汉丰湖湖区典型点位 TN 年内变化

7.2.3.3 生态保育措施实施效果分析

以汉丰湖流域生态保育单项措施模拟的入湖水量与水质效果为边界条件，生态保育措施实施后，汉丰湖区各点位的 TP、TN 年均浓度值分别见图 7-9、图 7-10。结果表明：所有点位的 TP 和 TN 指标浓度年均值劣于Ⅲ类水质标准，其中南河入湖口下断面水质最差，汉丰湖水质整体水质仍劣于Ⅲ类水质标准。

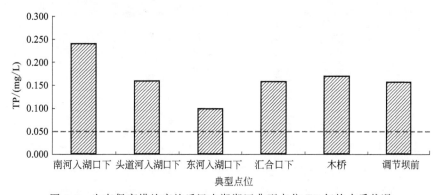

图 7-9 生态保育措施实施后汉丰湖湖区典型点位 TP 年均水质状况

汉丰湖区各点位的 TP、TN 指标浓度年内变化过程见图 7-11、图 7-12。结果表明：TP、TN 均有超标现象，其中 TP 指标除东河 7～9 月基本达标外，其他点位均超标；TN 指标除 8～10 月东河基本达标外，所有站点水质年内各月份均超标。

生态保育措施实施后，汉丰湖湖区达不到相应的水质标准，需进一步采取其他措施整合防治。

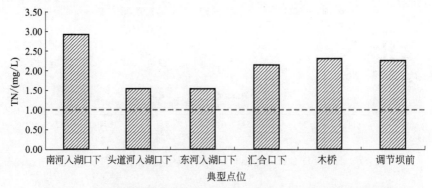

图 7-10　生态保育措施实施后汉丰湖湖区典型点位 TN 年均水质状况

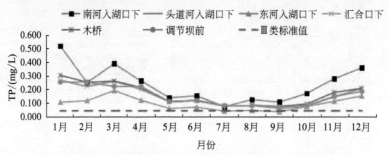

图 7-11　生态保育措施实施后汉丰湖湖区典型点位 TP 年内变化

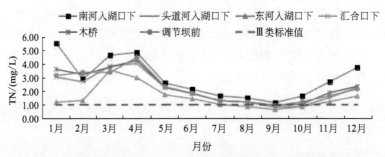

图 7-12　生态保育措施实施后汉丰湖湖区典型点位 TN 年内变化

7.2.3.4　提高测土配方施肥技术普及率实施效果分析

以汉丰湖流域提高测土配方施肥实施范围单项措施模拟的入湖水量与水质效果为边界条件，提高测土配方施肥技术普及率措施实施后，汉丰湖各点位的 TP、TN 年均浓度值分别见图 7-13、图 7-14。结果表明：所有点位的 TP 和 TN 浓度年均值均劣于Ⅲ类水质标准，其中南河入湖口下断面水质最差，其次为木桥断面，汉丰湖水质整体水质仍劣于Ⅲ类水质标准。

汉丰湖各点位的 TP、TN 指标各月水质浓度变化过程分别见图 7-15、图 7-16。结果表明：TP、TN 指标年内水质浓度超标严重，其中 TP 指标除东河 7~9 月基本达标外，其他点位均超标；TN 指标除 8~10 月东河基本达标外，其余月份及所有点位均超标，其中 3~4 月超标严重。

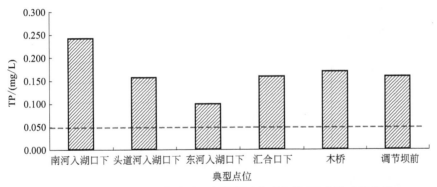

图 7-13 测土配方施肥实施后汉丰湖湖区典型点位 TP 年均水质状况

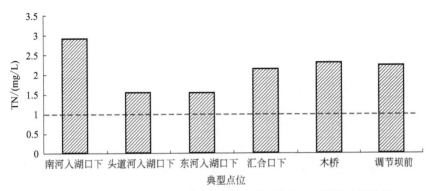

图 7-14 测土配方施肥实施后汉丰湖湖区典型点位 TN 年均水质状况

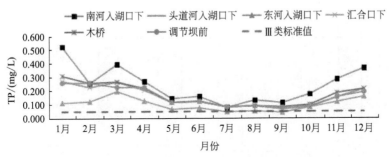

图 7-15 测土配方施肥实施后汉丰湖湖区典型点位 TP 年内变化

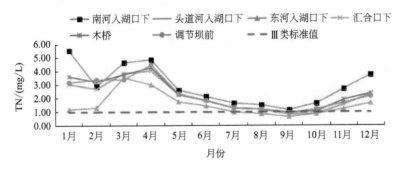

图 7-16 测土配方施肥实施后汉丰湖湖区典型点位 TN 年内变化

提高测土配方施肥技术普及率措施实施后，汉丰湖湖区水质距离Ⅲ类标准仍存在较大差距，需整合其他有效措施进行综合防治。

7.2.3.5 规模化畜禽养殖污染治理措施实施效果分析

规模化畜禽养殖污染治理措施（100％收集利用）实施后，汉丰湖各点位的 TP、TN 水质浓度年均值分别见图 7-17、图 7-18。结果表明：TP 指标除东河入湖口下断面达标外，其余点位均超过了Ⅲ类水质标准；TN 所有点位年均值劣于Ⅲ类水质标准，其中南河入湖口下断面水质最差，汉丰湖水质整体水质仍劣于Ⅲ类水质标准。

汉丰湖各点位的 TP、TN 水质浓度年内变化过程见图 7-19、图 7-20。图中结果表明：各点位的 TP、TN 水质浓度年内均存在超标现象，其中所有点位的 TP 浓度在 5～9 月基本达标，其他月份超标；所有点位的 TN 浓度除 8～10 月基本达标外，其余月份均超标。

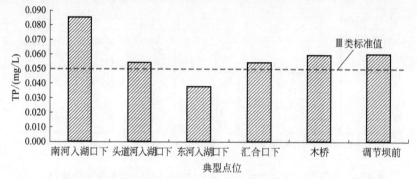

图 7-17　畜禽养殖污染治理措施实施后汉丰湖湖区典型点位 TP 年均水质状况

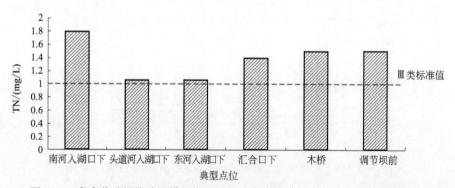

图 7-18　畜禽养殖污染治理措施实施后汉丰湖湖区典型点位 TN 年均水质状况

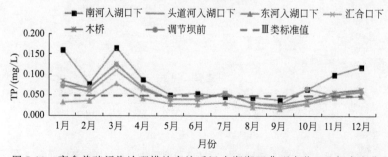

图 7-19　畜禽养殖污染治理措施实施后汉丰湖湖区典型点位 TP 年内变化

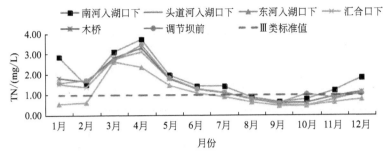

图 7-20　畜禽养殖污染治理措施实施后汉丰湖湖区典型点位 TN 年内变化

规模化畜禽养殖污染治理措施（85％收集利用）实施后，汉丰湖各点位的 TP、TN年均浓度值分别见图 7-21、图 7-22。

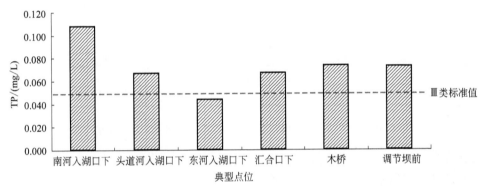

图 7-21　畜禽养殖污染治理措施实施后汉丰湖湖区典型点位 TP 年均水质状况

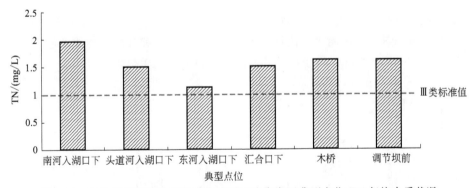

图 7-22　畜禽养殖污染治理措施实施后汉丰湖湖区典型点位 TN 年均水质状况

图 7-21、图 7-22 中结果表明：TP 指标除东河入湖口下断面基本达标外，其他点位均超标，其中南河入湖口下断面水质最差；所有点位的 TN 指标年均值劣于Ⅲ类，其中南河入湖口下断面水质最差，汉丰湖水质整体水质仍劣于Ⅲ类水质标准。

汉丰湖各点位的 TP、TN 指标水质浓度年内变化过程见图 7-23、图 7-24。图中结果表明：TP、TN 指标年内均存在超标现象，其中 TP 指标除东河 5～10 月基本达标外，其他站点及东河的其他月份均超标；TN 指标除 7～10 月东河基本达标外，其他站点及东河的其余月份均超标，其中东河入湖口下断面水质相对较好。

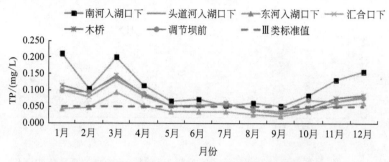

图 7-23 畜禽养殖污染治理措施实施后汉丰湖湖区典型点位 TP 年内变化

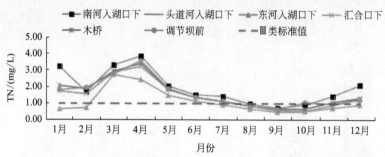

图 7-24 畜禽养殖污染治理措施实施后汉丰湖湖区典型点位 TN 年内变化

规模化畜禽养殖污染治理措施实施后，汉丰湖湖区水质距离Ⅲ类标准仍有不小差距，需结合其他措施加强流域水污染的综合防治。

7.2.3.6 提高污水处理率实施效果分析

提高污水处理率措施实施后，汉丰湖各点位的 TP、TN 年均水质浓度值分别见图 7-25、图 7-26。图中结果表明：该种措施下各点位的 TP 和 TN 年均浓度值均劣于Ⅲ类水质标准，其中南河入湖口下断面水质最差，汉丰湖整体水质仍劣于Ⅲ类。

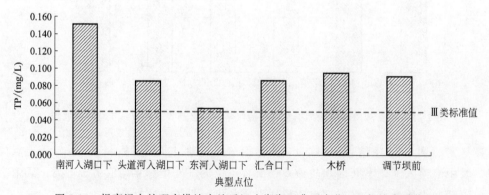

图 7-25 提高污水处理率措施实施后汉丰湖湖区典型点位 TP 年均水质状况

汉丰湖各点位的 TP、TN 水质浓度年内逐月变化过程分别见图 7-27、图 7-28。图中结果表明：提高污水处理率措施条件下汉丰湖 TP、TN 指标浓度，除东河少数月份达标外，湖区各点位水质超标仍较为严重。

348

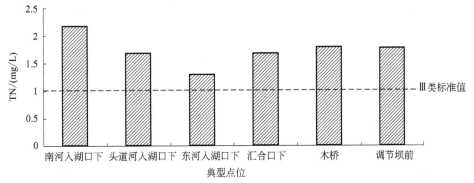

图 7-26 提高污水处理率措施实施后汉丰湖湖区典型点位 TN 年均水质状况

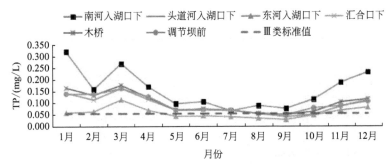

图 7-27 提高污水处理率措施实施后汉丰湖湖区典型点位 TP 年内变化

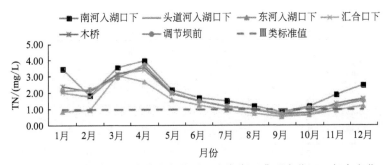

图 7-28 提高污水处理率措施实施后汉丰湖湖区典型点位 TN 年内变化

提高污水处理率措施实施后，汉丰湖湖区水质距离水质目标差距仍较大，需结合其他措施加强流域水污染的综合治理。

7.2.3.7 河道生态治理实施效果分析

河道生态治理措施实施后，汉丰湖区各点位的 TP、TN 指标浓度年均值分别见图 7-29、图 7-30。图中结果表明：该种措施下各点位的 TP 和 TN 年均浓度值均不满足Ⅲ类水质目标要求，汉丰湖区整体水质仍劣于Ⅲ类。

汉丰湖各点位的 TP、TN 水质浓度年内逐月变化过程分别见图 7-31、图 7-32。图中结果表明：实施入湖河道生态治理措施条件下汉丰湖区的 TP、TN 指标浓度，除东河 TN 指标水质全年达标和 TP 指标少数月达标外，湖区其他各点位水质超标仍较为严重。

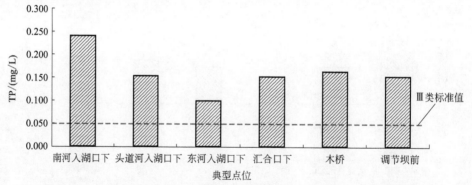

图 7-29　河道生态治理措施实施后汉丰湖湖区典型点位 TP 年均水质状况

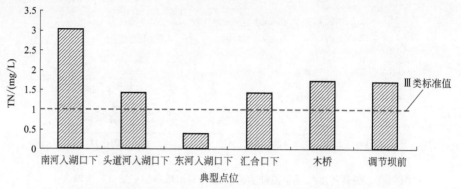

图 7-30　河道生态治理措施实施后汉丰湖湖区典型点位 TN 年均水质状况

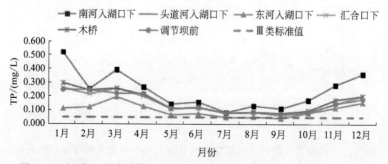

图 7-31　河道生态治理措施实施后汉丰湖湖区典型点位 TP 年内变化

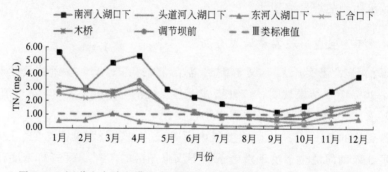

图 7-32　河道生态治理措施实施后汉丰湖湖区典型点位 TN 年内变化

总体而言，河道生态治理措施实施后，汉丰湖湖区达不到相应的水质标准，需进一步采取措施整合防治。

7.2.4 组合措施实施效果分析

由上述 10 项措施改善效果可知，以湖中木桥为典型点位，对比各项措施 4 个主要水质指标的效果，具体情况如图 7-33～图 7-36 所示，整体上来看，各措施均有一定效果，但每种措施对 4 个主要水质改善存在一定的差异。

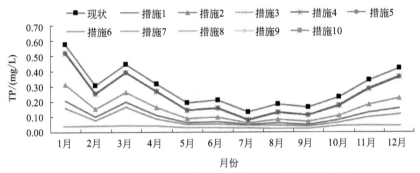

图 7-33 各措施实施后湖中（木桥）TP 改善效果对比

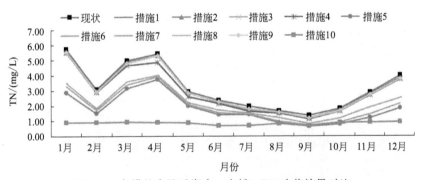

图 7-34 各措施实施后湖中（木桥）TN 改善效果对比

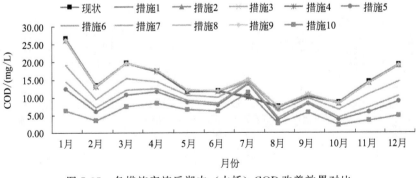

图 7-35 各措施实施后湖中（木桥）COD 改善效果对比

通过对比各项措施效果，对各项措施进行组合形成组合措施，通过模拟该措施实施后汉丰湖水质状况，汉丰湖区各点位的 TP、TN 指标水质浓度年均值分别见图 7-37、

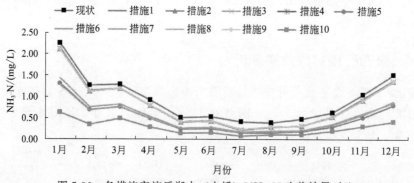

图 7-36   各措施实施后湖中（木桥）NH₃-N 改善效果对比

图 7-38。结果表明：各项措施全部实施后湖区的 TP、TN 指标浓度年均值均能满足其水
功能区划的Ⅲ类水质要求，汉丰湖区整体水质满足Ⅲ类标准。从汉丰湖区各点位的 TP、
TN 指标浓度年内变化过程（见图 7-39、图 7-40）看，年内湖区各点位 TP、TN 指标浓
度均无超标现象，所有点位的水质均满足Ⅲ水质标准。

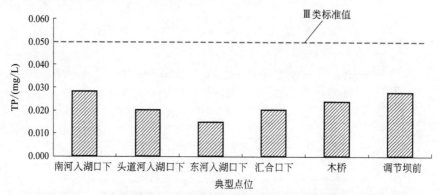

图 7-37   各项组合措施实施后汉丰湖湖区典型点位 TP 年均水质状况

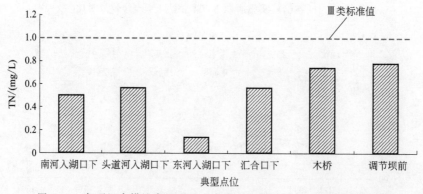

图 7-38   各项组合措施实施后汉丰湖湖区典型点位 TN 年均水质状况

    各项组合措施实施后，汉丰湖湖区各点位整体水质及其年内逐月过程均能达到Ⅲ标准
要求，可以通过相关的优化技术对上述单项措施进行优化和组合，从而实现湖泊水质达
标、经济合理和可操作性强的综合防治方案。

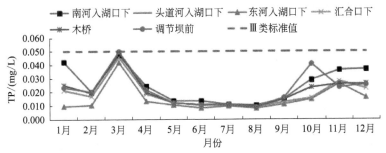

图 7-39　各项组合措施实施后汉丰湖湖区典型点位 TP 年内变化

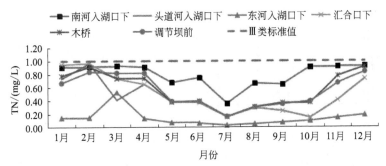

图 7-40　各项组合措施实施后汉丰湖湖区典型点位 TN 年内变化

7.3　汉丰湖流域水污染综合防治的系统分析

7.3.1　建立系统动力学模型流程

汉丰湖流域系统动力学模型构建流程包括如下几个步骤。

① 把汉丰湖流域水体-土壤作为一个有机整体，作为一个复杂的时变系统，并根据此系统中各子系统及其要素之间的相互关系，画出因果关系图。

② 分析因果关系图中各种变量，确定那些变量是状态变量，那些变量是速率变量和辅助变量，那些变量是表函数和其他参数；通过这种对变量的性质和相互作用关系性质的分析，将因果关系图转化为相应的流程图。

③ 在流程图的基础上，编制模型程序。

④ 在模型程序完成后，把模型程序在计算机上进行调试，通过"历史"检验，调整模型。其基本思想是用模型模拟 2011～2014 年的状况，从而得出 2011～2014 年逐年的结果，通过调节某些相应的参数，使模拟结果与汉丰湖流域历史数据基本吻合。这样模型就通过了"历史"检验。

⑤ 模型通过"历史"检验后，可以作为各种政策的模拟实验工具。这里所谓的政策实验是指给模型输入一种或一组决策。通过模拟实验可以得出以后年份的相应结果；如果结果满意，便可以采取这种决策；否则继续调试直到满意为止。最终根据这些模拟实验，提出了多种政策建议。

在研究过程中，既注意模型前后的逻辑一致性又注意"反馈"调节，从而使模型不断完善；模型在使用过程中还可以不断修改。不断完善（包括增加或减少某些变量，改变变量之间的相互作用关系），从而使其成为制定和选择水污染控制战略和政策的很好的实验工具，成为可持续发展的"政策实验室"或"战略实验室"。

根据系统动力学解决问题的几个步骤建立汉丰湖流域水污染防治技术集成系统动力学模型流程，如图 7-41 所示。

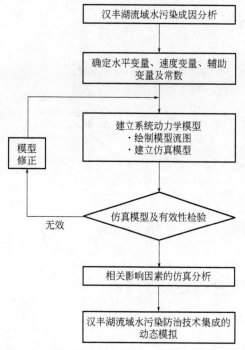

图 7-41　汉丰湖流域系统动力学模型建模流程

7.3.2　系统变量和指标的确定

由于水污染防治技术涉及面广、结构层次复杂，表征系统基本属性的指标往往数量繁多而且不利于操作，因此在不丢失关键信息基础上需要尽可能地减少指标数量。本研究筛选指标采用的主要原则包括以下几项。

1）实现研究目的

遴选指标主要考虑是否有利于实现本研究的研究目的，描述水污染系统的指标数目非常庞大，但哪些指标有利于研究目的的实现是本研究筛选指标的主要出发点。

2）压缩中间指标

考虑到某些中间环节的指标不需要显示或计算，就直接去除这些指标，只采用对结果产生影响的指标，从而有效减少中间指标变量的数目，实现对指标的有效压缩。

3）指标的可得性

指标不是抽象的，而是可以量化和操作的。在确定指标时，尽量选择可以量化的那些指标，和通过查找统计资料或实地调查就能确定的指标。

4）关注薄弱环节

确定系统中最为薄弱的环节，并据此确定出适宜的指标。根据系统科学原理，对研究区水体污染系统进行分析和建模时，充分考虑汉丰湖流域区域发展的薄弱环节，从中筛选出反映薄弱环节的指标，将它们放到对模型影响敏感的位置。

5）在选取指标时争取做到"既不重复也不遗漏"。正如过多的重复会损失信息一样，遗漏也会损失信息，降低指标的解释效力。因此在本研究中力争做到在不遗漏和信息的不重复。

7.3.3　汉丰湖流域水污染防治技术集成系统边界的确定

系统边界是指包含整个系统的各个实体及其属性（变量）变化空间在内的物理的或假想的界限。划分系统边界具有一定的主观性，目的是为了尽可能好地将系统与周围环境隔开，从而更便于分析与研究。主要遵守以下 2 个原则。

① 要包含系统内的各主要实体，这些实体在系统内部彼此联系，相互作用，构成一个完整的整体。

② 描述这些实体的变量相互作用，相互影响，形成各种各样的反馈回路或反馈环，划分系统边界一定要保证这些反馈环的完整性。如果无法做到这一点，则说明系统的边界设定不当，应该扩大边界。

水污染防治系统作为一个复杂的系统，除了系统内的相互关联，还与其他外部系统发生联系。针对研究问题的需要，根据系统结构和系统边界划分原则，由远而近地对总体系统与系统组成一一进行系统边界的确定。其原则是将直接参与或对水体污染系统有较大影响的因素划分在边界之内，而将间接参与或虽然直接参与但影响相对较小的因素划分在边界之外。

7.3.4　汉丰湖流域水污染系统子系统分析

根据研究现状，可将水污染防治系统分成两个子系统：水体循环系统与土壤循环系统。如图 7-42 所示。根据系统论分解协调原理，系统各子系统的影响因素相互作用，形成具有多重反馈的因果关系结构。通过系统分析，确定与每个系统有关的因素及其与污染的关系，进而划分系统边界。由于水环境是一个开放的系统，和外部区域之间存在物质和能量的输入输出，因此确定的水污染防治技术集成系统边界并不是一个严格意义上的地理界限。

鉴于水污染防治系统是一个复杂大系统，本研究将尝试从水污染氮链物流角度对水污染防治技术集成系统的各个子系统展开分析。

构成水环境系统氮循环的主要环节是：在有氧的条件下，土壤中的氨或铵盐在硝化细菌的作用下最终氧化成硝酸盐，完成硝化作用过程。氨化作用和硝化作用产生的无机氮，都能被植物吸收利用。在氧气不足的条件下，土壤中的硝酸盐被反硝化细

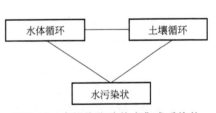

图 7-42　水污染防治技术集成系统的主要子系统及其相互作用关系

菌等多种微生物还原成亚硝酸盐，并且进一步还原成分子态氮，分子态氮则返回到大气中，完成反硝化作用过程。未被吸收的氮则随着降雨被冲刷至河道内。下面根据水环境系统氮链物流特征，对水污染防治技术集成系统的各个子系统从氮链角度展开分析。

7.3.4.1　水体循环系统分析

根据对汉丰湖流域水环境问题的分析，水体的主要问题在于地表水污染，多项指标超过Ⅲ类水域标准限值（TN 是其中重要污染物之一）。地表水中 N 主要通过地表径流直接流入和通过淋溶、迁移，再流入地表水。据有关资料测算，每增施氮肥 $1kg/hm^2$，其冲刷损失量增加的速率在 $0.56\sim0.72kg/hm^2$，氮肥淋溶损失达 $3.4\%\sim25.4\%$，在雨季可达 50%。鉴于此种情况，在水体循环系统中对它的系统变量做如下选择。

(1) 状态变量

L_1：地表水中 TN 量（t）。从化肥和农药进入地表水的氮和通过畜禽粪便直接排放到

汉丰湖流域水体的有机及无机态氮，与灌溉退水和生活污水一起，引起部分水体富营养化，水体中 N 存量是汉丰湖流域水体主要耗氧污染物之一。地表水中 TN 包括地表水中所有含氮化合物，即亚硝酸盐氮、硝酸盐氮、无机盐氮、溶解态氮及大部分有机含氮化合物中的氮的总和。

(2) 速率变量

① R_1：N 产生量 1；

② R_2：N 减少量 1。

(3) 辅助变量

① A_1：年污水灌溉量，10^4 t/a；

② A_2：年废水排放量，10^4 t/a；

③ A_3：废水含 N 比例，%；

④ A_4：降雨中 N 含量，10^4 t/a；

⑤ A_5：灌溉利用率，%；

⑥ A_6：农药使用水平，kg/hm²；

⑦ A_7：耕地面积，hm²；

⑧ A_8：化肥使用强度，kg/hm²；

⑨ A_9：氮肥利用率，%；

⑩ A_{10}：农药氮素贡献率，%；

⑪ A_{11}：年畜禽粪便产生量，t/a；

⑫ A_{12}：畜禽粪便含氮比例，%；

⑬ A_{13}：反硝化作用损失的氮量，10^4 t/a；

⑭ A_{14}：反硝化作用氮损失率，%；

⑮ A_{15}：农田流入的氮素贡献量，10^4 t/a；

⑯ A_{16}：污水流入的氮素贡献量，10^4 t/a。

(4) 水体循环系统反馈流程

水体循环系统因果关系反馈流程如图 7-43 所示。

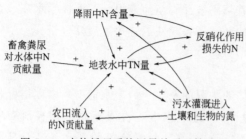

图 7-43　水体循环系统因果关系反馈流程

水体循环系统主要反馈回路为：

① 地表水中 TN 量→＋反硝化作用流失的氮→－地表水中 TN 量；

② 地表水中 TN 量→＋反硝化作用流失的氮→＋降雨中 N 含量→＋地表水中 TN 量；

③ 地表水中 TN 量→＋污水灌溉进入土壤和生物的 N→－地表水中 TN 量；

④ 地表水中 TN 量→＋污水灌溉进入土壤和生物的 N→＋降雨中 N 含量→＋地表水中 TN 量；

⑤ 地表水中 TN 量→＋污水灌溉进入土壤和生物的 N→＋农田流入的 N 贡献量→＋地表水中 TN 量。

利用系统动力学专用模拟语言 Vensim PLE 软件建立模型，绘制出仿真模型流图如图 7-44 所示。

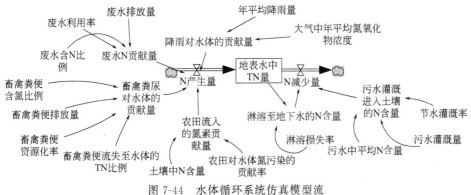

图 7-44 水体循环系统仿真模型流

7.3.4.2 土壤循环系统分析

非点源污染的核心就是土壤污染，因为污染要素的主要影响最终都将通过土壤污染表现出来。我国农村地区所有污染的 90% 最终都造成土壤污染，土壤污染是农村地区污染的根本性表现。水土流失、土地沙化、土壤污染、土壤酸化与盐碱化、工程荒漠化、湿地与优质土壤资源的减少等地退化问题已经直接或间接导致了河流断流、湖泊淤积、赤潮频发、森林功能退化、草地生物质量下降、生物多样性减少、珍稀野生动植物濒临灭绝威胁等。目前，经初步调查，因污水灌溉、农药和化肥不合理使用，工业废渣和生活垃圾随意堆放等因素，汉丰湖流域较多的耕地受到不同程度的污染。

(1) 状态变量

L_1：土壤中 N 含量（10^4t）。从化肥农药和畜禽粪便排放以及污水灌溉进入土壤的氮是反映土壤质量一个很重要的指标，土壤中 N 含量直接决定着当地的粮食产量水平。

(2) 速率变量

① R_1：N 产生量 2；

② R_2：N 减少量 2。

(3) 辅助变量

① A_1：农田废弃物排放量，10^4t/a；

② A_2：污水灌溉量，10^4t/a；

③ A_3：农田废弃物对土壤中 N 的贡献量，10^4t；

④ A_4：降雨对土壤中 N 的贡献量，10^4t；

⑤ A_5：灌溉利用率，%；

⑥ A_6：农药贡献量，10^4t；

⑦ A_7：耕地面积，hm^2；

⑧ A_8：化肥使用强度，kg/hm^2；

⑨ A_9：氮肥利用率，%；

⑩ A_{10}：粮食产量，$10^4 t/a$；

⑪ A_{11}：畜禽粪便排放量，t/a；

⑫ A_{12}：农产品总量，$10^4 t/a$；

⑬ A_{13}：土壤反硝化作用损失至大气中的氮量，$10^4 t/a$；

⑭ A_{14}：反硝化损失率，$\%$；

⑮ A_{15}：农田流入的氮素贡献量，$10^4 t/a$；

⑯ A_{16}：农产品中硝酸盐含量，mg/kg；

⑰ A_{17}：农产品质量达标率，$\%$；

⑱ A_{18}：淋溶损失率，$\%$；

⑲ A_{19}：淋溶至地下水的 N 含量，$10^4 t/a$；

⑳ A_{20}：畜禽粪便资源化率，$\%$；

㉑ A_{21}：农药利用率，$\%$；

㉒ A_{22}：农田废弃物处置利用率，$\%$；

㉓ A_{23}：节水灌溉率，$\%$；

㉔ A_{24}：土壤中淋溶至地下水的氮含量，$10^4 t$；

㉕ A_{25}：畜禽粪便对土壤 N 的贡献量，$10^4 t$。

(4) 因果关系反馈流程

土壤循环系统因果关系反馈流程如图 7-45 所示。

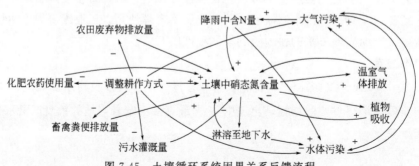

图 7-45　土壤循环系统因果关系反馈流程

土壤循环系统主要反馈回路为：

① 土壤中硝态氮含量→＋温室气体排放→＋大气污染→＋降雨中含 N 量→＋土壤中硝态氮含量；

② 土壤中硝态氮含量→＋植物吸收→＋水体污染→＋大气污染→＋降雨中含 N 量→＋土壤中硝态氮含量；

③ 土壤中硝态氮含量→＋淋溶至地下水→＋水体污染→＋大气污染→＋降雨中含 N 量→＋土壤中硝态氮含量；

④ 土壤中硝态氮含量→＋温室气体排放→－土壤中硝态氮含量；

⑤ 土壤中硝态氮含量→＋淋溶至地下水→－土壤中硝态氮含量；

⑥ 土壤中硝态氮含量→＋植物吸收→－土壤中硝态氮含量。

利用系统动力学专用模拟语言 Vensim PLE 软件建立模型，绘制出仿真模型流如

图 7-46 所示。

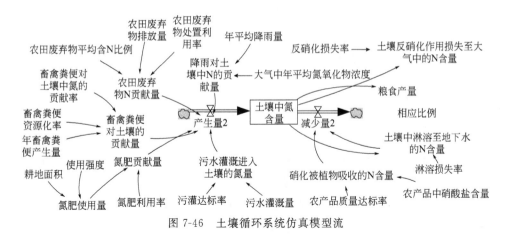

图 7-46　土壤循环系统仿真模型流

7.3.5　仿真模型的建立与有效性检验

利用系统动力学专用模拟语言 Vensim PLE 软件仿真软件,将汉丰湖流域的水体、土壤、生物与大气四大子系统通过系统变量进行多维耦合,形成一个完整的水体污染系统模型后,输入计算机进行模拟,建立汉丰湖流域水污染系统的计算机模型与仿真模型图。根据汉丰湖流域水污染系统两个循环子系统的具体情况分析,共设置 2 个状态变量(地表水中 TN 含量、土壤中 N 含量),4 个流率变量,39 个辅助变量。在其基础上,根据各因素间的关系及其历年数据,建立主要方程式。

系统动力学主要流率方程:

$ZDHL = ZDHL.J + DT * (NIN1.JK - NOUT1.JK)$

$TRDHL = TRDHL.J + DT * (NIN2.JK - NOUT2.JK)$

其中,ZDHL、TRDHL 分别表示地表水中 TN 含量、土壤中 N 含量。NIN1、NIN2、NOUT1、NOUT2 分别表示速率变量 N 产生量和 N 减少量;DT 为步长。模型中的参数有常数值、表函数、初始值等。模型中使用了表函数,方便有效地处理了众多的非线性问题和不确定因素。对于初始值采取拟合历史数据和初始化处理等方法。

得到仿真模型后,将数据放入计算机中进行仿真模拟。通过运行仿真模型,使系统通过"历史"的检验,这里以 2011 年为起始年,仿真终止年为 2014 年(年尺度模拟)。仿真完毕后,对系统模型输出进行有效性检验。有效性检验包括结构一致性检验与行为一致性检验。如果系统模型能够通过有效性检验,那么它就可以用来进行对汉丰湖流域水污染系统的仿真实验,描述它在不同的参数下,水污染系统未来的发展趋势,从而筛选出防治水体污染系统的最佳技术情景模式。

7.3.5.1　系统变量的确定

水体立体污染系统参数主要有常数和状态变量初始值。胡大伟(2006)认为,对模型的调控主要就是作用在这些系统参数上,当然不同位置的参数对系统的灵敏度是不一样。根据控制参量的调控原则和汉丰湖流域水污染系统的现状,将位于主反馈回路和局部反馈回路交叉点上起主导作用的以下 8 个参量作为控制参量：a.化肥使用强度；b.生活用水量；c.氮肥淋溶损失率；d.废水排放量；e.耕地面积；f.规模化畜禽养殖；g.化肥有效利用率；h.畜禽粪便排放量。

7.3.5.2 系统结构一致性检验

水污染系统中的主要反馈结构，状态变量、速率变量及辅助变量描述实际系统的主要特征较真实。系统的政策调控点与实际系统的本质特征之间存在合理的拟合，系统表面有效。胡大伟（2006）研究认为，如果系统仿真的结果与现实系统的历史输出记录没有显著差异的话，那么就可以说模型通过了"历史"的检验，可以用模型来预测系统在未来的发展动态。在本书的建模和仿真过程中，需要对各个系统进行反复调试，考虑模型的结构是不是有缺陷，通过不断修改和调试，使系统的整体误差降到最小。本书对汉丰湖流域水体立体污染系统与系统模型行为一致性检验的结果见表 7-16。

表 7-16　汉丰湖流域水污染系统一致性检验

年份	2011			2012			2013			2014		
指标名称	实际值	预测值	误差	实际值	预测值	误差	实际值	预测值	误差	实际值	预测值	误差
化肥使用强度 /(kg/hm^2)	528.40	541.28	0.02	2143.13	2153.03	0.00	569.84	589.17	0.03	2157.57	2146.13	−0.01
耕地面积 /10^{4}hm^2	6.97	7.93	0.12	10.05	10.84	0.07	10.08	11.12	0.09	10.08	11.05	0.09

SD 模型的模拟值与实际值的相对误差较小，可认为 SD 模型模拟结果与实际值的拟合较好，表明模型有足够的可靠性，可以通过改变控制变量进行多方案仿真优选。通过以上检验，可以认为该模型结构合理，稳定性强，基本能反映现实系统，适合进行仿真模拟和政策分析。

7.3.6　灵敏度分析

灵敏度分析包括参数灵敏度和结构灵敏度分析两方面。汉丰湖流域水污染系统动力学模型的检验结果表明：

① 由于正反馈结构将导致指数增长，而负反馈结构具有补偿性，即"寻"的特征，所以模型对于正反馈结构变化的灵敏度远高于负反馈的结构变化，在本模型的测试过程中充分反映了出来；

② 模型对大部分参数的变化是不敏感的，即大部分参数数值的变化不会引起系统根本行为的变化，甚至在一些极端测试中。模型的结论也是基本合理的，这充分说明模型是有效的。

通过以上检验，可以认为该模型结构合理，稳定性强，能反映现实系统，适合进行仿真模拟和决策分析。

7.4　汉丰湖流域水污染综合防治系统集成

根据单项措施模拟效果，同时考虑经济成本可达性，选取削减效率最高的四种措施进行技术方案集成，这四种措施分别是退耕还林措施（考虑到 2020 年退耕还林推进的难度和进度问题，设计主要在非点源污染比重较大的乡镇实施，则 2020 年规划完成退耕还林50％）、规模化畜禽养殖（考虑到措施实施的可达性，选取畜禽养殖粪便收集率为 85％的方案）、提高污水处理率和提高测土配方施肥技术普及率。

7.4.1　污染防治模式费用效益分析

7.4.1.1　城镇生活污水防治措施费用效益分析

(1) 城镇生活污水防治措施费用分析

在《开州区"十三五"城镇生活污水处理设施建设专项规划》中明确给出了城镇污水处理厂新建、迁建和改扩建的费用。该规划设计的工程费用范围包括：

① 各污水处理厂的新建、改建、扩建以及提标改造建设及工程费用；

② 县城中心区域及各组团截污管网、二三级管网的建设、改造以及配套提升泵站、倒虹管的建设及工程费用；

③ 污泥无害化及资源化利用设施的建设及工程费用；

④ 污水再生利用设施建设及工程费用；

⑤ 各乡镇二三级污水管网的建设及工程费用；

⑥ 美丽乡村一体化污水处理设施及配套管网的建设及工程费用。

(2) 城镇污水综合整治的绩效估算

生活污水处理厂的经济收益可认为是城市生活污水治理的经济效益。根据一般城市生活污水处理厂（SBR 法）的实际运行数据，每处理 1t 生活污水成本约为 0.45 元，收取的污水处理费用为 0.7 元/t，城市生活污水处理厂的收益则为 0.25 元/t。2020 年预计开州区城镇各污水厂污水处理总量为 5.475×10^7 t，城镇生活污水处理收益为 5475 万吨×0.25元/t＝1368.75 万元。参照工业处理费用以每处理 1t TN 需 2.5 元计，则减少污染物效益为：10 万吨×2.5 元/t＝25 万元。

由于城市污水处理厂污泥中含有一定的热能，且污泥无机部分含有较多的 SiO_2 和 Al_2O_3，无机成分可以调整到与黏土相近，因此城市污水处理厂污泥经过处理后可用来生产一些建材而进行利用，如陶粒、水泥、砖瓦等，使用污泥作为掺料制砖没有改变制砖的基本流程，只需要增加少部分的原料处理工艺，技术水平不高，投资成本也低，便于获得推广和使用。制砖厂按照 20％的比例用污泥替代黏土，既可以减少黏土的购置费用，又可以获得污泥处理的费用。年用黏土 10 万立方米的砖厂按照 20％的比例替代可节约黏土2 万立方米，处理使用 75％含水率污泥 8 万立方米，按照每立方黏土 50 元，每立方污泥处理费用 20 元，在产量不变的情况下能够增加 260 万的经济效益。

则城镇污水综合整治的年经济效益为：1368.75 万元＋25 万元＋260 万元＝1653.75 万元。

7.4.1.2　测土配方相关措施费用效益分析

(1) 测土配方相关措施费用分析

测土配方的投入费用主要是对"测土、配方、配肥、供肥、施肥指导"五个环节的投入以及项目管理费。根据农业部《2005 年测土配方施肥试点补贴资金项目实施方案》规定：每个项目县 100 万元的补贴标准，要求平均实施测土配方施肥面积达到 40 万亩。按此计算，测土配方的平均费用为 37.5 元/hm^2。据实地调查和专家咨询，测土配方施肥的日常推广指导费用为 7.5 元/(hm^2·a)。开州区预计 2020 年耕地总面积 101000hm^2，根据假定情景，70% 采用测土配方施肥，则此项措施投资总额为 265.13 万元，运行、推广费用为 53.03 万元/年。

（2）测土配方相关措施效益分析

测土配方产生的效益包括：

① 化肥施用量和流失量减少带来的环境效应；

② 化肥投入减少带来的费用节约效应；

③ 化肥施用改善带来的作物增产效应。由于各个地区土壤养分含量以及农民施肥习惯不同，测土配方等措施在各地区实施后产生的效益也表现出不同结果。

在汉丰湖流域，通过施肥管理等措施平均每公顷可减少化学氮素投入 34.6kg，化学磷素施用量增加 1.5kg。我国农田氮肥的流失率在 10%～40% 之间，磷肥流失率在 10%～30% 之间。按流失率 10% 保守估算，测土配方施肥每公顷可减少 3.46kg 氮素。汉丰湖流域常用耕地总面积按 101000hm^2，若农业面源污染防治措施实现全覆盖，则可减少氮素污染总量为 349460kg（349.46t）。根据防护费用法计算，环境价值为 3494.6 万元。

以每千克氮素 4.5 元计算，采用面源污染防治技术可节省化肥的直接经济价值为 155.7 元/公顷，全流域常用耕地总面积 101000hm^2，年节省化肥的经济效益为 1100.8 万元。

7.4.1.3　规模化畜禽养殖防治措施费用效益分析——以农村户用沼气池为例

基于汉丰湖流域实地调查，与环保部门调研和《开州区生态农业发展十三五规划》，目前汉丰湖流域畜禽养殖（包括规模化养殖场/养殖小区、养殖专业户和其他种类养殖）TN 的产生量约为 1967t。

（1）规模化畜禽养殖防治措施费用分析

根据相关研究，户用沼气池的费用主要包括两部分：一是建池费用；二是维护费用。维护费用主要包括每年更换灯具、管道等的费用，如按沼气池使用寿命为 15 年算，平均年需 50 元。户用沼气池主要采用砖混结构和混凝土结构两种建池方法。砖混结构沼气池的总投资为 1715 元。其中材料费 843 元，占 49.2%；器材费 236 元，占 13.8%；施工费 636 元，占 37.0%。混凝土结构沼气池总投资为 1680 元。其中，材料费 808 元，占总费用的 48.1%；器材费 286 元，占 17%；施工费 586 元，占 34.9%。则无论选取哪种结构的沼气池，总费用约为 1700 元。

（2）规模化畜禽养殖防治措施效益分析

规模化畜禽养殖防治措施产生的效益包括生态环境效益、经济效益和社会效益。

1）生态环境效益

生态环境效益包括以下 2 个方面：

① 卫生效果。在使用沼气池之前，畜禽粪便一般都未经处理就直接作为肥料施于农田，这就造成了农村生产和生活环境的污染，严重影响了人们的生活环境。而使用

沼气池后，畜禽粪便全部进入发酵池发酵，抑制了恶臭的产生，同时还杀灭了大量的寄生虫卵和传染病菌，从而有效地改善了农户室内外环境卫生并减少了疾病发生率，保障了群众健康。因此，根据李萍（2006）研究结果，用沼气池的环境效益可以用疾病成本法来计算，它等于因沼气池改善环境卫生而减少的年医药费的开支，经调查该数值为 21.49 元。

② 生态效益。每个沼气池年节约煤炭 847kg，折 605kg 标准煤，按每千克标煤减排二氧化碳 2.664kg 计算，则每个沼气池年可减排二氧化碳 1612kg。按每千克标煤减排二氧化硫 0.0224kg 计算，则每个沼气池年可减排二氧化硫 13.6kg。此部分环境效益由于没有统一标准加以评价，故不转化成具体现金形式表示，忽略不计。

2）经济效益

农村户用沼气池的经济效益包括两部分：一是沼气资源的价值；二是沼渣、沼液资源的价值。

① 沼气资源的价值计算。沼气资源价值（V_1）是通过燃烧提供热能所体现的价值，这部分价值可利用机会成本法，按与沼气具有等量有效热能的液化气燃料进行替代计算，方法如下：

$$V_1 = [(A \times B)/(C \times D)]EF$$

式中　A——沼气的发热量 kJ/m³，取值 209343kJ/m³；

B——沼气灶热效率，%，取值 60%；

C——液化气的低位发热量，502411kJ/kg；

D——液化气灶平均热效率，%，取值 60%；

E——液化气价格，元/kg，取值 4.6 元/kg；

F——一个 8m³ 的户用沼气池年产沼气量，500m³/a。

注：一个 8m³ 户用沼气池的年产气量与发酵温度有密切的关系，在南方年产气量可达 500m³ 以上，而在北方只能达到每年 300m³ 左右，全国平均产气量约为 385m³，因此，本计算采取年产气量 500m³。

经计算，V_1＝958 元/a。

② 沼渣、沼液资源的价值计算。一个 8m³ 的沼气池，所产沼渣 4745kg，沼液 21313kg。沼渣的干物质含量为 18%，沼液的干物质含量为 1%，则沼肥的干物质量为 1067kg。沼肥中全氮、全磷、全钾平均值分别为 6.35%、1.09%、4.64%；而一般粪尿类肥料全氮、全磷、全钾平均值为 4.7%、0.79%、3.03%，可见沼肥与同数量粪尿肥料相比，全氮、全磷、全钾分别提高了 1.65%、0.3%、1.61%，相当于分别增加了全氮 17.6kg，全磷 3.2kg，全钾 17.2kg。按照 2014 年 12 月，国内市场含氮 46% 的尿素价格约为 1900 元/t，含磷 46% 的五氧化二磷价格约为 2000 元/t，含钾 60% 的氯化钾价格约为 2300 元/t 计算，那么增加的全氮、全磷、全钾的价值分别为 72.70 元、13.91 元、65.93 元，共计 152.54 元，即沼肥净增效益为 152.54 元。如果按照沼肥中全氮、全磷、全钾的含量分别为 6.35%、1.09%、4.64% 计算，相当于全氮 67.75kg、全磷 11.63kg、全钾 49.51kg，折合全氮、全磷、全钾价值分别为 279.84 元、50.57 元、189.79 元，共计 520.2 元，即沼肥总量效益为 520.2 元。

3）社会效益

农村户用沼气池建设效益还体现在提高农民生活质量、节省劳动力、推动科普、优化产业结构等各个方面，而这些社会价值由于其复杂性和不可测量性，在此不进行计算，取其为零。

（3）农村户用沼气池的费用效益综合分析

按照户用沼气池使用年限为 15 年计算，由以上分析得出：

沼气池年效益（V）为：$21.49+575+520.2=1116.7$（元）

沼气池年成本为：

$$C=1700\div15+50=163.3（元）$$

沼气池年净效益为：

$$NB=V-C=1116.7 元-163.3 元=953.4 元$$

按照汉丰湖流域建成沼气池 1000 座算，则年收益为 953.4 元×1000=953400 元＝95.34 万元。

7.4.1.4 退耕还林技术费用效益分析

（1）退耕还林措施费用分析

退耕还林地涉及的主要费用包括土地退耕的机会成本损失、植被恢复成本和执行过程中的其他费用。由于后两项所占比例很小，因此本项目中所考虑的成本主要是土地退耕的机会成本，即退耕导致的粮食损失。在上述生态效益与机会成本可知的情况下即可比较不同地块的费用效益。

（2）退耕还林措施效益分析

1）经济效益

退耕还林工程实施后，森林面积将大幅度增加，每年森林蓄积量平均增加近 $9.3\times10^4 m^3$，按每立方米 400 元计算，仅这一项森林储备效益就达到 3720 万元。根据植物光合作用，每制造 1.0g 干物质可释放出 $1.39\sim1.42g O_2$，每立方米按 0.8t 计，可至少增加输出氧气量 $103.4\times10^4 t$，仅按 1000 元/t 计，折算经济价值为 10340 万元；森林每生长 $1m^3$ 木材，约吸收 1.83t 的二氧化碳，据此计算，新增森林蓄积量 $9.3\times10^4 m^3$，可增加吸收 $8.85\times10^4 t$ 二氧化碳，按 50 元/t 计价，折算经济价值为 442.5 万元；目前开州区的林木年生长量为约 $22\times10^4 m^3$，扣除其他林木年生长量，退耕还林新增林木年生长量约 $4.5\times10^4 m^3$，每年可多吸收 $4\times10^4 t$ 二氧化碳，折算经济价值为每年多出 200 万元。另外，在郭家镇发展的油桃、长沙镇、白鹤镇发展的柑橘、铁桥镇发展的脆冠梨等经济林，也正日益发挥出巨大的效益，仅此一项的收入，户均就达 1 万元以上，甚至有的果农一户可每年卖果收入 3 万多元。同时，随着退耕还林工程成果的不断巩固，工程区旅游业的兴起，有效地扩大了地方经济收入，促进了其他相关产业的发展。

2）生态效益

开州区 2000 年实行退耕还林工程前，曾多次暴发风雹、洪灾、泥石流等自然灾害，直接经济损失数千万元，间接损失无法估量。自工程实施以来，工程区植被得到了恢复；沿江、沿河的荒山及坡耕地得到了有效治理，水土流失面积减少；塌方和泥石流等自然灾害明显减少；极大地改善了生态环境，提高了景观效应；野生动物的种类和数量明显增加。水土流失逐年减弱，涵养水源能力逐年增强。

① 水土保持有所增强，如果林地降水按 20% 为林冠截流和蒸发，50% 变为地下水，再按 65% 变为地下径流的经验值计算，据专家测算，一片 6666.7hm² 面积的森林，相当于一个 $2.0 \times 10^6 m^3$ 的水库。照此推算，到 2020 年如果完成 50% 退耕还林则成林新增 30388hm² 的森林，相当于新增加了 4.5 个库容 $2.0 \times 10^6 m^3$ 的水库，预测每年均可蓄水约 $9.0 \times 10^6 m^3$，折算经济价值 450 万元/a（按 0.5 元/t 计算）。

② 固土保肥效能提高。经测算，每年每公顷森林土壤侵蚀量比无林地少 5.45t，则每年可减少土量流失 25.33t，减少水库及河道泥沙淤积 $16.26 \times 10^4 t$，少付挖掘费 80.33 万元。另外，30388hm² 森林每年可减少有机质流失 16249t，减少氮素流失 941t，尿素流失 551t，钾素流失 107911t，保肥经济效益 2300.5 万元，合计 2380.78 万元。

③ 改良土壤效益明显。新增森林 60775hm² 每年可归还土壤氮素 8906t，价值 3160.1 万元，磷素 432t，价值 86.5 万元，钾素 3201t，价值 537.9 万元，合计改善土壤效益量化为 3784.5 万元。

3）社会效益

退耕还林工程实施以来，国家每年给予 20 元钱/100kg 粮的补助，让农民有了稳定的收入来源。把农民从广种薄收、繁重且入不敷出的农业生产中解放出来，农村富余劳动力大幅度增加，开州区及时调整政策，实施劳务输出工程，据统计到目前为止，开州区有 50 余万剩余劳动力外出务工，走出大山的农民开阔了视野，增长了见识，解放了思想，增加了收入。据邮政银行部门统计，开州区外出务工人员每年寄回现金 13.6 亿多元。劳务输出成了名副其实的"铁杆庄稼"，不断增长的收入让农民有了更多的发家致富的本领和才干，为社会经济的发展做出了新的贡献。同时，退耕还林的实施有效地调整了农业种植结构，退耕后农民采取精耕细作，体会到了广种薄收的弊端，学会选择种植收益高的品种，采用能提高产量和效益的技术措施。精细农业、特色种植、草畜产业、柑橘产业、油桃产业、设施农业、水利建设、农村能源等涉农项目将有长足的发展，全县农民收入有了显著的增长。随着退耕还林工程的实施，农村传统的生产生活方式得到了改变，偏远山区的农户，逐步自觉向城镇迁移，加快了小城镇的建设，推进了城乡一体化进程。退耕还林工程的实施，还带动了林区旅游业发展，生态旅游、成为时下开州区最时尚的一种休闲方式。特别是通过实施退耕还林发展起来的经济林区，成为旅游热点，如郭家镇的毛成桃花、铁桥镇的梨花、长沙镇的柑橘花果等。

7.4.2　水污染综合防治技术方案组合的确定

选取汉丰湖流域水污染系统在不同技术模式下的动态模拟。形成一个完整的水污染系统模型后，将数据输入计算机进行模拟，通过对模型的真实性和有效性的检验，可以认为仿真结果与实际历史数据差别不大，因此系统模型与所描述的汉丰湖流域水污染系统具有基本行为一致性，经过分析认为本研究所建立的系统模型是一个有效模型，可以用来研究汉丰湖流域水污染问题，据此选择合理的控制参量对系统进行调控实验，仿真系统在不同决策影响下系统的动态响应。

根据汉丰湖流域水污染综合防治的目标，借助调控变量，使用系统动力学模型进行反复试验调控，对汉丰湖水污染仿真系统在各种参数组合下运行模拟，分析系统在不同参数组合下不同的响应，从而筛选出流域水污染系统综合防治的最优化方案。

方案1：将提高污水处理率和提高畜禽粪便收集率这两种模式进行组合，对污染物产生量进行模拟。

方案2：同时使用提高污水处理率和使用退耕还林技术这两种模式，对污染物产生量进行模拟。

方案3：提高污水处理率与测土配方组合模式。

方案4：提高畜禽养殖粪便收集率与退耕还林措施组合模式。

方案5：提高畜禽养殖粪便收集率与测土配方措施组合模式。

方案6：退耕还林措施与测土配方措施组合模式。

方案7：提高污水处理率、提高畜禽粪便收集率和退耕还林措施3种措施组合。

方案8：情景提高污水处理率、提高畜禽粪便收集率和测土配方3种措施组合。

方案9：情景提高污水处理率、退耕还林和测土配方3种措施组合。

方案10：提高畜禽粪便收集率、退耕还林和测土配方3种措施组合。

方案11：综合治理模式，即综合提高污水处理率、提高畜禽养殖粪便收集率、退耕还林、测土配方4种方案。

由于各个参数的取值并不是唯一的，而是有一个范围。从水污染系统参数中选取模型调控参数，经过系统在计算机上进行的反复的调试和运行后，得到了各个参数组合的值，不同的参数组合代表不同的技术模式。

7.4.3 基于仿真结果的技术模式筛选

从对研究区域11个情景防治技术模式设计的SD模拟仿真结果可以看出，不同的技术模式对区域的环境和社会经济的发展具有不同程度的影响。在现状情况下，2011～2014年间，由于不合理的耕作方式、较低的污水收集与处理率等致使污染物产生量呈逐年增加趋势。而2015年后，因为城镇人口比例增加，污水处理效率较前几年有所增加，所以污染物产生量有下降的趋势。若从源头上注重对氮肥施用量、废水排放量等进行减量，在过程中提高氮肥利用率，加大对关键节点氮流量的控制，在末端通过技术手段注重对动物粪便进行收集和合理处理利用，采用这样的综合治理技术模式可以有效控制地表水中的TN量，减少氮向水体中转移，有效提高流域水环境质量。

不同方案TN逐年排放量如图7-47所示。

由图7-47可以看出，通过逐年TN产生量模拟，发现方案11效果最好，即同时使用提高污水处理率、提高畜禽养殖粪便收集率、退耕还林和测土配方4种方案。同时考虑经济因素和实施效果，推荐使用方案7，即同时使用提高污水处理率、提高畜禽养殖粪便收集率、退耕还林3种措施的组合方案。

7.4.4 汉丰湖流域水污染综合防治集成推荐方案

本研究推荐的流域水污染防治集成方案，是在汉丰湖流域同时使用提高污水处理率、提高畜禽养殖粪便收集率和退耕还林3种措施组合，其中退耕还林主要针对白泉乡、满月乡、大进镇等面源污染比较严重的18个乡镇实施，提高污水处理率涉及每个乡镇污水处

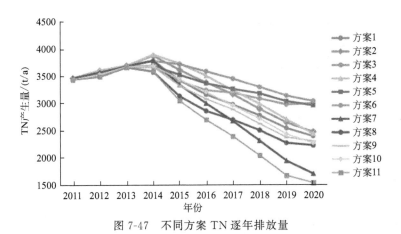

图 7-47　不同方案 TN 逐年排放量

理厂提标改造和二、三级管网铺设，畜禽养殖措施则主要集中在和谦镇、敦好镇、高桥镇、郭家镇等畜禽养殖污染物排放量较大的 25 个乡镇。根据预测，该推荐方案可削减 TN 负荷 2187.22t/a，削减比例为 43.77%；TP 负荷 125.37t/a，削减比例为 51.57%。各项措施在流域内各乡镇的分布情况见表 7-17 和图 7-48。

表 7-17　汉丰湖流域各乡镇拟采取的水污染防治措施

乡镇	提高污水处理率	提高畜禽粪便收集率	退耕还林
白泉乡	√		√
满月乡	√		√
大进镇	√		√
关面乡	√		√
谭家镇	√		√
河堰镇	√		√
麻柳乡	√		√
和谦镇	√		√
紫水乡	√		√
温泉镇	√		√
敦好镇	√	√	√
高桥镇	√	√	√
郭家镇	√	√	√
白桥乡	√	√	√
天和镇	√	√	√
大德镇	√		√
白鹤街道办事处	√		
九龙山镇	√	√	√
三汇口乡	√	√	√
镇安镇	√	√	√

续表

乡镇	提高污水处理率	提高畜禽粪便收集率	退耕还林
金峰镇	√	√	
镇东街道办事处	√	√	
丰乐街道办事处	√		
厚坝镇	√	√	
中和镇	√	√	
汉丰街道办事处	√		
义和镇	√	√	
临江镇	√		
竹溪镇	√		
渠口镇	√		
赵家街道办事处	√	√	
南雅镇	√	√	
铁桥镇	√	√	
长沙镇	√	√	
南门镇	√	√	
巫山镇	√	√	√
岳溪镇	√	√	
五通乡	√	√	

图 7-48 汉丰湖流域措施空间分布

通过模拟验证发现该方案实施后汉丰湖各入湖河流水质基本可达到Ⅲ类水质标准。TP 和 TN 排放从空间分布上较为相似,即各个乡镇存在较大差异,排放量较大乡镇分别是南雅镇、铁桥镇、长沙镇、南门镇、岳溪镇、五通乡、金峰镇,这几个乡镇均是点源排放量高于非点源排放量,因此建议可以在未来社会经济发展条件下针对这些乡镇进一步提出点源治理措施。

7.4.5　汉丰湖水污染综合防治集成方案效果预测

以基于仿真技术确定的汉丰湖流域水污染综合防治集成方案(提高污水处理率、提高畜禽养殖粪便收集率和退耕还林 3 种措施组合)实施后各入湖河流水质浓度为边界条件,模拟分析综合防治集成方案实施后湖区水质响应,结果表明:汉丰湖各点位的 TP、TN、COD、NH$_3$-N 指标水质浓度年均值(分别见图 7-49～图 7-52)均能满足汉丰湖水功能区划的Ⅲ类水质标准,汉丰湖整体水质满足水功能区水质保护目标要求。从各点位年内水质变化过程(分别见图 7-53～图 7-56)来看,各指标年内均无超标,汉丰湖区水质达标。

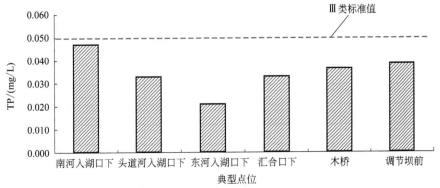

图 7-49　综合集成方案实施后汉丰湖湖区典型点位 TP 年均水质状况

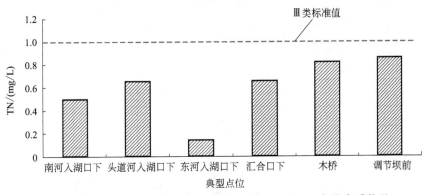

图 7-50　综合集成方案实施后汉丰湖湖区典型点位 TN 年均水质状况

7.4.6　小结

通过对提出的 9 种单项污染治理措施对氮、磷污染负荷的削减模拟效果分析,找出适用于汉丰湖流域且效果较好的污染治理措施,并应用系统动力学模型构建汉丰湖流域水污

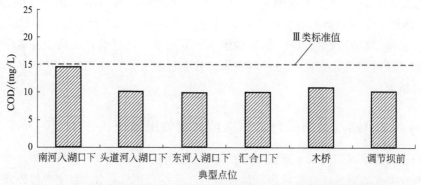

图 7-51　综合集成方案实施后汉丰湖湖区典型点位 COD 年均水质状况

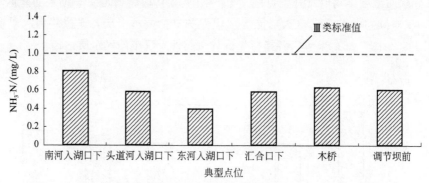

图 7-52　综合集成方案实施后汉丰湖湖区典型点位 NH_3-N 年均水质状况

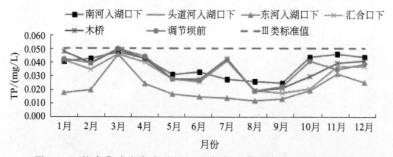

图 7-53　综合集成方案实施后汉丰湖湖区典型点位 TP 年内变化

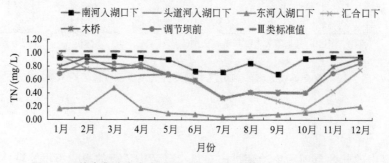

图 7-54　综合集成方案实施后汉丰湖湖区典型点位 TN 年内变化

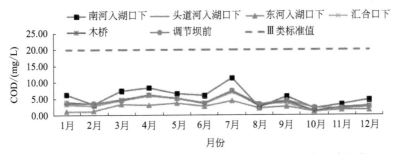

图 7-55　综合集成方案实施后汉丰湖湖区典型点位 COD 年内变化

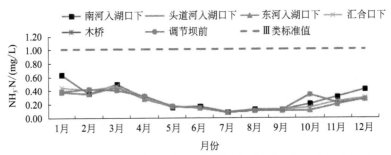

图 7-56　综合集成方案实施后汉丰湖湖区典型点位 NH₃-N 年内变化

染防治技术集成系统，进行了有效的措施组合，并通过费用效益分析找到削减效果好同时费用相对较少的措施组合作为最优选择方案。主要结论有如下：

① 通过对单项措施的模拟评估，发现效果最好的 4 个措施为提高污水处理率、提高畜禽养殖粪便收集率、退耕还林措施和测土配方措施，TN 削减率分别达到 18.84%、23.29%、35.52% 和 4.33%，TP 削减率分别为 34.88%、63.01%、11.52% 和 1.85%。

② 基于筛选结果，应用系统动力学模型，对 4 种措施进行组合，共形成 11 种组合方案，模拟结果显示上述 4 种措施的组合集成治理效果最佳，提高污水处理率、提高畜禽养殖粪便收集率和退耕还林 3 种措施的组合方案效果次佳。

③ 通过加入费用效益分析，推荐使用次优方案，即提高污水处理率、提高畜禽养殖粪便收集率和退耕还林 3 种措施的组合方案。该方案的氮磷削减效率分别为 TN、TP 的削减效率，可达到 46.77% 和 54.37%。通过入湖水体浓度模拟，可以达到Ⅲ类水体水质标准。

④ 通过模拟推荐方案实施后各乡镇污染物排放量，发现南雅镇、铁桥镇、长沙镇、南门镇、岳溪镇、五通乡、金峰镇污染物排放量较大，主要排放量是有点源贡献的，因此建议考虑在这 7 个乡镇进一步实施点源污染治理措施。

参 考 文 献

[1] 李俊英，王荣昌，夏四清.群体感应现象及其在生物膜法水处理中的应用 [J].应用与环境生物学报，2008，14 (1)：138-142.

[2] 李蒙英.生物膜中群体感应因子细菌的分离及成膜能力 [J].中国环境科学，2007，27 (2)：194-198.

[3] 张力群，田涛，梅桂英.群体感应淬灭——防治植物细菌病害的新策略 [J].中国生物防治，2010，26 (3)：241-247.

[4] 许萍.从新的视角理解生物膜——微生物防腐蚀研究进展 [J].腐蚀科学与防护技术，2016，28 (4)：356-360.

[5] 曹丹丹，王东，杨雪.泥沙埋深对苦草和微齿眼子菜及两物种混合分解的影响湿地生物学报 [J].2016，40 (2)：327-334.

[6] 李扬汉.中国杂草志 [M].北京：中国农业出版社，1998.

[7] 章文龙，曾从盛，仝川.闽江河口芦苇和短叶茳芏沼泽土壤磷分级特征比较 [J].湿地科学，2014 (6)：683-689.

[8] 陈吉泉.河岸植被特征及其在生态系统和景观中的作用 [J].应用生态学报，1996，7 (4)：439-448.

[9] 陈兴茹.国内外河流生态修复相关研究进展 [J].水生态学杂志，2011，32 (5)：122-128.

[10] 董哲仁.河流治理生态工程学的发展沿革与趋势 [J].水利水电技术，2004 (35)：39-41.

[11] 李婉，张娜，吴芳芳.北京转河河岸带生态修复对河流水质的影响 [J].环境科学，2011，32 (1)：80-87.

[12] 徐祖信，叶建锋.前置库技术在水库水源地面源污染控制中的应用 [J].长江流域资源与环境，2005，14 (6)：792-795.

[13] 田猛，张永春.用于控制太湖流域农村面源污染的透水坝技术试验研究 [J].环境科学学报，2006，26 (10)：1665-1670.

[14] 吴智洋，韩冰，朱悦.河流生态修复研究进展 [J].河北农业科学，2010，14 (6)：69-71.

[15] 张毅敏，张永春，左玉辉.前置库技术在太湖流域面源污染控制中的应用探讨 [J].环境污染与防治，2003，25 (6)：342-344.

[16] 张永春，张毅敏，胡孟春，等.平原河网地区面源污染控制的前置库技术研究 [J].中国水利，2006，17：14-18.

[17] 赵广琦，张利权，梁霞.芦苇与入侵植物互花米草入侵的光合特性比较 [J].生态学报，2005，25 (7)：2056-2061.

[18] 朱铭捷，胡洪营，何苗，等.河道滞留塘对河水中有机物的去除特性 [J].中国给水排水，2006，22 (3)：58-64.

[19] 陈兴鹏，戴芹.系统动力学在甘肃省河西地区水土资源承载力中的应用 [J].干旱区地理，2002，25 (4)：377-382.

[20] 付一夫.基于SD模型的霍林郭勒市水资源承载力分析 [D].呼和浩特：内蒙古农业大学，2010

[21] 陈成鲜，严广乐.我国水资源可持续发展系统动力学模型研究 [J].上海理工大学学报，2000，22 (2)：154-159.

[22] 龚健.基于系统动力学和多目标规划整合模型的土地利用总体规划研究 [D].武汉：武汉大学，2004.

[23] 胡大伟.基于系统动力学和神经网络模型的区域可持续发展的模拟研究——以江苏省建湖生态县为例 [D].南京：南京农业大学，2006.

[24] 张力菠，韩玉启，陈杰，等.供应链管理的系统动力学研究综述 [J].系统工程，2005，23 (6)：8-15.

[25] 陈冰，李丽娟，郭怀诚，等.柴达木盆地水资源承载方案系统分析 [J].环境科学，2000，21 (3)：16-21

[26] 钟巧.基于系统动力学模型的焉耆盆地水资源优化配置研究 [D].乌鲁木齐：新疆师范大学，2017.

[27] 王科，等，复合型CAST工艺处理低碳源污水的影响因素研究 [J].给水排水，2017 (5)：48-51.

[28] 李志华，杨红亮，赵雨.小城镇污水处理厂CAST工艺启动及运行策略 [J].中国给水排水，2014 (18)：140-144.

[29]　高景峰，彭永臻，等.不同碳源及投量对 SBR 法反硝化速率的影响［J］.给水排水，2001，27（5）：55-58.

[30]　邵留，等.农业废物反硝化固体碳源的优选［J］.中国环境科学，2011，31（5）：748-754.

[31]　李斌，郝瑞霞.固体纤维素类废物作为反硝化碳源滤料的比选［J］.环境科学，2013，34（4）：1428-1434.

[32]　吴立波，王建龙.自固定化高效菌种强化处理焦化废水研究［J］.中国给水排水，1999，15（5）：1-4.

[33]　郑林雪.16SrDNA 克隆文库解析 AO-MBR 系统中细菌种群多样性［J］.环境工程学报，2015，9（5）：2503-2509.

[34]　陈家明.玉米芯的营养成分分析［J］.现代食品科技，2012（8）：1073-1075.

[35]　王薇.好氧反硝化菌的研究进展［J］.应用生态学报，2007.18（11）：2618-2625.

[36]　艾学山.水库生态调度模型研究［C］.水电 2006 国际研讨会论文集.2006.

[37]　康玲，黄云燕，等.水库生态调度模型及其应用［J］.水利学报，2010，41（41）：134-141.

[38]　董哲仁，孙东亚，等.水库多目标生态调度［J］.水利水电技术，2007，38（38）：28-32.

[39]　程根伟，陈桂蓉.试验三峡水库生态调度，促进长江水沙科学管理［J］.水利学报，2007，38（38）：526-530.

[40]　梅亚东，杨娜，等.雅砻江下游梯级水库生态友好型优化调度［J］.水科学进展，2009，20（20）：721-725.

[41]　蒋晓辉.黄河干流水库生态调度总体框架研究［J］.环境保护科学，2009，35（35）：34-36.

[42]　何俊仕，郭铭，等.辽河干流多水库联合生态调度研究［J］.武汉大学学报（工学版），2009，42（42）：731-733.

[43]　刘苏峡，莫兴国，等.用斜率和曲率湿周法推求河道最小生态需水量的比较［J］.地理学报，2006，61（61）：273-281.

[44]　郭文献，夏自强.对计算河道最小生态流量湿周法的改进研究［J］.水力发电学报，2009，28（28）：171-175.

[45]　董哲仁.生态水利工程原理与技术［M］.北京：中国水利水电出版社，2007.

[46]　刘凌，董增川，等.防止河道泥沙淤积的最小生态环境需水量［J］.湖泊科学，2003，15（15）：313-318.

[47]　杨志峰.流域生态需水规律［M］.北京：科学出版社，2006：18-21.

[48]　王兆印，林秉南.中国泥沙研究的几个问题［J］.泥沙研究，2003：73-80.

[49]　禹雪中，钟德钰，等.水环境中泥沙作用研究进展及分析［J］.泥沙研究，2004：75-80.

[50]　Azevedo，L. G. T. D. Integration of water quantity and quality in multi-sector river basin planning［J］. Journal of Water Resources Planning & Management，2000，126（2）：85-97.

[51]　韩中庚，杜剑平.淮河水质污染的综合评价模型［J］.大学数学，2007，23（23）：133-136.

[52]　吴时强，吴修锋，等.淮河临淮岗洪水控制工程洪水调度模型研究［J］.水科学进展，2005，16（16）：196-202.

[53]　石志中，方德奎，等.白鲢等鱼种对螺旋鱼腥藻消化吸收的示踪实验报告［J］.水生生物学报，1975：497-502.

[54]　Burke，J. S.，D. R. Bayne，et al. Impact of silver and bighead carps on plankton communities of channel catfish ponds［J］. Aquaculture，1986，55（1）：59-68.

[55]　Xie，P. J. Liu. Practical success of biomanipulation using filter-feeding Fish to control cyanobacteria blooms：a synthesis of decades of research and application in a subtropical hypereutrophic lake［J］. Scientific world journal，2014，1：337.

[56]　王浩，王建华，等.流域水资源合理配置的研究进展与发展方向［J］.水科学进展，2004，15（15）：123-128.

[57]　Dai，T. J. W. Labadie River basin network model for integrated water quantity/quality management［J］. Journal of Water Resources Planning & Management，2001，127（5）：295-305.

[58]　吴浩云.大型平原河网地区水量水质耦合模拟及联合调度研究［D］.南京：河海大学，2006.

[59]　张永勇，夏军，等.淮河流域闸坝联合调度对河流水质影响分析［J］.武汉大学学报（工学版），2007，40（40）：31-35.

[60]　谢兴勇，钱新，等."引江济巢"工程中水动力及水质数值模拟［J］.中国环境科学，2008，28（28）：1133-1137.

[61]　刘玉年，施勇，等.淮河中游水量水质联合调度模型研究［J］.水科学进展，2009，20（20）：177-183.

[62]　董增川，卞戈亚，等.基于数值模拟的区域水量水质联合调度研究［J］.水科学进展，2009，20（20）：

184-189.

［63］ 张永勇，夏军，等.基于SWAT模型的闸坝水量水质优化调度模式研究［J］.水力发电学报，2010，29（29）：159-164.

［64］ 赖锡军，姜加虎，等.鄱阳湖二维水动力和水质耦合数值模拟［J］.湖泊科学，2011，23（23）：893-902.

［65］ 赵世新，张晨，等.南水北调东线调度对南四湖水质的影响［J］.湖泊科学，2012，24（24）：923-931.

［66］ Junk，W. J. Amazonian floodplains：their ecology，present and potential use［J］. Revue d'Hydrobiologie Tropicale，1982，15（4）：285-301.

［67］ Hughes，D. A. P. Hannart A desktop model used to provide an initial estimate of the ecological instream flow requirements of rivers in South Africa［J］. Journal of Hydrology，2003，270（3）：167-181.

［68］ 贾海峰，程声通，等.水库调度和营养物消减关系的探讨［J］.环境科学，2001，22（4）：104-107.

［69］ 傅春，冯尚友.水资源持续利用（生态水利）原理的探讨［J］.水科学进展，2000，11（11）：436-440.

［70］ 董哲仁.生态水工学-人与自然和谐的工程学［J］.水利水电技术，2003，34（1）：14-16.

［71］ 钮新强，谭培伦.三峡工程生态调度的若干探讨［J］.中国水利，2006，8-10.

［72］ 胡和平，刘登峰，等.基于生态流量过程线的水库生态调度方法研究［J］.水科学进展，2008，19（19）：325-332.

［73］ Guo，W. X.，H. X. Wang，et al. Ecological operation for Three Gorges Reservoir［J］.水科学与水工程（Water Science and Engineering），2011，4（2）：143-156.

［74］ 赵越，周建中，等.保护四大家鱼产卵的三峡水库生态调度研究［J］.四川大学学报（工程科学版），2012，44（44）：45-50.

［75］ 张洪波，黄强，等.水库生态调度的内涵与模型构建［J］.武汉大学学报（工学版），2011，44（44）：427-433.

［76］ 尹正杰，杨春花，等.考虑不同生态流量约束的梯级水库生态调度初步研究［J］.水力发电学报，2013，32（32）：66-70.

［77］ 王宗志，程亮，等.基于库容分区运用的水库群生态调度模型［J］.水科学进展，2014，25（25）：435-443.

［78］ Hu，M.，G. H. Huang，et al. Multi-objective ecological reservoir operation based on water quality response models and improved genetic algorithm［J］. Engineering Applications of Artificial Intelligence，2014，36（C）：332-346.

［79］ 魏娜.基于复杂水资源系统的水利工程生态调度研究［D］.北京：中国水利水电科学研究院，2015.

［80］ 郭永彬，王焰新.汉江中下游水质模拟与预测——QUAL2K模型的应用［J］.安全与环境工程，2003，10（10）：4-7.

［81］ Toro，D. M. D.，J. J. Fitzpatrick，et al. Documentation for Water Quality Analysis Simulation Program（WASP）and Model Verification Program（MVP）［J］. Proc Spie，1983，34（5）：4-10.

［82］ 杨家宽，肖波，等.WASP6水质模型应用于汉江襄樊段水质模拟研究［J］.水资源保护，2005，21（21）：8-10.

［83］ 刘夏明，李俊清，等.EFDC模型在河口水环境模拟中的应用及进展［J］.环境科学与技术，2011，136-140.

［84］ 张庆合.基于EFDC鄱阳湖水环境模型与不确定性研究［D］.广州：广州大学，2011.

［85］ 陈异晖.基于EFDC模型的滇池水质模拟［J］.环境科学导刊，2005，24（24）：28-30.

［86］ Wu，G. Z. Xu. Prediction of algal blooming using EFDC model：Case study in the Daoxiang Lake［J］. Ecological Modelling，2011，222（6）：1245-1252.

［87］ 朱茂森.基于MIKE11的辽河流域一维水质模型［J］.水资源保护，2013，29（29）：6-9.

［88］ 梁云，殷峻暹，等.MIKE21水动力学模型在洪泽湖水位模拟中的应用［J］.水电能源科学，2013：135-137.

［89］ 王晓青.三峡库区澎溪河（小江）富营养化及水动力水质耦合模型研究［D］.重庆：重庆大学，2012.

［90］ Babu，M. T.，V. K. Das，et al. BOD-DO modeling and water quality analysis of a waste water outfall off Kochi，west coast of India［J］. Environment International，2006，32（2）：165-173.

［91］ Xu，M. J.，L. Yu，et al. The Simulation of Shallow Reservoir Eutrophication Based on MIKE21：A Case Study of Douhe Reservoir in North China［J］. Procedia Environmental Sciences，2012，13（10）：1975-1988.

[92] 陈媛，郭秀锐，等.基于 SWAT 模型的三峡库区大流域不同土地利用情景对非点源污染的影响研究 [J].农业环境科学学报，2012，31（31）：798-806.

[93] 宋林旭，刘德富，等.基于 SWAT 模型的三峡库区香溪河非点源氮磷负荷模拟 [J].环境科学学报，2013，33（33）：267-275.

[94] 李锦秀，禹雪中，等.三峡库区支流富营养化模型开发研究 [J].水科学进展，2005，16（16）：777-783.

[95] 龙天渝，刘敏，等.三峡库区非点源污染负荷时空分布模型的构建及应用 [J].农业工程学报，2016，32（32）：217-223.

[96] 黄真理.阿斯旺高坝的生态环境问题 [J].长江流域资源与环境，2001，10（10）：82-88.

[97] 牛志明.三峡库区水库消落区水土资源开发利用的前期思考 [J].科技导报，1998，16（16）：61-62.

[98] 蔡其良，黄川.三峡库区湖岸带土地利用研究 [J].水土保持学报，2002，16（16）：51-55.

[99] 蔡其良.三峡库区湖岸带经济开发与保护对策研究 [J].经济地理，2002，22（22）：301-305.

[100] 陈梓云，彭梦侠.三峡库区消落带土壤中重金属铬调查与分析 [J].四川环境，2001，20（20）：53-54.

[101] 陈梓云，彭梦侠.三峡库区消落带土壤中镉污染调查及分析 [J].西南民族大学学报（自然科学版），2003，29（29）：494-495.

[102] 刘信安，柳志祥.三峡库区消落带流域的生态重建技术分析 [J].重庆师范大学学报（自然科学版），2004，21（21）：60-63.

[103] Raulings, E. J. , K. Morris, et al. The importance of water regimes operating at small spatial scales for the diversity and structure of wetland vegetation [J]. Freshwater Biology，2010，55（3）：701-715.

[104] Hudon, C. , D. Wilcox, et al. Modeling wetland plant community response to assess water-level regulation scenarios in the Lake Ontario - St. Lawrence River Basin [J]. Environmental Monitoring & Assessment，2006，113（113）：303-328.

[105] Todd, M. J. , R. Muneepeerakul, et al. Hydrological drivers of wetland vegetation community distribution within Everglades National Park, Florida [J]. Advances in Water Resources，2010，33（10）：1279-1289.

[106] Yang, T. , H. L. Gong, et al. Influences of long-term water stress on typical plant populations in the Sanjiang Plain wetlands [J]. Acta Botanica Boreali-Occidentalia Sinica，2010，391（3）：217-222.

[107] 张志广，谭奇林，等.基于鱼类生境需求的生态流量过程研究 [J].水力发电，2016，42（42）：13-17.

[108] 黄亮.水工程建设对长江流域鱼类生物多样性的影响及其对策 [J].湖泊科学，2006，18（18）：553-556.

[109] Balcombe, S. R. A. H. Arthington Temporal changes in fish abundance in response to hydrological variability in a dryland floodplain river [J]. Marine & Freshwater Research，2009，60（2）：146-159.

[110] 孙嘉宁，张土乔，等.白鹤滩水库回水支流的鱼类栖息地模拟评估 [J].水利水电技术，2013，44（44）：17-22.

[111] 郝增超，尚松浩.基于栖息地模拟的河道生态需水量多目标评价方法及其应用 [J].水利学报，2008，39（39）：557-561.

[112] 王桂华.水利工程对长江中下游江段鱼类生境的影响研究 [D].南京：河海大学，2008，

[113] 李建，夏自强，等.三峡初期蓄水对典型鱼类栖息地适宜性的影响 [J].水利学报，2013，44（44）：892-900.

[114] 郭文献，谷红梅，等.长江中游四大家鱼产卵场物理生境模拟研究 [J].水力发电学报，2011，30（30）：68-72.

[115] 易仲强，刘德富，等.三峡水库香溪河库湾水温结构及其对春季水华的影响 [J].水生态学杂志，2009，33（33）：6-11.

[116] 杨正健，刘德富，等.三峡水库 172.5m 蓄水过程对香溪河库湾水体富营养化的影响 [J].中国科学：技术科学，2010，40（40）：358-369.

[117] 周广杰，况琪军，等.香溪河库湾浮游藻类种类演替及水华发生趋势分析 [J].水生生物学报，2006，30（30）：42-46.

[118] 蒙万轮，钟成华，等.三峡库区蓄水后支流回水段富营养化研究 [J].环境科学导刊，2005，24（24）：93-95.

[119] 张晟，李崇明，等.三峡水库支流回水区营养状态季节变化 [J].环境科学，2009，30（30）：64-69.

[120] 张晟，李崇明，等.乌江水污染调查 [J].中国环境监测，2003，19 (19)：23-26.

[121] 郑丙辉，张远，等.三峡水库营养状态评价标准研究 [J].环境科学学报，2006，26 (26)：1022-1030.

[122] 白薇扬，王娟，等.嘉陵江重庆段水体富营养化现状分析 [J].重庆理工大学学报，2008，22 (22)：66-69.

[123] 郎海鸥，王文杰，等.基于土地利用变化的小江流域非点源污染特征 [J].环境科学研究，2010，23 (23)：1158-1166.

[124] 张蕾，傅瓦利，等.三峡库区小江流域消落带不同坡地类型土壤磷分布特征初探 [J].安徽农业科学，2011，39 (39)：163-165.

[125] 张呈，郭劲松，等.三峡小江回水区透明度季节变化及其影响因子分析 [J].湖泊科学，2010，22 (22)：189-194.

[126] 郭劲松，李哲，等.三峡小江回水区藻类集群与主要环境要素的典范对应分析研究 [J].长江科学院院报，2010，27 (27)：60-64.

[127] 赵宁，潘明强，等.小江调水调蓄水库方案研究 [J].华北水利水电大学学报 (自然科学版)，2010，31 (31)：9-11.

[128] 刘永明，贾绍凤，等.三峡水库重庆段一级支流回水河段富营养化潜势研究 [J].地理研究，2003，22 (22)：67-72.

[129] 黄祺，何丙辉，等.三峡库区汉丰湖水质的时空变化特征分析 [J].西南大学学报 (自然科学版)，2016，38 (38)：136-142.

[130] 郑志伟，胡莲，等.汉丰湖富营养化综合评价与水环境容量分析 [J].水生态学杂志，2014，22-27.

[131] 丁庆秋，彭建华，等.三峡水库高、低水位下汉丰湖鱼类资源变化特征 [J].水生态学杂志，2015，36 (36)：1-9.

[132] 张志永，潘晓洁，等.三峡水库运行对汉丰湖湿地植物群落及生境的影响 [J].水生态学杂志，2014，35 (35)：1-7.

[133] Bo，Y.U.，C.M.Huang，et al.Fuzzy Synthetic Assessment on Ecosystem Health of Chaohu Lake Water Based on Entropy Weight [J].Sichuan Environment，2010.

[134] 谢飞，顾继光，等.基于主成分分析和熵权的水库生态系统健康评价——以海南省万宁水库为例 [J].应用生态学报，2014，25 (25)：1773-1779.

[135] 吴明姝.安徽省太平湖水库浮游动物群落结构及水质评价 [D].上海：上海师范大学，2015.

[136] 胡茂林，吴志强，等.鄱阳湖湖口水位特性及其对水环境的影响 [J].水生态学杂志，2010，03 (03)：1-6.

[137] 沈忱，吕平毓，等.向家坝水库蓄水对下游江段溶解氧饱和度影响研究 [J].淡水渔业，2014，31-36.

[138] 谭德彩.三峡工程致气体过饱和对鱼类致死效应的研究 [D].重庆：西南大学，2006.

[139] Mitrovic，S.M.，L.Hardwick，et al.Use of flow management to mitigate cyanobacterial blooms in the Lower Darling River，Australia [J].Journal of Plankton Research，2011，33 (2)：229-241.

[140] 李哲，张曾宇，等.三峡澎溪河回水区流速对藻类原位生长速率的影响 [J].湖泊科学，2015，27 (27)：880-886.

[141] 许学鹏.三峡水库初期蓄水对嘉陵江下游及河口段水体富营养化影响研究 [D].重庆：重庆大学，2011.

[142] Ellison，M.E.M.T.Brett Particulate phosphorus bioavailability as a function of stream flow and land cover [J].Water Research，2006，40 (6)：1258.

[143] 祖波，周领，等.三峡库区重庆段某排污口下游污染物降解研究 [J].长江流域资源与环境，2017，26 (26)：134-141.

[144] 彭进平，逄勇，等.水动力条件对湖泊水体磷素质量浓度的影响 [J].生态环境学报，2003，12 (12)：388-392.

[145] 梁培瑜，王烜，等.水动力条件对水体富营养化的影响 [J].湖泊科学，2013，25 (25)：455-462.

[146] Zhang，M.，Z.He，et al.Spatial and temporal variations of water quality in drainage ditches within vegetable farms and citrus groves [J].Agricultural Water Management，2004，65 (1)：39-57.

[147] 刘义，陈劲松，等.土壤硝化和反硝化作用及影响因素研究进展 [J].四川林业科技，2006，27 (27)：36-41.

[148]　杨红，李春新，等.象山港不同温度区围隔浮游生态系统营养盐迁移—转化的模拟对比 [J].水产学报，2011，35 (35)：1030-1036.

[149]　Marshall，H. G. L. Burchardt Phytoplankton Composition Within The Tidal Freshwater Region Of The James River，Virginia [J]. Proceedings of the Biological Society of Washington，1998 (111)：720-730.

[150]　Ha，K. Microcystis bloom formation in the lower Nakdong River，South Korea：Importance of hydrodynamics and nutrient loading [J]. Marine & Freshwater Research，1999，50 (1)：89-94.

[151]　Lung，W. S. H. W. Paerl Modeling blue-green algal blooms in the lower neuse river [J]. Water Research，1988，22 (7)：895-905.

[152]　黄钰铃，刘德富，等.不同流速下水华生消的模拟 [J].应用生态学报，2008，19 (19)：2293-2298.

[153]　张秀菊，丁凯森，等.新江海河河网地区水量水质联合调度模拟及引水方案 [J].水电能源科学，2017，31-34.

[154]　陈志和，陈晓宏，等.河网地区水环境引水调控及其效果预测 [J].水资源保护，2012，28 (28)：16-21.

[155]　Zhang，H. Characteristic analyses of the water-level-fluctuating zone in the Three Gorges Reservoir [J]. Bulletin of Soil and Water Conservation，2008，28 (1)：46-49.

[156]　Shen G Z，Xie Z Q. Three gorges project：chance and challenge [J]. Science，2004，304：681.

[157]　苏维词，杨华，罗有贤，等.长江三峡水库消落带的主要生态环境问题及其调控途径 [J].水土保持研究，2003，10 (4)：191-195.

[158]　Li，B.，Yuan，X.，Xiao，H.，et al. Design of the dike-pond system in the littoral zone of a tributary in the Three Gorges Reservoir，China [J]. Ecological Engineering，2001，37 (11)：1718-1725.

[159]　Mitsch，W. J.，Lu，J. J.，et al. Optimizing ecosystem services in China [J]. SCIENCE，2008，322 (5901)：528.

[160]　Weng，Q. Human-environment interactions in agricultural land use in a South China′s wetland region：A study on the Zhujiang Delta in the Holocene [J]. GeoJournal，2000，51 (3).191-202.

[161]　Mitsch，W. J.，Day，J. W.，Zhang，L.，et al. Nitrate-nitrogen retention in wetlands in the Mississippi River Basin [J]. Ecological Engineering，2005.

[162]　Zhao，T.，Xu，H.，He，Y.，et al. Agricultural non-point nitrogen pollution control function of different vegetation types in riparian wetlands：A case study in the Yellow River wetland in China [J]. Journal of Environmental Sciences，2009，21 (7)：933-939.

[163]　黄丽，项雅玲，袁锦方.三峡库区农田的化肥面源污染状况研究 [J].农业环境科学学报，2007，(S2)：362-367.

[164]　王丽婧，郑丙辉，李子成.三峡库区及上游流域面源污染特征与防治策略 [J].长江流域资源与环境，2009，(08)：783-788.

[165]　Martin J. H. WILLISON，李波，等.重庆开州区汉丰湖湿地生态恢复的潜力.重庆师范大学学报（自然科学版）.2012，29 (3)：4-7.

[166]　邓焕广，王东启，陈振楼，等.改造滤岸对城市降雨径流中氮磷去除的中试研究 [J].环境科学学报，2013，33 (2)：494-502.

[167]　阎丽凤，石险峰，于立忠，等.沈阳地区河岸植被缓冲带对氮、磷的削减效果研究 [J].中国生态农业学报，2011，19 (2)：403-408.

[168]　Fink，D. F.，Mitsch，W. J. Seasonal and storm event nutrient removal by a created wetland in an agricultural watershed [J]. Ecological Engineering，2004，23 (4-5)：313-325.

[169]　Cohen，M. J.，Brown，M. T.，A model examining hierarchical wetland networks for watershed stormwater management [J]. Ecological Modelling.，2007，201 (2)：179-193.

[170]　Jenkins，G. A.，Greenway，M.，Polson，C. The impact of water reuse on the hydrology and ecology of a constructed stormwater wetland and its catchment [J]. Ecological Engineering，2012，47：308-315.

[171]　Blackwell，B. F.，Schafer，L. M.，Helon，D. A.，et al. Bird use of stormwater-management ponds：De-

creasing avian attractants on airports [J]. Landscape and Urban Planning, 2008, 86 (2): 162-170.

[172] Brezonik, L. P. Analysis and predictive models of storm water runoff volumes, loads, and pollution concentration from watersheds in the Twins Cities metropo litan area, Minnesota, USA [J]. Water Research, 2002, 36: 1742-1757.

[173] Anbumozhi, V., Radhakrishnan, J., Yamaji, E. Impact of riparian buffer zones on water quality and associated management considerations [J]. Ecological Engineering, 2005, 24: 517 -523.

[174] 张建春, 彭补拙. 河岸带研究及其退化生态系统的恢复与重建 [J]. 生态学报, 2003, 23 (1): 56-63.

[175] 吴建强. 不同坡度缓冲带滞缓径流及污染物去除定量化 [J]. 水科学进展, 2011, 2 (1): 112-117.

[176] 唐浩, 黄沈发, 王敏, 等. 不同草皮缓冲带对径流污染物的去除效果试验研究 [J]. 环境科学与技术, 2009, 32 (2): 109-112.

[177] Nilsson, C., Berggren, K. Alterations of riparian ecosystems caused by river regulation [J]. Bioscience, 2000, 50 (9): 783-792.

[178] Hefting, M. M., Clement, J. C., Bienkowski, P., et al. The role of vegetation and litter in the nitrogen dynamics of riparian buffer zones in Europe [J]. Ecological Engineering, 2005, 24: 465-482.

[179] 王庆成, 于红丽, 姚琴, 等. 河岸带对陆地水体氮素输入的截流转化作用 [J]. 应用生态学报, 2007, 18 (11): 2611-2617.

[180] 蔡婧, 李小平, 陈小华. 河道生态护坡对地表径流的污染控制 [J]. 环境科学学报, 2008, 28 (7): 1326-1334.

[181] 陆健健, 何文珊, 等. 湿地生态学 [M]. 北京: 高等教育出版社, 2006.

[182] 安树青, 严承高, 李伟, 等. 湿地生态工程——湿地资源利用与保护的优化模式 [M]. 北京: 化学化工出版社, 2003.

[183] 吴建强. 不同坡度缓冲带滞缓径流及污染物去除定量化 [J]. 水科学进展, 2011, 2 (1): 112-117.

[184] 王庆成, 于红丽, 姚琴, 等. 河岸带对陆地水体氮素输入的截流转化作用 [J]. 应用生态学报, 2007, 18 (11): 2611-2617.

[185] Aaron J B, Sergio A S W. Impact of water temperature and dissolved oxygen on copper cycling in an urban estuary [J]. Environmental Science and Technology, 2007, 41 (17): 6103-6108.

[186] Jiho L, Gijung P, Chulsang Y, et al. Effects of land use change and water reuse options on urban water cycle [J]. Journal of Environmental Sciences, 2010, 22 (6): 923-928.

[187] Sheetal S, Alka B, Vinay M D. Statistical change detection in water cycle over two decades and assessment of impact of urbanization on surface and sub-surface water flows [J]. Open Journal of Modern Hydrology, 2013, 3 (4): 165-171.

[188] Voyde E, Fassman E, Simcock R. Hydrology of an extensive living roof under sub-tropical climate conditions in Auckland, New Zealand [J]. Journal of Hydrology, 2010, 394 (3-4): 384-395.

[189] Palla A, Gnecco I, Lanza L. Hydrologic restoration in the urban environment using green roofs [J]. Water, 2010, 2 (2): 140-154.

[190] Stovin V. The potential of green roofs to manage urban stormwater [J]. Water Environment, 2010, 24 (3): 192-199.

[191] Van Roon M. Emerging approaches to urban ecosystem management: the potential of Low Impact Urban Design and Development principles [J]. Journal of Environmental Assessment Policy and Management, 2005, 7 (1): 125-148.

[192] Beecham S, Chowdhury R K. Effects of changing rainfall patterns on WSUD in Australia [J]. Proceedings of ICE: Water Management, 2012, 165 (5): 285-298.

[193] Kazemi F, Beecham S, Gibbs J. Streetscape biodiversity and the role of bioretention swales in an Australian urban environment [J]. Landscape and Urban Planning, 2011, 101 (2): 139-148.

[194] Wong T H F. An Overview of Water Sensitive Urban Design practices in Australia [J]. Water Practice & Tech-

nology，2006，1（1）：1-8.

[195] Richard A，Lian L，Sarah Ward，et al. Water-sensitive urban design：opportunities for the UK [J]. Municipal Engineer，2013，166（2）：65-76.

[196] Chapman C，Horner R R. Performance assessment of a street-drainage bioretention system [J]. Water Environment Research，2010，82（2）：109-119.

[197] Backstrom M. Grassed swales for stormwater pollution control during rain and snowmelt [J]. Water Science and Technology，2003，48（9）：123-132.

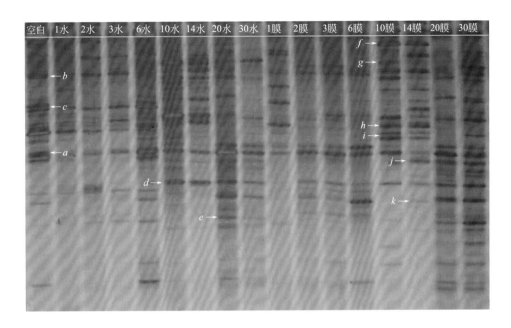

彩图 1　循环水水样及挂片生物膜 TGGE 图谱

空白—空白水样;1 水—1d 后水样;2 水—2d 后水样;3 水—3d 后水样;6 水—6d 后水样;10 水—10d 后水样;

14 水—14d 后水样;20 水—20d 后水样;30 水—30d 后水样;1 膜—1d 后挂片;2 膜—2d 后挂片;

3 膜—3d 后挂片;6 膜—6d 后挂片;10 膜—10d 后挂片;14 膜—14d 后挂片;20 膜—20d 后挂片;

30 膜—30d 后挂片;a、b……表示条带号

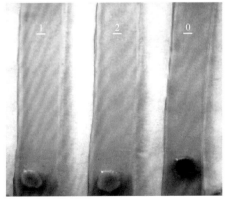

彩图 2　群体淬灭细菌筛选

1—1 号菌株＋AHLs;2—2 号菌株＋AHLs;0—阴性对照

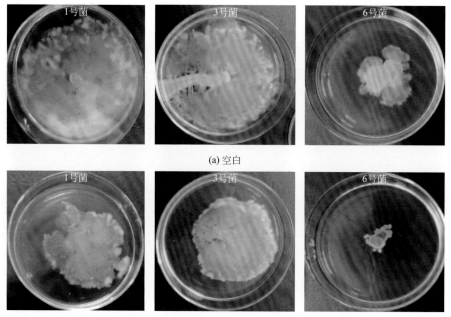

(a) 空白

(b) 添加了5%的群淬产物样品

彩图 3　细菌群游能力

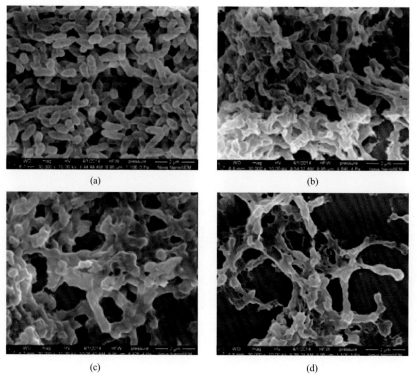

(a)

(b)

(c)

(d)

彩图 4　不同浓度淬灭酶对生物膜的处理效果

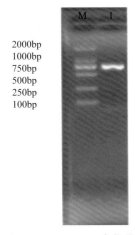

彩图 5　aiiA PCR 产物的
琼脂糖凝胶电泳图

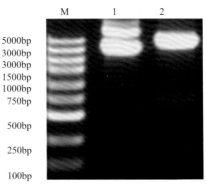

彩图 6　预测的内酯酶 aiiA 的三级结构
M—CL5000 DNA Marker；1—酶切前质粒；
2—酶切后质粒

彩图 7　重组表达质粒
pCzn1-aiiA 的双酶切鉴定

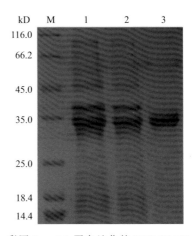

彩图 8　aiiA 蛋白纯化的 SDS-PAGE
M—蛋白 marker；1—未纯化 aiiA 蛋白；
2—杂蛋白（洗脱液）；3—纯化 aiiA 蛋白

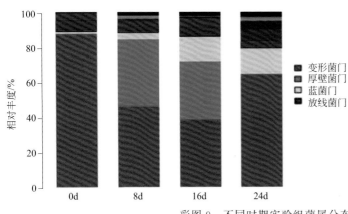

彩图 9　不同时期实验组菌属分布

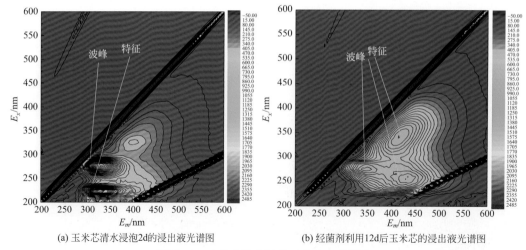

(a) 玉米芯清水浸泡2d的浸出液光谱图   (b) 经菌剂利用12d后玉米芯的浸出液光谱图

彩图 10　玉米芯浸出液的三维荧光光谱图

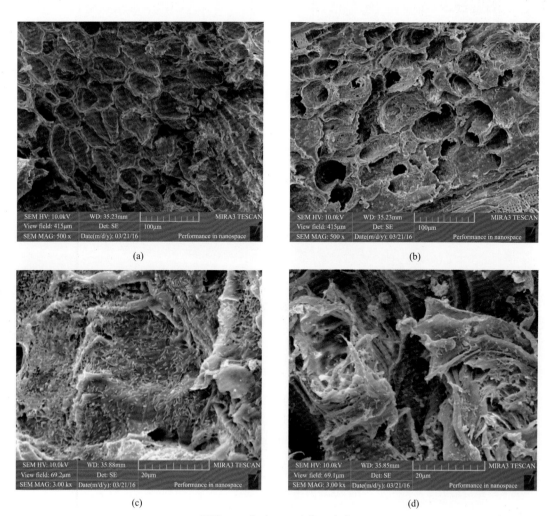

彩图 11　实验 20d 后的玉米芯

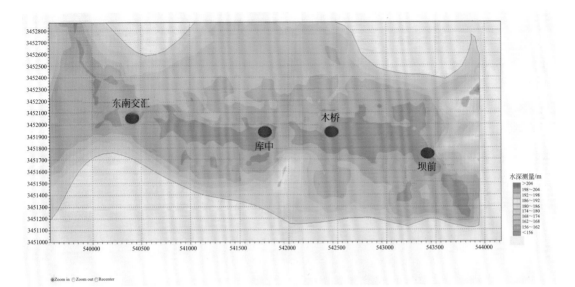

彩图 12　汉丰湖库区内典型断面分布图

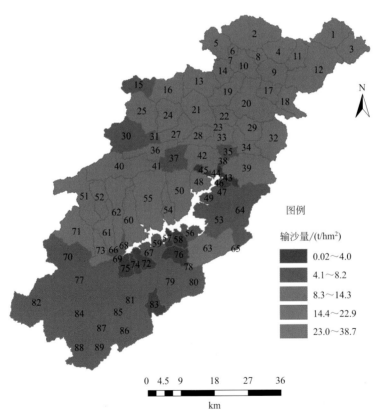

彩图 13　汉丰湖流域产沙空间分布

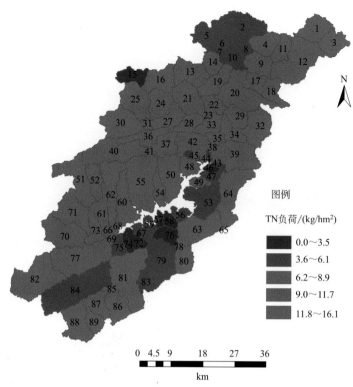

彩图 14　汉丰湖流域非点源 TN 负荷输出空间分布

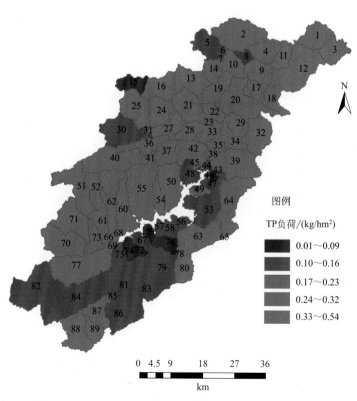

彩图 15　汉丰湖流域非点源 TP 负荷输出空间分布

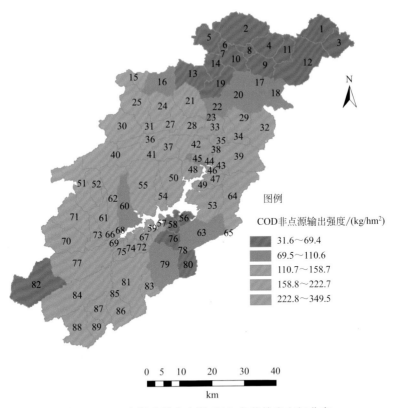

图例

COD非点源输出强度/(kg/hm²)

31.6～69.4
69.5～110.6
110.7～158.7
158.8～222.7
222.8～349.5

0 5 10   20   30   40
km

彩图 16　汉丰湖流域非点源 COD 负荷输出空间分布

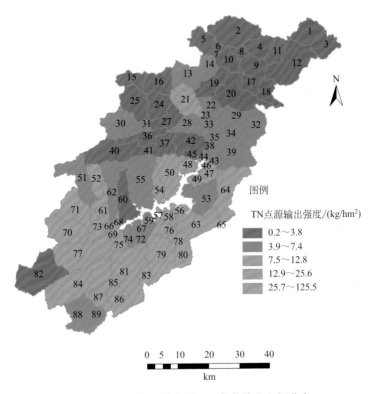

图例

TN点源输出强度/(kg/hm²)

0.2～3.8
3.9～7.4
7.5～12.8
12.9～25.6
25.7～125.5

0 5 10   20   30   40
km

彩图 17　汉丰湖流域点源 TN 负荷输出空间分布

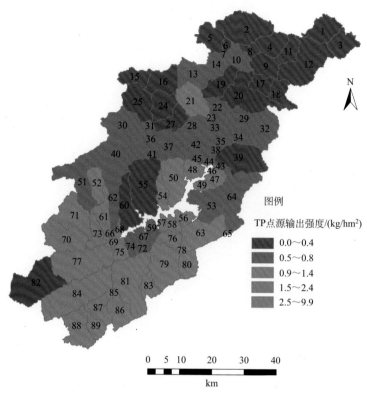

彩图 18 汉丰湖流域点源 TP 负荷输出空间分布

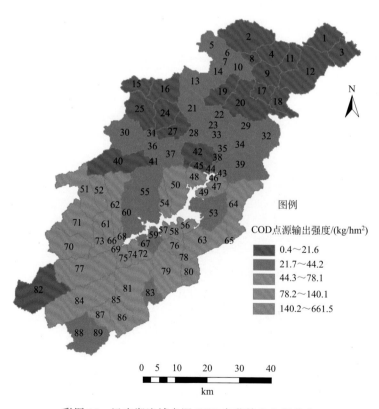

彩图 19 汉丰湖流域点源 COD 负荷输出空间分布

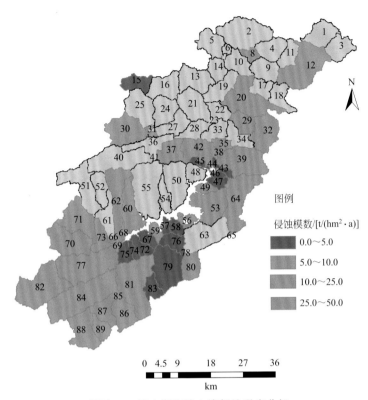

图例

侵蚀模数/[t/(hm²·a)]

- 0.0~5.0
- 5.0~10.0
- 10.0~25.0
- 25.0~50.0

彩图 20　汉丰湖流域土壤侵蚀强度分级

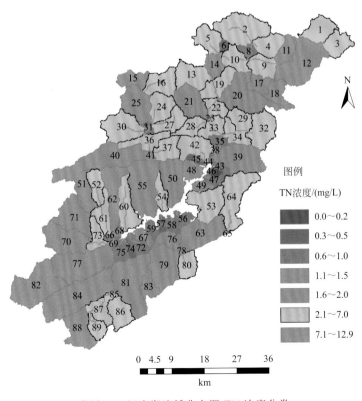

图例

TN浓度/(mg/L)

- 0.0~0.2
- 0.3~0.5
- 0.6~1.0
- 1.1~1.5
- 1.6~2.0
- 2.1~7.0
- 7.1~12.9

彩图 21　汉丰湖流域非点源 TN 浓度分类

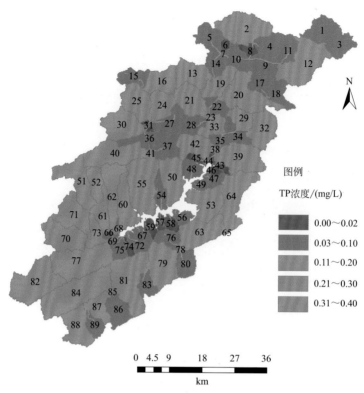

彩图 22　汉丰湖流域非点源 TP 浓度分类

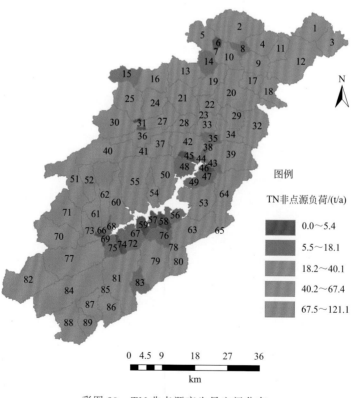

彩图 23　TN 非点源产生量空间分布

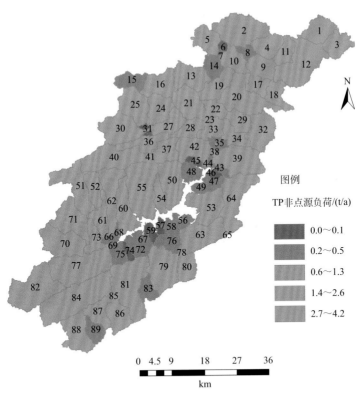

彩图 24　TP 非点源产生量空间分布

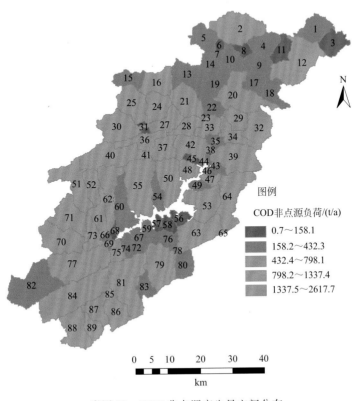

彩图 25　COD 非点源产生量空间分布

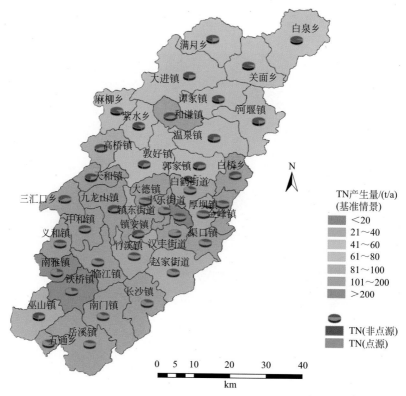

彩图 26 各乡镇 TN 产生量

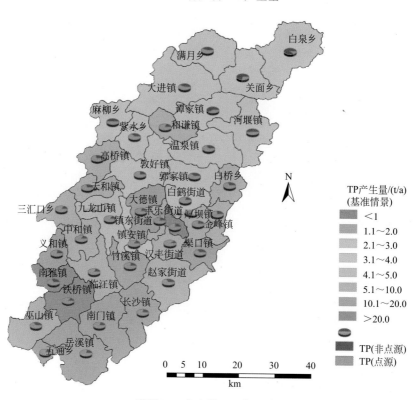

彩图 27 各乡镇 TP 产生量

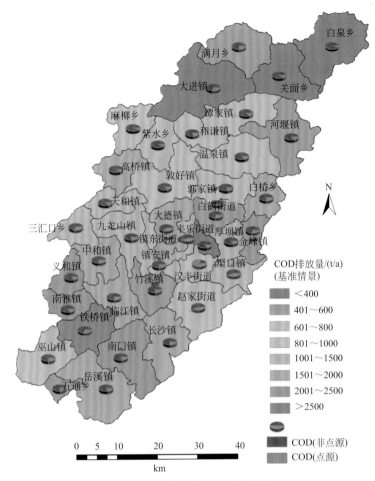

COD排放量/(t/a)
(基准情景)

- <400
- 401~600
- 601~800
- 801~1000
- 1001~1500
- 1501~2000
- 2001~2500
- >2500

COD(非点源)

COD(点源)

彩图 28　各乡镇 COD 产生量

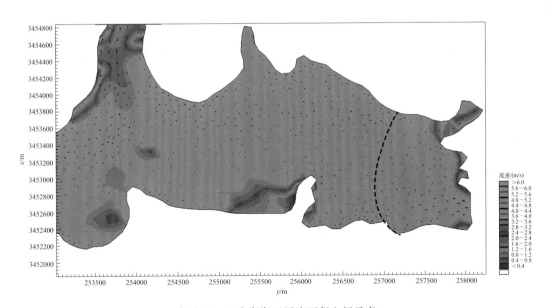

流速/(m/s)
- >6.0
- 5.6~6.0
- 5.2~5.6
- 4.8~5.2
- 4.4~4.8
- 4.0~4.4
- 3.6~4.0
- 3.2~3.6
- 2.8~3.2
- 2.4~2.8
- 2.0~2.4
- 1.6~2.0
- 1.2~1.6
- 0.8~1.2
- 0.4~0.8
- <0.4

彩图 29　汉丰湖湖区回流面积空间示意

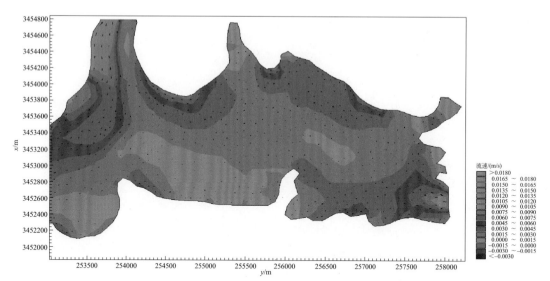

彩图 30　汉丰湖湖区回水流速

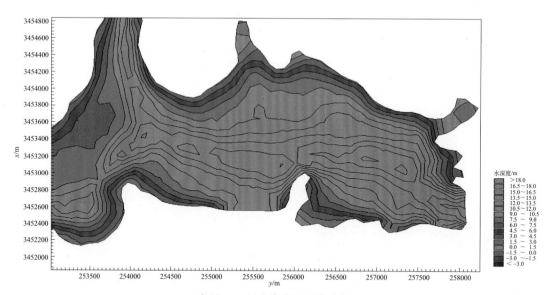

彩图 31　汉丰湖湖区回水水深

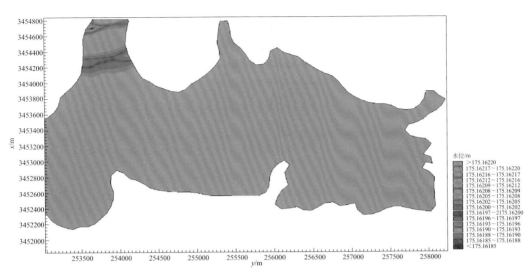

彩图 32　汉丰湖湖区回水水位

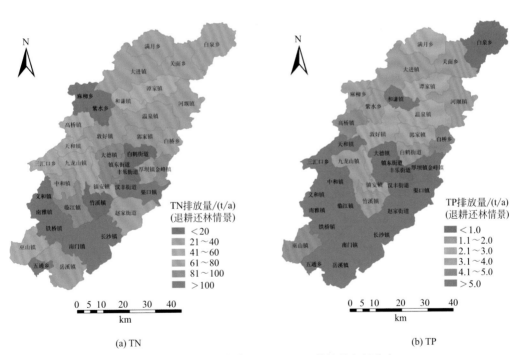

(a) TN

(b) TP

彩图 33　退耕还林方案下 TN 和 TP 排放量空间分布

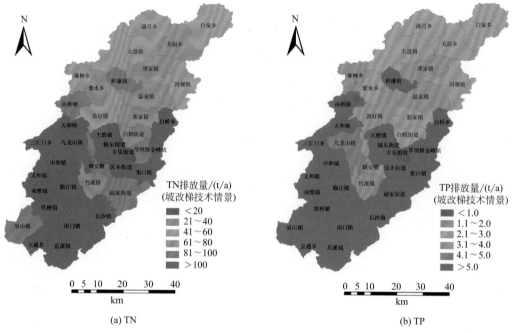

(a) TN

(b) TP

彩图 34　坡改梯方案下 TN 和 TP 排放量空间分布

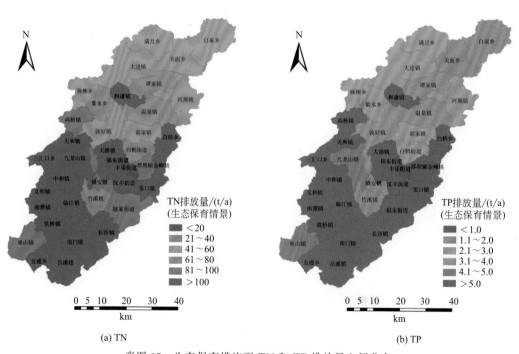

(a) TN

(b) TP

彩图 35　生态保育措施下 TN 和 TP 排放量空间分布

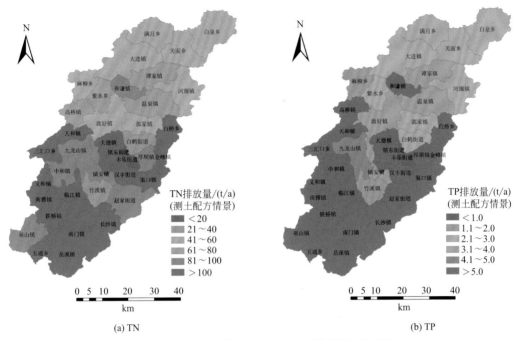

(a) TN

(b) TP

彩图 36　测土配方措施下 TN 和 TP 排放量空间分布

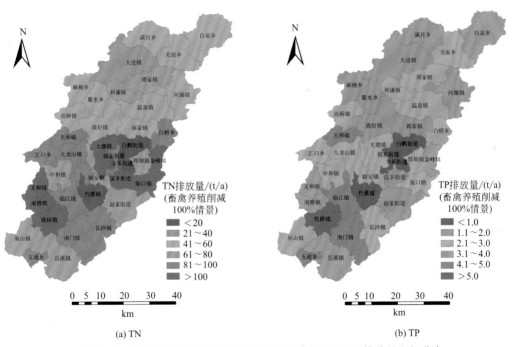

(a) TN

(b) TP

彩图 37　规模化畜禽污染治理措施下(100%)TN 和 TP 排放量空间分布

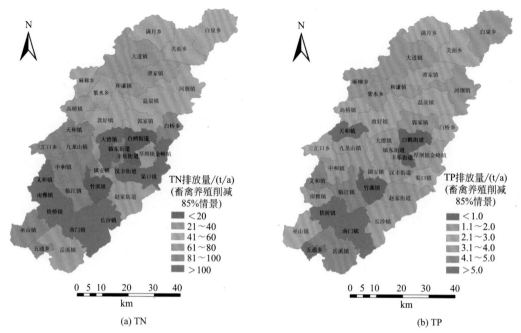

(a) TN

(b) TP

彩图 38　规模化畜禽污染治理措施下(85%)TN 和 TP 排放量空间分布

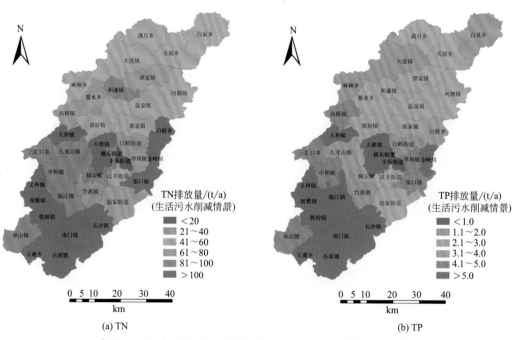

(a) TN

(b) TP

彩图 39　污水处理厂处理率提高后 TN 和 TP 排放量空间分布

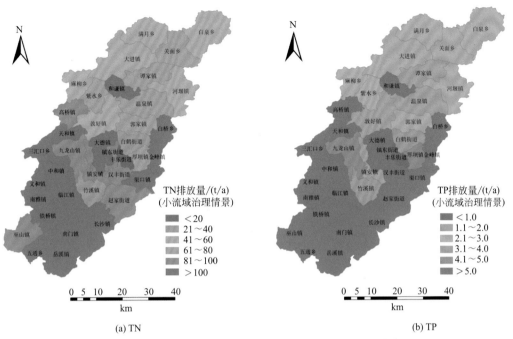

(a) TN

(b) TP

彩图 40 河道生态治理实施后 TN 和 TP 排放量空间分布

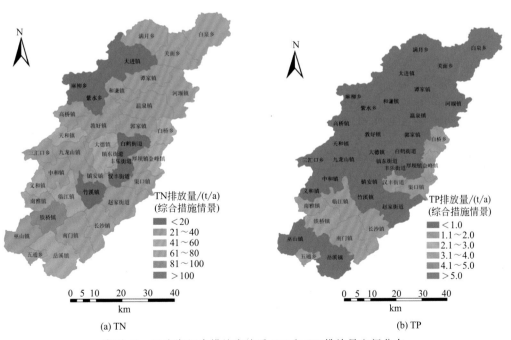

(a) TN

(b) TP

彩图 41 汉丰湖组合措施实施后 TN 和 TP 排放量空间分布